U0379850

1. 有纺织物

2. 无维织物（长纤维）

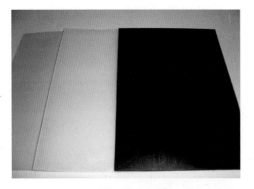

3. 聚乙烯土工膜

4. 厚型和带防滑纹土工膜

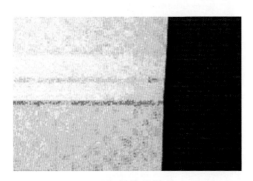

5. 塑料排水带

6. 经编土工格栅

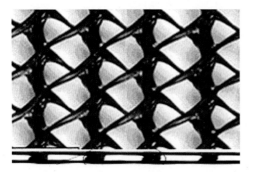

7. 排水网（下部为横断面）

8. 土工网垫（三维植被网）

9. 边壁带孔土工格室

10. 无纺织物包排水丝囊

11. 土工泡沫塑料（EPS）

12. 土工合成材料黏土垫层（GCL）

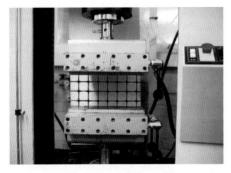

13. 双向土工格栅拉伸试验

14. 土工织物梯形撕裂试验

15. 单向土工格栅蠕变试验

16. 日本东京大学加筋挡土墙试验

17. 无纺织物垫层上的块石护坡

18. 路边盲沟排水外包无纺织物滤层

19. 降地下水位排水系统

20. 渠道防渗用土工膜

21. 挡土墙墙背排水带

22. 土工膜用于水池防渗

23. 土工格栅加筋土模块面板挡土部

24. 土工格栅加筋碎石垫层

25. 道渣下的土工格栅隔离加筋层

26. 双向土工格栅沥青罩面下加筋层

27. 土工膜用于垃圾填埋场防渗垫层

28. GCL 防渗层的铺设

29. 长管袋防洪围堰

30. 土工泡沫用于减小埋涵土压力

31. 模袋混凝土护岸施工

32. 岩坡前土工格栅加筋土植生工程

土木工程研究生系列教材

土工合成材料

第2版

邹维列　等　编著

李广信　主审

机 械 工 业 出 版 社

本书较全面地介绍了土工合成材料的应用原理和工程实践，主要内容包括聚合物性质，土工合成材料产品、特性和试验方法，以及土工合成材料在排水和反滤、防渗、加筋，道路工程中的隔离，防护与防汛，固废填埋场中的污染阻隔，土工泡沫的减压等领域的应用。例如，土工合成材料黏土垫、土工包容系统、岩石边坡植生技术和电动土工合成材料等。本书通过对大量例题和工程实例的分析，加深读者对土工合成材料工程应用中所涉及的设计公式、检测方法和施工措施的理解。

　　本书可作为土木工程专业岩土、水利、道桥、矿山和工民建等方向研究生相关课程的教材，也可作为工程从业人员进行土工合成材料相关工程实践的参考书。

图书在版编目（CIP）数据

土工合成材料/邹维列等编著. —2 版. —北京：机械工业出版社，2022.8

土木工程研究生系列教材

ISBN 978-7-111-71109-4

Ⅰ.①土…　Ⅱ.①邹…　Ⅲ.①土木工程-合成材料-高等学校-教材　Ⅳ.①TU53

中国版本图书馆 CIP 数据核字（2022）第 114714 号

机械工业出版社（北京市百万庄大街 22 号　邮政编码 100037）

策划编辑：马军平　　　　　责任编辑：马军平
责任校对：李　杉　张　薇　封面设计：张　静
责任印制：常天培

天津嘉恒印务有限公司印刷

2022 年 10 月第 2 版第 1 次印刷

184mm×260mm·21.75 印张·2 插页·537 千字

标准书号：ISBN 978-7-111-71109-4

定价：79.00 元

电话服务　　　　　　　　　　　网络服务

客服电话：010-88361066　　　机 工 官 网：www.cmpbook.com
　　　　　010-88379833　　　机 工 官 博：weibo.com/cmp1952
　　　　　010-68326294　　　金 书 网：www.golden-book.com
封底无防伪标均为盗版　　　机工教育服务网：www.cmpedu.com

序

    21 世纪以来，岩土工程向着环境、生态和资源等领域扩展与倾斜。在这些领域中，土工合成材料成为重要的角色，如固体废料填埋场工程几乎成为土工合成材料的主场。与经济、技术先进的国家相比，我国土工合成材料的引进与应用起步较晚，但 40 多年的改革开放，随着大规模基本建设空前的兴起，我国在土工合成材料的生产、应用、研究和设计各方面发展很快，有些方面甚至可以说是后来居上。但我国在土工合成材料及其工程应用的教育与普及方面则相对滞后，在国内相关高校中讲授关于土工合成材料知识的课程还很不足，有关行业的设计施工部门的科技人员也普遍缺乏这方面的知识。

    武汉大学（原武汉水利水电大学）是最早开展土工合成材料教育的高校之一。王钊教授从其博士论文开始，20 多年来一直以土工合成材料为其主攻方向，获得了很多创新成果，在该领域培养了一批研究生，他本人也是中国土工合成材料工程协会的早期负责人之一。早在 1994 年即出版了由他和陆士强教授所编写的本科生教材《土工合成材料应用原理》（水利电力出版社）。2005 年，他又出版了研究生教材《土工合成材料》（机械工业出版社），该教材全面地介绍了土工合成材料的应用原理和工程实践，是我国该领域出版的第一本研究生教材。

    该书是由王钊教授的学生邹维列教授组织一批有关方向的教授、专家编写的研究生教材《土工合成材料》的第 2 版，定位于土木工程研究生的教学。该书规模宏大、内容齐全、有一定深度，有助于该领域的科学研究与工程应用。与第 1 版相比，第 2 版反映了该领域材料、测试、工程应用方面的新发展和新成果，包含的内容更加全面、系统，是一本难得的文献。

    该书基本涵盖了关于土工合成材料的基本知识，包括材料的特性与类型，功能与应用领域，物理力学性质的试验、设备、参数确定，设计计算原理与公式，主要的工程应用范围等。作为教材，该书参考了大量的文献，设置了较多例题与习题、工程实际案例，可以说是一本在土工合成材料方面内容很齐全、概念理论和设计计算很详尽和准确的教材。该书对于从事相关课题研究生的选题、技术路线、试验与理论研究等，具有重要的引领和指导意义，对于从事土工合成材料研究及应用的工程技术人员也有很大的参考价值。

编写教材是一份令人望而生畏的艰巨的、责任很大的工作，也是与名利无关的事情。与编写相对成熟的《土力学》教材相比，编写一本新领域的教材，其意义与难度不亚于"创新性"科研成果。其内容的取舍，概念、理论的阐述，计算公式的推导，校对及统稿，其困难程度是认真做过的人才能体会得到的。

相信该书将会在培养掌握土工合成材料及其工程应用知识的岩土工程科技人才，在提高我国土工合成材料的设计应用水平等方面，起到重要的作用。

李广信

2022 年 4 月 13 日

第2版前言

由武汉大学王钊教授编著的土木工程研究生系列教材之《土工合成材料》（以下简称第1版教材），自2005年5月出版发行以来，在高等学校、科研院所和工程技术人员中得到了广泛使用和参考，产生了积极的影响，尤其对于高等学校的学生系统地学习土工合成材料的应用原理，起到了极大的作用。

土工合成材料作为继木材、钢筋和水泥之后的第四大建筑材料，其出现被誉为岩土工程的革命，在工程建设中发挥了多方面的作用，也推动了岩土工程的发展。土工合成材料应用的进展，归根到底决定于塑料工业的发展和工程应用的需求。近20年来，土工合成材料品种更加多样，性能更为出色，对其应用技术和工作机理的研究也已相当深入。为了反映土工合成材料及其应用的进展，对教材适时地进行修订是十分必要的。为此，在武汉大学、机械工业出版社、中国土工合成材料工程协会、国际土工合成材料学会中国分会等单位和行业机构的大力支持下，组织专家对第1版教材进行了修订。

在章节安排上，本书仍按照第1版教材的体系，以土工合成材料的功能为主线，以讲清应用原理为重点。第2版所做的主要修改如下：

1) 第6章增加了土工合成材料加筋土桥台、桩承式加筋路堤等内容。

2) 考虑到土工合成材料在固体废弃物填埋场中有着综合应用，将"因废填埋场中的污染阻隔作用"单独成章（第9章）。

3) 删除了第1版教材"第10章 其他应用"的大部分内容，对其中"土工合成材料（EKG）的研制和应用"一节进行了重新编写，并增加了"土工袋技术"和"土工合成材料冰上沉排技术"两部分内容，编为第11章。

本书由武汉大学邹维列教授组织编写。全书共11章。第1章绪论，由上海大学张孟喜教授和邹维列教授编写；第2章土工合成材料的制造，由原中国农业生产资料集团公司周大纲高级工程师主持编写；第3章土工合成材料的特性和试验，由石家庄铁道大学杨广庆教授主持编写；第4章排水与反滤作用，由武汉大学庄艳峰副教授主持编写；第5章防渗作用，由河海大学吴海民副教授主持编写；第6章加筋作用，由华中科技大学刘华北教授主持编写；第7章隔离作用，由河北工业大学肖成志教授主持编写；第 8 章防护与防汛作用，由同济大学徐超教授主持编写；第 9 章固废填埋场中的污染阻隔作用，由浙江大学詹良通教授主持编写；第 10 章土工泡沫的减压作用，由邹维列教授主持编写；第 11 章其他应用，由黑龙江水利科学研究院张滨教授主持编写。

清华大学李广信教授仔细审阅了本书，并提出了许多宝贵的意见和建议，在此谨表示衷心的感谢！

武汉大学韩仲副教授及编者的研究生裴秋阳、蔺建国参加了本书部分校稿、绘图等工作，博士后樊科伟完成了全书的统稿，在此也对他们表示深深的谢意！

编者诚挚地向本书所有参考文献的作者表示感谢！

由于编者水平有限，书中错误及疏漏之处在所难免，敬蒙读者批评、指正。

邹维列

第1版前言

经过多年对土工合成材料的研究和实践，其应用技术已日渐成熟，其作用机理的研究也基本能解释试验规律和实际工程的性状。从根本上讲，作为散粒体的土需要一种连续介质来改善其工程特性，而土工合成材料耐腐蚀、强度高、质轻和价廉，很好地满足了这一要求。随着工程实例的增多，出现了大量的论文和专著，各个国家的相关部门颁布了土工合成材料的测试和应用规范，这进一步促进了土工合成材料在水利、土建、交通、铁道、冶金、农业和环保等各个领域的应用，并带动了化工和纺织工业的发展。

为了适应以上形势，国内外一些高等学校已开始讲授土工合成材料的应用知识，因此有必要编写一本教材，系统地介绍土工合成材料产品的特性和原材料的性质，以及试验方法，介绍土工合成材料的应用设计和施工方法。本书的编写仍然将重点放在应用原理上，力求将道理说清楚。

本书内容是在《土工合成材料应用原理》（水利电力出版社，1994年6月）和《国外土工合成材料的应用研究》（现代知识出版社，2002年5月）的基础上编写的。前者从1994年起就用于教学。本书在原有内容的基础上，增加了土工合成材料在路面结构、边坡绿化防护和垃圾填埋场等领域的应用，以及一些应用进展。书中的符号和公式力求和新发表的规范相同，同时为了增强学生的工程意识和对实践的指导作用，也汇编了国内外一些指南和手册中的设计公式、检测方法和施工措施，并增加了一些工程实例的分析和例题及习题。

王正宏教授主审了本书并提出了很多宝贵建议，在此谨表达深切谢意。

编者的许多研究生参加了做题、校稿、整理和打印等工作，他们是：王俊奇、王陶、邹维列、庄艳峰、苏金强、周正兵、肖衡林、张训祥、胡海英、李丽华、王金忠等。在此，谨对他们深表谢意。

编者还要向所参考文献的作者表示衷心感谢。

由于编者的水平有限，书中疏漏之处在所难免，敬请读者多加指正。

王　钊

各章编写人员名单

第1章	绪论	上海大学　张孟喜　教授
		武汉大学　邹维列　教授
第2章	土工合成材料的制造	原中国农业生产资料集团公司　周大纲　高级工程师
		石家庄铁道大学　杨广庆　教授
第3章	土工合成材料的特性和试验	石家庄铁道大学　杨广庆　教授
		石家庄铁道大学　李婷　讲师
第4章	排水与反滤作用	武汉大学　庄艳峰　副教授
		武汉大学　邹维列　教授
第5章	防渗作用	河海大学　吴海民　副教授
		武汉大学　邹维列　教授
第6章	加筋作用	华中科技大学　刘华北　教授
		同济大学　徐超　教授
		上海大学　张孟喜　教授
		河北工业大学　肖成志　教授
		江西理工大学　汪磊　讲师
第7章	隔离作用	河北工业大学　肖成志　教授
		武汉大学　邹维列　教授
第8章	防护与防汛作用	同济大学　徐超　教授
		黑龙江水利科学研究院　张滨　教授
		河海大学　吴海民　副教授
		石家庄铁道大学　杨广庆　教授
第9章	固废填埋场中的污染阻隔作用	浙江大学　詹良通　教授
		天津中联格林科技有限公司　何顺辉　工程师
		浙江大学　谢海建　教授
		武汉大学　邹维列　教授
第10章	土工泡沫的减压作用	武汉大学　邹维列　教授
		武汉理工大学　王协群　教授
		武汉大学　韩仲　副教授
		武汉大学　樊科伟　助理研究员
第11章	其他应用	黑龙江水利科学研究院　张滨　教授
		河海大学　刘斯宏　教授
		武汉大学　庄艳峰　副教授
		武汉大学　邹维列　教授

目 录

第1章
绪论

1.1 概述

土工合成材料（geosynthetics）泛指用于土木工程的合成材料产品。它以人工合成的聚合物（如塑料、化纤、合成橡胶等）为原料，制成各种类型的产品，置于土体内部、表面或不同土体之间，发挥加强或保护土体的作用。土工合成材料既可以由不同的聚合物原材料生产，也可以按照使用的目的制成各种各样的结构形式，因而品种繁多。按照目前的习惯，土工合成材料可以粗略地分为四个大类。第一类是土工织物，是用合成纤维以纺织工业的制造方式生产的产品，因而是透水的；第二类是土工膜，是用合成材料以塑料工业的制造方式生产的柔性薄膜，是不透水的；第三类是土工塑料，是用合成材料以塑料工业的制造方式生产的产品，如土工格栅、土工网和泡沫塑料等；第四类是土工复合材料，是根据工程应用的不同要求，将不同种类的土工合成材料或者与其他材料复合在一起，如土工织物与土工膜、土工织物与土工网、土工织物与黏土形成的复合材料。

土工合成材料在土木、水利、交通、铁道和环境工程中得到了广泛的应用，起到排水反滤、防渗、加筋、隔离、防护和减载等作用。这些作用是以不同形式的产品来实现的。例如，土工织物用于滤层、隔离和防护；土工网和三维植被网垫用于排水和坡面的防护；土工格栅、条带和有纺或编织土工织物用于加筋，土工膜用于防渗等。复合型土工合成材料则结合了各自的优点，如土工织物和土工网复合材料兼具过滤和排水性能；土工织物和土工格栅复合材料结合了加筋和隔离功能；土工织物和土工膜结合形成的复合土工膜则既能防渗又具有防刺破的作用，同时具有与土较高的界面摩擦系数。本书的内容主要按土工合成材料的作用编写成相应的章节。

尽管有众多的产品和更多潜在的应用形式，但对于具体的工程，应判断土工合成材料的主要作用，选择合理的设计公式，确定要达到的性能指标，并寻求一个经济上合适的施工方法。目前证明较成功的应用有无纺土工织物代替粒状级配滤层应用于反滤排水工程，土工合成材料加筋挡土墙代替重力式挡土墙，塑料排水带代替砂井，土工膜用作防渗材料等。在土工合成材料应用的初期，工程技术人员最担心的是其耐久性，但忽视铺设的位置，认为铺设土工合成材料总比不铺设好。而现有的经验证明，土工合成材料铺设在土中的耐久性是可以保证的；相反，土工合成材料铺设的位置不当或施工质量差，则会降低其作用，甚至适得其反。

土工合成材料的应用历史可以追溯到 20 世纪 50 年代。土力学的奠基人太沙基（K. Terzaghi）当时用滤层布（土工织物）作为柔性结构物，结合水泥灌浆，封闭 Mission 坝

2

（位于加拿大，现已改称"太沙基坝"）的岩石坝肩与钢板桩之间的间隙；在同一工程，用池垫（土工膜）防止上游黏土铺盖脱水。资料显示，实际上土工合成材料的应用历史可能更早。例如，在 20 世纪 30 年代，美国已用塑料布作为游泳池的防漏措施；20 世纪 50 年代，美国、苏联、印度等国家开始在渠道表层采用土工膜作为防渗措施；1963 年，荷兰采用聚乙烯土工膜作为一个占地面积 $50hm^2$ 的小型水库的防渗措施。

第一次用织物加筋道路的尝试是由美国卡罗来纳公路部门在 1926 年完成的。其具体做法是在基层布置一层厚棉布，布上涂热沥青，然后在沥青上铺一层薄砂。1935 年该部门公布了 8 个试验段的结果：直到织物破坏，路面情况仍保持良好，织物的应用使路面的裂纹减少并将出现问题的地方控制在局部。虽然用的不是聚合物材料，但其应用原理仍沿用至今。

荷兰是最先将土工织物应用于堵口工程的国家。荷兰西南部受大风和海潮的影响，常常泛滥成灾，损失严重。在修复治理工作中，为了保护滩地不受水流冲刷的危害，于 1957 年首次采用了人工编织的土工织物垫层，同时采用尼龙袋充填砂土作为压重。1958 年美国在佛罗里达州大西洋海岸的护岸工程中采用有纺织物代替传统的砂砾石滤层。1968 年法国首先生产出无纺（非织造）土工织物，并于 1970 年首次用在法国的大坝建设中，以无纺织物包裹着坝下游集水管中的粗粒材料起到反滤作用。1971 年首次出现土工织物片状排水体，并铺设在堤坝的底部起加筋作用、铺在墙面后填土中形成加筋挡墙。1972 年在临时性道路建筑中首次采用土工织物隔离地基土与粗粒填料。1984 年坦萨（Tensar）公司生产出土工格栅并应用于工程土体加筋。

20 世纪 60 年代就有将泡沫塑料作为路基隔热材料的应用实例，但直到 1972 年才首次利用泡沫塑料质轻的特点用于道路工程中，起到减载作用。

以上这些土工合成材料首创性的成功应用，加上生产上的发展和技术上的改进，极大地推动了土工合成材料的全面应用，并日益扩大。

随着土工织物和土工合成材料应用的发展，1977 年在巴黎召开了第一届国际会议，2018 年在韩国首尔召开的国际土工合成材料会议已是第 11 届。1980 年美国 Koerner R. M. 关于土工合成材料的第一本专著问世，至 2005 年出版了第 5 版。1983 年国际土工合成材料协会（International Geosynthetics Society，IGS）成立。其后，出现了一些关于土工合成材料的学术期刊（如 *Geotextiles and Geomembrances*、*Geosynthetics International*）和时事通讯，这些都标志着土工合成材料已作为一种新材料在岩土工程等领域确立了自己的地位。与此同时，各国制定和不断补充关于土工合成材料试验和应用的标准，如国际标准化组织（ISO）、美国（ASTM）、英国（BSI）、法国（NF）、德国（DIN）、日本（JIS）和澳大利亚（AS）等。

土工合成材料在我国的应用可以追溯到 20 世纪的 60 年代，如北京市东北旺农场南干渠使用聚氯乙烯土工膜防渗。有纺织物首次应用的成功实例是 1974 年江苏省江都县嘶马长江护岸工程。该工程采用聚丙烯编织布，聚氯乙烯绳网和混凝土块组成整体沉排，防止河床冲刷。1981 年铁路部门首先将无纺织物作为隔离材料，应用于防治"翻浆冒泥"现象。1983 年铁路部门在广茂铁路路基中第一次将土工织物铺设在软土地基表面，增加了路堤的稳定性。1984 年云南麦子河工程的大坝首次成功应用无纺织物作为反滤材料。

1984 年我国成立的"土工织物技术协作网"，是我国土工合成材料的第一个技术组织，接着有关产品测试和工程应用的手册相继问世。1994 年协作网正式改名为"中国土工合成材料工程协会"（网址：www.chinatag.org.cn）。1986 年在天津召开了我国第一届土工织物学术交流会，2020 年在成都召开了第十届全国土工合成材料学术会议。

在我国 1998 年的抗洪抢险中，土工合成材料发挥了积极的作用，此后得到政府的大力支持和推广，并确定了十大"示范工程"，同时各行业编写了相关规范和专著，极大地促进了土工合成材料的应用和研究。

应特别指出的是，土工合成材料的生产商通过坚持不懈的努力，拓宽了土工合成材料的应用范围，其产品、设计和施工指南，以及建立的网站对土工合成材料的推广应用功不可没。

实际上，土工合成材料的应用与聚合物材料的研制息息相关，只有当某种聚合物材料商品化后，才能真正用于工程实践。聚合物的种类繁多，但用于制造土工合成材料产品的聚合物主要只有聚乙烯和聚丙烯等少数几种。各种聚合物的用量可大致根据其产量来推算，例如，美国塑料工业协会（SPI）统计的 1995 年美国各种塑料的产量，其中产量最大的一些塑料依次排列于表 1-1。

表 1-1　1995 年美国各种塑料的产量排序（引自 Koerner，1998）

排序	产品名称	英文名	代号	产量/MN
1	低密度聚乙烯	Low Density Polyethylene	LDPE	57342
2	聚氯乙烯	Polyvinylchloride	PVC	54712
3	高密度聚乙烯	High Density Polyethylene	HDPE	49889
4	聚丙烯	Polypropylene	PP	48460
5	聚苯乙烯	Polystyrene	PS	25169
6	聚酯	Polyester	PET	16843
7	聚酰胺（尼龙）	Polyamide	PA	4539

岩土工程的发展历来倚重于材料和设备的进步。土作为散粒集合体客观上需要一种连续的二维材料改善它的工程特性。因此，土工合成材料应运而生。

目前，土工合成材料应用的发展已具备很多有利的条件：

1）合成材料产品种类不断扩展，产品制造技术与工程应用同步发展，设计理论已相对成熟，并建立了相应的测试、设计和施工规范。

2）科技的进步已能生产符合各种工程要求的、价格合适的专门产品。

3）已有大量成功应用的实例，并得到有组织的宣传推广。

仍需要进一步努力的是，在相关工程技术人员中普及土工合成材料的应用知识，变陌生为熟悉。其中很重要的一点是在高等院校中开设相应的课程。目前在科技发达的国家中，约有 75% 的土木工程专业毕业生具有初步应用土工合成材料的知识。

1.2　聚合物简介

聚合物是土工合成材料的主要原料。下面将介绍聚合物的基本概念、命名、分类、特性及影响其性能的因素。

1.2.1　聚合物的基本概念及其命名

人工合成聚合物是土工合成材料的主要原材料。这种聚合物是由一种或几种低分子化合物通过化学聚合反应，以共价键结合而形成的高分子有机化合物，其相对分子质量一般高达数千到几万。煤、石油、天然气、石灰石以及一些有机物如棉籽壳、玉米芯等原始材料经过加工提炼得到乙烯、丙烯、苯等低分子化合物。聚合反应是将大量小分子结合成链状或网状大分子的化学反应。通常将简单化合物称为单体，单体分子经聚合反应先变成高分子化合物的结构单元，然后形成聚合物。例如聚乙烯由乙烯单体聚合而成

$$n\,(\mathrm{CH_2}\!=\!\!=\!\!\mathrm{CH_2}) \xrightarrow{\text{聚合反应}} \mathrm{\{CH_2\!-\!CH_2\}}_n$$

n 个乙烯单体   聚乙烯（聚合物）

n 为聚合物所含的重复单元的数目。因聚合物形成时每一分子的分子量不是固定的，所以 n 只是一个统计上的平均值。聚合物是由不同分子量的分子组成的同系混合物，一般为无定形物，有晶体共存，但很少全部为晶体。

聚合物主要根据其化学组成来命名。如由一个单体聚合得到的聚合物，其命名法是在单体名称前加一"聚"字，如聚乙烯、聚丙烯、聚氯乙烯、聚苯乙烯等，大多数烯类单体的聚合物均按此法命名。由两种或两种以上的单体经聚合反应得到的聚合物，例如丙烯腈-苯乙烯聚合物可称为腈苯共聚物。具体品种有其他的或商品上的名称，例如尼龙（商品名）为聚酰胺中的一大类。我国还习惯以"纶"字作为合成纤维商品的后缀字，如锦纶（尼龙-6）、腈纶（聚丙烯腈）、氯纶（聚氯乙烯）、丙纶（聚丙烯）、涤纶（聚对苯二甲酸乙二酯）等。

在实际应用时，聚合物还采用代号（英文缩写）代表其名称，见表1-1。表1-2给出了土工合成材料中其他常见的聚合物代号。

表1-2　常见聚合物的代号

名称	英文名称	代号
氯化聚乙烯	Chlorinated Polyethylene	CPE
氯磺化聚乙烯	Chlorinated Sulphured Polyethylene	CSPE
极低密度聚乙烯	Very Low Density Polyethylene	VLDPE
线性低密度聚乙烯	Linear Low Density Polyethylene	LLDPE
极软聚乙烯	Very Flexible Polyethylene	VFPE
线性中密度聚乙烯	Linear Medium Density Polyethylene	LMDPE
柔性聚丙烯	Flexible Polypropylene	FPP
聚烯烃	Polyolefin	PO
聚丙烯腈	Polyacrylonitrile	PAN
聚氨基甲酸酯	Polyurethane	PUR
氯丁橡胶	Chloroplene Rubber	CR
顺丁橡胶	Butyl Rubber	BR
异丁橡胶	Isobutylene Rubber	IR

1.2.2 聚合物的分类

1. 按照性能分类

聚合物按性能分为塑料、纤维和橡胶三大类。此外还有涂料、胶黏剂和合成树脂等。

（1）塑料　在一定条件下具有流动性、可塑性，并能加工成形；当恢复平常条件（如除去压力和降温），仍保持加工时形状的聚合物称为塑料。塑料又分为热塑性和热固性两类。热塑性塑料指在温度升高后软化并能流动，当冷却时即变硬并保持高温时形状的塑料。这种塑料在一定条件下可以反复加工定型，如聚乙烯、聚丙烯和聚氯乙烯等。热固性塑料指加工成形后在温度升高时不能软化，其形状不变的塑料，如酚醛树脂、脲醛树脂等。

（2）纤维　直径很小、但长度大于直径 1000 倍以上且具有一定强度的线形或丝状聚合物称为纤维。重要的合成纤维品种有聚酯纤维（如涤纶）、聚酰胺纤维（如尼龙 66）、烯类纤维（如腈纶、维尼纶）等。

（3）橡胶　在室温下具有高弹性的聚合物材料称为橡胶。在外力作用下，橡胶能产生很大的应变（可达 1000%），外力除去后又能迅速恢复原状。重要的合成橡胶品种有顺丁橡胶、氯丁橡胶、硅橡胶等。

以上是从性能上进行的分类，其原材料可以是相同的，如聚氯乙烯可以制成塑料产品、纤维和类似于橡胶的制品。产生这些性能上差别的原因是这些聚合物分子间作用力的差别，其中以橡胶的分子聚集力最弱，纤维的分子间吸引力最强，塑料则介于两者之间。

2. 按照键结构分类

键结构指高分子本身的结构，即原子在分子中的排列运动情况。聚合物根据其主键的几何形状一般分为：

（1）线形聚合物　指每个重复单元仅和另外两个单元相连接的聚合物。每一个分子链为一独立的单位，尽管有时也有短的分支，但分子链之间没有任何化学键连接。因此它们柔软，有弹性，分子键之间易产生相互位移，可以热塑成各种形状的产品，为热塑性聚合物。这一类聚合物很多，如无支化的聚乙烯、定向聚丙烯、聚酯和尼龙等。

（2）支化聚合物　指在主链上带有侧链的聚合物，可以形成一些较长的支链。如在高温高压下形成的低密度聚乙烯（支链的存在减小了其密度）在 100 个碳原子上含有 20~30 个支链，其中包含少量较长的支链。这时它的性能明显不同于高密度线形聚乙烯。短支链使得聚合物主链之间距离增大，流动性较好，而支链过长反而阻碍了聚合物的流动，影响结晶，降低弹性。总的说来，支链聚合物密度较低，但穿透性能有所增强。

（3）网状聚合物　指一种相互连接起来（又称交联）的支化聚合物。由于分子链通过支链以化学键与其他分子链相连接，其形状不易改变。因而网状聚合物为热固性聚合物，如环氧树脂、酚醛树脂等。这类聚合物的耐热性好，强度高，形态稳定。

聚合物的结构除了分子链结构外，还有聚集态结构。它指聚合物内高分子与高分子之间的几何排列，主要指非晶态结构、晶态结构和定向结构，它们是影响聚合物性能的直接因素。

1.2.3　聚合物的特性及影响因素

聚合物的力学性能与聚合物的分子链的主价键（共价键）、分子间的作用力（范德华力）有着密切的关系。有些材料的力学性能取决于主价力（如高分子链的断裂），有些取决于次价力（如高分子间的相对滑动），由薄弱环节决定。聚合物材料本身具有黏弹性特点，在恒定拉伸荷载的作用下，拉应变不是唯一的，随荷载的作用时间不断发展，即具有蠕变性。另有一个重要的指标是玻璃化温度 T_g，影响聚合物的蠕变特性。T_g 指非晶态聚合物从玻璃态向高弹态转变的临界温度，不同聚合物的 T_g 是不同的。例如，PET 的 T_g 约为75℃，PP 的 T_g 在−10~15℃，HDPE 的 T_g 约为−80℃。当聚合物的环境温度低于其 T_g 时，聚合物中的非结晶区分子处于冻结状态，分子键不易移动，蠕变性低，故聚酯的蠕变性远低于聚丙烯和聚乙烯。

聚合物的力学性能不仅与其化学成分有着密切的关系，还受其相对分子质量、支化、交联、结晶、取向、添加剂及加工工艺等影响。相同材料的力学性能又与试验时的条件，如温度、湿度、加荷条件、加荷速度等有关。影响同一品种的聚合物性能的因素主要包括以下几方面：

（1）相对分子质量　聚合物的相对分子质量对其力学强度起着决定性的作用。当相对分子质量小时，分子数增加，分子端点的薄弱环节增加，分子间相互作用的次价键就少，因而分子间相互作用力就较小。如超高相对分子质量（200万~300万）的聚乙烯的冲击强度比普通的低压聚乙烯（相对分子质量为10万）的冲击强度增加一倍以上。

（2）结晶　高聚物的许多力学性能明显受结晶度的影响，如屈服应力、强度、模量、硬度等都随结晶度的增加而提高，断裂伸长率、抗冲击性能则下降。聚丙烯的非晶态结构含量从2%提高到6.4%，其抗拉强度从34.5MPa下降到29MPa。结晶度增加使聚合物变硬变脆的原因是晶体中分子链排列紧密有序（结晶化）的程度提高，空隙小，分子间作用力增强，链段运动困难。又如结晶度高的高密度（因排列较整齐）聚乙烯的强度大于结晶度低的低密度聚乙烯，且拉伸弹性模量显著增大。除了结晶度，球晶的大小对聚合物性能影响也很大，且超过了结晶度的影响，一般大的球晶使聚合物的断裂伸长率和韧性降低。

（3）取向　聚合物的取向可分为分子取向和晶粒取向两大类。分子取向指高分子链或链段朝着一定方向占优势排列的现象。远程无序的无定形聚合物的取向即属分子取向。晶粒取向指晶粒或某晶面朝着某个特定方向占优势排列的现象。聚合物的取向是在拉伸过程中（如在纤维和格栅生产中采用的）或在流动过程中（如注射成型）形成的。取向对聚合物力学性能的最为突出的影响是使材料在取向方向的强度大为增加，但同时断裂伸长率却降低很多，而且在垂直方向的强度会有所降低，形成强烈的各向异性。所以对合成纤维和格栅可以采用单轴取向，只提高拉伸方向的强度；对薄膜则需要双轴拉伸，减少各向异性的程度。取向是分子或晶粒趋向排列整齐的过程，而热运动则刚好相反，使排列无序，称为解取向。所以在聚合物经过拉伸处理取得了高强度后，再经过热处理（又称热定型）工序，适当地解取向，以达到既增加强度又增加弹性的目的。

（4）添加剂　在聚合物的生产和使用时，常需在原材料中掺入一定数量的其他原料（称为添加剂或助剂），以改变它们的加工或使用性能。例如，添加增塑剂使流动性较差的聚氯乙烯易于加工；掺加增强剂（炭黑和纤维等）可以提高橡胶的强度，无定形硅橡胶在增强后的强度可以提高40倍，热塑料采用合成纤维、玻璃纤维和碳纤维等作为增强剂形成比钢材强度还要高的纤维加筋塑料（如玻璃钢）。聚合物抗老化的性能较差，需添加稳定剂，如在聚乙烯中添加2%的炭黑（早期常用的稳定剂），可以使其抗老化能力提高30倍。

（5）加工工艺　聚合物的性能不仅和其原材料的性能有关，也和生产过程及其工艺有关。例如，格栅是否在生产过程中经过拉伸定向，对其抗拉强度影响极大；同样的原材料经过不同制造工艺形成的有纺织物和无纺织物的性能就有很大的差别。

1.3 土工合成材料的类型、功能和应用

1.3.1 土工合成材料的类型

随着近代化学工业的迅速发展及建筑工程、道路与铁道工程、水利工程的需求日益增加，土工合成材料不断有新产品问世。国际土工合成材料学会（IGS）将其按照土工合成材料的制造工艺大致分为以下几类。

（1）土工织物 土工织物（geotextile）是由纺织布、非织造布、编织、缝黏纤维或纱线形成的连续的扁平材料物。这种材料柔软且具渗透性，通常呈织物的外观。土工织物分为有纺土工织物（woven geotextiles）和无纺土工织物（nonwoven geotextiles），前者由单丝或多股丝织成，或由薄膜切成的扁丝编织而成；后者由短纤维或喷丝长纤维随机铺成絮垫，再经机械缠合（针刺）或热黏，或化学黏合而成（参见文前彩图 1、2）。土工织物可用于隔离、过滤、排水、加筋和水土保持。

（2）土工膜 土工膜是由一种或几种合成材料制成的连续的柔性膜（参见文前彩图 3、4）。它几乎不透水，渗透系数为 $1×(10^{-13}\sim10^{-11})\,cm/s$，是理想的防渗材料，可用作液体或气体围堵的衬垫和隔气层。

（3）土工格栅 土工格栅是土工合成材料中发展很迅速的一个种类。它是以高密度聚乙烯或聚丙烯塑料（包括玻璃纤维）为原料加工形成的开口的、类似格栅状的产品，具有较大的网孔。最初的土工格栅是由英国耐特龙（Netlon）公司制造的。1982 年经加拿大的坦萨（Tensar）公司进入美国。意大利的泰力斯（Tenax）公司生产与坦萨公司相近类型的拉伸格栅，但其肋条的截面形状不同，坦萨的为方形或矩形，泰力斯的为椭圆形。塑料土工格栅可以在一个、两个、三个方向上进行拉伸取向，形成单向、双向、三向土工格栅（图 1-1），以提高其力学性能。1980 年左右，另一种更灵活的、织物状的土工格栅由英国的ICI 开发出来，采用的是聚酯纤维，这导致了在编织机上制造聚酯格栅的发展，产品称为经编（knitted）格栅。在这种工艺中，众多的纤维在一起形成了纵向和横向肋条，上面涂有一些保护材料，如 PVC、乳胶或沥青。此外，玻璃纤维（glass fiber）格栅也是一种经编土工格栅（参见文前彩图 6）。

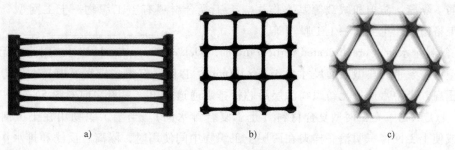

a)   b)   c)

图 1-1 土工格栅

a）单向 b）双向 c）三向

（4）土工网 土工网是由挤出的两组粗糙、平行的聚合物束以一恒定锐角相交形成的开放式网格状材料。较大的孔径使其形成了像网一样的结构，能承受一定的法向压力而不显

8

著减小孔径（参见文前彩图 7）。这种网格形成了带平面内孔隙的层，可用来输导相对大的液流或气流。土工网主要应用在排水领域，即需要输导各种液体的地方。在土中土工网需和外包无纺织物反滤层构成土工复合材料使用。

（5）土工格室　土工格室是由条带制成的相对较厚的三维蜂窝网格状结构，格室高度为 50～200mm，中间空格尺寸为 80~400mm（参见文前彩图 9）。这些条带连接在一起形成交错的格室，用以填充土、粒料，有时填充混凝土。在一些情况下，用竖直聚合物棒把 0.5~1m 的带状聚烯烃土工格栅连接在一起，形成深层土工格室，即土工网垫。

（6）土工合成材料黏土衬垫（GCLs）　土工合成材料黏土衬垫（GCLs）通常是在两层土工织物之间夹有膨润土层（见图 1-2、文前彩图 12）或把膨润土层黏结在一层土工膜上或一土工织物上制成的复合材料。土工织物外包的 GCLs 常常通过缝合或针刺穿过膨润土核心，以提高内部的抗剪强度。GCLs 作为液体或气体屏障很有效，并且常与土工膜联合用作垃圾填埋场的衬垫。

（7）土工管　土工管又叫埋塑管，是穿孔或实心管壁的高分子管材（图 1-3），用来引流（包括填埋场应用中的渗滤液或气体收集）。在一些情况下，如土中排水时，穿孔管需要外包有土工织物反滤层使用（参见文前彩图 19）。

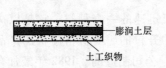

图 1-2　土工合成材料黏土衬垫（GCLs）

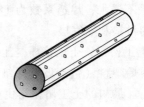

图 1-3　土工管

（8）土工泡沫塑料　土工泡沫塑料（参见文前彩图 11）的原料是聚苯乙烯，模室法生产的是 EPS，挤出法生产的是 XPS。因为泡沫塑料具有无数小孔，故质量很小，压缩性高，除了用作隔声、隔热材料外，还可用在刚性挡土墙后或者代替上埋式管道上面的填料，减小土压力。

（9）土工复合材料　土工复合材料的基本原理是将不同土工合成材料的最好特性组合起来，使特定的某个问题能以最优的方式解决。其提供的主要功能就是前述的排水反滤、防渗、加筋、隔离、防护和减载等基本作用。土工复合材料有土工织物—土工网型、土工织物—土工格栅型、土工网—土工膜型等。

1）塑料排水带（prefabricated vertical drains，wick drains，strip drains）。用薄的无纺织物包裹的塑料芯条带，典型断面尺寸为 3mm×100mm，芯板上有很多排水通道且在压力作用下不致被压扁，土中水通过无纺织物滤层沿芯板排水通道排出（参见文前彩图 5）。

2）土工织物—土工网型复合材料（土工复合排水网）。当土工织物用在土工网上面或下面，或使土工网像三明治一样夹在两层土工织物中间使用时，隔离、反滤和排水作用始终是能满足的。还有一种土工复合排水网，网的一面为土工织物，另一面是土工膜，隔渗效果更好。

3）土工织物—土工膜型复合材料（复合土工膜）。复合土工膜是以织物为基材，以聚乙烯、聚氯乙烯等土工膜为膜材，经流延、压延、涂刮、辊压等工序形成的土工膜—土工织物的组合物。复合土工膜按其布基材可分为短纤针刺无纺织物、长丝纺黏针刺无纺织物、长丝有纺织物、扁丝有纺织物等；按膜材可分为聚乙烯（PE）膜、聚氯乙烯（PVC）膜、氯化聚乙烯（CPE）膜等；按结构可分为一布一膜、二布一膜、一布二膜、多布多膜等。目前工程上大多采用以无纺织物与土工膜复合而成的复合土工膜。复合土工膜中土工织物对膜起保护作用，能提高土工膜的抗拉强度，增大土工膜与其他土工材料的摩擦系数。

4）土工膜—土工格栅型复合材料。某些土工膜和土工格栅可用同种原料生产（如高密度聚乙烯），它们可以黏合在一起形成一个不透水的屏障，且其强度和摩擦力都有所提高。

5）土工织物—土工格栅型复合材料。低模量、低强度和高伸长率的土工织物（通常是无纺织物）可与土工格栅结合，形成复合材料，使其弱点得到克服，共同发挥隔离、反滤和加筋作用。

1.3.2 土工合成材料的功能

从土工合成材料词义看，它涉及岩土工程、交通工程、土木环境工程、水利工程等所有与土、岩、地下水等有关的活动。正是由于土工合成材料应用领域广泛，其发展速度是极其迅猛的。

土工合成材料在工程中起到排水反滤、防渗、加筋、隔离、防护和减载等作用，这些作用是以不同形式的产品来实现的。同一种材料布置在同一位置可能会起到多种作用。如路堤和软基之间的土工织物起到隔离、排水和加筋作用。而同一部位的相同要求，如渠道防渗，既可采用土工膜又可用土工合成材料。因此，在应用土工合成材料时，应按主要目的、主要功能选材。

（1）隔离作用 土工合成材料可以隔离颗粒级配不同的两层土（图1-4）。例如，土工织物可用于防止路基材料嵌入软弱下卧层，从而维持设计厚度和道路的完整性。隔离层也有利于防止土基中的细粒土涌入路基透水粒层中。

（2）反滤作用 这种土工合成材料的性能与砂滤层类似，允许水流经土壤时保留所有高水位处的土壤颗粒，也称为过滤作用。例如，可用土工织物来阻止土粒迁移进入排水骨料或排水管而同时使水能流经系统（图1-5）。土工织物也用在海岸、河岸的抛石和其他护岸材料之下，以防止在波浪的反复作用下土体颗粒的流失。

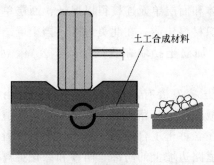

图 1-4 隔离作用示意

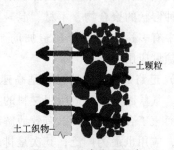

图 1-5 反滤作用示意

（3）排水作用 土工合成材料作为排水管引导液体流经渗透性较弱的土壤。例如，土工合成材料可用来消散路堤中的孔隙水压力。针对排水量较大的情况，已开发出土工复合排水管。这些材料已被用作路缘带排水管、边坡截水管、坝肩及挡土墙的排水管。塑料排水板

（PVDs）已被用于加速堤坝和预压荷载下软黏土地基的固结。

（4）加筋作用　土工合成材料作为土体内的加筋体或与土体结合形成复合体（图1-6），土体强度及变形性能较未加筋土有所提高。例如，土工织物和土工格栅用来增加土体的抗剪强度，以形成垂直或陡坡加筋体（加筋挡土墙或加筋陡坡）。加筋能使堤坝建在极软地基上，且堤坝边坡的坡角可以比未

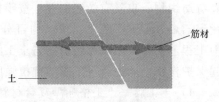

图1-6　加筋作用示意

加筋时更陡。土工合成材料（通常为土工格栅）可跨越（公路和铁路）持力层下或填埋场覆盖系统下的孔洞。

（5）液体/气体围堵（屏障）作用　土工合成材料作为一种阻隔液体或气体的屏障（图1-7）。例如，土工膜、薄膜复合土工布、土工合成材料黏土衬垫（GCLs）和涂层土工布等作为流体的屏障，以阻止液体或气体的流动。这个功能也可用于沥青路面覆盖、膨胀土的封装和废弃物的围堵。

（6）水土保持作用　土工合成材料用来减少由降雨影响和地表水径流造成的土壤流失。例如，将临时土工合成垫和永久性轻质土工合成垫铺设在边坡上外露的土壤表面（图1-8）。土工布粉土围栏可用来拦截含砂径流水中的悬浮颗粒。

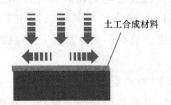

图1-7　液体/气体围堵（屏障）作用示意

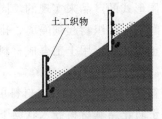

图1-8　水土保持作用示意

1.3.3　土工合成材料在不同领域的应用

（1）支挡结构　土工合成材料水平加筋层可以作为加筋体埋入挡土墙填土中，加筋土体以重力结构的形式来抵抗加筋区以外土体产生的土压力。加筋材料可以是土工格栅、土工织物。挡土墙背后回填土的局部稳定性通过将加筋体和面层单元连接得以保证，面层单元由做成各种形状的聚合物、木材、混凝土或金属丝编织材料建造。在北美地区，挡土墙结构建设费用中有多达50%用于建造加筋土挡墙。目前，加筋土挡墙在我国铁路、公路、水利、建筑等领域应用广泛。

（2）道路工程　道路尤其是高速公路对于一个国家发展有着至关重要的作用。由于重载交通、气候因素及建造所用材料的力学性能的衰减，高速公路路面寿命可能比预期值要低得多。而土工合成材料可以有效地解决这些问题。在各种土工合成材料中，加筋类材料的使用尤多，应用也最为广泛；其次是排水反滤材料。道路边坡上的防冲、防渗和绿化更离不开土工合成材料。特别是现阶段，我国大规模的高速铁路和高等级公路的建设使土工合成材料的使用又达到了一个新的高度。

（3）铁路工程　土工织物、复合土工材料、土工格栅和土工格室等，可以被放置在铁路路基的道砟层、下道砟层内部或其下部，起到隔离、过滤、排水和加筋作用。采用适当的

布置形式后，土工合成材料能够延长铁路的使用寿命和定期养护周期的时间，从而改善铁路的运营状况。

（4）边坡工程　可使用多层水平向加筋加固边坡，防止边坡内潜在的深层破坏。这种方法可以用于部分边坡的修复、填土路堤边坡的稳定。多层加筋边坡的允许坡角比未加筋边坡的大许多。同时，在大多数情况下，坡面必须得到保护以防止被侵蚀，这可能需要用到其他土工合成材料，如少量土填充的土工格室或经常用于临时锚固植被的相对轻质的土工网。

（5）水利工程　土工合成材料在水利工程中的应用数不胜数，如常常被用来加固堤坝、生态修复、防治洪涝及防渗排水反滤等。在水流有可能使土体产生严重渗透变形的地方，如土体中有水流逸出的部位或各排水体的周围，作用十分显著。在大部分水道中，土工合成材料起着堤坝填筑、河流护岸、海塘护脚、崩岸抢护的作用。水利工程中常用的土工合成材料有土工管、土工膜、土工布、土工袋、土工石笼（土工格宾）等。采用土工合成材料后，河道、堤坝及边岸的抗冲性能会大大提高，整体性增强。

1.3.4　土工合成材料的应用设计

土工合成材料应用设计的方法属于"功能设计"的范畴，即根据土工合成材料应用的主要功能和设计理论确定土工合成材料要求的性能指标，根据材料试验结果和不同的折减系数得到土工合成材料的允许特性指标，则设计的安全系数 F_s 用下式计算

$$F_s = \frac{允许特性}{要求特性}$$

$$允许特性 = \frac{试验特性}{折减系数}$$

其中，设计理论来自相关工程设计中成熟的模型，并结合土工合成材料的特点做一些必要的修正；折减因素需综合考虑材料的蠕变、施工损伤、化学损伤和生物损伤等影响。土工合成材料的应用设计大多选用较大的安全系数，倾向于保守。当然，设计还应遵循施工方便和投资节省的原则。

参 考 文 献

[1]　南京水利科学研究院. 土工合成材料测试手册［M］. 北京：水利电力出版社，1991.

[2]　陆士强，王钊，刘祖德. 土工合成材料应用原理［M］. 北京：水利电力出版社，1994.

[3]　土工合成材料工程应用编写委员会. 土工合成材料工程应用手册［M］. 北京：中国建筑工业出版社，1994.

[4]　中华人民共和国建设部. 土工合成材料应用技术规范：GB 59290—2014［S］. 北京：计划出版社，2014.

[5]　中华人民共和国水利部. 水利水电工程土工合成材料应用技术规范：SL/T 225—1998［S］. 北京：中国水利水电出版社，1998.

[6]　中华人民共和国交通部. 水运工程土工合成材料应用技术规范：JTJ/T 239—2005［S］. 北京：人民交通出版社，2005.

[7]　中华人民共和国交通部. 公路土工合成材料应用技术规范：JTG/T D32—2012［S］. 北京：人民交通出版社，2012.

[8]　中华人民共和国水利部. 土工合成材料测试规程：SL 235—2012 [S]. 北京：中国水利水电出版社，2012.

[9]　中华人民共和国铁道部. 铁路路基土工合成材料应用设计规范：TB 10118—2006 [S]. 北京：铁道出版社，2006.

[10]　王钊. 全国第五届土工合成材料学术会议论文集 [C]. 香港：现代知识出版社，2000.

[11]　国家经济贸易委员会. 土工合成材料推广应用图集 [M]. 北京：科学普及出版社，2000.

[12]　王钊. 国外土工合成材料的应用研究 [M]. 香港：现代知识出版社，2002.

[13]　王钊. 全国第六届土工合成材料学术会议论文集 [C]. 香港：现代知识出版社，2004.

[14]　HOLTZ R D, CHRISTOPHER B R, BERG R R. Geosynthetic Engineering [M]. Richmond：Bitech Publishers Ltd. , 1997.

[15]　KORNER R M, Designing with Geosynthetics [M]. 5th ed. New Jersey：Prentice-Hall Inc. , 2005.

[16]　王钊. 土工合成材料 [M]. 北京：机械工业出版社，2005.

[17]　包承纲. 土工合成材料应用原理与工程实践 [M]. 北京：中国水利电力出版社，2008.

[18]　徐超，邢皓枫. 土工合成材料 [M]. 北京：机械工业出版社，2010.

[19]　王正宏，包承纲，崔亦昊，等. 土工合成材料应用技术知识 [M]. 北京：中国水利电力出版社，2008.

[20]　Http：//www. geosyntheticssociety. org [OL].

[21]　Http：//www. tensarcorp. com [OL].

第 2 章
土工合成材料的制造

2.1 概述

　　土工合成材料的主要产品有土工织物、土工膜、土工格栅、土工格室、土工网、土工复合材料（如塑料排水带）等。土工织物是用合成纤维按照不同的生产方法制造的，其中经过经纬机织生产的产品称为有纺织物（又称纺织物）；而把纤维网经机械加工或热黏合或化学黏合的方法而生产的产品称为无纺织物（又称非织造布）。土工合成材料是由聚合物材料的颗粒（切片）经过熔融、喷丝、拉丝、压延、吹塑、拉伸等生产过程形成不同形状的产品，如丝、片、膜、网等，或再经过一定的加工工艺制成的具有不同用途的合成材料产品。

　　土工织物是由丝、纱、条带制成的，它们的基本结构是合成纤维。因此合成纤维的形状和聚合物的品种对土工织物的特性有一定的影响。在研究土工织物的性质和试验方法之前，首先要了解合成纤维的性质及生产方式。本章还将介绍几种主要产品的生产方法。

2.2 合成纤维

2.2.1 合成纤维简介

　　合成纤维是以煤、天然气、石油等为原料，经过提炼出可供合成的有机物质，再通过化学方法合成为高分子化合物（聚合物），最后经过熔融或溶解成为黏稠纺丝液，在一定压力下由喷丝头喷丝，并经加工而制成的各种纤维。

　　纤维（丝）是合成材料的最主要形式，是一种长度与截面直径之比大于 1000，富于柔曲性，具有一定强度的材料。由于纤维截面形状的差异和不均匀性，习惯上用纤维的线密度（纤度）表示纤维的粗细程度，即用单位长度的质量作为单位。在纤维及纺织术语中采用下列专用的线密度单位：特克斯（tex），1tex 代表 1000m 长纤维的质量为 1g；旦尼尔（denier）或旦（den），1den 代表 9000m 长纤维的质量为 1g；分特克斯（dtex），表示 10000m 长纤维的质量，即 1tex = 10dtex。其中 tex 单位是我国的法定计量单位。此外，纱线用号数表示粗细，公制号数（公制支数，N）也是用 1000m 纱线质量的克数来表示，如 28 号纱线即 1000m 长的纱线质量为 28g。

　　合成纤维可以根据需要制成不同的线密度，也可以制成长丝或切成不同长度的短纤维。合成纤维按长度和线密度可分为棉型、毛型和中长型三种。棉型纤维长度为 30~40mm，线密度约为 1.67dtex；毛型纤维长度为 70~150mm，线密度为 3.3dtex 以上；中长纤维的长度为 51~76mm，线密度为 2.2~3.3dtex。

纤维的卷曲度对无纺织物的均匀性和织物的弹性有一定的影响，一般使合成纤维的卷曲数为每厘米 4~6 个卷曲。

当把若干根纤维集束成纱时，必须加以适当的捻度使纺成的纱线具有一定的强度和弹性。公制的捻度是以 1m 长度中的捻回数来表示的。捻向分为 Z 捻（反手捻）和 S 捻（顺手捻）两种。

除合成纤维，还有天然纤维（如棉、毛、丝、麻等）和人造纤维。其中人造纤维是利用自然界的天然高分子化合物（纤维素、蛋白质）做原料制成的人造纤维素纤维（如黏胶纤维、铜氨纤维和醋酸纤维等）和人造蛋白质纤维（如大豆、玉米、花生蛋白质纤维等）。

合成纤维与其他纤维相比，主要优点有强度高、弹性好、耐磨、耐化学腐蚀、不发霉、不怕虫蛀、不缩水等。因此，合成纤维在日常生活和工农业生产中应用越来越广泛。

2.2.2 几种主要合成纤维的化学成分和特性

目前大规模生产的合成纤维达 30~40 种，主要有锦纶（尼龙）、涤纶（聚酯）、丙纶（聚丙烯）、乙纶（聚乙烯）等。

（1）锦纶（polyamide，PA） 锦纶的化学成分是聚酰胺，它是由石油的衍生物氨基酸 $[HOOC—(CH_2)_4—HOOC]$ 和内酰胺 $[H_2N—(CH_2)_6—NH_2]$ 聚合而成。主要有尼龙 6 和尼龙 66，占聚酰胺产品的 80%。其显著特点是强度高（比钢丝绳强度大）、质轻（比棉花轻 35%）、耐磨、耐腐蚀、不怕虫蛀等。它的缺点是拉伸模量较低，尺寸稳定性差，加荷后会产生蠕变，且价格较高。锦纶常用于混凝土、水泥砂浆的模袋布（fabriform mat），又称"法布"。

（2）涤纶（polyester，PET） 它的化学成分是聚酯，由石油的衍生物乙二醇 $(HOCH_2—CH_2OH)$ 与对苯二甲酸酯聚合而成。其特点是干湿强度均高、初始模量高、变形恢复能力好、耐冲击性能好（比锦纶高 4 倍）、耐磨性好（仅次于锦纶），而抗皱性、保形性为其他纤维所不及。因涤纶的原料价格比尼龙低廉，其产量远超过尼龙，为合成纤维第一位。涤纶的缺点是吸湿性、透气性、染色性差，不耐暴晒。

（3）丙纶（polypropylene，PP） 丙纶的化学成分是聚丙烯，由丙烯分子（C_3H_6）在催化剂作用下聚合而成。丙纶是后起之秀，质轻、强度高，比涤纶轻得多，能浮于水面，强度不比锦纶逊色。它的另一显著特点是熔点低，也常用作纤维型热黏合剂。其缺点是吸湿性差、蠕变现象明显、防老化性能（耐晒性）差，常在制颗粒时加入添加剂（如抗氧剂和光稳定剂等）或防老化母料，以提高防老化的能力。

（4）乙纶（polyethylene，PE） 乙纶的化学成分是聚乙烯，由乙烯分子（C_2H_4）聚合而成。根据聚合反应时不同的压力、温度和催化剂，乙纶可以分别生成低密度聚乙烯（LDPE）、线性低密度聚乙烯（LLDPE）和高密度聚乙烯（HDPE）。乙纶的相对密度（比重）为 0.90~0.96，断裂强度为 400~760MPa，回潮率为 0。乙纶具有较好的化学稳定性，其强度高、韧性更好，也常用于制作丝和条带（扁丝），生产土工织物和土工格栅。乙纶的缺点是耐热性差，其熔点在 110~120℃，而且与品种有关。同时，乙纶的防老化性能也较差，常在制颗粒时加入添加剂（如抗氧剂和光稳定剂等）或防老化母料，以提高防老化的能力。

合成纤维经过黏合或搓捻形成纱线，纱线的拉伸特性与温度、拉伸速率有关，一般情况下，强度随温度升高而下降，随拉伸速率加快而提高。图 2-1 表示四种典型纱线在 20℃、拉伸速率每分钟 10% 条件下的荷载-伸长率曲线。

表 2-1 对合成纤维、天然纤维和人造纤维三种纤维的性能进行了对比。

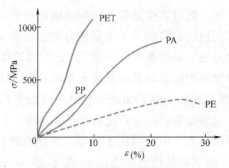

图 2-1 四种典型纱线的荷载-伸长率曲线

表 2-1 一些重要的纺织纤维的物理力学性质

品种	名称	相对密度	断裂强度 /(g/den)		断裂伸长率 (%)		弹性模量 /(g/den)		在 65% 相对湿度时的回潮率(%)	耐晒性	热稳定性
			干	湿	干	湿	干	湿			
合成纤维	锦纶	1.14	4.8~8.0	3.5~7.0	15~35	20~40	35~50	20~40	4.0~4.5	强度降	在 220~260℃ 熔融
	涤纶	1.38	3.5~6.0	3.5~6.0	15~40	15~40	90	90	0.4	优	在 250℃ 熔融
	丙纶	0.90	5.0~9.0	5.0~9.0	15~30	15~30	30~45	30~45	0	差	在 140℃ 软化
天然纤维	棉	1.5	3.0~5.0	3.0~6.0	4~9	5~12	40~90	30~60	7.0~8.0	较差	在 150℃ 分解
	毛	1.32	1.0~1.7	0.8~1.6	25~35	25~50	25~35	20~30	15.0~17.0		在 130℃ 分解
	丝	1.25	3.0~5.0	3.0~4.0	20~25	30	80~120	80~120	11.0		在 130℃ 分解
人造纤维	醋酸纤维	1.33	1.0~1.5	0.7~1.1	25~40	30~45	25~40	20~35	6.4	良	在 165℃ 软化

合成纤维的主要化学原料为聚酰胺、聚酯、聚丙烯和聚乙烯等聚合物（高分子材料），它们在其合成、储存、加工和最终应用的各个阶段都可能发生变质，即材料的性能变坏，如相对分子质量减小、表面均裂等，更为严重的是可导致抗断裂强度和伸长率等力学性能大幅度下降，从而影响正常使用，这种现象称为老化。聚合物老化的本质是一种化学反应，即以弱键发生化学反应（如氧化反应）为起点并引发一系列化学反应。它由许多原因引起，如热、光（紫外线）、氧、杂质、机械应力、有害液体等，既可以是单一因素，也可以是多种因素共同作用。为了防止老化，就必须采取一定的措施，阻止或延缓老化的化学反应。其中防老化最常用的方法就是加入添加剂（如抗氧剂、光稳定剂等）。

另外，还可以在合成纤维中加入其他的添加剂，如着色剂、助燃剂、增韧剂、增塑剂、发泡剂等。

2.2.3 合成纤维的生产过程

合成纤维的生产方法有熔融法、干法和湿法三种。从聚合物到纤维的形成过程如图 2-2

所示。熔融纺丝是聚合物加热熔融后的纺丝方法，如聚酯、聚酰胺、聚丙烯、聚乙烯等就是采用该法制造的。干法是聚合物浓溶液从喷丝孔挤出，进入加热气体中，并使溶剂蒸发的纺丝方法，如聚氯乙烯（氯纶）、聚丙烯腈（腈纶）长纤等就是用该法制造的。湿法是聚合物浓溶液由喷丝口挤出后进入纺丝浴（凝固浴）脱溶剂形成纤维的方法，如聚乙烯醇缩甲醛（维尼纶）和腈纶短纤等就是用湿法生产的。

熔融纺丝的生产过程如图2-3所示。干燥的聚合物颗粒存于储罐1内，带有加热器的螺杆挤出机2由电动机3驱动，熔融的聚合物加压后经多个支管，通过计量泵4供给各喷丝头5，形成的丝经上油装置6、导丝轴7，由卷绕装置8卷绕。油剂由平滑剂、乳化剂和抗静电剂等组成，以保证拉伸机卷绕的顺利进行。卷绕前的拉伸及热固处理可使分子链进一步延长和定向，给纤维以要求的抗拉强度、拉伸模量，以及断裂伸长和蠕变特性。熔融丝从喷丝头形成后也可直接或切短后铺成絮垫，以便制造无纺织物。

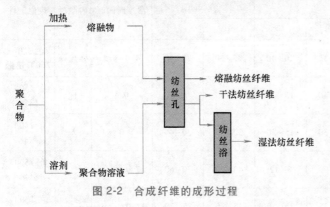

图 2-2　合成纤维的成形过程

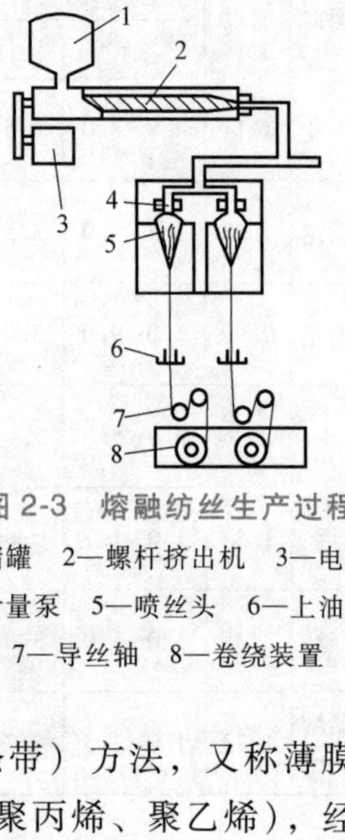

图 2-3　熔融纺丝生产过程
1—储罐　2—螺杆挤出机　3—电动机
4—计量泵　5—喷丝头　6—上油装置
7—导丝轴　8—卷绕装置

合成纤维的生产方法除以上纺丝外，还有拉丝（扁丝，即条带）方法，又称薄膜切割扁丝法。薄膜切割扁丝法的制造原理：由挤出塑料薄膜（通常用聚丙烯、聚乙烯），经纵向分切、单轴拉伸（拉伸倍数可达 5~11。一般拉伸倍数越大，扁丝强度就越高）后，聚合物长链分子沿拉伸方向取向，使纵向强度大大提高，而横向（垂直于拉伸方向）强度较低，再经热定型制成各向异性的扁丝。

薄膜切割扁丝平膜法的生产过程如图2-4所示。聚合物（聚丙烯、聚乙烯）原料被烘干后加入料斗，在料筒的螺杆槽中被熔融，加压推向机头形成黏流态膜片（1），然后进入水箱进行冷却定型，并通过切割成为一定宽度的薄膜（2）。这种条带是扁平的，宽度在 1~

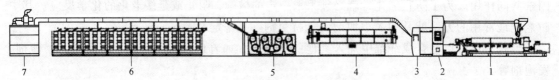

图 2-4　典型扁丝平膜法生产过程
1—成膜装置　2—薄膜切割装置　3—扁丝单轴向拉伸装置　4—扁丝热定型装置
5—扁丝单轴向拉伸装置　6—扁丝卷绕装置　7—废丝回收管道/废丝集箱

15mm，厚度在 $20\sim80\mu m$，条带（扁丝）在拉伸牵引力的作用下，进行单轴向拉伸（3），并经过热定型（4），最后进行单轴向拉伸（5），达到工艺设计的线密度、强度和伸长率等。另外，可以在拉伸后经过纤维化处理，裂开成网状结构（裂膜丝）。最后卷绕在纱管上（6）。扁丝生产过程中的废丝被集中到废丝集箱（7）中，并回收利用。

2.3　土工织物

2.3.1　有纺织物的生产过程及性能

有纺织物（有纺土工织物、机织土工布、编织土工布）按织机类型分为平织机、剑杆织机、片梭织机、圆织机等。

有纺织物的生产过程以平织机为例来说明。平织机由两组平行的纱线（或扁丝）组成，一组沿织机的纵向（织物行进的方向）称为经纱（warp）；另一组横向布置称为纬纱（weft）。其生产过程如图 2-5 所示。将经纱绕在一个或多个经纱轴（又称织轴）上，为满足经纬纱交织的需要，由送经机构将经纱在一定张力下从织轴上退绕。经纱绕过后梁，通过停经片后，穿过棕框中的棕眼，借助开口机构的棕框将经纱按单双数两类，上下分开形成梭口，再由投梭机构的引纬器

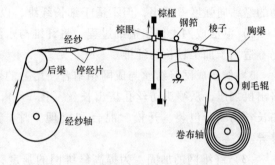

图 2-5　有纺织物的生产过程

（如梭子）将纬线引入形成的梭口。为了使纬纱交织紧密，由打纬机构的钢筘将引入梭口的纬纱打向织口，最后通过卷取机构将已织好的织物经过卷布刺毛辊、导布辊卷到卷布轴上。

现代织机除了上述五个主要机构，还有经纬纱断头自停机构、连续补给纬纱的自动换纱机构、预防织疵和安全保护的装置等辅助机构。此外，现代纺织技术中纬纱的运动可由置于织机侧面的静止纬纱束借助气、水射流完成。

有纺织物的产品说明（或特征描述）中应包括下列内容：
1）纤维的原材料和添加剂。
2）经纬纱的形式，如单丝、扁丝或多股纱。
3）纱线的线密度、捻度。
4）织纹形式和经纬密度（单位长度内经纬纱的根数）。
5）单位面积质量。
6）幅宽和卷长。

有纺织物性能的要求可查阅 GB/T 17640—2008《土工合成材料　长丝机织土工布》。

2.3.2　无纺织物的生产过程及性能

无纺织物（无纺土工织物、非织造土工布）按纤维长短分为短纤无纺织物（如短纤针刺非织造土工布）、长丝无纺织物（如长丝纺黏针刺非织造土工布）。

无纺织物生产过程包括纤维成网前的开松与混合、纤维网（絮垫）的形成、纤维网的

加固及织物的后整理。

(1) 开松与混合　制备好的短纤，其长度一般为 60mm，也可使用 20~120mm 长度的短纤维，纤维的线密度在 0.15~3tex。同一织物中可采用不同长度和线密度的纤维，也可选用不同聚合物原料的混合纤维。为使不同纤维混合均匀，在成网前必须充分开松。在开松混合机中，用梳针或刺辊对纤维团块进行开松，并配合风机的气流进行分离。为使各种纤维混合均匀，可与带自动称量装置的喂给机配套。

(2) 纤维成网　成网的要求是纤维在网中分布均匀，不能有明显的方向性。主要成网方法有干法成网、湿法成网和纺丝成网。

1) 干法成网应用最广，又可分为梳理成网和气流成网两种。梳理网的单位面积质量一般仅 5~27g/m²，且绝大部分纤维按机器输出方向排列，还需采用铺网装置逐层交错铺叠成所需厚度的纤维网，同时改变纤维的走向以控制经纬向强度的比值。气流成网时纤维借气流输送，杂乱排列，然后凝聚在尘笼或网帘的表面上，形成纤维网，这种成网方法速度快，织物的经纬向强度差异小，但不适于细长纤维，以及线密度与比重相差较大的混合纤维。

2) 湿法成网类似于造纸过程，将纤维与水混合，在湿态下加工成网。但目前湿法成网仍不适用于加工较长的纤维。

3) 纺丝成网将纺丝与成网相结合，熔融的聚合物（主要是涤纶、丙纶和锦纶）经螺杆挤出机加压，从喷头纺丝孔挤出长丝（图 2-3），然后借助气流直接杂乱铺设成网。该法省去长丝切断、包装、开松、混合和梳理工序，速度快，且成网的强度高，无经纬向强度差异。

(3) 纤维网的加固　为提高纤维网的强度，必须对纤维网进行加固处理。可分为机械加固、化学黏合和热黏合三种。

1) 机械加固法。该法中应用最广泛的是针刺法，其加固的过程如图 2-6b 所示。纤维网（网絮）通过环形带送入托网板，用三角形截面且边上带针钩的针群对纤维网反复穿刺。当针刺入和拔出纤维网时，针钩就带着一些纤维穿透纤维网，从而使纤维相互缠绕，达到加固的目的。按针刺进行的方式分为预针刺和主针刺两种，预针刺使纤维网形成初强度和厚度便于运送的半成品，再经过主针刺使纤维网达到一定的强度，并可刺出各种花纹得到针刺织物产品。针刺的形状如图 2-6a 所示。针刺方法的主要工艺参数包括针刺深度、针刺密度、针刺力和针刺速度等。针刺深度一般在 3~17mm 调整，视织物厚度而定。针刺密度是指纤维网单位面积内受到的针数，它与针刺速度（刺/min）、单位长度针板上的植针数（枚/m）和纤维网行进速度（m/min）等参数有关。在一定范围内提高针刺密度可使织物紧密、硬挺、强度增大，但针刺密度太大会造成针刺勾取纤维及移动纤维的困难，容易损伤纤维，反而使织物的强度下降，甚至折断刺针。一般预针刺的布针密度较小，为 500~9000 枚/m，针刺速度为 500 刺/min 左右，而主针刺布针密度较大，达 1500~15000 枚/m，针刺速度也较快，达 1000~2500 刺/min。为了进一步提高织物强度，有时可在纤维网之间夹一层有纺织物或一排经纱再进行针刺。

2) 化学黏合法。用化学黏合剂使纤维相互黏合以达到加固的目的。常用的黏合剂有丙烯酸类溶液、天然乳胶、聚乙烯醇和聚氯乙烯等。如将纤维网通过储存有黏合液的浸渍槽，然后将多余的黏合剂用轧辊轧去或吸走，再经过烘燥、焙烘制成织物。

3) 热黏合法。该法可将粉末状黏合剂（如聚乙烯、聚酰胺粉末树脂等）加入纤维网

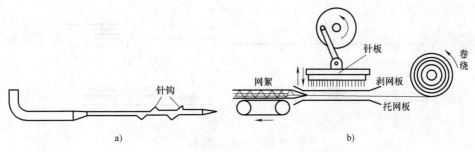

针钩

针板

卷绕

网絮

剥网板

托网板

a)　　　　　　　　　　　b)

图 2-6　针刺无纺织物的生产过程

内，或者将一定比例低熔点纤维（如丙纶、氯纶纤维等）混合进纤维原料，然后加热使黏合剂或低熔点纤维熔融，将纤维网黏合在一起。

（4）无纺织物的后整理　随着无纺织物品种和用途的增加，对其质量和使用性能提出更高的要求，因此必须对加固后的无纺织物进行处理。按处理目的大致可以归纳为以下几个方面：

1）使织物规格化，包括使织物的幅宽整齐一致，厚度形态稳定，如定幅、收缩、防皱整理等。

2）使织物柔软、丰满、厚实、硬挺。

3）通过漂白、轧光、磨光、磨绒、涂层等处理增进和改善织物的外观。

无纺织物的产品说明中应包括纤维的原料、添加剂、纤维的长度和线密度、成网和加固方法、单位面积质量和厚度、幅宽和卷长。

无纺织物性能的要求可查阅 GB/T 17639—2008《土工合成材料　长丝纺黏针刺非织造土工布》。

2.3.3　土工织物的连接

土工织物的幅宽一般在 6m 以下（圆织机生产的扁丝编织土工布幅宽可达 12m），工程应用时，连接是必需的。一种方法是在织物生产厂进行预连接，该法质量好；另一种方法是在工地现场连接，后者实际上是不可避免的。连接缝往往是土工织物的薄弱环节，设计时应尽量使其处在受力较小的位置，或将接缝的垂直方向避开主拉力的方向。连接的方法有下面几种：

（1）搭接　该法经常使用，特别适合铺设于水下部位的织物。织物间的搭接量由结构的要求和铺设的误差而定。水上部分可采用较小的搭接量，如 25~30cm，并可用塑料扣或 U 形钉进一步减小搭接量；水下部位应加大搭接量，如 50cm 或更大。

（2）缝接　缝接是一种线的构造单元，将线以一定间隔反复穿过织物的接头。接头的方式有肘接、蝴蝶接、叠接和帽接等（图 2-7）。接头强度与针脚间距和缝线的强度有关：肘接可达织物强度的 25%~75%；叠接用于工厂预制的接头，一般可达 90% 的织物强度，且持砂性能较好；蝴蝶接与帽接多用于无布边的织物，它们分别是肘接和叠接的变形形式。

缝线的缝接形式主要有两种，一种是锁缝，常用于工厂预制的接头；另一种是链缝，多用于工地现场的接头（图 2-8）。显然，缝接的形式主要取决于缝纫机或封口机的型号和性能。

缝线的材料主要有锦纶（PA）、涤纶（PET）和芳纶（芳香族聚酰胺，aramide，简记

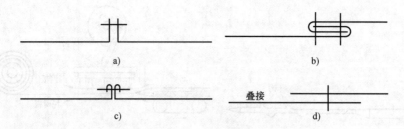

图 2-7 织物的缝接

a) 肘接 b) 帽接 c) 蝴蝶接 d) 叠接

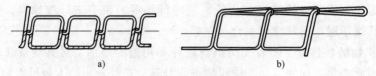

图 2-8 缝线的缝接形式

a) 锁缝 b) 链缝

为 AR），它们的强度比约为 1∶2∶3。

（3）黏接 土工织物的接头可用黏合剂黏接，常用的有机黏合剂如图 2-9 所示。

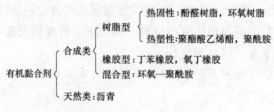

图 2-9 常用的有机黏合剂

合成树脂黏合剂是目前运用最广的黏合剂，它分为热塑性和热固性两种。热塑性树脂具有线形分子结构，柔软、耐冲击，但强度低。热固性树脂具有网状交联的立体结构，具有刚性、脆性，黏合强度较高。此外，出现了混合型树脂黏合剂，以便获得更好的黏结效果。各种黏合剂中除了上述主要成分，还有一些辅助成分，如固化剂、增塑剂、稀释剂和填料等。用黏合剂黏合一般可得到较高强度，但成本也高，应谨慎地通过试验选用。对有纺织物，特别是含有惰性材料（如聚乙烯）的有纺织物，黏接效果差，很少采用黏接方法。

热黏接常常是很有效的方法，如采用熔化的沥青作黏合剂，也可以不用黏合剂，直接用喷灯在低温下距织物 20cm 进行熔接，或用电烙铁进行熔接。热黏接时接缝宽度不应小于 5cm。

（4）扎接 每块织物卷边缝合，并插入承力的硬轴，然后用钢丝或塑料环将卷边连同硬轴捆扎在一起，如图 2-10 所示。该法常用于承受拉力的接头。

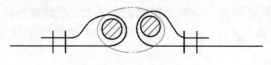

图 2-10 织物的扎接

2.4　土工膜和复合土工膜

2.4.1　土工膜的生产过程及性能

土工膜按生产工艺分类为吹塑法（又称管膜法）、压延法、挤压法、层压法。其中吹塑法还可分为上吹法、平吹法、下吹法。

1. 吹塑法

土工膜生产过程：聚合物原料（主要是不同密度的聚乙烯）经挤出机熔融后，通过环形模口挤出，形成薄壁管坯，再经吹胀、冷却、剖开、展平即制得土工膜。其上吹法生产过程如图 2-11 所示。干燥的聚合物颗粒存于料斗 2 内，带有加热器的螺杆挤出机 1 将熔融的聚合物向前挤压，经过机头 3，通过模口挤出熔融状态的管坯，经吹胀后的管膜通过风环 6 外冷却和内冷却，经过人字板 4，使整个管膜冷却定型，再通过牵引辊 5 牵引，经过剖开，展平，最后被收卷机 7 收成整卷的土工膜。

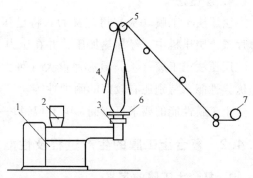

图 2-11　上吹法土工膜的生产过程

1—挤出机　2—料斗　3—机头　4—人字板
5—牵引辊　6—风环　7—收卷机

目前上吹法可以生产出幅宽达 8m、厚度达 3mm 的聚乙烯土工膜。

2. 压延法

压延法土工膜可定义为：将加热塑化的热塑性塑料通过两个以上的相向旋转的辊筒间隙，以得到规定尺寸的薄膜。常用的四辊压延机可分为 I 形、L 形、正 Z 形和倒 Z 形四种，如图 2-12 所示。在进入压延机之前，必须将聚合物（主要是聚氯乙烯）和增塑剂、稳定剂、填充剂、颜料等助剂，用机械搅拌的方法充分粉碎混合，并加温、加压，在高剪切力下混炼。

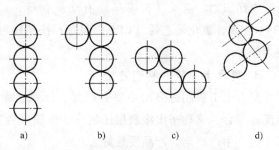

图 2-12　四辊压延机辊筒的排列方式

a) I 形　b) L 形　c) 正 Z 形　d) 倒 Z 形

压延法土工膜的原材料主要为聚氯乙烯，常见产品有三种：①单层聚氯乙烯膜；②两层聚氯乙烯膜经热复合机加热加压形成的双层复合膜；③两层聚氯乙烯膜经热复合机加热加压于布基（加强网）的两面形成夹网聚氯乙烯膜。

GB/T 17688—1999《土工合成材料　聚氯乙烯土工膜》规定，三种膜的渗透系数均不大于 10^{-11} cm/s，不同厚度单层膜的耐静水压力见表 2-2。

表 2-2　单层聚氯乙烯膜的耐静水压规定值

膜材厚度/mm	0.30	0.50	0.80	1.00	1.50
耐静水压/MPa≥	0.50	0.80	0.80	1.00	1.50

3. 挤压法

挤压法（又称平膜挤出法）是将聚合物（常用聚乙烯、聚丙烯、聚氯乙烯等）经挤出机熔融塑化，从机头狭窄的模口挤出熔融状的片坯，经辊筒压光冷却，牵引，切边，然后卷曲成土工膜。

挤压法在聚合物原料选用上比吹塑法有更大的自由，能生产比压延法更宽和更厚的土工膜。

4. 层压法

层压法土工膜（板）可定义为：将已压延成型的聚合物（主要是聚氯乙烯、聚丙烯）薄片置于层压机中，经加热加压，并在压力下冷却定型而制成的膜（板）。

层压法土工膜（板）具有厚度大（可大于3mm）、强度高、刚性大、韧性好、尺寸稳定等优异性能，特别还有较好的耐蚀性等。

土工膜性能的要求可查阅 GB/T 17643—2011《土工合成材料 聚乙烯土工膜》。

2.4.2 复合土工膜的生产过程及性能

1. 复合土工膜的定义

复合土工膜可定义为：以织物为基材，以聚乙烯、聚氯乙烯等土工膜为膜材，经流延、压延、涂刮、辊压等复合而成的复合土工膜。

2. 复合土工膜的分类

复合土工膜按其织物（布）基材可分为短纤针刺无纺织物、长丝纺黏针刺无纺织物、长丝有纺织物、扁丝（裂膜丝）有纺织物等；按膜材可分为聚乙烯（PE）膜、聚氯乙烯（PVC）膜、氯化聚乙烯（CPE）膜等；按结构可分为一布一膜、二布一膜、一布二膜、多布多膜等。

3. 复合土工膜的制造方法

复合土工膜制造方法主要有流延、压延、涂刮、辊压四种复合方法。其中，流延（挤出流延复合，又称挤出涂覆层压复合、涂膜复合）、压延（挤出压延复合方法）两种方法技术先进、生产率高、产品质量好。

（1）挤出流延复合土工膜的制造方法 该法是以聚丙烯、聚乙烯、EVA（乙烯-醋酸乙烯共聚物）等为原料，经挤出流延成熔融膜层，涂覆到织物基材表面，通过压辊层压复合（黏合）成复合土工膜。可以是一布一膜或二布一膜等。一般膜厚可达0.5mm。

（2）挤出压延复合土工膜的制造方法 该法是以聚丙烯、聚乙烯、EVA等为原料，经挤出熔融膜（片）材，通过三辊压延机，与织物基材复合成复合土工膜。可以是一布一膜（片）或二布一膜（片）等。膜（片）厚一般0.3~5mm。

4. 复合土工膜的性能

复合土工膜主要用于防渗，同时具有较高的强度和摩擦系数。

复合土工膜性能可查阅 GB/T 17642—2008《土工合成材料 非织造布复合土工膜》规定的技术要求，基本项技术要求见表2-3，非织造复合土工膜耐静水压规定值见表2-4。

表 2-3　基本项技术要求

	项目		指标							
	标称断裂强度/(kN/m)		5	7.5	10	12	14	16	18	20
1	纵横向断裂强度/(kN/m)	≥	5.0	7.5	10.0	12.0	14.0	16.0	18.0	20.0
2	纵横向标准强度对应伸长率(%)		30~100							
3	CBR 顶破强力/kN	≥	1.1	1.5	1.9	2.2	2.5	2.8	3.0	3.2
4	纵横向撕破强力/kN	≥	0.15	0.25	0.32	0.40	0.48	0.56	0.62	0.70
5	耐静水压/MPa		按表 2-4 取值							
6	剥离强度/(N/cm)	≥	6							
7	垂直渗透系数/(cm/s)		按设计或合同要求							
8	幅宽偏差(%)		−1.0							

注：1. 实际规格（标称断裂强度）介于表中相邻规格之间，按线性内插法计算相应考核指标；超出表中范围时，考核指标由供需双方协商确定。

2. 第 6 项如测定时试样难以剥离或未到规定剥离强度基材或膜材断裂，视为符合要求。

3. 第 8 项标准值按设计或协议。

4. 实际断裂强度低于标准强度时，标准强度对应伸长率不作符合性判定。

表 2-4　非织造复合土工膜耐静水压规定值　　　　（单位：MPa）

膜材厚度/mm	0.2	0.3	0.4	0.5	0.6	0.7	0.8	1.0
一布一膜	0.4	0.5	0.6	0.8	1.0	1.2	1.4	1.6
二布一膜	0.5	0.6	0.8	1.0	1.2	1.4	1.6	1.8

2.4.3　复合土工膜的连接

复合土工膜的连接包括织物和织物的连接（见 2.3 节），膜和膜的连接（主要有黏接和焊接两种），土工膜与周围岩土及混凝土的连接，见 5.4 节。

2.5　土工网和土工复合排水网、其他土工复合排水材料

2.5.1　土工网和土工复合排水网

土工网（geonet）是一种大网格的二维结构，主要用于和上下两面的无纺织物滤层（或一面无纺织物、另一面土工膜）构成复合排水体。因此，土工网和土工复合排水网是不可分开的同一材料。

土工网是以聚合物为主要原料，采用挤出工艺，经特制的旋转机头一步制成的非编织型整体化平面网状结构。

土工网使用的聚合物主要有高密度聚乙烯（HDPE）、低密度聚乙烯（LDPE）、聚丙烯（PP）等，其中尤以高密度聚乙烯的用量最多。为满足土工网的工程特性，还须选用添加剂（如抗氧剂、光稳定剂、着色剂等）对聚合物进行改性。

1. 排水土工网的结构

排水土工网是由两组或三组筋条以一定角度交叉形成的网状结构，具有排水道槽和通

道。其中三组筋条排水网结构如文前彩图 7 所示。三组交错的肋条中，中间的直肋条刚性很大，形成矩形排水通道。应用于土中排水时，不会因压力使通道面积显著减小或使无纺织物显著侵入通道。

2. 土工网的性能指标

（1）规格指标

1）尺寸，一般是以长度（m）×宽度（m）表示。质量控制要点是长度不能短于规定值，宽度一般由定型套决定，是不会小于规定宽度要求的。

2）网孔尺寸，指网孔内侧对角线的尺寸（mm）。

3）网厚，指网格节点之厚度（mm）。

4）网重，指单位面积质量（g/m^2）。

（2）物理力学指标

1）抗拉强度，指网丝在受拉伸至断裂为止所能承受的最大荷载（kN/m）。

2）延伸率，指承受最大荷载时的伸长率（%）。

3）压缩变形和压缩蠕变特性。

（3）导水率　排水土工网最重要的工程性质是在设计荷载及水力梯度条件下的平面导水率（m^3/s）。

2.5.2　其他土工复合排水材料

土工复合排水材料主要有塑料排水带、穿孔波纹管、弹簧软式透水管和塑料盲沟四种不同结构的产品。这些材料正逐步取代以碎石外包无纺织物的渗排结构。

塑料盲沟材料上市最早。在 1977 年以前，日本已形成规模生产和应用。穿孔波纹管是在 20 世纪 80 年代塑料波纹管规模生产后出现的，因其开孔率低，易淤堵，缺乏弹性而未被较大规模使用。弹簧软式透水管是 20 世纪 90 年代初由中国台湾一工程师发明，它有足够的弹性和一定的透水功能，几年来为众多工程设计所采用。但它的有纺织物外壁易淤堵，不能长久稳定地保持渗透水的功能。

塑料排水带（参见文前彩图 5）是我国较早生产和应用的土工复合排水材料，目前已广泛应用于软基处理，基本取代砂井和袋装砂井。

综上所述，可用于排水的土工合成材料有土工织物、土工网和土工复合排水材料。然而它们的排水能力是不同的。虽然土工织物的渗透系数很大，是一种优良的透水材料，但作为排水材料，渗流是沿着土工织物平面在其内部进行的，由于土工织物的厚度不大，且受压后变薄，故其导水率在三者中是最小的，如果要求的导水率和上覆压力较大，应优先选用土工网和土工复合排水材料。

2.6　土工格栅和土工网垫

2.6.1　土工格栅

土工格栅（geogrid）是整体由抗拉材料直接而成的，呈规则孔状的一种平面聚合物结构，可以是挤压拉伸、黏合或编织而成。首先生产的是塑料土工格栅，如图 1-1 所示。本书只介绍塑料土工格栅。

1. 塑料土工格栅的定义及分类

塑料土工格栅可定义为：以聚丙烯（PP）或高密度聚乙烯（HDPE）等为主要原料，加入抗紫外线等的助剂（如抗氧剂、光稳定剂等），经挤出板材、冲孔、拉伸（单向或双向）成型而制成的土工格栅。

塑料土工格栅，按使用的原材料可分为聚丙烯土工格栅和高密度聚乙烯土工格栅；按成型时的拉伸方向可分为单向拉伸塑料土工格栅、双向拉伸塑料土工格栅等。

2. 塑料土工格栅制造方法

塑料土工格栅制造方法主要有两种。一种是聚合物（聚丙烯或高密度乙烯）经挤出成板材，在板材上进行有规则地冲孔，然后对孔板进行加热、拉伸（单向或先单向后双向）。另一种是聚合物（聚丙烯或高密度聚乙烯）直接挤出成型网板，经加热进行拉伸。

拉伸过程使原来随机方向分布的团状分子链沿拉伸方向重新定向排列，呈直线状态。从而，使土工格栅的抗拉强度大大增加，拉伸应变和蠕变应变均明显降低，显著提高了材料的力学性能。

3. 塑料土工格栅性能

塑料土工格栅性能的要求可查阅 GB/T 17689—2008《土工合成材料　塑料土工格栅》。

在特殊情况下，可通过工艺手段来适当调整伸长率指标。其他性能指标还有蠕变性能、脆性和防老化性能等。

2.6.2　土工网垫

土工网垫（geomat）是一种三维结构，又称塑料三维土工网垫（参见文前彩图 8），它是控制水土流失的坡面防护土工合成材料。

1. 塑料三维土工网垫的定义及分类

塑料三维土工网可定义为：底面为双向拉伸平面网，表面为非拉伸挤出网，经点焊复合，热收缩形成表面呈凹凸泡状的多层塑料三维结构网垫。

塑料三维土工网垫，按成型方式可分为点焊成型与缝合成型；按层数可分为二层、三层、四层、五层，分别用 EM_2、EM_3、EM_4、EM_5 表示。

2. 塑料三维土工网垫制造方法

以热塑性树脂（可以是聚乙烯、聚丙烯、尼龙 6 等）为原料，经挤出成网拉伸，复合成型等工序而制成的多层塑料三维土工网垫。

3. 塑料三维土工网垫性能

塑料三维土工网垫比其他土工网垫强度高，更容易与土壤、植被良好结合，促进植物生长，可有效地防止水土流失。因此，这种土工网垫目前应用较多。

塑料三维土工网垫的设计从产品应用的角度考虑主要有四点：

1）一定的抗拉强度，以增强植被根部系统。

2）一定的厚度，以提供坡面固土、固草籽能力。

3）一定的柔韧性，以使其能在不平坡面能与坡面良好接触。

4）一定的防老化性，以使其在岩面、沙漠或植被未建立起来时，不会在短期内被老化侵蚀。

从应用的场合和经济的角度考虑，塑料三维土工网垫可设计成不同强度、厚度、单位面积质量的规格，以使其在经济合理的情况下，用于挖方（填方）边坡、缓（陡）坡、岩石（风化岩、土质、沙质）边坡等的防护。塑料三维土工网垫主要是通过改变菱形网、双向拉伸网的不同复合层数来设计不同规格的。

塑料三维土工网垫的颜色一般为绿色，因此其防老化性设计主要是通过添加一定比例的抗氧化剂和光稳定剂来实现的。黑色塑料三维土工网垫则是通过添加一定比例的炭黑母料来实现的。

塑料三维土工网垫性能要求可查阅 GB/T 18744—2002《土工合成材料 塑料三维土工网垫》。

习　题

[2-1] 纤维的几何特性包括哪些？它们是如何度量的？

[2-2] 列举主要合成纤维的化学成分、代号和商品名称，并简述它们的性能和特点。

[2-3] 试述熔融纺丝法的生产过程和获得扁丝的生产方法。

[2-4] 纺织机中哪些是主要机构？哪些是辅助机构？它们的作用是什么？

[2-5] 简述无纺织物的生产过程。

[2-6] 试总结土工织物的产品种类和生产方式。

[2-7] 土工织物的拼接方法有哪几种？各种方法的优缺点和适用条件是什么？

[2-8] 复合土工膜是怎样生产的？与单层塑料膜相比，复合土工膜有哪些优点？

[2-9] 可用作排水的土工合成材料有哪几种？试述土工复合排水网的生产方法和特点。

[2-10] 简述塑料土工格栅和土工网垫的分类及其性能。

参 考 文 献

[1] 陆士强，王钊，刘祖德. 土工合成材料应用原理 [M]. 北京：水利电力出版社，1994.

[2] 周大纲. 土工合成材料制造技术及性能 [M]. 2版. 北京：中国轻工业出版社，2019.

[3] 王钊. 国外土工合成材料的应用研究 [M]. 北京：现代知识出版社，2000.

[4] 周达飞，唐颂超. 高分子材料成型加工 [M]. 北京：中国轻工业出版社，2000.

[5] 周大纲，谢鸽成. 塑料老化与防老化技术 [M]. 北京：中国轻工业出版社，2017.

[6] 王钊. 土工合成材料 [M]. 北京：机械工业出版社，2005.

第 3 章
土工合成材料的特性和试验

3.1 概述

为了在工程中选择和应用土工合成材料，首先必须了解各种材料的特性指标，特别是用于工程设计的各个参数。土工合成材料的制造和使用涉及化工、纺织、岩土工程和环境工程等多个领域。由于土工合成材料选用的聚合物原料和生产工艺不同、用途各异，产品种类繁多，很难用统一的指标来描述其性质，并且确定各种特性指标的试验方法更为多样和复杂。为了提供可靠的特性指标，各国都制定并不断更新有关的标准，如美国材料与试验学会（ASTM）和联邦公路局（FHWA）、英国标准协会（BSI）和德国标准协会（DIN）等。国际上也有许多组织和机构成立了研究制定土工合成材料试验方法标准和规范的委员会，如国际土工合成材料学会（IGS）和国际标准化组织（ISO）。1987 年 3 月在法国巴黎召开的 ISO/TC38/SC21 土建工程用纺织品分委员会第二届国际会议讨论通过的提案中，有土工织物单位面积质量、厚度、抗拉强度、撕裂强度等指标的测试规定。我国的国家标准，水利、公路、水运、铁道各行业均制定了土工合成材料试验规范或规程等。

土工合成材料的工程特性包括物理性质、力学性质、水力学性质、土工合成材料与土相互作用及耐久性等内容。测试的目的可归纳为两个方面：一是为工程设计提供所需参数，如材料的厚度、孔径、抗拉强度、渗透系数、与土的界面摩擦系数等；二是用于比较多种产品的性能指标，如单位面积质量、孔隙率、撕裂强度等，常用于选材的对比和判断特定工程应用的适宜性。

土工合成材料的生产工艺决定了产品的均匀性，同一批产品甚至同一块产品的不同部位，其特性指标的变异性较大，同时受到环境因素的影响。为尽量保证试验结果有较高的可靠性、可比性和复现性，除要求合理的测试方法外，还必须对环境条件、取样与制样方法，以及成果整理做出统一规定。

3.1.1 取样和试样的制备

（1）取样

1）取样前，应按试验标准获取试样的数量、形状和其他信息。全部试验的试样应在同一样品中裁取。卷装材料的头两层不应取做样品，在卷装上沿着垂直于机器方向（生产方向，即卷装长度方向）的整个宽度方向裁取样品，样品应足够长，以获得所要求的试样数量。平面材料、管状材料应在同一批次产品中随机抽取样品。取样的样品数应符合相关规定要求，外观应尽量避免污渍、折痕、孔洞或其他损伤部分。

2）样品应保存在干净、干燥、阴凉避光处，并且避开化学物品侵蚀和机械损伤。卷装材料样品可卷起，但不应折叠。管状材料和块状材料样品应注意堆放高度，避免发生倾倒。

（2）制样 取样过程中应保证样品在测试前其物理状态没有发生变化。用于每次试验的试样，应从样品纵向和横向上均匀地裁取，且距样品幅边不少于10cm。试样应沿着纵向和横向方向切割，需要时标出样品的纵向，除试验有其他要求，样品上的标志必须标到试样上。

（3）试样状态调节 试验前，应对试样进行状态调节。

1）土工织物、纤维类土工合成材料。试样应置于温度（20±2）℃，相对湿度（65±4）%的环境中进行状态调节，不少于24h。

2）塑料类土工合成材料。试样应置于温度（20±2）℃的环境中进行状态调节，不少于4h。

3）当试样不受环境影响，可不进行状态调节处理，但在试验报告中应注明试验时的温度与湿度。

3.1.2 成果整理

如果共取得 N 次试验数据，其中第 i 次的试验记录为 x_i，用下式计算算术平均值 $\bar{x}$

$$\bar{x} = \frac{\sum_{i=1}^{N} x_i}{N} \tag{3-1}$$

为了反映实际测定值对算术平均值的变化范围，从而判别采用算术平均值的可靠性，还应算出相应的标准差（均方差）σ，与变异系数 C_v，

$$\sigma = \pm \sqrt{\frac{\sum_{i=1}^{N} (x_i - \bar{x})^2}{N-1}} \tag{3-2}$$

$$C_v = \frac{\sigma}{\bar{x}} \times 100\% \tag{3-3}$$

试验次数 N 一般取10次，至少为6次。对试验结果中偏离 $\bar{x}$ 较大的数据，应认真进行分析。如果是试验过程中出现过异常，或试样的尺寸误差太大，数据应舍去，并补做试验；如是试样本身质量不均匀所引起，则不应舍去。

提交试验结果时，除平均值外，还须提交标准差 σ 与变异系数 C_v。根据 C_v 值，可参考表3-1评价指标的变异性（不均匀性）。

表3-1 变异系数和变异性

变异系数 C_v	$C_v < 0.1$	$0.1 \leq C_v < 0.2$	$0.2 \leq C_v < 0.3$	$0.3 \leq C_v < 0.4$	$C_v \geq 0.4$
变异性	很低	低	中等	高	很高

3.2 物理性质

表征土工合成材料物理性质的指标主要包括单位面积质量、厚度，以及土工格栅、土工

网的网孔尺寸等。

1. 单位面积质量（mass per unit area）

单位面积质量能反映产品的原材料用量，反映土工合成材料的均匀程度和质量的稳定状况，还能反映材料的抗拉强度、顶破强度和渗透系数等多方面特性。不同产品的单位面积质量差别较大，一般在 $50 \sim 1200 \mathrm{g/m^2}$。测试方法采用称量法。

测量土工织物时，按制样方法在样品上剪取面积为 $10000 \mathrm{mm^2}$ 试样 10 块，剪裁和测量精度为 1mm；测量土工格栅、土工网等孔径较大的材料时，试样尺寸应能代表该种材料的全部结构，剪裁后应测量每个试样的实际面积。用感量为 0.01g 的天平进行测量，每块试样测量一次。根据测试结果，按下式计算每块试样的单位面积质量

$$m = \frac{M \times 10^6}{A} \tag{3-4}$$

式中　m——单位面积质量，$\mathrm{g/m^2}$；

　　　M——试样质量，g；

　　　A——试样面积，$\mathrm{mm^2}$。

根据成果整理的方法计算单位面积质量的算术平均值、均方差和变异系数。

2. 厚度（thickness）

土工织物厚度指在承受一定压力（一般指 2kPa）的情况下，织物上下两个平面之间的距离，单位为 mm。土工织物的厚度在承受压力时变化很大，且随加压持续时间的延长而减小，故测定厚度应按要求施加一定的压力，并规定在加压 30s 时读数。施加的压力分别为 $(2 \pm 0.01) \mathrm{kPa}$、$(20 \pm 0.1) \mathrm{kPa}$ 和 $(200 \pm 1) \mathrm{kPa}$，可以对每块试样逐级持续加压测读。

测量时将试样放置在厚度测定仪基准板上，用与基准板平行、下表面光滑、面积为 $(25 \pm 0.2) \mathrm{cm^2}$ 的圆形压脚对试样施加压力，试样直径至少大于压脚直径的 1.75 倍，压脚与基准板间的距离即土工织物的厚度。也可用压缩仪、无侧限压缩仪等土工仪器测量织物厚度，要求基准板直径应大于压脚直径的 1.75 倍，试样的直径应不小于基准板的直径。土工织物的厚度一般为 $0.1 \sim 5 \mathrm{mm}$，最大可达十几毫米。对厚度超过 0.5mm 的织物，测量精度要求为 0.01mm，当厚度小于 0.5mm 时，精度为 0.001mm。试样数目为 10 块，结果取平均值，并计算均方差和变异系数。

土工织物厚度对其力学性能和水力学特性指标影响很大，测量时要保证精度。为了便于查找不同压力下的厚度值，通常根据试验成果绘制厚度随压力的变化曲线。

土工膜厚度的测定步骤：

1）在距样品纵向端部大约 1m 处，沿横向整个宽度截取试样，试样条宽 100mm，无折痕和其他缺陷。

2）清洁试样表面和仪器各测量部位。测量前应检查或调整厚度测量仪零点，在每组试样测量后应重新检查其零点。

3）提起测头，将试样自然平放在两测面之间，平缓放下测头，使试样受到规定压力，待读数稳定后，记录读数。

4）按等分试样长度的方法确定测量厚度的位置点：当土工膜长度大于等于 1500mm 时，至少测 30 点；膜长度在 $300 \sim 1500 \mathrm{mm}$ 时，至少测 20 点；膜长度小于等于 300mm 时，测 10 点。对于未裁毛边的样品，应在离边缘 50mm 以外进行测量。

5）计算试样的平均厚度和厚度的最大值、最小值表示，精确至 0.001mm。

3. 孔隙率（porosity）

土工合成材料的孔隙率是其孔隙体积与总体积之比，以 n（%）表示。土工织物的孔隙率与孔径的大小有关，直接影响到土工织物的透水性、导水性和阻止土粒随水流流失的能力。无纺土工织物在不受压力的情况下，其孔隙率一般在 90% 以上，随着压力的增大，孔隙率减小。孔隙率的确定不需要直接进行试验，可以根据一些已知指标用下式计算

$$n = \left(1 - \frac{m}{\rho\delta}\right) \times 100\% \tag{3-5}$$

式中　m——单位面积质量，g/m^2；

　　　ρ——原材料的密度，g/m^3；

　　　δ——无纺土工织物的厚度，m。

如果无纺土工织物由两种或两种以上的纤维组成，或者当原材料不能确定时，可用比重瓶法测出其相对密度，再用式（3-5）计算孔隙率。

[例 3-1]　某涤纶无纺土工织物的单位面积质量为 $300g/m^2$，已测得在 2kPa 压力下，厚度为 2.45mm，求织物的孔隙率。

解：涤纶的相对密度为 1.38，其密度 $\rho = 1.38 \times 10^6 g/m^3$，代入式（3-5）得

$$n = \left(1 - \frac{300}{1.38 \times 10^6 \times 2.45 \times 10^{-3}}\right) \times 100\% = (1 - 0.089) \times 100\% = 91.1\%$$

4. 土工格栅、土工网网孔尺寸（aperture size of geogrid or geonet）

土工格栅、土工网的网孔尺寸是通过换算折合成与其面积相当的圆形孔的孔径来表示的，称为当量孔径。对较规则网孔的试样：当网孔为矩形（图 3-1b）或偶数多边形（图 3-1d）时，测量相互平行的两边之间的距离；对三角形（图 3-1a）或奇数多边形（图 3-1c），测量顶点与对边的垂直距离。同一测点平行测定两次，两次测定误差应小于 5%，取均值；每个网孔至少 3 个测点，读数精确到 0.1mm，取均值。对较规则网孔，按式（3-6）~式（3-9）计算网孔面积 A。

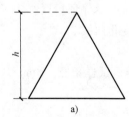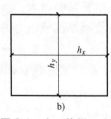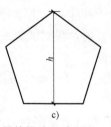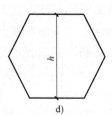

a)　　　　　　　　b)　　　　　　　　c)　　　　　　　　d)

图 3-1　土工格栅、土工网的网孔尺寸测定

三角形网孔	$A = 0.5774h^2$	(3-6)
矩形网孔	$A = h_x h_y$	(3-7)
五边形网孔	$A = 0.7265h^2$	(3-8)
六边形网孔	$A = 0.8860h^2$	(3-9)

式中　A——网孔面积，mm^2；

h、h_x、h_y——网孔高度，mm。

对于孔边呈弧线或不规则网孔的试样，检测时应将试样平整地放在坐标纸上固定好，用削尖的铅笔紧贴网孔内壁将网孔完整地描画在坐标纸上，用同一坐标纸一次描出所有的应测孔，每个网孔测描两次。用求积仪测出坐标纸上每个网孔两次测描的面积，两次测量值误差应小于 3%，取平均值，精确至 0.1mm²。按下式计算网孔的当量孔径

$$D_e = 2\sqrt{A/\pi} \tag{3-10}$$

式中　D_e——当量孔径，mm；

　　　A——网孔面积，mm²。

3.3　力学性质

反映土工合成材料力学特性的指标主要有抗拉强度、握持强度、梯形撕裂强度、顶破强度和刺破强度等。此外，蠕变特性也是土工合成材料的重要力学性质。

由于土工织物和其他大部分土工合成材料是布状柔性材料，只能承受拉力，并且在受力过程中厚度是变化的，而厚度的变化又不能精确地测量出来，故土工织物的应力是以与受拉力方向垂直的单位初始长度上承受的力来表示（单位为 kN/m 或 N/m），而不是用单位截面积上的力来表示。相应地，本书中拉伸模量也具有相同的单位。

3.3.1　抗拉强度

土工合成材料的工程应用中，加筋、隔离和减荷作用都直接利用了材料的抗拉能力，相应的工程设计中需要用到材料的抗拉强度（tensile strength）。其他如滤层和护岸的应用也要求土工合成材料具有一定的抗拉强度，工程中主要利用其抗拉强度来发挥作用，因此抗拉强度是土工合成材料最基本、也是最重要的力学特性指标。

土工合成材料的抗拉强度是指试样在拉力机上拉伸至断裂的过程中单位宽度承受的最大力，即

$$T = \frac{P_m}{B} \times 1000 \tag{3-11}$$

式中　T——抗拉强度，kN/m；

　　　P_m——拉伸过程中最大拉力，kN；

　　　B——试样的初始宽度，mm。

土工合成材料的伸长率是试样长度的增加值与试样初始长度的比值，用百分数（%）表示。因为土工合成材料的断裂是一个逐渐发展的过程，故断裂时的伸长不易确定，一般用达到最大拉力时的伸长率表示，称为延伸率。因此，延伸率是伸长率的特殊值。延伸率按下式计算

$$\varepsilon = \frac{L_m - L_0}{L_0} \times 100\% \tag{3-12}$$

式中　ε——延伸率（%）；

　　　L_0——试样的初始长度（夹具间距），mm；

　　　L_m——达最大拉力时的试样长度，mm。

影响土工合成材料抗拉强度和延伸率的主要因素有原材料种类、结构形式、试样的宽度和拉伸速率。此外，因为土工合成材料的各向异性，沿不同方向拉伸也会获得不同的结果。

不同材料的合成纤维或纱线，它们的拉伸特性是不同的，由它们制成的织物也具有各异的拉伸特性，特别是有纺织物。无纺织物纤维的排列是随机的，拉伸特性主要取决于纤维之间加固或黏合的强度，而纤维本身的性质为次要因素。

有纺织物的经纱（或扁丝）和纬纱，其粗细和单位长度内的根数，甚至材料都可能不同，从而导致经纬向的拉伸特性有一定的差别。无纺织物根据铺网时交错的方式不同，经纬向强度也可能不一样。为反映土工织物的各向异性，一般要进行两个方向的拉伸试验，并分别给出沿经向和纬向的抗拉强度和延伸率。

以往土工织物拉伸试样的宽度一般取50mm，这是沿用纺织部门窄条试验的标准。拉伸时发现试样发生了横向收缩，但实际工程中土工织物常被埋在土、砂或石料之间，不会发生显著的横向收缩，所以窄条拉伸试验与实际情况不相符合。采用窄条试验时，无纺织物横向收缩很大，有时高达50%以上，测得的抗拉强度偏小，而有纺织物的横向收缩量很小，测得的结果要好一些。目前相关试验标准规定，无纺土工织物、土工网、土工网垫、排水复合材料等土工合成材料的拉伸试样宽度为（200±1）mm，长度不小于200mm。

拉伸速率的影响表现为速率越快，测得的抗拉强度越高。如当速率由10mm/min增大至100mm/min时，其强度增加约10%。因此，许多国家建议适当减慢拉伸速率和加大试样宽度，使试验条件趋近于工程应用中的情况。我国相关标准规定，拉伸速率为两夹具初始间距的（20±5）%/min。

目前我国常用的有纺扁丝土工织物（原材料为PP和PE）的最大抗拉强度为220kN/m，聚酯长丝无纺土工织物（原材料为聚酯）最大抗拉强度为40kN/m，单向土工格栅（原材料为HDPE）的最大抗拉强度为200kN/m，双向土工格栅（原材料为PP）的最大抗拉强度在50kN/m。以上土工合成材料典型的拉伸试验过程曲线如图3-2所示。

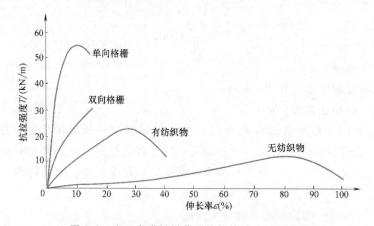

图3-2　土工合成材料典型的拉伸试验过程曲线

由图3-2可见，拉伸试验所得荷载-伸长率曲线通常是非线性的。因此，拉伸模量也不是常数。根据不同拉伸曲线的特点，可以综合出三种计算拉伸模量的方法。

1）初始拉伸模量 E_t。如果曲线在初始阶段是线性的，则利用初始切线可以取得比较准确的模量值，如图 3-3a 所示，这种方法适用于大多数土工格栅和有纺织物。

2）偏移拉伸模量 E_{ot}。当曲线的坡率在初始阶段很小，接着又近似于线性变化，则取直线段的斜率作为织物的拉伸模量，如图 3-3b 所示，此法多用于无纺织物。有纺织物在很慢速率拉伸时也有类似的特征。

3）割线拉伸模量 E_s。当拉伸曲线始终呈非线性变化时，则可考虑用割线法，即从坐标原点到曲线上某一点连一直线，直线的斜率作为相应于此点应变（伸长率）时的拉伸模量，如图 3-3c 所示。当该点对应应变为 10% 时，其模量用符号 E_{s10} 表示。有的规范建议取 E_{s10} 作为土工合成材料的设计依据。

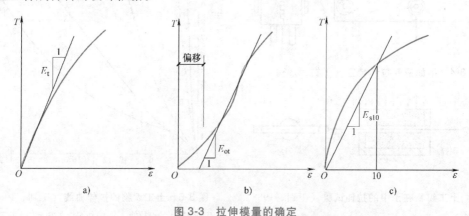

图 3-3　拉伸模量的确定

a）初始拉伸模量　b）偏移拉伸模量　c）割线拉伸模量

对于土工织物的拉伸试验，王钊曾提出了许多改进意见。如为防止织物的横向收缩，采用平面应变拉伸装置，如图 3-4 所示。在拉伸过程中，四根导杆在下夹具孔中自由滑动，间距不变，织物边缘用多个小轴承配合螺钉夹紧，随着织物伸长，轴承沿导杆滚动，从而限制住织物的横向收缩。当无纺织物无横向收缩时，拉伸模量增大，伸长率缩小，而测得的抗拉强度一般偏小。此外，为了模拟织物在土中有可能沿两个方向都受力的特点，还研制了双向拉伸试验机。所有这些试验方法都有各自的特点，多处于探讨阶段。但这些方法和土中织物受拉的边界条件仍相差甚远。许多试验表明，随着土工织物法向压力的增加，织物的拉伸模量增加很快，特别是无纺织物更为显著。如采用图 3-5 所示装置，织物在土中的法向压力 P_n 由砝码通过杠杆施加，拉伸荷载取砝码 T_1 和量力环测读值 T_2 的平均值，两根平行的测针固定在土中的织物上，并伸出盒外，分别测得盒外两测针的间距变化，取平均值，可以求得织物的伸长应变。改变法向压力 P_n 的大小，分别测得：$P_n = 0.75\text{kPa}$、150kPa 条件下，有纺织物和无纺织物的荷载-伸长关系如图 3-6 所示。P_n 增大、拉伸模量增大的原因在于，土工织物具有较疏松的结构，受力时，纤维沿拉伸方向排列并伸长，同时纤维之间相对滑动，使织物变薄，且横向收缩，无疑将使拉伸有效截面积减小。如在织物法向加以约束，将限制这种结构调整，同时，因土中垂直于织物平面的变形不均匀，织物不再是一个平面，而呈波浪形，引起织物纤维（或经纬纱）在不同方向的预拉伸，越过小伸长应变时，拉伸模量较低的阶段。测得土中织物的抗拉强度与无法向约束条件的抗拉强度相比，也有显著提高。表 3-2 列出不同法向压力下抗拉强度提高的比值，其中无纺织物提高的比值更大。

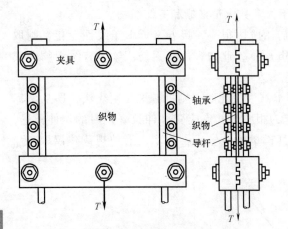

图 3-4　平面应变拉伸装置（王钊，1988）

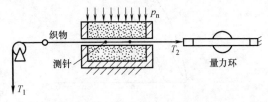

图 3-5　土工织物在土中的拉伸试验（王钊，1988）

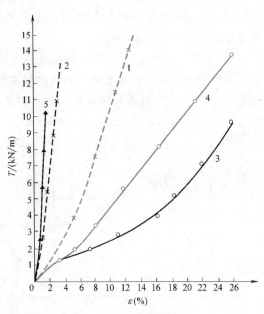

图 3-6　土工织物的拉伸曲线（王钊，1988）

1—有纺织物无约束拉伸　2—有纺织物在 P_n=150kPa 砂中拉伸

3—无纺织物无约束拉伸　4—无纺织物平面应变拉伸

5—无纺织物在 P_n=150kPa 砂中拉伸

表 3-2　在压力作用下强度增加的比值

品种	压力/kPa	
	75	150
无纺织物	1.37	1.59
有纺织物	1.11	1.20

　　为了获得实际工程所需的拉伸特性指标，必须进一步研究土工织物在土中的拉伸特性。

3.3.2　握持强度

　　握持强度（grab tensile strength）又称为抓拉强度，反映了土工合成材料分散集中荷载的能力。土工合成材料在铺设过程中不可避免地承受抓拉荷载，而当土工织物铺放在软土地基中，织物上部相邻块石的压入，也会引起类似于握持拉伸的过程。握持强度的测试与抗拉强度基本相同，只是试样的部分宽度被夹具夹持，故该指标除反映抗拉强度的影响外，还与握持点相邻纤维提供的附加强度有关，它与拉伸试验中抗拉强度没有简单的对比关系。

　　握持强度试验的试样尺寸和夹持方法如图 3-7 所示。试样长边平行于拉伸方向，试样计量长度为 75mm。在长度方向上试样两端应伸出夹具至少 10mm，选择合适的试验机，使握持抗拉强度在满量程负荷的（10~90）%，设定试验机的拉伸速度为（300±10）mm/min，将夹具的初始间距调至（75±1）mm，记录试样拉伸直至破坏过程出现的最大拉力，作为握持强度，单位 kN。握持延伸率为对应于握持强度时夹具间试样的伸长率。试验分别沿经向、纬向各进行 6 次。

　　握持强度试验的结果有时相差较大，一般不作为设计依据，仅用于供设计人员做不同织物性能比较时参考。

3.3.3　梯形撕裂强度

　　梯形撕裂强度（trapezoidal tearing strength）指试样中已有裂口继续扩大所需的力，反映了试样抵抗裂口扩大的能力，用以估计撕裂土工合成材料的相对难易程度，是土工合成材料应用中的主要力学指标。

　　梯形撕裂强度的测试方法是在长方形试样上画出梯形轮廓（图 3-8a），并预先剪出 15mm 长的裂口，然后将试样沿梯形的两腰夹在拉力机的夹具中，夹具的初始距离为 25mm（图 3-8b）。将试样放入夹具内，使夹持线与夹钳钳口线平齐，然后旋紧上、下夹钳螺栓，同时要注意试样在上、下夹钳中间的对称位置，使梯形试样的短边保持垂直状态。以（100±5）mm/min 的速度拉伸，使裂口扩展到整个试样宽度。撕裂过程的最大拉力即撕裂强度，单位 kN。分别进行 10 个经向和纬向的试验。如试样从夹钳中滑出或不在切口延长线处撕破断裂，则应剔除此次试验数值，并在原样品上再裁取试样，补足试验次数。

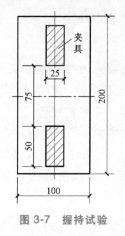

图 3-7　握持试验

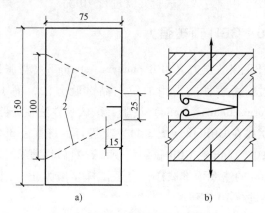

图 3-8　梯形撕裂强度试验和试样

3.3.4　胀破强度

　　薄膜胀破试验用于模拟凸凹不平的地基对土工织物的挤压作用，专用的试验装置如图 3-9 所示。取直径至少为 55mm 的圆形试样铺放在试验机的人造橡皮膜上，并夹在内径为（30.5±0.1）mm 的环形夹具间。试验时加液压使橡皮膜充胀，加液压的速率为（100±10）mL/min，直至试样胀破为止。记下此时的最大液压值 p_{bt}，及扩张膜片所需压力 p_{bm}，则试样的胀破强度（burst strength）p_b 为 $p_b = p_{bt} - p_{bm}$，单位为 kPa。一般要求完成 10 个试样的试验。

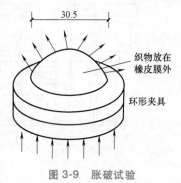

图 3-9　胀破试验

　　胀破试验由于靠液压作用，整个试样受力均匀，试验结果比较接近。其缺点是试样较小，需要专用仪器设备，而且不适用于高强度及延伸率过大的材料。

3.3.5 圆球顶破强力

圆球顶破强力（ball burst strength）也是描述织物抵抗法向荷载能力的指标，用于模拟凸凹不平地基的作用和上部块石压入的影响。

其试验原理与胀破试验类似，只是用钢球代替橡皮膜、机械压力代替液压，试验装置如图 3-10 所示。环形夹具内径为 (45 ± 0.5) mm，钢球直径为 (25 ± 0.02) mm。试样在不受预应力的状态下牢固地夹在环形夹具之间，钢球沿试样中心的法向以 (300 ± 10) mm/min 的速率顶入，测定钢球直至顶破织物需要的最大压力，即圆球顶破强力，单位为 N。试验共需进行 10 次。

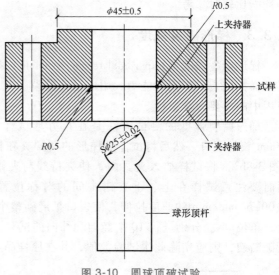

图 3-10　圆球顶破试验

3.3.6 CBR 顶破强力

CBR 顶破强力（CBR puncyure strength）与胀破强度和圆球顶破强力的基本意义相同，只不过前面两种是沿用的纺织品试验方法，而 CBR 试验源于土工试验，即加州承载比（California Bearing Ratio）试验，该试验方法在公路部门运用中积累了丰富的经验。

试验在 CBR 仪（图 3-11）上进行，将直径 300mm 的试样在自然绷紧状态下固定在内径 (150 ± 0.5) mm 的 CBR 仪圆筒顶部，然后用直径 (50 ± 0.5) mm 的标准圆柱活塞以 (50 ± 5) mm/min 的速率顶推试样，直至试样顶破为止，记录的最大荷载即 CBR 顶破强力，单位为 N。共进行 10 次试验。

3.3.7 刺破强力

刺破强力（puncyure strength）是织物在小面积上受到法向集中荷载，直到刺破所能承

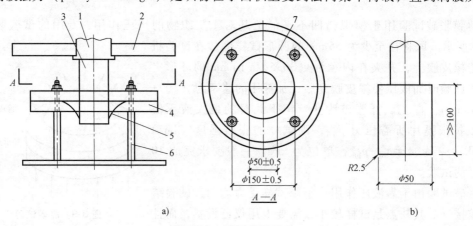

a)　　　　　　　　　　　　　　　　　b)

图 3-11　CBR 顶破试验

1—测压原件　2—十字头　3—顶压杆　4—夹持环　5—试样　6—CBR 夹具的支架　7—夹持环的内边缘

受的最大力，单位为 N。刺破试验是模拟土工合成材料受到尖锐棱角的石子或树根的压入而刺破的情况，适用于各种机织土工织物、针织土工织物、非织造土工织物、土工膜和复合土工织物等产品。刺破试验不适用于一些较稀松或孔径较大的机织物，因此土工网和土工格栅一般不进行该项试验。

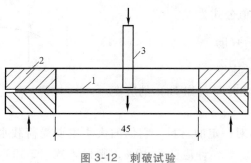

图 3-12　刺破试验
1—试样　2—环形夹具　3—平头顶杆

刺破试验的试样和环形夹具与圆球顶破试验完全相同，而顶杆为直径（8±0.01）mm 的圆柱，杆端为平头，以防止顶杆从有纺织物经纬纱的间隙中穿过。顶杆下降速度为（300±10）mm/min，直至破坏，记录最大压力值即刺破强力。共进行 10 次试验。

3.3.8　落锥穿透试验

落锥穿透试验（trop cone test）是模拟工程施工中具有尖角的石块或其他锐利之物掉落在土工合成材料上并穿透的情况。穿透孔眼的大小反映了土工合成材料抗冲击刺破的能力。由于土工格栅和土工网本身具有网格形状，所以落锥穿透试验不适用于这两类产品。

试验中采用的落锥直径为（50±0.1）mm，尖锥角为 45°，质量为（1000±5）g，试样的环形夹具内径为 150mm。落锥置于试样的正上方，锥尖距织物（500±2）mm，令落锥自由下落，穿透试样。试验结果以刺破孔的直径 D 表示，单位为 mm。为便于测量，可在锥尖上画出环形标记，并标明各环的直径，试验后不取出落锥，直接从锥环上读取孔径值。在试验过程中，由于落锥穿透破洞的大小是评定试验结果的最终指标，所以破洞的测量精度很重要，必须使用专用量锥进行测量而不能用长度测量工具（如卡尺）代替。共进行 10 次试验。

3.3.9　蠕变特性

材料的蠕变指在大小不变的力作用下，变形仍随时间增长而逐渐加大的现象。蠕变的大小主要取决于材料的性质和结构。土工合成材料是一种高分子聚合物产品，一个重要特性是在恒定荷载下，其变形是时间的函数，即表现出明显的蠕变特性（creep property）。作为加筋加固作用的土工合成材料应具有良好的抗蠕变性能，否则在长期荷载的作用下，材料如产生较大的变形将会使结构失去稳定。影响蠕变特性的因素很多，除聚合物原材料类型和结构，还和荷载的大小有关，一般用荷载水平表示，即单位宽度所受拉力与抗拉强度的比值。此外，蠕变特性还与温度、湿度和侧限压力等因素有关。

材料的蠕变特性可用蠕变曲线和近似公式来描述。典型的蠕变曲线如图 3-13 所示，它由三个阶段组成：第一阶段（AB）为初始阶段，变形由快到慢变化，如荷载水平不太大，随时间增长，有可能稳定在某一变形速率；第二阶段（BC）为稳定阶段，这时变形速率保持常数，故 BC 段基本上是直线；第三阶段（CD）为不稳定的断裂阶段，蠕变速率迅速增大，直到 D 点试样断裂为止。

如果图 3-13 中用 $\lg t$ 作横坐标，相应的直线段 $\mathrm{d}\varepsilon_t/\mathrm{d}\lg t$ 为常数，而 $\mathrm{d}\varepsilon_t/\mathrm{d}t = (\lg e/t)\,\mathrm{d}\varepsilon_t/\mathrm{d}\lg t$，故直线段蠕变速率 $\mathrm{d}\varepsilon_t/\mathrm{d}t$ 随时间 t 的增长而下降。用直线段描述蠕变过程，其近似公式为

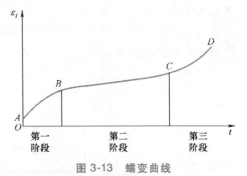

图 3-13　蠕变曲线

$$\varepsilon_t = \varepsilon_1 + b\lg t \qquad (3\text{-}13)$$

式中　ε_t——任一时刻 t 的应变；

ε_1——加载一个单位时间（如 1h）的应变；

b——蠕变系数。

ε_1 和 b 由试验确定，对一定的材料，它们的大小主要受荷载水平的影响。ε_t 可以根据建筑物对变形的要求确定。如允许应变为 10%，则代入式（3-13）可以计算出在一定荷载水平条件下达允许应变（ε_t）的时间 t，t 值可作为建筑物使用参考年限。

1. 蠕变试验

常规蠕变试验一般依据规范进行，如美国的 ASTM、英国的 BS 和国际标准化协会 ISO，我国的《塑料土工格栅蠕变试验和评价方法》（QB/T 2854—2007）等。这些标准采用的都是在无侧限条件下的蠕变曲线。蠕变应变按下式计算

$$\varepsilon = (\Delta L \times 100)/L_\mathrm{g} \qquad (3\text{-}14)$$

式中　ε——蠕变应变（%）；

ΔL——施加荷载至测读时间的伸长量，mm；

L_g——初始计量长度与预拉荷载伸长量之和，mm。

对于土工格栅，按下式计算抗拉强度

$$T = (F/N_\mathrm{R})N_\mathrm{T} \qquad (3\text{-}15)$$

式中　T——抗拉强度，kN/m；

F——施加的荷载，kN；

N_R——试样的肋条数；

N_T——单位宽度的肋条数。

2. 蠕变试验曲线和蠕变折减系数

蠕变试验成果可整理成蠕变应变与时间的曲线和蠕变破坏荷载与破坏时间的曲线两种。上述的一些标准中规定提交的蠕变试验结果为蠕变应变和时间的曲线，荷载水平取四种，可在抗拉强度的 20%、30%、40%、50%、60% 中选取。时间横坐标采用 $\lg t$。ISO 还要求记录达到拉伸蠕变破坏所需时间，并给出拉伸蠕变破坏荷载 $\lg L$ 和破坏时间 $\lg t$ 的曲线。试验的荷载水平取四种，可在抗拉强度的 50%～90% 中选取，每个荷载水平取三个试样，使破坏的时间均匀分布在 100h、500h、2000h、10000h，要求计时器能记录试样拉断的时间。

定义蠕变强度折减系数

$$RF_\mathrm{CR} = \frac{T}{T_l} \qquad (3\text{-}16)$$

式中　T——抗拉强度；

T_l——长期蠕变强度，即在环境温度和设计使用年限下不发生破坏的最大强度，设计
使用年限取 75~100 年，最大取 10^6h（114 年）。

蠕变试验进行的时间较短，不得不按蠕变曲线（或直线）趋势外推试验数据至设计使
用年限，如图 3-14 和图 3-15 中的虚线。对 PP 和 PE 材料外推时间一般不超过一个 lg 循环，
对 PET 材料不超过两个 lg 循环。

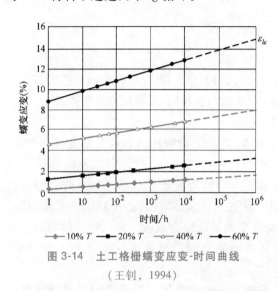

图 3-14　土工格栅蠕变应变-时间曲线

（王钊，1994）

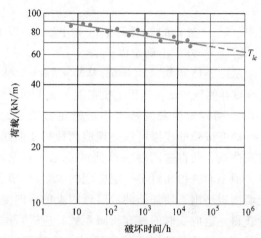

图 3-15　聚酯格栅蠕变破坏荷载-时间曲线

（FWHA Guidelines，1999）

3. 从蠕变应变-时间曲线求 RF_{CR}

从图 3-14 可见对蠕变应变的数据也必须按直线趋势外推，当用外推法求设计使用年限
的长期蠕变应变 ε_l 时，应乘以外推不确定因子

$$\varepsilon_l = 1.2^{x-1}\varepsilon_{le} \tag{3-17}$$

式中　ε_{le}——长期蠕变应变的外推值，即图 3-14 中虚线与设计使用年限 10^6h 交点的纵
坐标。

用下面的步骤说明怎样从蠕变应变-时间
曲线求 RF_{CR}：

1）从图 3-14 量取不同荷载水平设计使
用年限（10^6h）的 ε_{le}，用式（3-17）求 ε_l。

2）由蠕变试验的四个拉伸荷载和相应的
ε_l 值，绘制设计使用年限的蠕变荷载-应变曲
线，称为等时曲线，如图 3-16 所示。

3）根据蠕变应变的设计允许值（如
10%），从蠕变荷载-应变的曲线中查得长期蠕
变强度 T_l。

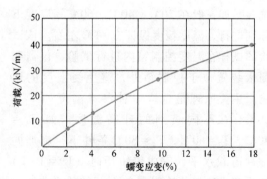

图 3-16　蠕变荷载-应变曲线（10^6h）

4）用式（3-16）求蠕变折减系数 RF_{CR}。

从图 3-16 查得相对 10% 应变的 $T_l = 28$kN/m，其抗拉强度为 66.6kN/m，则 $RF_{CR} = 2.4$。

4. 蠕变破坏荷载-时间曲线求 RF_{CR}

1）进行不同拉伸荷载的蠕变试验，记录拉断所需时间。

2）调整拉伸荷载的大小使拉断发生的时间均匀分布在每个 lg 循环中，并绘制蠕变破坏荷载-时间曲线，如图 3-15 所示。

3）外推蠕变破坏荷载-时间曲线，得设计使用年限长期蠕变强度的外推值 T_{le}。

4）根据统计误差分析，用外推法求长期蠕变强度 T_l 时，应除以外推不确定因子

$$T_l = \frac{T_{le}}{1.2^{x-1}} \tag{3-18}$$

式中　x——外推的 lg 循环数（如小于 1，取 1）；

1.2^{x-1}——外推不确定因子。

从图 3-15 可知，$T_{le} = 63.4\mathrm{kN/m}$，$x = 1.68$，代入式（3-18）得 $T_l = 56\mathrm{kN/m}$。根据与蠕变同批试样的拉伸试验测得抗拉强度 T 为 110kN/m，代入式（3-16），求得聚酯格栅的 $RF_{CR} = 2$。

5. 两种蠕变曲线折减系数确定方法的比较

蠕变试验的成果可以整理成两种蠕变曲线，即蠕变应变-时间曲线或拉伸蠕变破坏荷载-时间曲线。获得这两种曲线的试验工作量基本相同；在计算 RF_{CR} 时，第二种曲线较为简单，但不能获得相对于一定应变的 RF_{CR}。很多加筋土结构对变形很敏感，如大的应变使挡土墙面板凸出，使加筋陡坡路堤因大的横向变形而产生工后沉降，故必须对应变有所限制。为获得一定应变时的蠕变折减系数，应进行蠕变应变测量的蠕变试验。另一种可能的替代方法是在进行拉伸破坏荷载试验时，不是记录破坏的时间，而是记录达一定应变（如 10%）的时间，并计算蠕变折减系数。

应强调指出，厂家给出的长期蠕变强度 T_l 不是允许抗拉强度，T_l 还要除以其他强度折减系数才能得到允许抗拉强度 T_a。

6. 加速蠕变试验的方法

常规蠕变试验持续时间在 10000h 以上，试验须控制室内温度和湿度，使试验耗时、费力和费用高。加速蠕变试验的方法有时温叠加法和分级等温法。

（1）时温叠加法（time-temperature superposition，TTS）。时温叠加法与常规方法的不同之处是在几种不同的温度下做较短期的蠕变试验，如一般在 20℃、40℃、60℃等温度下分别进行，温度精度保证在 ±1℃ 左右。该试验的试样在温度控制箱内进行试验，仪器和测量装置位于控制箱外，避免受温度的影响。主要原理是选取一种参考温度如 $T_1 = 20℃$，在不同级别的升高温度，如 $T_2 = 40℃$，$T_3 = 60℃$，$T_4 = 80℃$ 条件下，施加同一种荷载水平，完成较短历时（$\lg t = 1 \sim 2$）

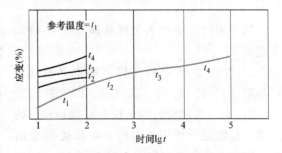

图 3-17　时温叠加法获得的应变-时间曲线

的蠕变试验，并绘制应变-时间的关系曲线，如图 3-17 所示。

把每种升高温度下的曲线沿水平轴移动，光滑地接在较低温度的曲线上就得到更长历时的蠕变主曲线。移动的距离为移动因子 a_t。时温叠加法蠕变试验首先应用于塑料管（Task Force 27，Guidlines 1989），其后不同研究者研究温度对蠕变的影响，主要和聚合物分子结构、生产工艺和分子取向性等因素有关。例如，PET 具有较强的分子黏结力，受温度的影响小于 PP 和 PE 材料，因此，导致 PET 材料的 TTS 过程具有不确定性，以至需要反复试验

确定水平移动因子 a_t，以确定应变曲线的准确位置。

（2）分级等温法（step isothermal method，SIM）。该法是一种新型的时温叠加法，是在同一种荷载水平下做不同温度级别的试验，每个不同温度级别的试验持续 2h，两种温度级别的升高时间仅需 1min。用到的器材和设备与常规试验一样，仅多一个能装加载框架和夹具系统的温度控制箱。从加速试验的数据可得到一种在不同温度下的唯一的主曲线。由于仅用一个试样得到主曲线，故不存在 a_t 的不确定性，也就不存在试样间的差别。

3.4　水力学性质

土工合成材料的水力学性质主要包括渗透系数和透水率、沿织物平面的渗透系数和导水率、孔径等。

3.4.1　渗透系数和透水率

土工织物的渗透性能是其重要的水力学特性之一。土工织物起渗滤作用时，水流的方向垂直于织物平面，应用中要求土工织物必须能阻止一定粒径的土颗粒随水流流失，同时还要具有一定的透水性。垂直于土工织物平面的渗透特性简称垂直渗透特性，当水流方向垂直于土工织物平面时，其透水性主要用垂直渗透系数（coefficient of permeability）表示，也可采用透水率（permeable rate）来表示。

土工织物的透水性主要用渗透系数来表示。渗透系数是在层流状态下，水流垂直于土工织物平面，水力梯度等于 1 的渗流时的渗透流速，即

$$k_n = \frac{v}{i} = \frac{v\delta}{\Delta h} \tag{3-19}$$

式中　k_n——渗透系数，cm/s；

v——渗透流速，cm/s；

δ——土工织物的厚度，cm；

i——渗透水力坡降；

Δh——土工织物上下游测压管水位差，cm。

土工织物的渗透性还可以用透水率来表示。透水率是在层流状态下，水位差等于 1cm 时的渗透流速，即

$$\psi = \frac{v}{\Delta h} \tag{3-20}$$

式中　ψ——透水率，s^{-1}。

从定义及式（3-19）和式（3-20）可知透水率和渗透系数之间的关系为

$$\psi = \frac{k_n}{\delta} \tag{3-21}$$

土工织物的透水性能受多种因素影响，除取决于织物本身的材料、结构、孔隙的大小和分布外，还与实际应用中织物平面所受的法向应力、水质、水温和水中含气量等因素有关。

根据式（3-19），测量渗透系数时，要测量织物的厚度 δ、水位差 Δh 和渗透流速 v。其中流速 v 可通过测得一定时间内的透水量用下式计算

41

$$v = \frac{Q}{tA} \qquad (3\text{-}22)$$

式中　t——测量透水量的时间间隔，s；

　　　A——土工织物试样的透水面积，cm^2；

　　　Q——t 时间内的透水量，cm^3。

根据式（3-20），测量透水率时，不需要测量土工织物的厚度，其他测量与渗透系数测量相同。

试验的仪器设备主要由下面几个部分组成（图3-18）：

1）渗透仪。要求能安装一层或数层土工织物试样，试样的有效过水面积一般在 $20 \sim 100 cm^2$。装配时，试样与渗透仪内壁之间不得发生漏水，为防止渗流引起试样变形和便于加压，在试样的上下游应配备透水网（或板）。

2）加压设备。通过加压杆和加压多孔板给试样施加法向压力，加压范围在 $0 \sim 200kPa$，或根据需要选择。

3）供水系统。采用常水头供水装置，试验用水必须预先脱气。其他装置还有测压管和透水量量取装置。

土工织物渗透系数的测量过程与土的渗透系数的测量过程基本相同，测得的渗透系数或透水率要求给出在标准温度（20℃）下的值。一般的无纺织物在不受垂直压力的条件下，渗透系数为 $10^{-3} \sim 10^{-1} cm/s$。渗透系数随垂直压力的变化可以用图3-19的曲线来表示。

土工织物渗透系数的测量是一件十分困难的试验，除严格遵照有关规定，如做好水和试样的脱气外，还应更换一次试样重复不同压力下的平行测定，取平均值。

土工膜等防渗材料的渗透系数很小，用图3-18所示装置测量时应采取一些措施提高精度。例如，增高水头，用短而粗的管路以减少水头损失，加大试样透水面积，用小内径量管测透水量和延长测量时间等。

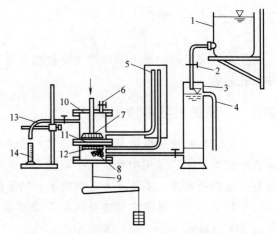

图3-18　渗透性试验装置（王钊，1991）

1—供水瓶　2—供水管阀　3—常水头装置
4—溢流管　5—测压管　6—排气管　7—加压多孔板
8—玻璃珠或瓷珠　9—加压杆　10—渗透仪
11—土工织物　12—承压多孔板　13—调节管　14—量筒

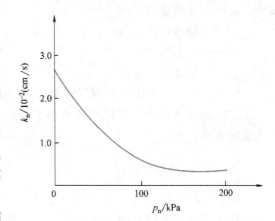

图3-19　土工织物渗透系数和垂直压力的关系曲线

3.4.2　沿织物平面的渗透系数和导水率

土工织物用作排水材料时，水在织物内部沿织物平面方向流动。土工织物在内部孔隙中输导水流的性能用沿织物平面的渗透系数或导水率（transmissivity）表示。

沿织物平面的渗透系数定义为水力坡降等于 1 时的渗透流速。即

$$k_t = \frac{v}{i} = \frac{vL}{\Delta h} \tag{3-23}$$

式中　k_t——沿织物平面的渗透系数，cm/s；

　　　v——沿织物平面的渗透流速，cm/s；

　　　i——渗透水力坡降；

　　　L——织物试样沿渗流方向的长度，cm；

　　　Δh——L 长度两端测压管水位差，cm。

渗透流速 v 根据在一定时间内的输导水量，用下式计算

$$v = \frac{Q}{tB\delta} \tag{3-24}$$

式中　Q——t 时间内沿织物平面的输导水量，cm^3；

　　　t——测定输导水量的时间，s；

　　　B——试样宽度，cm；

　　　δ——试样厚度，cm。

土工织物输导水流的特性还可以用导水率表示。导水率等于沿织物平面的渗透系数与织物厚度的乘积，即

$$\theta = k_t \delta \tag{3-25}$$

式中　θ——导水率，cm^2/s。

将式（3-23）和式（3-24）代入式（3-25），可以推导出

$$\theta = \frac{q}{iB} \tag{3-26}$$

式中　q——沿织物平面输导水流的流量，cm^3/s。

因此，导水率是水力坡降等于 1 时，单位宽度织物沿织物平面的输导流量。

土工织物的导水率和沿织物平面的渗透系数与织物的原材料、织物的结构有关。此外，还与织物平面的法向压力、水流状态、水流方向与织物经纬向夹角、水的含气量和水的温度等因素有关。

试验仪器主要由下面几个部分组成（图 3-20）：

1）渗透仪。要求能安装一层或数层土工织物试样，试样为长方形，宽度应大于 100mm，长度应大于两倍宽度，长边沿着渗流方向，装样时，试样包于乳胶套内，两边套口与上下游容器相连，以保证试样与乳胶套之间不发生输水现象。

2）加压设备。通过加压杆和盖板给试样施加法向压力，加压范围 0~200kPa，或根据需要选择。在试验中应保持恒压。

3）供水系统。采用常水头供水装置，试验用水必须预先脱气。其他装置还有测压管和输导水量的量取装置等。

测量导水性能的操作过程与土的渗透系数测量基本相同，测得的渗透系数与导水率要求给出在标准温度（20℃）下的值。因为导水性能的各向异性，应该按经向和纬向分别测量，并且要求使用 3 块试样重复不同压力下的平行测定、取平均值。一般情况，沿织物平面的渗

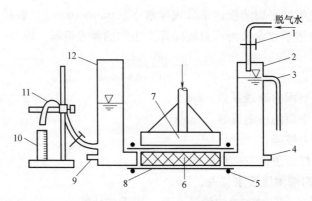

图 3-20　测量土工织物导水性的装置（王钊，1991）

1—供水阀门　2—上游容器　3—溢流管　4、11—测压管口　5—橡胶圈　6—乳胶套
7—加压装置　8—下游容器　9—调节管　10—量筒　12—织物试样

透系数比织物法向的渗透系数大，但基本处于相同的量级。

测量导水性能的仪器也可以采用测量透水性能的渗透仪，这时水流的方向是沿圆环形织物的径向，测得的是经向和纬向的平均值。当采用两层织物试样时，中间以不透水的塑料板隔开，如图 3-21 所示。可以推导出渗透系数的计算公式为

$$\overline{k}_t^{20} = \frac{Qn}{2\pi\delta t\Delta h} \cdot \ln\frac{R}{r} \cdot \frac{\eta_T}{\eta_{20}} \qquad (3-27)$$

式中　$\overline{k}_t^{20}$——标准温度（20℃）下试样沿织物平面的平均渗透系数，cm/s；

　　　n——织物试样的层数；

　　　R——环形织物试样的外半径，cm；

　　　r——环形织物试样的内半径，cm；

η_T/η_{20}——测量水温和 20℃ 水的动力黏滞系数比，用于将测得的渗透系数转换为 20℃ 时渗透系数，可从相应的规范查取；

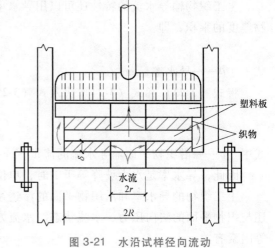

图 3-21　水沿试样径向流动

其他参数与式（3-23）和式（3-24）相同。

塑料排水带的渗透试验可参照沿织物平面的渗透试验进行。

3.4.3　孔径

1. 孔径（pore size）的定义

孔径是土工织物水力学性能中的一项重要指标，是以通过其标准颗粒材料的直径表征的土工织物的孔眼尺寸。标准颗粒材料是洁净的玻璃珠或天然砂粒，对于天然砂，其颗粒粒径等于筛组中该颗粒能通过的最小孔径。它反映了土工织物的过滤性能，既可评价土工织物阻止土颗粒通过的能力，又反映了土工织物的透水性。

土工合成材料的透水性、导水性和保持土粒的性能都与其孔隙通道的大小和数量有关。

土工织物孔隙的大小通常以孔径（符号 O）代表，单位为 mm。土工织物的孔径是很不均匀的，不但不同规格的产品的孔径各不相同，而且同一种织物中也存在着大小不等的孔隙通道。同时孔隙的大小随织物承受的压力而变化，因而孔隙只是一个人为规定的反映织物通道大小的代表性指标。现已提出的一些表示孔径的方法有：有效孔径（effective pore size）O_e，其含义是有效地反映织物的滤层性质，即阻止土颗粒通过的粒径；1972 年 Calhaun 提出等效孔径（equivalent opening size，简称 EOS），其含义相当于织物的表观最大孔径，也是能通过的土颗粒的最大粒径，这与美国陆军工程师团提出表观孔径（apparent opening size，简称 AOS）是一致的。不同的标准对 EOS（或 AOS）的规定有所差别，如美国 ASTM 取 O_{95} 为 EOS，即用已知粒径的玻璃微珠在土工织物上过筛，如果仅有 5% 质量的颗粒通过织物，则该粒径即 O_{95}。

2. 测试方法的选择

测定土工合成材料孔径的方法有直接法和间接法两种。直接法有显微镜测读和投影放大测读法；间接法包括干筛法、湿筛法、动力水筛法、水银压入法和渗透法等。其中干筛法已积累了较多的经验，且操作简便，可以利用土工试验室已有的仪器设备，在确定 EOS 时，一般误差在允许范围内，故虽然还存在一些问题，仍被广泛采用。它既适用于无纺织物，也可用于有纺织物。对孔隙尺寸较大的土工合成材料，如有纺织物和土工网，当孔隙形状比较规则时，可以考虑采用显微镜测读法，该法直观、可靠，直接给出孔隙的数量和大小，但测读的范围较小（一般取 25.4mm×25.4mm 的试样），故代表性较差，且工作量大（1in² 范围内约有 200 个孔）。

（1）干筛法 用土工合成材料（如织物）试样作为筛布，将预先率定出粒径粒组的石英砂放在筛布上振筛，称量通过筛布的石英砂的质量，计算出截留在织物内部和上部砂的质量占砂粒总投放量的百分比（筛余率）。取不同粒径的石英砂进行试验，测得相应的筛余率，绘制出筛余率与粒径（对数坐标）的关系曲线，如图 3-22 所示。根据曲线可以判断孔径的分布情况，曲线上纵坐标 95% 的点对应的横坐标即 O_{95}。从曲线上还可查得其他特征孔径，如 O_{90} 或 O_{50}，以便应用于不同的滤层设计准则。

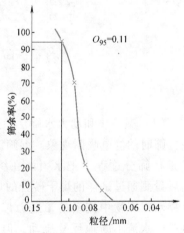

图 3-22 孔径分布曲线

试验前，必须对石英砂粒径进行率定，即用筛分法将石英砂分成不同的粒组，如 0.06~0.075mm、0.075~0.09mm 等。粒径指每个粒组界限粒径的平均值。

试验中，每次投放一种粒径的石英砂 50g，振筛时间为 10min，采用的标准分析筛，外径为 200mm。筛余率，即未通过的质量百分率用下式计算

$$R = \frac{M_t - M_p}{M_t} \times 100\%$$ （3-28）

式中 M_t——某粒径石英砂的投放量，g；

M_p——筛析后通过织物的石英砂质量，g。

用另一种粒径的石英砂重复上述步骤，取得不少于 3 级连续分布的粒径的筛余率后，即可在半对数坐标系上绘制孔径分布曲线。

干筛中不采用玻璃微珠的原因是它的静电吸附现象很明显，即当采用较小粒径（如小于 0.07mm）的微珠时，振筛引起颗粒间的相互摩擦，产生静电吸附，测得的 M_p 反而比较大粒径的小。石英砂的静电吸附现象不明显，且价格低，故采用石英砂。

在振筛时间规定后，驱使石英砂通过织物的能量还与振筛机的频率、振幅有关。由于振筛机的型号和技术特性各不相同，很难给出统一规定，还需要进一步做对比研究工作。

（2）显微镜直接测读法 该法用具有两个坐标读数的显微镜直接测读有纺织物各孔经纬纤维之间的缝宽 x 和 y，则孔的面积近似为 xy，然后换算成等面积圆的直径作为孔径，即 $O = \sqrt{(xy)/\pi}$。以孔径的对数值为横坐标，以小于某孔径的孔数占测读总孔数的百分比（累积频率）为纵坐标，绘制孔径累积频率曲线如图 3-23 所示。该曲线反映了织物孔径的分布情况。曲线上纵坐标为 95% 的点的横坐标即等效孔径 O_{95}，单位 mm。与该法原理相同的有投影测读法。将试样拍摄后投影放大一定倍数，直接在投影上量测缝宽 x 和 y，然后缩小相同倍数计算。

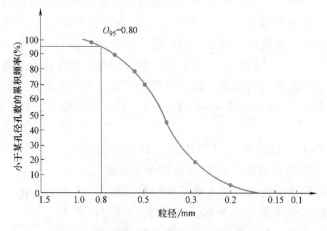

图 3-23　孔径累积频率曲线

（3）湿筛法和动力水筛法 这两种方法都可以消除振筛时的静电吸附现象。湿筛法与干筛法基本相似，只是在筛分过程中把水喷洒在织物试样和标准砂上，最后量测通过试样的烘干砂粒的质量 M_p。动力水筛法是靠水在织物中流动的渗透力带动砂粒通过织物。在试验中水流不断地反复流动，但以某方向为主，如图 3-24 所示。四个过滤框保持铅直状态随着主轴旋转，不断浸入水中，再离开水面。共延续 20h 以上，经过 2000 次水上、水下循环，测定通过织物集于水槽中的砂粒质量 M_p。动力水筛法的优点是试验条件比较接近于织物滤层的实际工作条件，缺点是需时太长，且操作复杂。

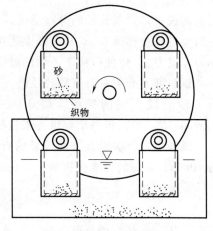

图 3-24　动力水筛法装置
（引自王钊、陆士强，1990）

（4）其他测量方法 水银压入法是利用许多材料对水银的斥力大于吸力，对细微通道不加压力不能进入的特点，利用 Washburn 方程就可以

求得孔径，即

$$r = \frac{7500}{p} \tag{3-29}$$

式中　r——孔隙半径，ACIA $= 10^{-7}$ mm；

p——加于水银的压力，atm。

这种方法已广泛地用于测量有孔材料的孔径大小，当然也可应用于测定土工织物孔隙的大小。但是由于织物纤维的柔性和孔隙的易变性，测量结果往往不尽可靠。

渗透法是利用无黏性土平均粒径与渗透系数之间的经验公式，通过测定织物的渗透系数和孔隙率反求一个所谓的平均孔隙直径。但在滤层设计中，只知道平均孔径往往是不够的，同时织物的渗透系数和孔隙率的测定都有较大的误差，因此渗透法还没有得到广泛的应用。

应力对织物孔径有很大影响。当织物受到沿织物平面的拉力或法向压力作用时，织物的孔径将会发生变化。目前尚无较好的方法测定应力对孔径的影响，一种间接的方法是根据织物厚度的变化推求孔径的变化，但在现阶段仍采用无压情况下测得的孔径作为土工织物滤层设计的依据，并根据大量工程中受压织物滤层运用的经验去建立相应准则。

3.5　土工合成材料与土的相互作用

土工合成材料应用于岩土工程，与土直接接触，必然存在相互作用的问题。相互作用的性质最重要的有两个，一是在排水与渗滤的应用中，土工织物被土颗粒淤堵的特性；二是土工合成材料与土的界面摩擦特性。

3.5.1　土工织物的淤堵

土工织物用作滤层时，水从被保护的土流过织物，水中的土颗粒可能封闭织物表面的孔口或堵塞在织物内部，产生淤堵（clogging）现象，使得织物的渗透流量逐渐减小，同时在织物上产生过大的渗透力，严重的淤堵会使滤层失去作用。土工织物及复合土工织物的淤堵特性通常是由通过土工织物水流量的减小及进入土工织物土颗粒的增多来评估的。流量的减小用梯度比来定量表示，进入土工织物的土颗粒量用试验后土工织物单位体积的含土量来表示。

土工织物的淤堵主要取决于其孔径分布和土颗粒的级配，如果土颗粒均匀且大于织物的等效孔径，或者虽不均匀，但在水流作用下能形成稳定的反滤拱架结构，则一般不会产生较明显的淤堵。此外，水流的条件也对淤堵有影响，如单一方向的水流比流向反复变化的水流易形成淤堵。

可以采用梯度化试验判断土工织物滤层的工作情况。梯度比试验装置如图 3-25 所示。将常水头的脱气水接通装有土工织物和被保护土的渗透仪，待渗流稳定后，以一定的时间间隔测读各测压管水位，并计算不同部位的水力坡降（与水力梯度绝对值相等，方向相反），取渗流稳定 24h 后的水力坡降按下式计算梯度比

$$GR = \frac{H_{1-2}/L_1 + \delta}{H_{2-4}/L_2} \qquad (3\text{-}30)$$

式中　　GR——梯度比；

　　　　δ——土工织物厚度，mm；

　　　　H_{1-2}——测压管 1 号与 2 号间的水位差，mm；

　　　　H_{2-4}——测压管 2 号与 4 号间的水位差，mm；

　　　　L_1、L_2——渗径长，mm。

　　梯度比试验延续的时间短，用测量多点的水位分布代替渗透系数的量测，方法比较简单。大量比较试验指出，当 $GR>3$ 时，滤层将产生较严重的淤堵，渗透系数的下降将超过一个数量级，从而不能满足滤层的透水性要求。因此，在美国陆军工程师兵团制定的指导性规范中，将 $GR \leqslant 3$ 作为土工织物能满足滤层要求的标准。许多研究者对梯度比试验进行了验证。例如，采用理想球形的渥太华砂，通过改变砂中粉粒的含量对四种有纺和两种无纺织物进行梯度比试验，将测得的梯度比与粉粒含量绘成曲线，如图 3-26 所示。可以看出，粉粒含量越大，梯度比越大，也就是说容易产生不允许的淤堵。在不同类型的织物中，热黏无纺与扁丝有纺容易淤堵，针刺无纺织物一般能满足滤层要求，而单丝有纺不容易淤堵，最适于作为无黏性土的滤层。

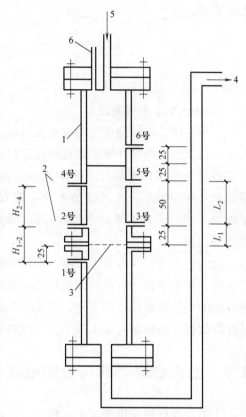

图 3-25　梯度比试验装置

1—内径 100mm 透明圆筒　2—测压管　3—土工织物
4—排水口　5—连常水头水容器　6—排气口

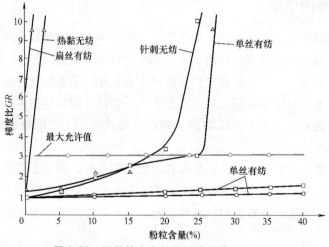

图 3-26　不同的土和织物系统的梯度比试验

　　大量试验表明，对于细砂，梯度比在渗流几个小时后即可稳定，对于粉砂约需 100h，而对黏粒含量较高的土，这个稳定过程要延续 200h，甚至更长。因此，有的研究者建议试验应进行到梯度比基本稳定或呈下降趋势为止。

试验装置的整体水力坡降（或试验水头）在规范中没有规定，大多试验取水力坡降为 $6\sim20$。一般情况，对粉粒、黏粒含量大的土应采用大的水力坡降。对比试验表明，对相对密度大的土，水力坡降对梯度比的影响较小；对中密或松散的土，水力坡降对梯度比有明显影响，大的渗透力使土工织物上方的土变密，故大的水力坡降使梯度比增大。

对梯度比试验争议较多的是 $GR\leqslant3$ 的临界值确定的问题。很多试验表明，GR 值很少大于 1.5，故建议 GR 的允许值应取 1.5 以下。如不允许淤堵发生，必须满足 $GR\leqslant1$ 的条件。实际上梯度比的大小和滤层系统的渗透系数有关，下面分析它们之间的关系（王钊、陆士强，1991）。

根据达西定律 $v=ki$，在梯度比试验中各截面的流速相等，由式（3-25）得

$$GR=\frac{i_1}{i_2}=\frac{k_2}{k_{12}} \tag{3-31}$$

式中 k_2——$2^\#$ 和 $4^\#$ 测压管间土的渗透系数（图 3-25），因距土工织物较远，k_2 即被保护土的渗透系数；

k_{12}——土工织物与邻近 1in 土系统的渗透系数。

从式（3-31）可见，GR 表示土工织物与土系统的渗透系数相对于土的渗透系数下降的倍数。还可以进一步推导得

$$\frac{k_2}{k_g}=\frac{(25+\delta)}{\delta}GR-\frac{25}{\delta}\frac{k_2}{k_1} \tag{3-32}$$

式中 k_g——土工织物的渗透系数；

k_1——土工织物上方 1in 土的渗透系数。

由式（3-32）可见，土工织物渗透系数 k_g 相对于被保护土渗透系数 k_2 下降的倍数与 GR 有关，同时取决于 k_2/k_1，后者是被保护土的渗透系数与邻近土工织物的土的渗透系数之比。如果邻近土工织物的土中细颗粒被水带走，则 k_1 变大，$k_2/k_1<1$；如细颗粒没有流失，则 $k_2/k_1=1$。

为观察式（3-32）的变化规律，取 k_2/k_1 分别等于 0.5 和 1.0，并取织物厚度 $\delta=2.5\text{mm}$，将不同 GR 对应的 k_g/k_2 列于表 3-3。

表 3-3 k_g/k_2 值

k_g/k_2	GR				
	1.0	1.5	2.0	2.5	3.0
0.5	6	11.5	17	22.5	28
1.0	1	6.5	12	17.5	23

从表 3-3 可见，当 $GR=3$ 时，k_g 已下降到 k_2 的 1/23 以下。如果淤堵设计中给出土工织物渗透系数下降的限度，如等于被保护土的渗透系数的 1/10，则从表 3-3 可以选择 GR 在 1.5 左右。

3.5.2 土工合成材料与土的界面摩擦特性

土工合成材料作为加筋（加固）材料埋在土内，将与周围土体构成复合体系。在加筋土工程中，加筋材料与土体的界面特性是一个关键的技术指标，会直接影响整个加筋土工程的稳定性。而筋-土界面（geosynthetics-soil interface）特性试验是研究和揭示筋-土界面受力、

变形规律最为重要的途径。两种材料在外荷载及自重作用下产生变形时，将沿界面发生相互作用。加筋的部位不同，其破坏形式也不同。

不同加筋部位需要采用不同的试验方法。在图3-27中，A 区的土体在筋材表面滑动，水平部分筋-土界面易发生剪切破坏，宜采用直剪试验模拟该部分筋-土界面相互作用关系，B 区是土和筋材平行的变形，宜采用土中的拉伸试验；C 区代表潜在破坏面与水平面成一定角度，属于特殊的剪切类型，用筋材倾斜的剪切试验研

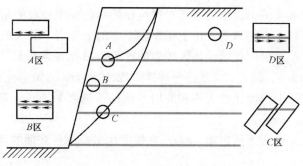

图3-27　加筋土结构的破坏模式

究；D 区中，筋材位于潜在破坏面后面，筋材被拉拔，宜采用拉拔试验模拟该部分筋-土界面作用关系较为合理。

1. 直剪摩擦特性

直剪摩擦特性是使用直剪仪对土工合成材料与土体进行直接剪切试验，以模拟它们之间的作用过程，评价土工合成材料与土体的界面摩擦特性。

土工合成材料与土的界面摩擦特性常以界面的似黏聚力 c_{sg}（或表观黏聚力 c_a）和摩擦角 φ_{sg}（或似摩擦系数 f^*）表示。界面抗剪强度符合库仑定律，即

$$\tau_f = c_{sg} + p\tan\varphi_{sg} = c_a + pf^* \tag{3-33}$$

式中　τ_f——界面抗剪强度，kPa；

$\quad c_{sg}$——土和土工合成材料界面的似黏聚力，kPa；

$\quad c_a$——土和土工合成材料界面的表观黏聚力，kPa；

$\quad p$——法向压力，kPa；

$\quad \varphi_{sg}$——界面摩擦角，(°)；

$\quad f^*$——界面似摩擦系数。

直剪试验剪切盒分为相互分离的上下两部分，根据剪切面的面积是否变化可分为接触面积不变和接触面积递减（标准土样直剪仪）两种，如图3-28和图3-29所示。试验一般在4种不同法向压力下进行，通过测试试样的抗剪强度确定强度包络线，进而求出抗剪强度参数。

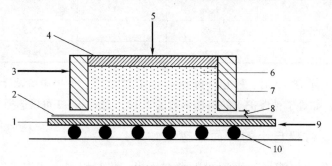

图3-28　接触面积不变的直剪仪

1—刚性滑板　2—土工合成材料试样　3—水平反作用　4—法向力加载系统

5—法向力　6—土体　7—刚性剪切盒　8—最大0.5mm隔距　9—水平力　10—滚珠

典型的剪应力和相对位移关系曲线如图 3-30 所示，可确定每块试样的最大剪应力。当剪应力与位移关系曲线出现峰值时，该峰值即最大剪应力；当关系曲线不出现峰值时，取位移量为剪切面长度的 10% 时对应的剪应力作为最大剪应力。对于所有试样，根据最大剪应力和对应的法向应力，可以绘制最佳拟合直线（图 3-31），直线与法向应力轴之间的夹角即土工合成材料与土体的界面摩擦角 φ_{sg}，在最大剪应力轴上的截距为土工合成材料和土体界面的似黏聚力 c_{sg}。

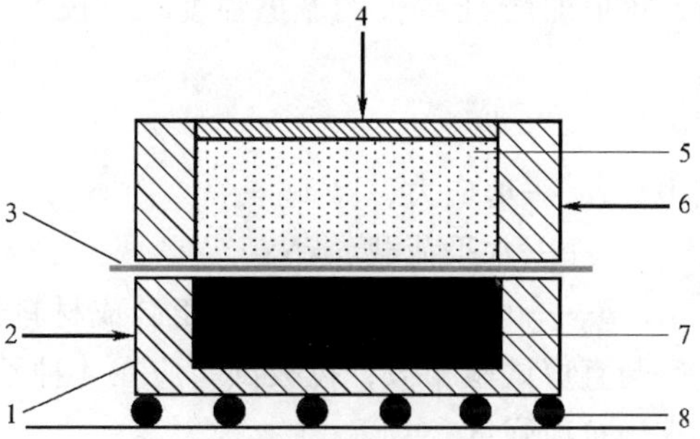

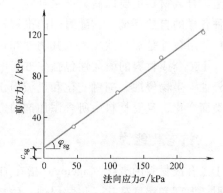

图 3-29　接触面积递减的直剪仪
1—标准剪切盒　2—水平力　3—土工合成材料试样
4—法向力　5—土体
6—水平反作用　7—试样基座　8—滚珠

51

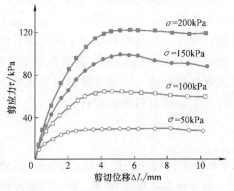

图 3-30　剪应力与位移关系曲线

图 3-31　最大剪应力与法向应力关系曲线

2. 拉拔摩擦特性

土中的加筋材料（简称筋材）受到沿其平面方向的拉力时，将在拉力方向上引起应力和变形。由于上覆压力的作用，受拉时筋材与土之间的上、下界面上将产生摩擦阻力，但该阻力沿拉力的反方向并非均匀分布。拉拔试验就是模拟这样的实际情况。

用于拉拔试验的试验箱为矩形，其侧壁应有足够的刚度，如图 3-32 所示。箱体一面侧壁的半高处开一贯穿全宽的窄缝，高约 5mm，供试样引出箱体用，紧贴窄缝内壁安置可上下抽动的插板，用于调整窄缝的缝隙大小，防止土粒漏出。法向应力的加载装置在试验过程应保持恒压，且均匀地作用在填土表面；水平加载装置通过固定试样的水平夹具进行应变控制加载。拉拔过程中获得拉拔力与拉拔位移的关系曲线，试验进行到下列情况时即可结束：①水平荷载出现峰值，继续试验至达到稳定值；②土工合成材料试样被拉断；

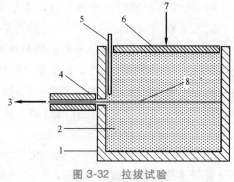

图 3-32　拉拔试验
1—土样　2—试样　3—插板　4—加压夹具　5—插板
6—法向加载板　7—法向力　8—土工合成材料

③水平荷载数值达到稳定或出现降低现象，整个试样的拔出速率等于试验设定的位移速率。

假定筋材在被拔出的瞬间，与土上、下界面之间的阻力认为是均匀分布，并与拉力平

衡，该值即筋-土界面的摩擦强度，可按下式计算

$$\tau = \frac{T_d}{2LB} \qquad (3\text{-}34)$$

式中　τ——剪应力，kPa；

　　　T_d——水平荷载，kN；

　L、B——埋在土体内部的土工合成材料长度和宽度，m。

与直剪试验相似，拉拔试验应在 4 种不同压力下进行，分别测出 τ 值，通过绘制 τ-σ 曲线求出抗剪强度参数。

3.6　耐久性

土工合成材料主要以高分子聚合物为原材料，使用时会暴露于阳光、风雨、高温、严寒等各种各样的自然环境中，随时间的推移，材料不可避免地会发生物理或化学变化。土工合成材料的耐久性是在自然环境下其物理和化学性能的稳定性，是其能否应用于永久性工程的关键。土工合成材料的耐久性包括多方面的内容，主要指对紫外线辐射、温度和湿度变化、化学侵蚀、生物侵蚀、冻融变化和机械损伤等外界因素的抵御能力。这种抵御能力随聚合物的种类而变化，且受材料中所含添加剂的影响，并与土工合成材料的结构有关。

3.6.1　抗老化能力

土工合成材料的老化（ageing）指在加工、储存和使用过程中，受环境的影响，如紫外线辐射、温度和湿度变化、化学侵蚀、生物侵蚀、冻融变化和机械损伤等，材料性能逐渐劣化的过程。材料的老化问题是影响材料耐久性的主要原因。老化的现象可分为四个方面：

1）外观手感的变化，如发黏、变硬、变软、变脆、变形和变色等。

2）物理化学性能的变化，如相对密度、导热性、熔点、相对分子质量、耐热和耐寒等性能的变化。

3）力学性能的变化，如抗拉强度、延伸率、弹性和耐磨性的变化。

4）电性能，如绝缘电阻、介电常数的变化。

岩土工程师最关心的是力学性能的变化。

老化现象的内因是高分子聚合物都具有碳氢链式结构，在外界因素的影响下会发生降解反应和交联反应。降解反应是高分子聚合物变为低分子聚合物的反应，包括主链断裂和主链分解两种情况。而交联反应是大分子之间相联，产生网状或立体结构，也使材料性能发生变化。

高分子聚合物老化的内在因素除上述的分子结构外，还与材料的组成、配方、颜色、成型加工工艺及内部所含的添加剂有关。

老化的外界因素可分为物理、化学和生物等类型，主要有太阳光、氧气、热、水分、工业有害气体和废物、微生物等。

1. 抗氧化性能

抗氧化性能是土工合成材料耐久性能的重要指标之一。在老化的各种因素中，太阳光的辐射起着最重要的影响，阳光中的紫外线具有很大的能量，能够切断许多聚合物的分子链，或引起氧化反应。为研究各种材料的氧化性能，通常采用自然氧化试验和人工氧化试验两

种，试验的结果可以用老化系数 K 来表示

$$K = f / f_0 \tag{3-35}$$

式中　f_0——老化前的性能指标（如抗拉强度和伸长率等）；

　　　f——老化后的性能指标。

目前老化性能试验主要有自然老化试验和人工老化试验。自然老化试验方法是尽量采用与实际应用现场接近的条件进行，其试验周期一般较长，主要包括大气氧化试验、埋地试验、海水浸渍试验等。其中以大气氧化试验最为普遍，即将试样放在户外曝晒，曝晒时可改变试样与水平面的倾角，或与阳光的夹角，如呈 0°、45°、90° 等，曝晒的时间根据需要确定。

人工氧化试验有多种，主要的一种是利用气候箱进行加速氧化试验，气候箱可以模拟光、温度、湿度、降雨等多种气候条件。人工氧化的速度一般比大气氧化快 5~6 倍，有的快十多倍甚至数十倍。人工氧化试验可以研究某种气候条件单独作用的影响，需要周期短，但气候箱所模拟的条件与自然条件总有一定的差距，不如大气氧化试验直接可靠。

各种聚合物材料暴露在阳光中，以聚丙烯、聚乙烯氧化速度最快，聚酰胺、聚乙烯醇（维尼纶）和聚氯乙烯次之，聚酯和聚丙烯腈（腈纶）最慢。白色和浅色的氧化快，深色和黑色的氧化慢。光氧化和热氧化反应一般是在材料的表面进行的，首先引起表面高分子聚合物的老化，并随着时间逐步向内层发展。因此，细纤维的薄型织物、扁丝织物，其表面积大，老化快；粗纤维或厚的织物老化慢。试验表明，白色聚丙烯轻型无纺织物（$150 g/m^2$）在室外暴晒八个星期，握持强度下降 50% 以上，有的织物不到半年就变脆了，以至强度丧失殆尽。而黑色聚丙烯单丝有纺织物（$175~260 g/m^2$）及灰色涤纶针刺无纺织物（$150~270 g/m^2$）曝晒在室外接近一年，强度下降不到 5%。

添加剂对抗老化起着重要的作用。例如，纯净的聚丙烯因碳原子上存在着易于迁移的氢原子，不能在室外使用。一些添加剂（如水杨酸苯酯和炭黑）具有吸收紫外线的作用，炭黑还起到遮蔽作用，同时炭黑中具有许多自由电子，可阻止聚合物的降解。国内早已研制出防老化聚丙烯产品，其老化寿命达到普通聚丙烯的 20 倍。

土工合成材料在有覆盖的情况下（如埋在土中），老化的速度要缓慢得多。1958 年在美国佛罗里达州海岸护坡工程中使用的聚氯乙烯有纺织物，27 年后取样检查，性能良好。法国对一些应用土工织物的代表性工程，如土堤、坝坡护面、排水系统、路基垫层进行观测研究，十多年后使用状态良好，并仍能较好地发挥应有的作用，取出的试样，无论是强度还是延伸率都未显示出有超过 30% 的损失率，而这种降低的原因仅 10%~15% 归咎于环境长期老化的作用，其余的部分是由于施工机械损伤所致。因此，土工合成材料是可以在永久性工程中加以应用的，当然更长期的检验也是必要的。

2. 抗酸碱性能力

土工合成材料在工程应用中，不可避免会受到酸碱溶液的侵蚀，抗酸碱性能是土工合成材料耐久性能的重要指标之一。聚合物对酸碱侵蚀一般具有较高的抵抗能力，如在 pH 值为 9~10 的泥炭土中加筋的土工织物，15 年后发生的化学侵蚀是轻微的。可以说，所有聚合物在处于远超过土中实际存在的 pH 值的溶液中，都表现出良好的抗侵蚀能力。但是某些特殊的化学材料或废液对聚合物也有侵蚀作用。例如，柴油对聚乙烯有一定的影响；碱性很大

（pH=12）的物质对聚酯、酸性很大（pH=2）的物质对聚酰胺的影响都是很严重的；盐水对某些土工织物也有一定影响，有的织物在盐水中浸渍6个星期，强度下降30%，但有的织物强度就没有显著的变化；氧化铁沉积在土工织物上可能发生化学淤堵，影响滤层的透水性。

当利用土工膜作为污水池或废物存贮池的防渗材料时，对其化学稳定性能更要认真对待。除聚乙烯、氯醇橡胶的化学稳定性特别好外，其他原料的土工膜都应进行试验。目前试验的方法通常是把试样浸泡在该种化学试剂的溶液中，经过一定的时间，比较浸泡前后的各种性能指标。

3. 抗生物侵蚀能力

土工合成材料一般都能抵御各种微生物的侵蚀。但在土工织物或土工膜下面，如有昆虫或兽类藏匿和建巢，或者是树根的穿透，也会产生局部的破坏作用，但对整体性能的影响很小。有时细菌繁衍或水草、海藻等可能堵塞一部分土工织物的孔隙，对透水性能产生一定的影响。

4. 温度、水分和冻融的影响

在高温作用下（如在土工合成材料上铺放热沥青时），土工合成材料将发生熔融，如聚丙烯的熔点为175℃，聚乙烯135℃，聚酯和聚酰胺约为250℃。有时温度较高，虽未达到熔点，聚合物的分子结构也可能发生变化，影响材料的强度和弹性模量。试验的方法有连续加热和循环加热两种，都需一直加热到破坏为止，记录热空气的温度，观测材料外观、尺寸、单位面积质量的变化，以及其他性质的改变。在特别低温条件下，有些聚合物的柔性降低，质地变脆，强度下降，给施工及拼接造成困难。

水分的影响表现在有的材料（如聚酰胺）干湿强度和弹性模量不同，应区分干湿状态进行试验。聚酯材料在水中会发生水解反应（由于水分子作用引起长链线性分子的断裂），这种反应的过程随温度升高而加快。但试验表明，土工合成材料在工程应用期限内，水解的影响不大。此外，干湿变化和冻融循环可能使一部分空气或冰屑积存在土工织物内，影响其渗透性能，必要时应进行相应的试验以检查其性能的变化。

为了考虑以上各种老化因素对土工合成材料强度的影响，通常引入老化强度折减系数 RF_D 对抗拉强度折减。

3.6.2 机械损伤

土工格栅在运输、铺设等过程中不可避免会受到一些人为的或机械施工的损伤，加筋土工程施工过程中填料的碾压也会对筋材造成挤压、摩擦甚至穿刺，引起筋材力学性能的下降，设计中需考虑施工损伤对材料性质的影响。

一般采用受损伤后筋材的短期抗拉强度与损伤前的初始抗拉强度之比作为定量评估筋材施工损伤的指标，其公式为

$$RF_{ID} = \frac{T_{ult}}{T_{ID\text{-}ult}}$$ (3-36)

式中 RF_{ID}——施工破坏折减系数，RF 是 Reduction Factor 的简写；

T_{ult}——筋材损伤前的抗拉强度；

$T_{ID\text{-}ult}$——筋材损伤后的抗拉强度。

3.7　土工合成材料的允许抗拉强度

根据美国州公路和运输员工协会（AASHTO，2004）标准，土工合成材料的允许抗拉强度 T_a 按下式计算

$$T_a = \frac{T}{RF_{CR}RF_{ID}RF_D} = \frac{T}{RF} \tag{3-37}$$

式中　T——土工合成材料的抗拉强度；

RF_{CR}——蠕变折减系数；

RF_{ID}——机械损伤折减系数；

RF_D——老化折减系数；

RF——总折减系数。

以上土工合成材料折减系数应根据工程采用的材料类型、填土和工程环境等通过试验确定。下面给出它们取值的一些建议范围。

（1）蠕变折减系数　美国联邦公路管理局（FHWA）针对不同聚合物类型给出的蠕变折减系数见表 3-4。

表 3-4　蠕变折减系数 RF_{CR}

聚合物类型	蠕变折减系数 RF_{CR}
聚酯 PET	2.5~1.6
聚丙烯 PP	5.0~4.0
聚乙烯 PE	5.0~2.6

英国土工合成材料协会 GSI 制定的标准 GRI-GT7《土工织物长期设计强度的确定方法》针对堤坝、边坡、挡土墙和地基承载力等情况，统一建议土工织物的蠕变折减系数取为 3.0。

包承纲等（2015）在统计分析前期蠕变试验成果的基础上，提出聚丙烯（PP）的蠕变折减系数 RF_{CR} 可取 3.5~3.3，HDPE 材料可取 3.0~2.6，PET 材料可取 2.2~2.0。

目前蠕变折减系数的取值都是基于室内常规无约束拉伸蠕变试验资料确定的。实际上，筋材置于土中时，其拉伸性能和蠕变会受到填料的约束作用及上覆荷载的影响而改变，特别是蠕变量会有明显降低。已有的侧限约束蠕变试验资料表明，单向拉伸土工格栅在砂土中受应力水平 50% 作用的蠕变量也仅 3% 左右，远远低于无约束条件的应变。PET 无纺土工织物在砂土中受上覆荷载 150kPa 作用时，57% 应力水平下的蠕变量也由荷载为 0kPa 时的 18% 降低至 5% 左右。

（2）施工损伤折减系数　将土工合成材料分成 7 类，其施工损伤折减系数见表 3-5。按 AASHTO 的规定，用于加筋的土工织物，单位面积质量 m 最小应为 270g/m²。表中的高值用于 m 小的产品（$m = 150~200g/m^2$）或低强度的土工格栅。

（3）老化折减系数　原材料为 PET 的有纺织物和涂面土工格栅仅推荐用于 3<pH<9 的环境中。在没有产品的特定试验成果时，PET 设计年限为 100 年的老化折减系数 RF_D 见表 3-6。

表 3-5 施工损伤折减系数

序号	土工合成材料类别	Ⅰ类填料,最大粒径 102mm,d_{50} 约 30mm	Ⅱ类填料,最大粒径 20mm,d_{50} 约 0.7mm
1	HDPE 单向土工格栅	1.20~1.45	1.10~1.20
2	PP 双向土工格栅	1.20~1.45	1.10~1.20
3	PVC 涂面 PET 土工格栅	1.30~1.85	1.10~1.30
4	丙烯涂面 PET 土工格栅	1.30~2.05	1.20~1.40
5	PP 和 PET 有纺土工织物	1.40~2.20	1.10~1.40
6	PP 和 PET 无纺土工织物	1.40~2.50	1.10~1.40
7	PP 裂膜有纺土工织物	1.60~3.60	1.10~2.00

注:HDPE 为高密度聚丙烯;PP 为聚丙烯;PVC 为聚氯乙烯;PET 为聚酯。

表 3-6 PET 强度的老化折减系数 RF_D

	土工合成材料	5<pH<8	3<pH<5,8<pH<9
1	土工织物 Mn<20000 40<CEG<50	1.6	2.0
2	涂面土工格栅 Mn>25000 CEG<30	1.15	1.3

对于 PP 和 HDPE 材料,如果按 ASTM D-4355 测得材料经人工老化试验,曝光 500 小时,强度保持率可达 90%,表明加入的抗氧化剂是有效的,这样在 20℃、设计寿命为 100 年的情况下,老化折减系数可以降低至 1.1。

《公路土工合成材料应用技术规范》(JTG/T D32—2012)建议,总折减系数 RF 取 3.0~5.0。

3.8 试验成果的整理和比较

对土工合成材料试样完成规定次数的试验后,用式(3-1)计算算术平均值 $\bar{x}$,再分别用式(3-2)和式(3-3)计算均方差 σ 与变异系数 C_v。但有些试验记录值明显失真,如何取舍?在进行选材比较时,每种材料有多个性能指标,互有优劣,如何综合考虑全部指标,给出排序?即使比较同一指标,除了算术平均值的大小,怎样计及样品不均匀的影响?这是本节讨论的内容(王钊、王协群、谭界雄,1998)。

3.8.1 试验数据的取舍

试验中常出现个别试验值异常偏大或偏小的现象,这可能与操作不当、读数错误,或冲击振动有关,产生的误差称为粗大误差,这种误差不符合系统误差和随机误差的分布规律,使算术平均值歪曲了试验结果,应予剔除。

判断含粗大误差的数据应采用格罗布(Grubbs)准则。显然最可疑的数据是残差绝对值 $|x_k - \bar{x}|$ 最大的数据 x_k,用下式计算 x_k 的统计量 $g(k)$。如 $g(k)$ 满足下式,则认为 x_k 含有粗大误差,应予剔除。

$$g(k) = \frac{|x_k - \bar{x}|}{\sigma} \geq g_0(N, \alpha) \tag{3-38}$$

式中 $g_0(N, \alpha)$ ——统计量 $g(k)$ 的临界值,它依据试验次数 N 和显著度 α 而定,见表 3-7;

α——出现粗大误差的概率，一般取值 0.01 或 0.05。

依次判断残差绝对值较大的数据，直至不符合式（3-38）为止，将剩余的数据（不含粗大误差）用式（3-1）和式（3-2）计算算术平均值和标准差。

表 3-7　统计量 $g(k)$ 的临界值

α	N											
	3	4	5	6	7	8	9	10	11	12	13	14
0.01	1.16	1.49	1.75	1.94	2.10	2.22	2.32	2.41	2.48	2.55	2.61	2.66
0.05	1.15	1.46	1.67	1.67	1.94	2.03	2.11	2.18	2.23	2.28	2.33	2.37

3.8.2　数据不确定度的估计和合成

不同比较材料的同一测试指标往往具有不同的算术平均值 $\bar{x}$ 和标准差 σ，这给比较大小带来困难，如何将 $\bar{x}$ 和 σ 合成一个指标，既比较了算术平均值的大小，又考虑到误差的影响，这是十分必要的。建议应用可几误差 P.E. 的概念。随机误差分析中，高斯（正态）分布是最适用的一种，也是数据统计分析中最重要的概率分布，可几误差 P.E. 定义为这样一种偏差绝对值，使任一次观测值的偏差 $|x_i-\bar{x}|<$ P.E. 的概率等于 50%，也就是该实验中将有半数观测值落在 $\bar{x}\pm$ P.E. 所表示的范围内。通过高斯分布概率曲线的积分，可找到可几误差和标准差的关系为

$$\text{P.E.} = 0.6745\sigma \qquad (3-39)$$

为了反映试样的不均匀性，即误差的大小，对数值越大越好的指标和越小越好的指标，分别将算术平均值加上或减去可几误差作为不同产品的合成比较指标。

下面用为某水利工程选材的试验数据，说明数据处理过程。供挑选的有 5 个厂家的一布一膜产品，分别标以 1~5。表 3-8 中列出的合成比较指标为剔除粗大误差后的 $\bar{x}\pm$ P.E. 值，即 $\bar{x}\pm0.6745\sigma$ 值。也可以将试验结果分别以 $\bar{x}\pm\sigma$、$\bar{x}\pm2\sigma$ 或 $\bar{x}\pm3\sigma$ 的合成指标表示，相应的置信概率分别为 68.26%、95.45% 和 99.73%，后面三种表示有可能过高地估计了误差的影响，故推荐采用合成指标 $\bar{x}\pm0.6745\sigma$。

表 3-8　一布一膜产品的特性比较

指标		合成比较指标（$\bar{x}\pm$ P.E.）					归一化指标 f_i				
		1	2	3	4	5	1	2	3	4	5
质量/(g/m²)	布	207.0	246.5	219.8	264.1	263.7					
	膜	391.2	452.3	527.7	387.0	686.7					
膜厚度/mm		0.485	0.468	0.591	0.524	0.517					
抗拉强度/(kN·m)	经向	10.7	13.2	12.5	14.4	13.9	10.66	11.44	9.62	10.40	10.20
	纬向	7.58	13.0	11.0	10.5	13.5	7.55	11.26	8.46	7.59	9.90
拉伸伸长率（%）	经向	78.0	84.3	65.0	52.1	57.9	—	—	—	—	—
	纬向	109.5	64.0	98.3	71.1	96.8					
撕裂强度/N	经向	357.9	455.4	418.3	368.1	338.4	356.5	394.6	322.0	266.0	248.3
	纬向	341.1	391.2	370.6	396.2	350.4	339.8	339.0	285.3	286.3	257.1

（续）

指标		合成比较指标（$\bar{x}\pm$P.E.）					归一化指标 f_i				
		1	2	3	4	5	1	2	3	4	5
CBR 顶破	强力/N	2 237	2 301	2 509	3 132	2 325	2 318	1 994	1 931	2 263	1 706
	应变（%）	46.2	44.8	49.1	50.5	48.6	46.4	51.7	63.8	69.9	66.2
落锥孔直径/mm		12.8	12.3	13.7	12.5	13.5	12.8	14.2	17.8	17.3	18.4
渗透系数/(cm/s)		10^{-13}	10^{-13}	10^{-13}	10^{-13}	10^{-13}	0	0	0	0	0

注：表中渗透系数是防渗应用的最关键指标，因仪器只能测得 10^{-13} cm/s，无法比较优劣，但均达到小于 10^{-11} cm/s 的设计要求，故不列入比较指标。

3.8.3 产品优劣的多指标综合排序

从表 3-8 可见，共有 5 个方案（产品），每方案有 13 个合成比较指标。这些指标中，有一类指标希望越大越好，如强度；另一类则希望越小越好，如落锥孔直径、渗透系数和顶破应变。对表中的拉伸伸长率有一基本要求。如本工程设计要求该值大于 50%，5 种产品均已达到，很难判定拉伸伸长率是否更大些为好，故拉伸伸长率指标不参加综合评价。此外，各产品的单位面积质量和膜厚度均与设计要求的规格不同，首先应进行归一化处理。同时，各指标都应无量纲化，以便使各指标的评价尺度统一，然后才能对各方案（产品）的价值进行分析和评估。

1. 归一化指标

因各厂家提供的产品规格与设计要求之间有一定差异，如超过设计要求将越大越好的指标偏大，使越小越好的指标偏小，故用下列两式对合成比较指标（$\bar{x}\pm$P.E.）进行归一化处理，以获得归一化指标 f_i（$i=1，\cdots，n$）。这里 n 代表每种产品的归一化指标数（此处 $n=7$）。

1）对越大越好的指标

$$f_i = \frac{m\delta}{m'\delta'}(\bar{x}-\text{P.E.})_i \qquad (3\text{-}40)$$

2）对越小越好的指标

$$f_i = \frac{m'\delta'}{m\delta}(\bar{x}+\text{P.E.})_i \qquad (3\text{-}41)$$

式中　m、δ——设计要求的单位面积质量和膜厚度；

m'、δ'——试样的实测单位面积质量和膜厚度。

各产品的归一化指标也列于表 3-8 中。

2. 指标的无量纲化

对于第 i 个归一化指标 f_i，找出不同产品中的最大值 $f_{i\max}$ 和最小值 $f_{i\min}$，即在产品 $j=1，\cdots，m$ 中寻找（此处 $m=5$）

$$\begin{cases} f_{i\max} = \max_{j=1}^{m}\{f_i\} \\ f_{i\max} = \min_{j=1}^{m}\{f_i\} \end{cases} \qquad (3\text{-}42)$$

1）若希望指标 f_i 越大越好，则规定 f_{imax} 无量纲化后为 ν_{imax}，如取 $\nu_{imax}=100$，而 f_{imin} 无量纲化后为 ν_{imin}，如取 $\nu_{imin}=1$。用线性插值求第 j 个产品第 i 项指标 f_{ij} 的无量纲指标 ν_{ij}（图 3-33），即

$$\nu_{ij}=\nu_{imin}+\frac{\nu_{imax}-\nu_{imin}}{f_{imax}-f_{imin}}(f_{ij}-f_{imin}) \tag{3-43}$$

2）若希望指标 f_i 越小越好，则规定 f_{imax} 无量纲化后为 ν_{imin}，例如取 $\nu_{imin}=1$，而 f_{imin} 无量纲化后为 ν_{imax}，例如取 $\nu_{imax}=100$。用线性插值求第 j 个产品第 i 项指标 f_{ij} 的无量纲指标 ν_{ij}（图 3-34），即

$$\nu_{ij}=\nu_{imax}-\frac{\nu_{imax}-\nu_{imin}}{f_{imax}-f_{imin}}(f_{ij}-f_{imin}) \tag{3-44}$$

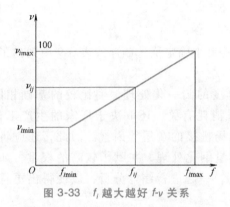

图 3-33　f_i 越大越好 f-ν 关系　　　图 3-34　f_i 越小越好 f-ν 关系

根据式（3-43）和式（3-44）可算得各产品的特性指标，见表 3-9。

表 3-9　一布一膜产品特性的指标和排序

指标		产品号 j 和指标 ν_{ij}					权重 W_i
		1	2	3	4	5	
抗拉强度 /（kN/m²）	经向	57.6	100	1	43.4	32.5	0.30
	纬向	1	100	25.3	1.1	63.7	0.30
撕裂强度 /N	经向	74.3	100	50.9	13.0	1	0.10
	纬向	100	99	34.8	36.0	1	0.10
CBR 顶破	强力/N	100	47.6	37.4	91.1	1	0.10
	应变（%）	100	77.7	26.7	1	16.7	0.05
落锥孔直径/mm		100	75.2	11.5	20.4	1	0.05
综合评价值 V_j		55.0	92.3	22.1	28.4	30.0	
优劣排序		2	1	5	4	3	

3. 权重

为反映不同特性指标对选材决策的影响，应对各个指标赋予不同的权重 W_i。具体分析各项指标，渗透系数对防渗工程而言，无疑是最重要的，理应赋予大的权重，但试验中发现，尽管采用三轴仪围压设备给渗透仪施加 600kPa 水压（相当于设计水头的 6 倍），维持压力一昼夜，各样品除因气温变化在精度 0.01mL 的量管中有微小水位升降外，均测不出渗

透量，故该指标及权重不予考虑。剩下 7 个指标中，抗拉强度是设计指标，且测量精度高（用拉伸传感器测量），应取大值，又因一布一膜产品用于库底防渗，故经向和纬向强度同样重要，权重都取 0.30，其余指标仅用于选材时的比较，故将撕裂的经向、纬向强度和顶破强度分别取权重 0.10，而顶破应变和落锥孔直径的测量误差较大，权重分取 0.05，各权重总和为 1.00，即 $\sum_{i=1}^{n} W_i = 100$。各项指标的权重列于表 3-9。

4. 产品价值的分析和排序

将各产品的无量纲指标 ν_{ij} 与其权重 W_i 相乘求和，可得各产品综合评价值 V_j（见表 3-9），即

$$V_j = \sum_{i=1}^{m} W_i \nu_{ij}(j = 1, 2, \cdots, m) \tag{3-45}$$

V_j 值最大的产品为最优选择，并可根据 V_j 值的大小确定优选顺序。表 3-9 中列出了优劣顺序。

以上的多指标综合排序法中曾进行质量和厚度的归一化处理，使比较的基础相同，也隐含着原材料用量相同的因素。价格和原材料消耗有关，还取决于厂家的生产工艺、利润和运输费用，以及聚氯乙烯膜或聚乙烯膜现场拼接的费用等因素。因此，还应将各产品投标的价格或总投资作为一个指标，进行无量纲化处理，并赋予较高的权重，如所有特性指标的权重总和 0.50，投资的权重为 0.50，一起进行综合分析，以便得出更符合实际的结论。

习　　题

[3-1]　某涤纶为原料的针刺无纺织物实测单位面积质量为 $395 g/m^2$，测得在法向压力为 2kPa、20kPa、200kPa 时的厚度分别为 3.70mm、1.68mm 和 1.39mm，求不同压力下的孔隙率。

[3-2]　当用干筛法测试土工织物孔径时，共采用了三种不同粒组的标准石英砂，称得通过织物的过筛量列于表 3-10，已知每种石英砂的投放量都是 50g，试求织物的等效孔径 O_{95} 和特征孔径 O_{50}。

表 3-10　干筛法测试结果

粒径/mm	过筛量/g
0.075～0.09	38.65
0.09～0.10	17.83
0.10～0.12	2.36

[3-3]　用显微镜测读有纺织物的孔径，首先计算得各孔的孔径，然后整理出孔径的分组及各组的孔数，见表 3-11。试求该织物的等效孔径 O_{95} 和特征孔径 O_{50}。

表 3-11　显微镜法测试结果

孔径/mm	≥0.9	0.9～0.8	0.8～0.7	0.7～0.6	0.6～0.5	0.5～0.4	0.4～0.3	0.3～0.2	<0.2
孔数/个	3	6	11	12	20	54	53	34	11

[3-4]　一种无纺织物的拉伸试验结果列于表 3-12，试样的宽度为 200mm，试整理出抗拉强度（kN/m）和延伸率（%）的算术平均值，并分别计算它们的标准差和变异系数。

表 3-12　拉伸试验测试结果

试样编号		1	2	3	4	5	6
径向拉伸	最大拉力 T/kN	2.38	2.92	2.07	2.55	2.67	2.14
	延伸率(%)	85	82	86	92	92	89

[3-5]　图 3-35 为一层环形试样、水流沿试样径向在土工织物内部流动的试验装置。今测得输导流量为 q，试证明沿织物平面的渗透系数为

$$k_t = \frac{q}{2\pi\delta h}\ln\frac{r_1}{r_0}$$

[3-6]　参见图 3-25 证明式（3-32）。

[3-7]　用图 3-32 所示的拔出试验装置测得不同压力下织物试样的拔出力见表 3-13，已知试样的宽度为 20cm，在土中的长度为 30cm，求织物和土的界面摩擦角 φ_{sg}。

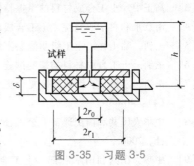

图 3-35　习题 3-5

表 3-13　拔出试验测试结果

压力 p_n/kPa	50	100	200	400
拔出力 T/kN	2.48	4.74	9.45	19.80

[3-8]　一种聚酯无纺织物的抗拉强度为 18.5kN/m，四种荷载水平（5%、10%、15%、20%）蠕变试验的部分记录列于表 3-14，请将蠕变应变外推以求 10^6h 的荷载应变曲线，并推算相对于 60% 应变的长期蠕变强度 T_l 和蠕变折减系数 RF_{CR}。

表 3-14　四种荷载水平下的蠕变（%）

时间/h		1	4	6	21	35	80	120	401	907	2013	4054	6137	11001	12032	16246
荷载水平	5%	20.0	21.8	22.3	24.1	24.6	25.7	26.2	27.8	28.9	29.9	30.8	31.3	32.1	32.2	32.6
	10%	35.0	36.8	37.3	39.0	39.7	40.7	41.3	42.9	44.0	45.0	45.9	46.5	47.2	47.3	47.8
	15%	42.0	43.8	44.4	46.0	46.7	47.7	48.2	49.8	50.9	51.9	52.9	53.4	54.2	54.3	54.7
	20%	46.0	47.8	48.3	50.0	50.7	51.8	52.3	54.0	55.1	56.2	57.0	57.6	58.3	58.5	58.9

[3-9]　某加筋土挡墙采用的聚酯单向土工格栅的抗拉强度为 80kN/m，按四种荷载水平进行蠕变试验，每种荷载水平三个试样的断裂时间列于表 3-15，求长期蠕变强度 T_{le} 和蠕变折减系数 RF_{CR}。

表 3-15　蠕变试验结果

蠕变荷载/（kN/m）	三个试样至断裂延续的时间/h		
70	75	81	77
56	672	701	692
48	4895	4640	5047
40	14322	13861	15049

[3-10]　试总结土工织物试验项目中，哪些试验可以提供设计用的性质指标？哪些试验用于模拟应用特性？并提供选材的比较指标。

[3-11]　以表 3-8 中的归一化指标 f_i 为据，对 5 种产品进行优选排序，即校核表 3-10 中的计算是否正确。

61

参 考 文 献

[1] 王钊. 土工织物加筋土坡的设计与模型试验 [D]. 武汉：武汉水利电力学院，1988.

[2] 王钊，陆士强. 对土工织物孔径测试方法的建议 [J]. 大坝观测与土工测试，1990（1）：3-9.

[3] 高正中. 土工合成材料的摩擦特性 [J]. 四川水利，1990，11（4）：15-18.

[4] 南京水利科学研究院. 土工合成材料测试手册 [M]. 北京：水利电力出版社，1991.

[5] 王钊，陆士强. 土工织物滤层淤堵标准的探讨 [J]. 水力发电学报，1991（3）：55-63.

[6] 王钊. 土工合成材料的蠕变试验 [J]. 岩土工程学报，1994（4）：96-102.

[7] 王钊，王协群，谭界雄. 复合土工膜选材试验的数据处理和决策 [J]. 大坝观测与土工测试，1998（4）：40-44.

[8] 中华人民共和国交通部. 公路土工合成材料试验规程：JTG E50—2006 [S]. 北京：人民交通出版社，2006.

[9] 中华人民共和国水利部. 土工合成材料测试规程：SL 235—2012 [S]. 北京：中国水利水电出版社，2012.

[10] 王钊，李丽华，王协群. 土工合成材料的蠕变特性和试验方法 [J]. 岩土力学，2004（5）：723-727.

[11] 《土工合成材料工程应用手册》编写委员会. 土工合成材料工程应用手册 [M]. 2 版. 北京：中国建筑工业出版社，2000.

[12] 周大纲. 土工合成材料制造技术及性能 [M]. 2 版. 北京：中国轻工业出版社，2019.

[13] 杨广庆. 土工格栅加筋土结构与工程应用 [M]. 北京：科学出版社，2010.

[14] 杨广庆，徐超，张孟喜，等. 土工合成材料加筋土结构应用技术指南 [M]. 北京：人民交通出版社，2016.

[15] KOERNER R M, WELSH J P. Designing with Geotextiles [M]. Hoboken：John wiley & Sons, 1986.

[16] AASHTO. AASHTO Designation：M288-97, Geotextile specification for highway application, Standard Specification for Transportation Materials and Method of Sampling and Testing [S]. Washington D C：AASHTO, 1996.

[17] ELIAS VICTOR, CHRISTOPHER R B, BERG R R. Mechanically stabilized earth walls and reinforced soil slopes design and construction guidelines [M]. FHWA, 2001.

[18] HOMTON J S, ALLEN S R, THOMAS R W. The stepped isothermal method for time-temperature superposition and its application to creep data on polyester yarn [C]//Proc. of 6th Int. conf. on geosynthetics. Atlanta：[s. n.], 1998.

[19] WANG Z, LIU W, YANG R F, et al. Full-scale testing of the site damage of geogrids [C]//Proc. of The 3rd Asian Regional Conf. On Geosynthetics, Seoul：[s. n.], 2004.

[20] 王钊. 土工合成材料. 北京：机械工业出版社，2005.

[21] 中华人民共和国交通运输部. 公路土工合成材料应用技术规范：JTG/T D32—2012 [S]. 北京：人民交通出版社，2012.

第 4 章

排水与反滤作用

土体中有渗流时，常伴随产生渗透变形，如管涌和流土。这在堤坝和基坑开挖中应予以特别重视，一方面通过防渗、降水或增长渗径的方法来减小水力坡降，另一方面让渗流顺利通过并在出口处设反滤与压重层防止土粒损失。排水也包括软土地基的排水固结和其他地下排水设施。土工合成材料的一些产品具有良好的排水与反滤（也称渗滤或过滤）功能，因此可以代替传统的砂、砾料建成排水和滤层结构体。在土工织物与土体接触并存在渗流的情况下，土工织物的排水和反滤作用是同时存在、不可分割的两种作用。水从土体中渗出并流入土工织物时，土工织物既要畅通地排出入渗的水量，又要保护土体不会产生有害的渗透变形。因此，排水和反滤又经常是矛盾的，就滤层的孔径来说，从排水要求而言希望孔径大一点为好，从反滤要求而言则可能希望孔径小一些更合适。

实际工程中常采用无纺织物，因无纺织物既能沿织物平面在其内部排水，又能在垂直平面的方向反滤，它能更好地兼顾排水和反滤两种作用。有时为了兼顾其他作用，也有采用有纺织物的；当要求大的排水能力时，可用土工复合排水材料，如塑料排水带、排水网、土工织物包裹塑料丝囊和软式排水管等材料和结构（参见文前彩图 5、7、10 和 19）。

4.1 土工合成材料的排水特性

为了将土体中的水排出，降低并控制水流渗出的位置，工程中往往需要在土体中或其边沿位置设置一些排水结构，其主要目的在于增加土体的稳定性。如坝体内的竖式排水体和公路边的排水盲沟。过去的排水材料一般采用无黏性的砂石料，现在可以用土工合成材料来代替或将两者结合使用。因为土工合成材料与传统的排水材料相比有其优越性，如性能更好（包括质量上的保证），价格更低，运输、施工方便等。在进行土工合成材料的排水设计前，应对其排水和渗透性能有所了解。

4.1.1 排水特性参数

土工合成材料本身有着良好的排水性能，在进行排水计算和选用土工合成材料时，首先要知道它们的渗透性能及其相应的指标。在第 3 章中已详细地介绍了四个相关指标的定义和测定方法。以土工织物为例，四个指标是垂直于织物平面的渗透系数 k_n、透水率 ψ、平行于织物平面的渗透系数 k_t 和导水率 θ。渗透系数 k_n 和 k_t 的定义和常用的土的渗透系数的定义相同，因而具有可比性的优点，但在实际计算中不便应用。排水设计中主要是计算排水量，下列公式分别给出垂直于织物平面（透水性）和平行于织物平面在织物内部（导水性）两种渗流条件下流量的计算公式。

垂直织物平面

$$q = k_n \frac{\Delta h_{gn}}{\delta} A \tag{4-1}$$

$$q = \psi \Delta h_{gn} A \tag{4-2}$$

$$\psi = \frac{k_n}{\delta} \tag{4-3}$$

平行织物平面

$$q = k_t \delta \frac{\Delta h_{gt}}{L_g} B \tag{4-4}$$

$$q = \theta \frac{\Delta h_{gt}}{L_g} B \tag{4-5}$$

$$\theta = k_t \delta \tag{4-6}$$

式中　q——排水流量，m^3/s；

ψ——土工织物的透水率，s^{-1}；

θ——土工织物的导水率，m^2/s；

k_n、k_t——垂直、平行于织物平面的渗透系数，m/s；

Δh_{gt}——沿土工织物表面的上游和下游计算点的水头差，m；

δ——土工织物的厚度，m；

L_g——沿土工织物表面上游和下游计算点间的距离，m；

Δh_{gn}——土工织物上游面和下游面的水头差，m；

A——垂直于渗流方向的土工织物渗水面积，m^2；

B——垂直于导水方向的土工织物的导水宽度，m。

4.1.2　排水能力的影响因素

1. 厚度

式（4-1）和式（4-4）都涉及织物的厚度 δ。δ 与所受的压力有关，随着压力的增大而减小，其变化幅度大且不易确定。若引进透水率 ψ 和导水率 θ，则无论在试验室确定这两个指标或在排水计算中，都可以避开土工织物的厚度 δ［式（4-2）和式（4-5）］，因而能提高计算上的精度。另外，土工织物的 k_n、k_t 和 δ 均与其透水能力有关，由这两者组合得到的 ψ 和 θ 更能反映它的透水能力。水是通过土工织物中的孔隙流动的，所有影响土工织物中孔隙的大小和分布的因素都将影响土工织物的透水能力。例如，土工织物的纤维粗细及其密度（如单位面积的质量）就直接影响制成时织物孔隙的大小和分布情况，因而影响它的透水能力。土工织物的孔隙大小和分布情况不是一成不变的，在实际应用中它随受到的垂直于织物平面的压力而变化，从而其透水能力也会随之改变。

2. 流态

式（4-1）和式（4-4）假定了水流流态为层流，即达西定律 $v = ki$ 成立。当采用土工织物排水时，该假定一般来说是正确的。但如果采用的土工织物很厚且水头很高，流态则可能是紊流或介于层流和紊流两种流态间的过渡阶段，即 $v = ki^n$，$n = 1$ 时为层流，$n = 0.5$ 时为紊流。Sluys 曾做了 39 种土工织物的试验，得到 n 的平均值为 0.7（Sluys，1987）。同样地，对于土工网排水和土工复合材料排水的情况，水流流态一般也都是紊流。采用式（4-2）和式（4-5）避开了流态的影响，这是采用透水率 ψ 和导水率 θ 描述土工合成材料的排水能力并进行设计的另一个原因。

3. 压力

土工合成材料的排水能力还与作用在其上的压力有关：随着压力的增加，排水能力逐渐下降。对于土工织物，压力的影响尤其明显。图 4-1 给出两种无纺织物的透水率和导水率随正应力变化的曲线。A 试样是质量为 $270 \mathrm{g/m^2}$ 的聚酯针刺无纺织物；B 试样是质量为 $200 \mathrm{g/m^2}$ 的聚丙烯热黏无纺织物。从图中可以看到小压力范围透水率改变大一些，同时导水率的改变值又比透水率的大一些；当压力达到 50kPa 时，土工织物的渗透系数与无压时相比减小一半左右；当压力达到 300kPa 时，渗透系数为无压力时的 1/6 左右。塑料排水带和排水网的排水能力受压力的影响比土工织物要小，主要表现在排水网截面的压缩和外包织物压入排水网的空隙中。

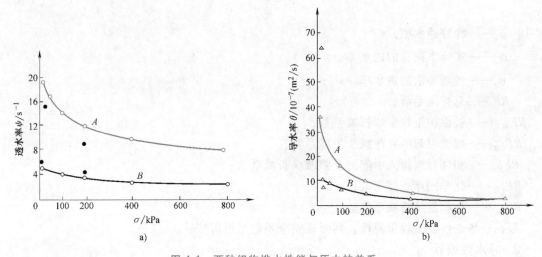

图 4-1　两种织物排水性能与压力的关系

4. 淤堵

土工织物作为反滤材料时，使用初期关心的问题是能否起到挡土的作用，随后要考虑淤堵问题。土工织物的渗透性能不是随时间的延续而固定不变的，通常的渗透试验只是对织物本身透水性能的检验，除了由于试验条件不够理想而引起织物透水性能波动外，更重要的是土工织物与土体接触时必然产生的淤堵现象，一些土粒滞留在织物中会引起土工织物的渗透能力下降，而与土工织物相邻的上游土层因细小颗粒流失，渗透能力却在逐渐增加，这一特殊的织物反滤层的渗透性能才是设计计算中应当采用的参数。土工合成材料的工程性能必须与土联系在一起，在实际工作条件下进行测定，才能得到较为符合实际的结果。

4.1.3　设计要求

在排水设计中，与允许抗拉强度的确定方法相似，也采用折减系数来反映现场工作条件对土工合成材料排水能力的影响。将实验室测得的透水率和导水率除以折减系数得到允许值，而允许值除以工程要求的透水率或导水率即透水或导水设计的安全系数，见式（4-7）~式（4-14）。

1. 透水性设计

总折减系数 RF 为各分项折减系数之积，即

$$RF = RF_{SCB} RF_{CR} RF_{IN} RF_{CC} RF_{BC} \tag{4-7}$$

求允许透水率 ψ_a

$$\psi_a = \frac{\psi_u}{RF} \tag{4-8}$$

根据现场实际情况计算要求的渗流量 q_r，按式（4-2）计算需要的透水率 ψ_r

$$\psi_r = \frac{q_r}{\Delta h A} \tag{4-9}$$

比较 ψ_a 和 ψ_r，得透水安全系数

$$F_s = \frac{\psi_a}{\psi_r} \tag{4-10}$$

式中　ψ_a——允许透水率，s^{-1}；

　　　ψ_u——实验室测得的透水率，s^{-1}；

　　　ψ_r——现场要求的透水率，s^{-1}；

　　　RF——总折减系数；

　　RF_{SCB}——被保护土粒淤堵折减系数；

　　RF_{CR}——蠕变引起的孔隙减少折减系数；

　　RF_{IN}——相邻材料侵入引起的孔隙减少折减系数；

　　RF_{CC}——化学淤堵折减系数；

　　RF_{BC}——生物淤堵折减系数。

根据现场条件及工程重要性，判断该安全系数是否可接受。

2. 导水性设计

总折减系数 RF 为各分项折减系数之积，即

$$RF = RF_{CR} RF_{IN} RF_{CC} RF_{BC} \tag{4-11}$$

允许导水率 θ_a 为

$$\theta_a = \frac{\theta_u}{RF} \tag{4-12}$$

根据现场实际情况计算要求的排水量 q_r，按式（4-5）计算需要的导水率 θ_r

$$\theta_r = \frac{q_r L_g}{\Delta h_{gt} B} \tag{4-13}$$

比较 θ_a 和 θ_r，得导水安全系数

$$F_s = \frac{\theta_a}{\theta_r} \tag{4-14}$$

式中　θ_u——试验室测得的导水率，m^2/s；

其余符号意义同上。

由式（4-13）可见，θ_r 是单位水力坡降下，单位宽度排水材料所要求的排水量，故式（4-12）~式（4-14）是针对平面状的土工织物、土工网和土工复合排水材料的。但对于条带状的土工复合排水材料（如塑料排水带），宽度一定，就不一定用导水率，可直接用排水量来描述排水能力，须将式（4-12）和式（4-14）改写为

$$q_a = \frac{q_u}{RF} \tag{4-12'}$$

$$F_s = \frac{q_a}{q_r} \tag{4-14'}$$

式中　q_u——实验室测得的产品排水量，$\mathrm{m^3/}$年；

　　　q_a——允许排水流量，$\mathrm{m^3/}$年（$1\mathrm{m^3/}$年 $= 3.17 \times 10^{-2}\ \mathrm{cm^3/s}$）；

　　　q_r——工程所要求的排水量，$\mathrm{m^3/}$年。

根据现场条件及工程的重要性，判断该安全系数是否可接受。

因土工织物的导水性较差，多用于透水材料。表 4-1 给出土工织物在各种工程应用中的透水率折减系数，表 4-2 和表 4-3 分别给出土工网和土工复合排水材料在各种工程应用中的导水率折减系数。

表 4-1　土工织物透水率折减系数（引自 Koerner，2005）

应用类型	折减系数取值范围				
	RF_{SCB}[1]	RF_{CR}	RF_{IN}	RF_{CC}[2]	RF_{BC}
挡土墙滤层	2.0~4.0	1.5~2.0	1.0~1.2	1.0~1.2	1.0~1.3
地下排水滤层	2.0~10.0	1.0~1.5	1.0~1.2	1.2~1.5	2.0~4.0
侵蚀控制滤层	2.0~10.0	1.0~1.5	1.0~1.2	1.0~1.2	2.0~4.0
填土滤层	5.0~10.0	1.5~2.0	1.0~1.2	1.2~1.5	2.0~5.0[3]
重力排水	2.0~4.0	2.0~3.0	1.0~1.2	1.2~1.5	1.2~1.5
压力排水	2.0~3.0	2.0~3.0	1.0~1.2	1.1~1.3	1.1~1.3

① 如果抛石或混凝土块覆盖了织物表面，应取该项折减系数的上限值。

② 该项值可以取得更大一些，特别对碱性地下水。

③ 对于混浊或微生物含量超过 5000mg/L 的情况，可以取更大值。

表 4-2　土工网导水率折减系数（引自 Koerner，1998）

应用类型	RF_{IN}	RF_{CR}[1]	RF_{CC}	RF_{BC}
体育场	1.0~1.2	1.0~1.5	1.0~1.2	1.1~1.3
毛细水阻断	1.1~1.3	1.0~1.2	1.1~1.5	1.1~1.3
屋面和广场的覆盖层	1.2~1.4	1.0~1.2	1.0~1.2	1.1~1.3
挡土墙、渗水岩石和土坡	1.3~1.5	1.2~1.4	1.1~1.5	1.0~1.5
排水毡	1.3~1.5	1.2~1.4	1.0~1.2	1.0~1.2
填埋场覆盖层排除地表渗透水	1.3~1.5	1.1~1.4	1.0~1.2	1.2~1.5
填埋场沥滤液收集	1.5~2.0	1.4~2.0	1.5~2.0	1.5~2.0

① 这些值对土工网制造中所使用的树脂的密度很敏感，密度越大，折减系数越小，包裹用土工织物的蠕变应有产品说明。

表4-3　土工复合排水材料导水率折减系数（引自 Koerner，1998）

运用领域	RF_{IN}	RF_{CR}①	RF_{CC}	RF_{BC}
体育场	1.0~1.2	1.0~1.2	1.0~1.2	1.1~1.3
毛细水阻断	1.1~1.3	1.0~1.2	1.1~1.5	1.1~1.3
屋面和广场的覆盖层	1.2~1.4	1.0~1.2	1.0~1.2	1.1~1.3
挡土墙、透水岩石和土坡	1.3~1.5	1.2~1.4	1.1~1.5	1.0~1.5
排水毡	1.3~1.5	1.2~1.4	1.0~1.2	1.0~1.2
填埋场覆盖层排除地表渗透水	1.3~1.5	1.2~1.4	1.0~1.2	1.2~1.5
填埋场沥滤液收集	1.5~2.0	1.4~2.0	1.5~2.0	1.5~2.0
软基竖向排水	1.5~2.5	1.0~2.5	1.0~1.2	1.0~1.2
公路路边排水	1.2~1.8	1.5~3.0	1.1~5.0	1.0~1.2

① 表中值假定试验结果是在近似 1.5 倍的现场最大压力值的条件下获得的，如果不是的话，该项折减系数值应提高。

4.2　软土地基的排水

4.2.1　竖直排水体

在传统软土地基加固中应用的竖直排水体是砂井、水平砂垫层，以及地下的排水管道等。塑料排水带（wick drains）与砂井相比具有如下一些优点，因此，已基本上取代了传统的砂井。

1）砂井有可能不连续或横截面大小不一，而塑料排水带的连续性好。

2）砂井基本上没有抗剪能力，须限制超载施加速度，以防地基土的剪切破坏，而塑料排水带具有一定的强度并能适应较大的变形。

3）安装砂井需要相对较大的起重设备，因此对施工现场的地面承载力要求较高，一般需要先填一定厚度的坚实土层，而塑料排水带的安装设备较轻。

4）砂井的价格较贵，而塑料排水带价格便宜、运输方便。

5）塑料排水带插带施工扰动小，且水流阻力很小，在很多设计中都忽略了井阻作用。

1. 应用概述

国外在 20 世纪 70 年代开始出现塑料排水带，我国在 1982 年天津新港建设中首次应用了塑料排水带。它是由塑料芯板和无纺土工织物外套组合成的复合型土工合成材料，一般宽约 100mm，厚度为 3~4mm。图 4-2 所示为两种典型塑料芯板和土工织物外套组成的塑料排

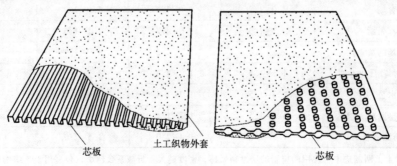

芯板　　　　土工织物外套　　　　　　　　　芯板

图 4-2　两种典型的塑料排水带

水带。塑料芯板的排水能力很大，同时有足够的强度，在使用压力下不会产生大的变形，以免织物陷入排水通道而减小排水能力，能代替传统的砂石料排水。土工织物外套起传统的反滤作用，它应当满足以下五点要求：

1) 透水性要比周围土体的大得多。

2) 要有足够的强度，在侧压力作用下不会填塞芯板的通道。

3) 保护芯板不被淤堵。

4) 能承受施工时和以后沉降差产生的应力。

5) 在规定工作期间内不会因腐蚀和淤堵而失去作用。

塑料排水带的施工是运用插板机将其埋设在土层的预定位置。排水带前端与锚靴相连，然后以导杆顶住锚靴插入土层中，达到预定深度后拔出导杆，在地面处剪断后，排水带就留在预定的位置。施工时可用静力或动力荷载送杆。静力送杆对土层扰动小，为常用的方法。插板机功效很高，入土速率可达 6m/min。

2. 固结计算

塑料排水带的固结理论和计算方法与砂井相同，仅仅在某些具体细节上要根据塑料排水带的情况加以修改。

预压区和塑料排水带的布置应超出基础周边至少一排孔位；预压荷载可按基底压力的 1~1.5 倍设计；塑料排水带的入土深度一般要求穿越软土层。如软土层太厚，对以地基抗滑稳定性控制的工程，应超过最危险滑动面 2m；对以变形控制的建筑，应以限定的预压时间内需完成的变形量确定，这个需完成的变形量也是卸载的标准。此外，还应考虑施工机具的限制深度等，国外有入土深度达到 40m 以上的报道，但一般以 20m 以内为宜。

塑料排水带的排列在平面上主要采用等边三角形或正方形，其间距绝大多数在 1~4m 的范围，最常用的是 1.5~2.5m 的间距，具体的间距大小有时又和施工机具有关，设计时须加以考虑。如我国生产的 IJB-16 型插板机，每次可以同时插入塑料排水带两根，间距为 1.3m 和 1.6m。排水带也可采用变间距的布置，在剪应力大、稳定性差的地区可以加密布置，以利于加速排水固结。根据排水带的间距 l 及布置形式，可以划分单个排水带的排水范围，计算出单个排水带的有效排水直径 d_e（图 4-3）

$$\begin{cases} d_e = 1.05l & \text{等边三角形布置} \\ d_e = 1.13l & \text{正方形布置} \end{cases} \tag{4-15}$$

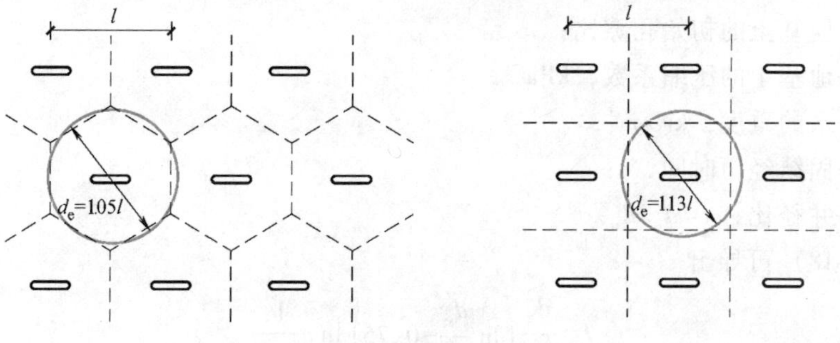

图 4-3　塑料排水带的有效排水直径

a) 等边三角形布置　b) 正方形布置

为了便于使用现有的砂井计算方法，将扁平的排水带等效为与其断面周长相等的圆柱体，求得排水带的等效直径 d_w

$$d_w = \alpha \frac{2(b+\delta)}{\pi} \tag{4-16}$$

式中　b——塑料排水带宽度，m；

　　　δ——塑料排水带厚度，m；

　　　α——虑流态影响的系数，可取 $\alpha = 0.75$。

塑料排水带处理地基的总平均固结度由下式计算

$$U_{rz} = 1 - (1 - U_z)(1 - U_r) \tag{4-17}$$

式中　U_{rz}——地基总的平均固结度；

　　　U_z——垂直方向排水的平均固结度；

　　　U_r——水平方向（径向）排水的平均固结度。

当排水带的间距比软土层的厚度小得多时，可以忽略垂直方向排水的作用，其误差不会超过 10%，而且偏于安全。

在理想条件下巴隆（Barron）的径向渗流固结度的解为

$$U_r = 1 - \exp\left(\frac{-8T_r}{F(n)}\right) \tag{4-18}$$

式中　U_r——径向渗流的平均固结度；

　　　T_r——径向排水固结的时间因素；

　　$F(n)$——井径比的函数，见式（4-21）。

$$T_r = \frac{C_r}{d_e^w} t \tag{4-19}$$

$$C_r = \frac{k_r(1+e)}{a\gamma_w} \tag{4-20}$$

$$F(n) = \frac{n^2}{n^2-1}\ln(n) - \frac{3n^2-1}{4n^2} \tag{4-21}$$

式中　C_r——径向固结系数，m^2/s；

　　　k_r——地基土的水平向渗透系数，m/s；

　　　e——地基土的初始孔隙比；

　　　a——地基土的压缩系数，kPa^{-1}；

　　　γ_w——水的重度，kN/m^3；

　　　t——固结经历时间，s；

　　　n——井径比，$n = d_e/d_w$。

由式（4-18）可导出

$$t = \frac{d_e^2}{8C_r}\left(\ln\frac{d_e}{d_w} - 0.75\right)\ln\frac{1}{1-U_r} \tag{4-22}$$

比较计算结果表明，采用式（4-22）计算已有足够的精度，不必采用较为复杂的其他计算方法。

[例 4-1]　采用预压及塑料排水带加固厚达 10m 的软土地基。要求软土平均固结度为 90%，求预压所需的时间。软土的水平固结系数为 $8.0 \times 10^{-8} \text{m}^2/\text{s}$，排水带的断面为 100mm× 4mm，按正方形布置，间距为 1.3m。

解：
$$d_w = \alpha \cdot 2(b+\delta)/\pi，\ \text{取}\ \alpha = 0.75，\ \text{则}$$
$$d_w = 49.68\text{mm}$$
$$d_e = 1.13l = 1.13 \times 1.3\text{m} = 1.47\text{m}$$

按式（4-22）计算可得

$$t = \frac{1.47^2}{8 \times 8 \times 10^{-8}}\left(\ln\frac{1.47}{0.04968} - 0.75\right)\ln\frac{1}{(1-0.9)}\text{s} = 0.205 \times 10^8 \text{s} = 237.3\text{d}$$

3. 固结计算的影响因素

工程实际情况与公式推导的理想条件不同，将影响到计算结果，主要差别为：

1）涂抹作用。插入塑料排水带时排水带周围土层必然受到扰动，将降低土层的渗透系数，并在排水带周围形成一层相对较不透水的土层。

2）井阻作用。塑料排水带及地基表面的排水层的透水能力是有限的，因而需要有一定的水头差才能顺利地排出从土层进入的水量。

3）荷载是逐步增加的，而不是骤然加上去的。

4）塑料排水带只插入软土层的局部深度时，软土层平均固结度的计算问题。

后两者的计算方法与砂井的相同，可参阅有关的文献，如《建筑地基处理技术规范》。

前两个因素（涂抹和井阻作用）的计算方法很多，这里只介绍较著名且较简单的 Hansbo 的计算方法。经过推导，Hansbo 将式（4-18）中的 F（n）以 u_s 来代替，u_s 的表达式如下

$$u_s = \ln\frac{n}{s} + \frac{k_r}{k_r'}\ln s - \frac{3}{4} + \pi\frac{2H^2 k_r}{3q_w} \tag{4-23}$$

式中　k_r'——地基土扰动后（涂抹区）的水平向渗透系数，m/s；

　　　s——涂抹区直径 d_s 与井径 d_w 之比，$s = d_s/d_w$，可取 $s = 2.0 \sim 3.0$，对中等灵敏性土取低值，对高灵敏性黏性土取高值；

　　　q_w——单位水力坡降下塑料排水带的排水量，由试验确定，m^3/s。

当排水带按三角形排列，间距为 1.5m，排水带的排水能力为 $20\text{m}^3/\text{yr}$ 时，分别按理想条件下、考虑涂抹和井阻作用计算深度为 15m 土层的平均固结度，结果列于表 4-4。从表中数据可以看出，在固结初期，涂抹和井阻作用对土层的固结度影响大一些，其中涂抹的影响又比井阻大一些。固结 4 年后，考虑涂抹和井阻作用的固结度大约是理想条件下固结度的 80%，涂抹的影响仍比井阻大，但差别已缩小。

表 4-4　理想条件和考虑涂抹及井阻作用的平均固结度比较（Hansbo，1981）

固结时间(年)	理想条件(%)	考虑涂抹作用(%)	考虑涂抹和井阻作用(%)
0.5	27	19	15
1	47	34	28
2	72	56	48
4	92	81	73

人们普遍认为采用塑料排水带后对土层的扰动有所减轻，虽然在计算中可以考虑土层的扰动影响，但是有关的计算参数还是不容易确定的。如目前尚无可行的办法确定扰动土层的厚度。扰动土层的土质参数，如渗透系数、固结系数等可以通过扰动试样来测定，但室内人为扰动的程度不一定能反映出土层真实的扰动程度，特别是夹有透水薄层的土层，人为地将透水层与软土层混在一起将从根本上改变其特点。

井阻方面相对来说较易处理，因塑料排水带可以由室内试验方法测定其排水能力。塑料排水带的排水能力与所承受的侧向压力有关，除了进行有压力下的渗透试验外，更重要的是取该土层的土料与塑料排水带一起进行保土和淤堵试验。根据试验结果来确定该排水带是否符合保土的要求，并按照试验结果确定其渗透系数 k_w 的变化规律（k_w 为考虑外套无纺织物和芯板的综合渗透系数，它和单纯的排水带的渗透系数是不一样的）。如果没有可靠的试验数据，可以采用加大塑料排水带排水能力的方法，取其排水安全系数在2以上。

土层的参数是影响固结计算精度的另一个很重要的因素，其中关键的参数是水平径向固结系数 C_r。C_r 可以通过多种途径确定。首先是室内试验，可以在大型固结仪中进行，在试样的中心位置设置一排水孔，测定荷载下试样的固结率与时间的关系，以巴隆理论反算 C_r 值，至少对小型工程是足够的。另外，C_r 值可以通过公式或经验关系取得。设 m_V 是各向同性的，按其定义有

$$C_r = k_r/(m_V \gamma_w) \tag{4-24}$$

式中　k_r——土层水平向渗透系数，m/s；

　　　m_V——土层竖向体积压缩系数，kPa^{-1}。

一般认为 C_r 值为竖向固结系数 C_v 值的 $1\sim4$ 倍，即 $C_r = \dfrac{k_v}{k_r} C_v$，$k_r$ 为土层径向渗透系数。对重大工程可以在现场实测 C_r 或 k_r 值，甚至通过大规模原位试验取得更可靠和全面的设计参数。

4. 排水设计

塑料排水带排水设计可采用式（4-12′）和式（4-14′）。大量实验结果表明，在水力坡降为1（排水带竖向布置，水头损失等于渗径的情况）和法向压力为 200kPa 的条件下，$q_u = (1320\sim2530) m^3/年$，$q_r = (53\sim500) m^3/年$（Koerner, 1998）。

根据现场条件及工程重要性，判断用式（4-14′）计算的安全系数是否可以接受。

下面再列出本章文献［5］中给出的工程要求排水量 q_r 的两种确定方法：

1）根据工程实践的结果，可用式（4-25）估计要求达到的排水流量 q_r

$$q_r = 7.85 F k_r H^2 \tag{4-25}$$

式中　F——塑料排水带产品在现场条件下的提高系数，$F = 4\sim6$；

　　　H——地基土最大排水距离，单向排水为塑料排水带的长度，m。

2）工程上还根据排水带插入深度提出排水量要求，例如

当 $H < 15m$ 时　　　　　　　　　　$q_r > 25 cm^3/s$

当 $H = 15\sim20m$ 时　　　　　　　　$q_r > 40 cm^3/s$

$$\tag{4-26}$$

当 $H > 20m$ 时　　　　　　　　　　$q_r > 50 cm^3/s$

[例 4-2] 某地基的软土层厚 10m，水平渗透系数为 4.2×10^{-9}m/s，拟采用塑料排水带处理地基，测得一种产品的排水量为 2000m³/年，试确定该塑料排水带排水的安全系数。

解：首先按现有的不同方法确定要求的排水量 q_r。

1）Koerner 专著（1998）中给出的不同工程要求的 q_r 变化范围很大，这里取平均值，即 $q_r = 276$m³/年。

2）按式（4-25），得

$$q_r = 7.85Fk_rH^2$$
$$= (7.85\times5\times4.2\times10^{-9}\times10^2\times365\times24\times3600)\text{m}^3/\text{年}$$
$$= 519.87\text{m}^3/\text{年}$$

3）按式（4-26），当 $H<15$m 时，$q_r>25$cm³/s $= 788.4$m³/年。

从以上计算可见，三者有较大差别，下面先用式（4-12′）计算排水带的允许排水量 q_a，然后分别用式（4-14′）计算该塑料带排水的安全系数。

$$q_a = \frac{q_u}{RF} = \frac{q_u}{RF_{CR}\times RF_{IN}\times RF_{CC}\times RF_{BC}\times RF_{KG}}$$
$$= \left(\frac{2000}{1.5\times2.0\times1.0\times1.0\times1.5}\right)\text{m}^3/\text{年} = 444.4\text{m}^3/\text{年}$$

$$F_s = \frac{q_a}{q_r} = \frac{444.4}{276} = 1.61$$

$$F_s = \frac{q_a}{q_r} = \frac{444.4}{519.87} = 0.855$$

$$F_s = \frac{q_a}{q_r} = \frac{444.4}{788.4} = 0.564$$

最后应指出，除上述确定要求排水量 q_r 的方法外，还可以根据软基的固结排水量 Q_{t_c} 和堤轴线每延米布置的排水带数量计算要求的排水量，参见式（4-28）和式（4-29）。

4.2.2 水平排水

这里是指软土地基上预压堤或路堤底面的水平排水，目的在于顺利地加速地基的固结。要求排水材料要有足够的排水能力，把地基因固结而排出的水顺利地导出堤外。计算完全按照土力学的传统方法进行，认为软土中只在铅直方向排水。计算步骤可简化为：

1）如堤身断面是对称的，则取其一半（宽度 L）进行计算。计算时把荷载看作均布荷载，附加应力也是沿深度均布的，如图 4-4 所示。

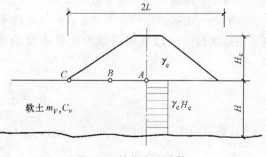

图 4-4 简化方法计算

2）按照均布附加应力和土层的压缩参数求地基表面的最终沉降量 S_∞

$$S_\infty = m_V \gamma_c H_c H \qquad (4\text{-}27)$$

式中　m_V——地基的体积压缩系数，kPa^{-1}；

　　　γ_c——堤土的重度，kN/m^3；

　　　H_c——堤的设计高度，m；

　　　H——软土地基的厚度，m。

3）按照工程的重要性和要求，确定一个特定时间 t_c，假设堤瞬时加高到设计高度 H_c，求此时到 t_c 这个时段的总排水量 Q_{t_c} 和对排水材料要求的排水能力 q_r。要说明的是，在 t_c 时段内应排除的总排水量 Q_{t_c} 在底面上各点的数值是不同的：图 4-4 中的 A 点处为零，C 点处最大，B 点处为两者的平均值。在计算 q_r 时，以 B 点为准，取 $Q_{t_c}/2$，同时堤的纵向取 1 延米，则

$$Q_{t_c} = S_{t_c} L = U_{t_c} S_\infty L \qquad (4\text{-}28)$$

$$q_r = \frac{Q_{t_c}}{2t_c} = \frac{U_{t_c} S_\infty L}{2t_c} \qquad (4\text{-}29)$$

式中　S_{t_c}——t_c 时刻地基表面的沉降量，m；

　　　U_{t_c}——t_c 时刻的固结度；

　　　L——对称断面堤底宽度的一半，m。

t_c 可以在 10 天到 1 个月的范围内选用。t_c 过大将低估要求的排水能力，t_c 过小则对排水能力要求过高。

4）按照太沙基一维固结理论，当 $U_t \le 35\%$ 时，有如下经验公式

$$T_v = \frac{\pi}{4}(U_{t_c})^2 \qquad (4\text{-}30)$$

即

$$\frac{C_v t_c}{H'^2} = \frac{\pi}{4}(U_{t_c})^2 \qquad (4\text{-}31)$$

$$C_v = \frac{k(1+e)}{\alpha \gamma_w} \qquad (4\text{-}32)$$

式中　T_v——时间因数，无量纲；

　　　C_v——地基土的竖向固结系数，m^2/s：

　　　k——地基土的渗透系数，m/s；

　　　H'——地基最远排水距离，m；单向排水时为土层厚度 H。

在排水设计时以早期固结段的排水量为准，故上列公式可以用于计算，考虑单向排水，得

$$U_{t_c} = \frac{2}{\sqrt{\pi}} \frac{\sqrt{C_v t_c}}{H} \qquad (4\text{-}33)$$

5）将式（4-33）和式（4-27）代入式（4-29），得

$$q_r = \frac{2}{\sqrt{\pi}} \frac{\sqrt{C_v t_c}}{H} \frac{m_V \gamma_c H_c H L}{2t_c} \qquad (4\text{-}34)$$

由式（4-13）得

$$\theta_r = \frac{q_r L}{\Delta h} = \frac{q_r}{i} \qquad (4\text{-}35)$$

式中　Δh——水平排水层的中点与边点处在 t_c 时刻的水头差，m；

　　　i——水平排水层的平均水力坡降。

i 可以选用为 0.05 或水头损失相当于堤基最大压力的 0.05，即

$$\Delta h = 0.05 \gamma_c H_c / \gamma_w \qquad (4\text{-}36)$$

6）实际选用的土工织物在相应压力和水力坡降下的允许导水率 θ_a 应比 θ_r 大一个可以接受的倍数（安全系数），一般大于 1 即可满足要求。因为随着固结度的增加，排水量将很快地减少。当然土工织物也有一个因被淤堵而减少其 θ 值的可能。如果土工织物选择得当，则可保持在主要工作时段排水是通畅的。

从式（4-34）~式（4-36）可推得 θ_r，而允许导水率 $\theta_a \geq \theta_r$，即

$$\theta_a \geq \frac{11.3 m_V \sqrt{C_v} L^2 \gamma_w}{\sqrt{t_c}} \qquad (4\text{-}37)$$

75

从式（4-37）可以看出，土层的压缩性越大，固结得越快，土层受压固结的范围越大，则需要土工织物的导水能力越大；同样，特定时刻 t_c 选得越短，要求土工织物具有越大的导水率。

如果无纺织物的允许导水率不能满足式（4-37）的要求，则应选择土工网或土工复合排水材料，根据式（4-34）、式（4-12′）及式（4-14′）计算。

[例 4-3]　在软土地基上修建一路堤，堤底拟铺设土工织物排水层。软土的 m_V 为 0.0009 m^2/kN，C_v 为 $4.2 \times 10^{-8} m^2/s$。堤底面长 24m，堤底的压力为 80kPa。取 t_c 为 10d 计算。问图 4-1 中哪一种土工织物的导水率能满足要求？

解：按式（4-37）计算，将有关参数代入，得

$$\theta_a \geq \left(\frac{11.3 \times 0.0009 \times \sqrt{4.2 \times 10^{-8}} \times 12^2 \times 10}{\sqrt{10 \times 60 \times 60 \times 24}} \right) m^2/s = 32.2 \times 10^{-7} m^2/s$$

在压力 80kN/m^2 作用下，从图 4-1 可见 A 种土工织物的 θ_u 为 $19 \times 10^{-7} m^2/s$，B 种土工织物的 θ_u 为 $8 \times 10^{-7} m^2/s$，故两种土工织物都不能满足排水要求（因堤底水平排水工作的时间较短，未考虑折减系数）。应选择土工网或土工复合排水材料，或在土工织物上间隔布置塑料排水带。

当有垂直排水措施加速软土层固结时，如在 t_c 时刻的固结度增加 n 倍，则式（4-37）中的 θ_a 值应乘以 n 倍作为设计上应满足的土工织物导水率。

4.2.3　塑料排水暗管的设计

在农业和建筑工程中，可以在地表下一定深度埋设多排穿孔的塑料排水管，用来大面积降低地下水位。与塑料排水带类似，塑料排水管外包土工织物，但其输水能力比塑料排水带大得多，常用的管径为 50~100mm。外包的土工织物为薄的热黏无纺织物，其质量为 25~

$75g/m^2$（参见文前彩图19）。

　　在计算时首先把外径为 d 的排水管换算为有效管径 d_e。有效管径是一个虚拟的管壁完全透水的排水管直径，可按下式换算

$$d_e = d/e^{(2\alpha\pi)} \tag{4-38}$$

式中　α——无量纲的流入阻力系数，对透水波纹管用薄的热黏无纺织物时，$\alpha = 0.1 \sim 0.15$，用针刺无纺织物时，$\alpha = 0.2$。

　　对以排除降雨为目的的整个排水系统的设计，需要在给定的条件下对几种主要的参数作出决定。给定的条件为已选择的相应于工程重要性的降雨强度 r、土层的渗入系数 β、土层的渗透系数 k_s 和规定的最高地下水位 h_w。可供选择并需要经过计算确定的设计参数为：排水管的埋深 H、排水管的间距 s、排水管透水能力和排水能力（排水管的断面积和坡度）等，如图4-5所示。当排水管的透水和排水能力大于最大降雨的入渗量时地下水位就可能限制在一定的高度。

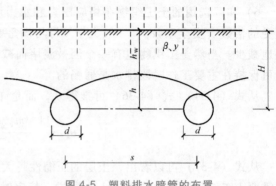

图4-5　塑料排水暗管的布置

　　首先比较降雨入渗流量 q_r 与渗入排水管的流量 q_c：

$$q_r = \beta ysL \tag{4-39}$$

式中　β——降雨入渗系数；
　　　y——降雨强度，$L/(s \cdot m^2)$；
　　　s——排水管之间的水平距离，m；
　　　L——排水管的长度，m。

$$q_c = \frac{2k_s h^2 L}{s} \tag{4-40}$$

式中　k_s——土的平均渗透系数，m/s；
　　　h——规定的最高地下水位和排水管中心线的高差，m。

　　由于 q_c 应等于或大于 q_r，取两者相等，在 h 给定的条件下，可以求得

$$s = \sqrt{\frac{2k_s}{\beta y}}h \tag{4-41}$$

　　q_c 确定后，如果排水管中是满流的，则可求得管中流速为

$$v = q_c/A \tag{4-42}$$

式中　A——排水管的断面积，m^2，$A = \pi d_e^2/4$。

　　对开孔的光滑塑料管

$$v = 198.2R^{0.714}i^{0.572} \tag{4-43}$$

　　对波纹塑料管

$$v = 71R^{2/3}i^{1/2} \tag{4-44}$$

式中　R——水力半径，m，$R = d/4$；

i——水力坡降。

由以上公式可以求得排水管的埋设坡度、间距和坡降，并根据渗入排水管的流量选择排水管的型号。实际设计时，对有清淤能力的管道其排水能力安全系数为 2，而对无清淤能力的管道其排水能力安全系数可达 5。

一些地区的暗管埋深和间距的经验值可参考本章文献 [6]。

4.2.4　阻断毛细水迁移

毛细水迁移可能发生于寒冷地区和干燥地区的细粒土中。在寒冷地区，毛细管水在温度梯度作用下向表面冰冻层迁移，其危害有两个方面：一是产生冻胀现象，将上部结构顶破；二是解冻时，冰冻土层的含水率增大，承载力大大下降；在干燥地区，也有相似的毛细水上升现象，上升的地下水将溶解盐带了上来，当这种盐水上升到地表附近时，蔬菜以及其他植物会由于吸收了高浓度的盐水而枯萎，岩石和混凝土基础受盐水浸泡后被脆化。

为了防止毛细水上升所产生的危害，可以在地基中的适当位置（如冰冻层以下），水平设置一个土工合成材料毛细水阻断层，及时将上升的毛细水排出。

[例 4-4]　一个冰冻食品储藏库，建于图 4-6 所示的地面上。在储藏库的基础下方，设置一个毛细水阻断层。已知阻断层上方土层自重和储藏库基底压力的附加应力之和约为 30kPa。现有一针刺无纺织物，单位面积质量为 700g/m²，在 30kPa 正应力作用下，允许导水率 $\theta_a = 0.0007 \text{m}^2/\text{min}$。假设流向织物的毛细水量 $q_r = 2.7 \times 10^{-5} \text{m}^3/\text{min}$，试检验该织物是否符合排水要求。

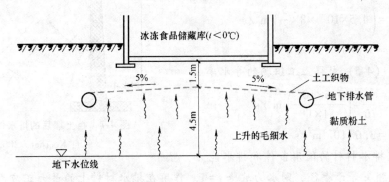

图 4-6　冰冻层毛细水阻断排水（引自 Koerner，1998）

解：（1）计算所需要的土工织物导水率　因为该阻断层属于重力排水，织物中的水力梯度 i 与阻断层坡度相等，即 $i=5\%$，根据式（4-5），求 1m 宽织物的导水率

$$\theta_r = \frac{q_r}{iB} = \left(\frac{2.7 \times 10^{-5}}{0.05 \times 1.0} \right) \text{m}^2/\text{min} = 0.00054 \text{m}^2/\text{min}$$

（2）确定导水安全系数　土工织物上的压力由土层自重压力和储藏库基底压力的附加应力组成，与 30kPa 相近，故取 $\theta_a = 0.0007 \text{m}^2/\text{min}$，根据式（4-14），得

$$F_s = \frac{\theta_a}{\theta_r} = \frac{0.0007}{0.00054} = 1.3$$

该安全系数值较小，为此需要多层土工织物（至少 3 层）或选择导水率大的排水材料，如土工网或复合土工排水材料。

4.3 挡土墙和防渗心墙后的排水

这里主要介绍挡土墙墙背的排水和坝体内的排水，并比较土工织物、土工网和土工复合排水材料的排水能力。

4.3.1 墙背的排水

用例题来说明排水体的设计过程。

[例 4-5]　有一个 8m 高的混凝土悬臂挡土墙，墙后回填土为粉质黏土，其重度为 18kN/m³，渗透系数 $k = 4.5×10^{-6}$ m/s，有效内摩擦角为 22°，墙后地下水位与填土面齐平。拟用土工织物、土工网和土工复合排水材料作为待选的排水材料，计算并比较它们的导（排）水安全系数。

解：（1）计算每米宽排水材料中要求排出的最大流量 q_r　可在填土中绘制流网，如图 4-7 所示，流槽数 $M = 5$，等势线间隔数 $N = 5$，水头损失 $\Delta h = 8$m。则

$$q_r = k\Delta h \frac{M}{N}$$

$$= \left(4.5×10^{-6}×8×\frac{5}{5}\right) \text{m}^3/\text{s}$$

$$= 3.6×10^{-5} \text{m}^3/\text{s}$$

可根据式（4-5）求得土工织物的导水率

$$\theta_r = \frac{q_r}{iB} = \left(\frac{3.6×10^{-5}}{1×1}\right) \text{m}^2/\text{s}$$

$$= 3.6×10^{-5} \text{m}^2/\text{s}$$

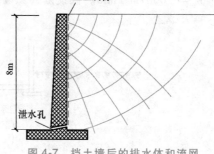

图 4-7　挡土墙后的排水体和流网
（引自 Koerner，2005）

（2）确定排水材料的使用条件和排水能力　竖向布置，水头损失等于渗径，则水力坡降 $i = 1$。作用在排水材料上的最大正应力为

$$\sigma_h = K_0\gamma H = (1-\sin\phi')\gamma H = [(1-\sin22°)×18×8] \text{kPa} = 90 \text{kPa}$$

在压力为 100kPa 和水力坡降 $i = 1$ 的条件下，测得单位面积质量为 500g/m² 的无纺织物的导水率 $\theta_u = 1.2×10^{-5}$ m²/s、每米宽土工网的排水能力 $q_u = 1.56×10^{-3}$ m³/s、每米宽土工复合排水材料的 $q_u = 3.6×10^{-3}$ m³/s。

（3）计算允许的导水率 θ_a 和排水流量 q_a　土工织物允许的导水率借助透水率公式（4-7）和式（4-8）计算求得

$$\theta_a = \frac{\theta_u}{RF} = \left(\frac{1.2×10^{-5}}{2×1.5×1.1×1.1×1.1}\right) \text{m}^2/\text{s} = 0.3×10^{-5} \text{m}^2/\text{s}$$

每米宽土工网和土工复合排水材料的排水能力 q_a 用式（4-12'）计算求得

土工网　　　　$q_a = \dfrac{q_u}{RF} = \left(\dfrac{1.56 \times 10^{-3}}{1.4 \times 1.3 \times 1.2 \times 1.2} \right) \text{m}^3/\text{s} = 0.60 \times 10^{-3} \text{m}^3/\text{s}$

土工复合排水材料　$q_a = \dfrac{q_u}{RF} = \left(\dfrac{3.6 \times 10^{-3}}{1.4 \times 1.3 \times 1.2 \times 1.2} \right) \text{m}^3/\text{s} = 1.37 \times 10^{-3} \text{m}^3/\text{s}$

（4）计算导排水的安全系数　对土工织物，据式（4-14）得

$$F_s = \frac{\theta_a}{\theta_r} = \frac{0.3 \times 10^{-5}}{3.6 \times 10^{-5}} = 0.08$$

对土工网，据式（4-14′）得

$$F_s = \frac{q_a}{q_r} = \frac{0.60 \times 10^{-3}}{3.6 \times 10^{-5}} = 16.7$$

对土工复合排水材料，据式（4-14′）得

$$F_s = \frac{q_a}{q_r} = \frac{1.37 \times 10^{-3}}{3.6 \times 10^{-5}} = 38$$

从以上的例子可以看出，土工复合排水材料的安全系数最高，而土工织物不能满足排水要求。虽然土工织物的渗透系数很大，是一种优良的透水材料，但作为排水材料，由于其厚度较小，且受压后进一步变薄，故一般不选做排水材料。

4.3.2　坝体内竖式排水体

竖式排水体可以用于黏土心墙堆石坝中，铺设于心墙的下游侧，其主要作用是将渗过防渗心墙的水全部沿竖式排水体向下引入坝底水平排水体，降低浸润线，然后从下游坡脚排出坝体，起到排水减压的作用，不让心墙后坝体中出现渗流，以提高坝体的稳定性。

坝体内竖式排水体的排水设计和挡土墙墙背的排水基本相同，只是因心墙的下游侧是倾斜的，如和水平面夹角为 α，则水力坡降 $i = \sin\alpha$。至于坝底水平排水体的水力坡降应根据排水体长度和两端的水头差确定。在特定的水力坡降下测量排水材料的排水能力。

4.4　填埋场中的排水

在垃圾填埋场中，一般采用土工膜将垃圾与外部土层隔离开来。但除此之外，还应考虑设置排水系统。排水系统在填埋场中的作用主要有两个方面：一是设置在填埋垃圾上部的防渗层之上，用于排除地表入渗水；二是设置在填埋垃圾下部的防渗层之下，用于排除可能透过防渗层的沥滤液。为了同时考虑防渗隔离和排水两种作用，目前的隔离层一般采用两层土工膜内夹土工网，或者土工织物和土工膜内夹土工网的土工复合排水材料。下面各举一例说明这两个方面的排水应用，在第 8 章将详细介绍填埋场的结构，并还会提到土工合成材料在垃圾填埋场的排水和其他方面的应用。

[例 4-6]　上层土工织物、下层土工膜、中间夹一土工网的土工复合排水材料被用于一废料填埋场的覆盖层，如图 4-8 所示。排水体坡度为 10%，覆盖填土厚 1.25m，坡长 120m，

坡面上的设备荷重为33.8kPa。验证排水层的安全性。

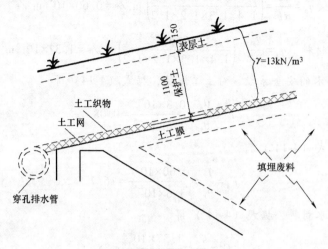

图4-8　填埋场覆盖层的防渗排水（引自 Koerner, 1998）

解： 1）确定土工复合排水材料的排水能力

坡度为10%，则坡角 $\alpha \approx 5.7°$，则作用于土工复合排水材料上的总正应力为

$$（土重+设备荷重）\times \cos\alpha = （13\times1.25+33.8）kPa\times\cos5.7° \approx 50kPa$$

水力坡降=坡度=10%。因此在 $i=0.1$、$\sigma_n=50kPa$ 条件下，对土工网作短期平面导水试验，测得导水率 $\theta_u = 2.5\times10^{-4} m^2/s$。据式（4-12）和表4-2得允许导水率

$$\theta_a = \frac{\theta_u}{RF} = \left(\frac{2.5\times10^{-4}}{1.4\times1.25\times1.1\times1.35}\right) m^2/s = 0.96\times10^{-4} m^2/s$$

2）所需导水率 θ_r 与当地的降雨量、土的储水能力和入渗能力等因素有关。可应用降雨过程模型计算，如美国的填埋场特性水文评估模型（Hydrologic Evaluation of Landfill Performance, HELP）。本例取 $\theta_r = 0.17\times10^{-4} m^2/s$。

3）计算排水安全系数，根据式（4-14）得

$$F_s = \frac{\theta_a}{\theta_r} = \frac{0.96\times10^{-4}}{0.17\times10^{-4}} = 5.6$$

这个安全系数应该是可以接受的。因为作用于填埋场最终覆盖层上的渗透压力是一个很难把握的参数，这就要求有很高的 F_s 值。上述安全系数最终能否被接受，应根据现场情况确定。

[例4-7]　一个垃圾填埋场的底宽为400m，底部坡降为6%，填埋层厚35m，垃圾重度为12kN/m³。填埋场底部的隔离排水系统采用双层土工膜内夹土工网的土工复合排水材料。两层土工膜均为1.5mm厚的HDPE土工膜，土工网厚6.5mm。验证排水能力是否足够。

解：（1）确定需要的导水率　需要排除的流量来自填埋区中可能透过土工膜防渗隔离层的渗出量。它取决于设计隔离作用时对土工膜最大渗出量的要求。所谓最大渗出量是指不对人类健康和环境构成威胁的最大允许污物渗出量，与现场的许多因素有关，如污水成分的毒性、成分的扩散能力、生物降解能力等。目前，对各种污物的最大渗出量尚无一个明确的规范。美国环保局（EPA）认为：填埋物的总体渗出量应不超过每英亩每天1加仑，约折

算为每公顷每天 10L。在本例中，需要的导水率取 100 倍的美国 EPA 规定最大渗出量 10L/
（ha·d），则

$$\theta_r = \left\{ \left[\frac{10 \times 10^{-3}}{10000 \times (24 \times 60 \times 60)} \times 100 \right] \times 400 \right\} m^2/s = 4.63 \times 10^{-7} m^2/s$$

（2）确定排水能力 作用于土工复合排水材料上的正压力，由填埋垃圾的重力所产生，则

$$\sigma_n = \gamma_{waste} h = (12 \times 35) kPa = 420 kPa$$

水力坡降=填埋场底部坡降=6%。因此，在 $\sigma_n = 420kPa$、$i = 0.06$ 条件下，做短期平面流试验，测得

$$\theta_u = 0.01 m^2/min = 1.67 \times 10^{-4} m^2/s$$

根据式（4-12）和表 4-2 得允许导水率

$$\theta_a = \frac{\theta_u}{RF} = \left(\frac{1.67 \times 10^{-4}}{1.75 \times 1.7 \times 1.75 \times 1.75} \right) m^2/s = 0.183 \times 10^{-4} m^2/s$$

（3）计算排水安全系数 根据式（4-14）得

$$F_s = \frac{\theta_a}{\theta_r} = \frac{0.183 \times 10^{-4}}{4.63 \times 10^{-7}} = 39.5$$

这个安全系数相当高，排水能力大大超出了要求值，集漏排水安全性好。

比较以上两个算例可以看出，防渗排水层和集漏排水层两者所处的位置不同，一个在填埋层之上，一个在填埋层之下，排水的目的不同，因此对排水能力的要求也不同。在以上算例中，要求排除的地表入渗水为 $1.7 \times 10^{-5} m^2/s$，而要求排除的填埋层渗出量为 $4.63 \times 10^{-7} m^2/s$，两者相差两个数量级。因此在实际应用中应根据隔离排水层的不同位置、不同作用，正确确定其排水能力要求，以便选择合适的排水材料。

4.5 道路排水

水在道路系统中的不利影响是显著的，它是引起道路损坏的主要原因之一。据 1993 年美国州公路和运输管理人员协会（AASHTO）报道：

1）沥青中的水分会引起潮湿损害，使其模量减小，失去抗拉强度。被水饱和的沥青弹性模量要比干沥青的降低 30% 甚至更多。

2）水分增加会引起基层和底基层的刚度减小 50% 或更多。

3）引起沥青面层下的基层模量下降 30%，使水泥或石灰处理的基层侵蚀敏感性增大。

4）使饱和细粒路床土的模量减小 50% 以上。

由此可见，道路排水对提高道路的使用寿命十分重要，有良好排水系统的道路，其使用寿命是不排水道路的 2~3 倍。

AASHTO（1993）推荐了一个关于路面（柔性或刚性）设计中排水能力好坏的分类标准，见表 4-5。该分类是基于对排水时间的估计，即在任何显著的浸润事件发生的情况下（如降雨、洪水、融雪、毛细水上升），50% 的自由水排出路面所需的时间。该定义不考虑材料有效孔隙吸收的水量。

表 4-5 AASHTO 关于路面排水系统好坏的分类

排水能力	优	好	一般	差	很差
排水时间	2 小时	1 天	1 周	1 月	不排

道路排水一般包括基层排水和路边排水两部分。基层排水将渗入的来水输送至与它相连的路边排水系统,而路边排水系统则负责收集来水,并通过一定间距的排水口,将水排出。

4.5.1 基层排水

1. 基层排水体的布置

基层排水一般是采用均匀级配的粒料排水层,但也可以运用土工复合排水材料,即在面层以下的一定位置设置土工复合排水材料,并使其两端与路边排水相连,主要有三种运用形式,如图 4-9 所示。

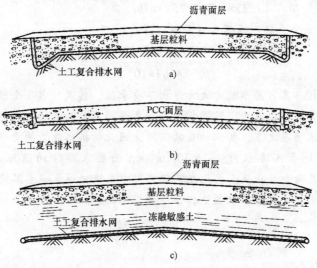

图 4-9 土工复合排水材料在基层排水中的三种应用形式

(引自 Christopher B. C. and Aigen Zhao, 2001)

a)设于基层粒料下 b)设于 PCC 面层下 c)设于路基中

(1)设于基层粒料下 其作用主要有:

1)缩短有效排水路径,加快排水速度。由于土工复合排水材料的排水阻力远小于粒料基层,因此从粒料基层到土工复合排水材料所需的时间,就是排水时间的控制因素。这样,有效排水路径就等于基层厚度。而在单纯粒料基层排水时,有效排水路径等于路宽,相比之下,有效排水路径大大缩短。

2)防止路基的细粒土进入基层(隔离作用)。隔离作用和排水作用一起,提高了稳定性和地基承载力,从而允许在软土地基(CBR<3)上铺砌道路。

3)改善排水条件,使软土地基可以逐步固结。

4)可以在一定程度上限制基层粒料的水平移动,起到了一定的类似于加筋的效果。

(2)设于沥青或水泥混凝土(PCC)面层下 随着使用时间的增长,路面可能出现裂纹,因而水就可能通过这些裂纹进入基层和路基。在这种情况下,土工复合排水材料将这部分水排走以阻止其下渗。为了防渗，有时还在土工复合排水材料底加一层土工膜。

（3）设于路基中　其主要作用有：

1）可以取代传统的砂砾水平排水层，配合垂直排水带或碎石桩等，能够很快排走地基土的固结排水，以及路面渗透到路基的水。

2）隔离上层填料和地基土层，防止地基的软土和填料的混合污染。同时，对地基有一定的加固作用。

3）在北方冰冻地区，还可以减轻冻胀的影响。其优点表现在：阻断毛细水，降低地下水位，使易冻胀的回填土可直接填在土工复合排水网上面；限制地基土中冰晶体的发展，减轻冻胀引起的路面损害；在寒冷地区春季冰融时，不用对交通荷载进行限制（参见 4.2.4 节）。

2. 排水时间的计算

所有的道路排水系统都是为了尽快地排水。因此为了评价一个道路排水系统的好坏，就必须计算排水时间。对于交通量最大的最高等级道路，推荐使用的排水时间是 1h，即在 1h 之内排除可排出水量的 50%（FHWA，1992）；对于其他大部分频繁使用的主道路，推荐的排水时间是 2h，次道路的最长排水时间推荐值为 1d（美国陆军工程师团）。

所需的排水时间可以根据下式计算

$$t = 24Tm \qquad (4\text{-}45)$$

式中　t——所需的排水时间，h；

　　　T——时间因子，d；

　　　m——m 因子。

时间因子 T 与排水的几何条件和排水份额 u（这里取 50%）有关。其中，几何条件可用坡度因子 S_l 描述

$$S_l = \frac{L_R i}{\delta} \qquad (4\text{-}46)$$

式中　S_l——坡度因子；

　　　i——排水坡度；

　　　L_R——排水路径的长度，m；

　　　δ——排水层厚度，m。

图 4-10 给出了 $u = 50\%$ 的时间因子 T_{50} 与坡度因子 S_l 的关系曲线。

m 因子由下式计算

$$m = \frac{n_e L_R^2}{k\delta} = \frac{n_e L_R^2}{\theta_a} \qquad (4\text{-}47)$$

式中　k——排水层的渗透系数，m/d；

　　　θ_a——排水层的允许导水率，m^2/d；

　　　n_e——排水层的有效孔隙率。

排水层的有效孔隙率 n_e 与通常所说的孔隙率 n 的区别在于：n 是孔隙体积与排水材料总体积的比值，n_e 则是指完全饱和的材料在

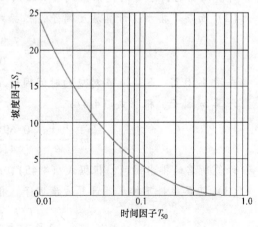

图 4-10　T_{50}-S_l 关系曲线

（$u = 50\%$）（引自 FHWA，1992）

重力作用下所能排出的孔隙水的体积与材料总体积之比。

不同排水层布置方式，上述参数应按如下方法取值：

1）不设土工复合排水材料，单纯粒料基层排水的情况：L_R = 路宽（单侧路边排水），δ = 基层厚度，i = 基层沿公路横向的坡度，k = 粒料基层的渗透系数。

2）直接设于面层以下的单纯土工复合排水材料的情况：L_R = 路宽（单侧路边排水），δ = 土工复合排水材料厚度，i = 土工复合排水材料沿公路横向的坡度，θ_a = 土工复合排水材料的允许导水率。

3）设于粒料基层之下的土工复合排水材料与基层粒料共同排水的情况：

在这种情况下，排水时间由两部分组成：一是从基层到土工复合排水材料，二是从土工复合排水材料到路边排水系统将水排。如前所述，从基层到土工复合排水材料所需时间为排水时间的控制因素，因此可只考虑从基层到土工复合排水材料的排水时间。这样就有：L_R = 基层厚度，k = 粒料基层的渗透系数。由于水流垂直穿过粒料基层，进入土工复合排水材料，因此可取 $i=1$。δ 可沿着路面取单位长度。

[例4-8] 一双车道的公路，路面宽7.32m，单侧路边排水，路面横向的坡度为2%。计算比较上述三种排水层布置方式所需的排水时间。已知粒料基层厚度为30cm，有效孔隙率 n_e 为0.15，渗透系数 $k=30$cm/d，拟采用的土工网排水层厚度为6mm，有效孔隙率 $n_e=0.69$，允许导水率 $\theta_a=418.28$m^2/d。

解：（1）粒料基层排水　计算坡度因子，根据式（4-46）得

$$S_l = \frac{L_R i}{\delta} = \frac{7.32 \times 0.02}{0.30} = 0.488$$

查图4-10得，$S_l=0.488$ 对应的时间因子 $T=0.40$。

计算 m 因子，根据式（4-47）。

$$m = \frac{n_e L_R^2}{k\delta} = \frac{0.15 \times 7.32^2}{0.30 \times 0.30}\text{d} = 89.3\text{d}$$

计算所需的排水时间，根据式（4-45），$t = 24Tm = (24 \times 0.40 \times 89.3)\text{h} = 857\text{h}$。

（2）面层下排水　计算坡度因子，根据式（4-46）

$$S_l = \frac{L_R i}{\delta} = \frac{7.32 \times 0.02}{0.006} = 24.4$$

查图4-10得，$S_l=24.4$ 对应的时间因子 $T=0.01$。

计算 m 因子，根据式（4-47）

$$m = \frac{n_e L_R^2}{\theta_a} = \frac{0.69 \times 7.32^2}{418.28}\text{d} = 0.088\text{d}$$

计算所需的排水时间，根据式（4-45），$t = 24Tm = (24 \times 0.01 \times 0.088)\text{h} = 0.02\text{h}$。

（3）基层粒料下排水　计算坡度因子，根据式（4-46）

$$S_l = \frac{L_R i}{\delta} = \frac{0.3 \times 1}{1} = 0.3$$

查图4-10得，$S_l=0.3$ 对应的时间因子 $T=0.42$。

计算 m 因子，根据式（4-47）

$$m = \frac{n_e L_R^2}{k\delta} = \frac{0.15 \times 0.3^2}{0.30 \times 1} d = 0.045d$$

计算所需的排水时间，根据式（4-45），$t = 24Tm = (24 \times 0.42 \times 0.045)h = 0.45h$。

通过以上的比较可以看出，在土工网中的排水时间（0.02h）很短，可以忽略不计，可见使用土工复合排水材料可以显著减少排水时间。

3. 对土工复合排水材料的要求

土工复合排水材料必须具有较高的抗压强度和足够的导水率，铺设于基层底下时，要求抗压强度为 239~478kPa；直接铺设于沥青面层下时，要求抗压强度大于约 1435kPa。虽然大多数的土工复合排水材料强度都够，但因为产生显著的变形，往往不能符合压力下的排水要求。这在设计和选材时应予以重视。

4.5.2 路边排水

1. 应用概况

路边排水可以采用土工织物包裹排水盲沟或穿孔管的形式，也可以采用土工复合排水材料。排水材料与公路方向平行，且每隔一定间距就有一排水口将水导出公路。排水口间距根据公路等级及水力条件，一般在 50~150m。土工复合排水材料在路边排水中的应用如图 4-11 所示。

待排水流主要来自于碎石基层。一般来说，没有或很少水流会来自基层下的土质路基或路肩下的土层。如果碎石基层下没有水平布置排水材料，从路面入渗的雨水沿碎石基层水平向路边排水流动；如果碎石基层下布置了排水材料，来自于碎石基层的水向下透过土工复合排水材料的土工织物滤层，落入芯板底部，然后将水传输至路边排水，碎石基层只起到一个收集来水的作用。

若采用土工织物包裹穿孔排水管的形式作为路边排水，美国公路局（FHWA）推荐最小管径为 4in（约 103mm），排水口间隔为 250ft（约 76m），以便于清扫或检修。

另一个更大的水流来自公路表面，在没有布置路边排水明沟的情况，设计土工复合排水材料路边排水能力时，必须考虑汇入和排出表面水流。

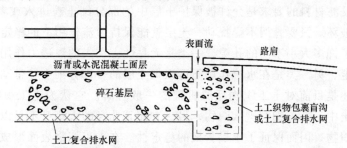

图 4-11　土工复合排水材料在路边排水中的应用（引自 Koerner, 1998）

2. 设计

进入土工复合排水材料的待排水量与现场的许多因素有关，如路面的类型、条件和使用时间；石基层的类型、厚度和堵塞程度；边界连接条件、降雨和融雪、温度、路肩类型、水力梯度、排水口间距，排水类型、法向压力等。待排水量还可以根据降雨强度和入渗系数计算（不计表面水流）

$$q_{r} = \beta y B L \qquad (4-48)$$

式中　q_{r}——待排水量，L/s；

　　　β——入渗系数；

　　　y——降雨强度，$L/(s \cdot m^{2})$；

　　　B——路宽（单侧路边排水）或路宽的一半（双侧路边排水），m；

　　　L——排水口间距，m。

首先比较降雨入渗流量 q_{r} 与渗入排水管的流量 q_{c}，入渗系数 β 的推荐值（FHWA，1992）为：沥青混凝土面层，$\beta = 0.33 \sim 0.50$；硅酸盐水泥混凝土面层，$\beta = 0.50 \sim 0.67$。为了简化设计，FHWA 建议 β 值统一取 0.5，降雨强度 y 的取值则与设计暴雨频率和降雨历时有关，建议取重现期为 2 年的小时降雨量。

4.6　土工织物的反滤应用

反滤（filtration），又称过滤或渗滤，在工程上指在土中呈渗流状态的流体流入过滤材料时，水可以通过，而把起骨架作用的较大固体颗粒截留下来的现象。反滤材料应用在水流有可能使土体产生严重渗透变形的地方，如水流在土层表面的逸出部位，或在土体中排水体的周围。因为没有排水体时土中的缓慢渗流一般不会引起内部渗透变形，但设置排水体后，靠近排水体处的水力坡降大大增加，有可能引起土体的渗透变形，需要加以防护。过去反滤材料一般采用一定级配的多层透水砂石料，现在则可以采用土工织物来代替砂石料或两者结合使用。对任何反滤材料，工程上都有两个方面的要求，一方面要求能保土；另一方面要求在运行期内水流始终通畅。这两种要求有互相矛盾之处，正确的设计是同时满足两方面要求。

4.6.1　反滤机理

1. 土工织物上方的天然滤层

目前工程对反滤材料的要求是允许被保护土层中的部分细土粒进入或者流出反滤材料，但土层骨架不能破坏。只要骨架不受扰动，土层就能保持渗流作用下的稳定性。天然土层中的土粒之间形成了许多大小不一的孔隙，一类是无黏性土在大的渗透力作用下土中的颗粒不可能从土层中带走，另一类是在水流作用下可以把土层的一部分细土粒带动。现在着重讨论后一种情况。下述是目前对土工织物反滤机理的一般理解。它认为土工织物有适当大的孔径，一方面允许土中一部分细粒进入织物，另一方面其孔径的大小又不足以让构成土层骨架的较大土粒进入织物，因而保证了土层骨架的稳定性。在土工织物表面形成一薄层由较粗土粒组成的拱架，又称为天然滤层（相对于人工滤层——土工织物而言），阻碍了细粒土的进一步移动，但在天然滤层的上游侧会产生一层由于细粒土被阻挡而形成一层透水性较小的滤饼，如图 4-12 所示。武汉大学王钊教授曾完成一个土工织物保护粉细砂的反滤试验，在渗流稳定维持一段时间后实测了土工织物上方被保护砂土中细粒土的含量，其分布变化列于

表 4-6 中。这些数值很好地说明了图 4-12 中的分区是客观存在的。

表 4-6　细粒土的含量变化

粒组/mm	天然砂	织物上方 1cm 处	织物上方 7cm 处
<0.006	9.72%	3.69%	10.35%

当土工织物与土接触时，土粒在重力作用下一般是不会进入土工织物的。土粒之所以能产生移动和进入土工织物是因为水流的渗透力的作用。如果土粒之间有着黏聚力或土粒之间传递着应力，则土粒之间有着摩擦力，这样只有较大的渗透力才能使得土粒产生相对位移。所以对黏性土来说，产生渗透变形是较不容易的。根据目前土力学的概念，土体受荷时（外荷或土层自重），应力传播并不是均匀地分布到各土粒的，而是按照应力链传递的，应力链经过的土粒（或土团）为受荷的骨架，而在应力链内包含的土粒则基本上不受力，那些不受力且粒径远小于骨架孔隙的限制孔径的细粒称为

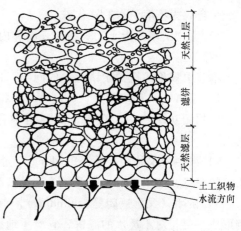

图 4-12　天然滤层示意

自由土粒，它们容易在渗透力的推动下在骨架的孔隙中移动。对骨架土粒均匀的土来说，不受力的土粒约占土重的 30% 以下，对骨架土粒不均匀的土则约为 20% 以下。当然自由土粒还和土体的级配、密度、受力大小和渗透力的大小有关。

如果把土粒与土工织物的接触看作一个面接触，那么在接触面处土的密度一定较小，孔隙将会大一些，在水流作用下，在该处的自由土粒很快会被水冲动并通过织物孔隙带走或滞留在织物孔隙中。但这并不影响到土层的稳定性，这种冲蚀过程随着时间逐步地向远离土工织物方向的土层中发展，直到达到一个平衡状态为止。可见土工织物起到一种产生天然滤层的媒介作用。

为了定量分析粗粒天然滤层是否能形成，在各种设计规定中常用被保护土的粗粒的粒径作为其代表值，如 d_{90}、d_{85} 等，但也有用平均粒径 d_{50} 的。对土工织物来说，显然要控制其最大的孔径，如 O_{90}、O_{85} 等，使土粒不能穿过。从理论上讲，如果土粒的尺寸稍小于土工织物的孔径的尺寸，土粒就可通过孔径。但实际上土粒不是单独存在的，而是许多土粒形成一定的结构排列而存在的。当土粒进入土工织物时，如果土层形成了拱架，则其他土粒不会产生位移，不会形成连续的通过状态。试验结果表明，当土粒粒径只有孔径的 1/4～1/3 时，仍然会在漏过一些土粒之后形成拱架，土粒不再产生位移。实际规定上应偏于安全，即规定孔径与土粒粒径的比值在 1～2，则可确保土层的渗流稳定性。

2. 土工织物的淤堵问题

土工织物滤层的淤堵问题也是工程界十分关心的，是涉及土工织物能否长期使用的大问题。人们对淤堵有着不同的定义和理解。如有着重从土工织物的渗透系数的变化或与土的渗透系数的对比等来考虑问题的。但比较合适的做法是把土工织物与相邻土层（在反滤过程中其渗流性能有较大变化的部位）一起作为一个整体加以考虑，研究其透水能力的变化，

如果其透水能力不断地减少，直到不能满足工程上的要求，则称为淤堵现象。淤堵从其产生的原因或机理来说可以分为三种类型：

1) 机械淤堵，指水流带动的细粒在反滤体（土工织物和相邻土层）中沉积下来，严重地减少了反滤体的透水能力。

2) 化学淤堵，指化学作用下把水中的离子变为沉淀物堵塞透水通道，如水中含有的铁离子化合成为不溶于水的氧化铁。

3) 生物淤堵，指土工织物的表面和内部有些微生物（细菌、真菌等）栖身繁殖，阻碍了水的流通。

本节中只论述机械淤堵有关的问题。机械淤堵又可以分为三种情况：

1) 淤填（又称堵塞等，clogging），指细土粒淤堵在土工织物的内部减少其透水面积，在较厚的无纺织物中、在较长的通道中存在着瓶颈状的窄小的过水断面，其淤填可能性更大。

2) 淤拦（又称阻拦等，blocking），指土粒与织物表层的孔径相差不大，容易堵塞进水通道的进口，减少了过水的面积。这种情况是不可避免的，情况严重时才认为是产生淤拦。

3) 淤闭（又称遮闭等，blinding），指细土粒可以在土层中被水冲动，在天然滤层上游侧形成一层相对不透水的滤饼，它严重地影响到透水时就为淤闭现象。

上述三种淤堵的情况不是截然分开的，它们可以同时存在起到一个综合的淤堵效应，但通常是以某一种情况为主。

3. 水流条件对土工织物反滤性能的影响

国内外的反滤准则一般都对土工织物滤层的实际工程条件进行了适当的简化，如将可能出现的循环往复的双向水流或动水流条件简化为稳定的单向水流条件，不考虑土工织物在使用过程中因受到拉伸作用而产生的变形，不考虑土工织物受到竖向静压力和动荷载作用的影响等。但实际上这些因素都会对土工织物的反滤性能造成影响。本节只讨论水流条件对土工织物反滤性能的影响。

用于海岸护岸工程的土工织物，大多受到波浪、潮水涨落等作用。这些情况不同于稳定的单向渗流，而是循环的双向水流。在循环水流作用下，土工织物的保土能力比单向水流条件下要差。当水流向土体外流动时，土工织物可能会逐渐脱离土体，在每一次土工织物脱离土体时，土不受保护。因此，向外水流可能会使滤层附近的土体结构解体，不利于形成稳定的天然滤层。

武汉大学采用一种山东粉土开展了正弦型周期循环水流条件下的土工织物反滤性能试验，试验装置如图 4-13 所示。该循环水流采用一个作圆周旋转的装置来实现，挂在旋转臂两端的水箱随旋转臂旋转时交替上升。试验结果如图 4-14 所示。图中给出了不同循环水流

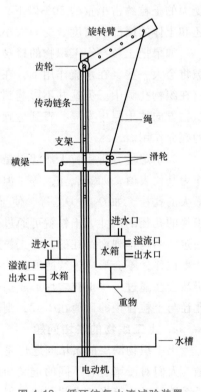

图 4-13　循环往复水流试验装置
（引自陈轮等，2007）

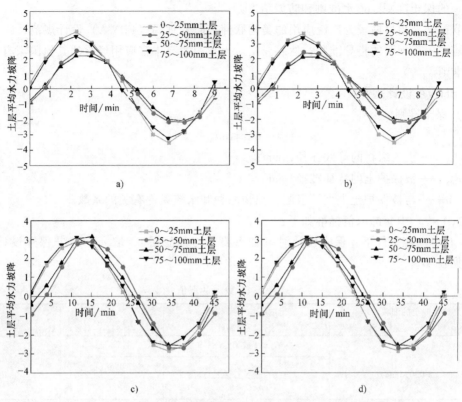

图 4-14 不同周期 T 时土层平均水力坡降与时间关系曲线

a) $T=0.6\text{min}$ b) $T=3\text{min}$ c) $T=9\text{min}$ d) $T=45.3\text{min}$

周期 T 时，土样不同土层平均水力坡降随时间的变化。

从图 4-14 可以看出，周期为 0.6min 时（图 4-14a），循环水流的频率最快，水力坡降在试样中的分布最不均匀：0~25mm 土层与 75~100mm 土层靠近上下两层土工织物，处于循环水流作用的边界处，因此这两层土体上分布的水力坡降较大，即循环水流的频率越快，水力坡降向边界集中的现象越明显，越容易加剧对堤岸边界层的冲刷；而 25~50mm 与 50~75mm 土层位于试样的中部，距离土工织物较远，这两层土体上分布的水力坡降较小；周期为 3min 时（图 4-14b），水力坡降在试样中的分布也不均匀，但是最大最小水力坡降的差值不如 0.6min 周期时的大；当周期为 9min 和 45.3min 时（图 4-14c、图 4-14d），水力坡降分布的差值逐渐减小，当周期为 45.3min 时，各土层水力坡降的分布已经相对比较均匀了。

4.6.2 设计准则

如前所述，反滤过程是很复杂的发展过程。土工织物在特定的工程情况下能否正常地长时间工作，最可靠的检验方法是进行相应的试验。试验中应尽量使试验条件与实际的相接近。如土样最好是原状的。天然无黏性土在扰动后表现为无黏性，但在天然状态下土粒之间多少都有一定的胶结作用，它对土层的抗渗透变形能力影响很大。又如土工织物和被保护土层承受的荷载和水流的水力坡降等都对土工织物的反滤特性有一定影响，进行试验时需要加以考虑。但是，反滤试验是一种较为复杂和很花时间的试验，所以国内外许多研究者根据大量试验和原理分析，建立基于较易测量参数（如土的级配、土工织物孔径、渗透系数和水力梯度）的保土准则、透水准则和防淤堵准则。

本节首先介绍目前较为广泛应用的美国联邦公路管理局（FHWA）设计规范，它主要依据美国陆军工程师团的指导准则；然后介绍对土工织物有丰富应用经验的其他国家有关部门采用的准则。

1. FHWA 设计规范

（1）保土准则

$$O_{95} \leq nd_{85} \tag{4-49}$$

式中　O_{95}——土工织物的等效孔径，mm；

　　　d_{85}——被保护土的特征粒径，mm；

　　　n——与被保护土类型、级配、织物品种和水流条件有关的系数。

式（4-49）中 n 的取值标准如下：

1）在单向流条件下，保守设计时（如重要工程的滤层），取 $n=1$；非保守设计时，n 的取值见表 4-7。

表 4-7　系数 n 的取值

被保护土的细粒 （$d \leq 0.075$mm）含量（%）	土的不均匀系数或 土工织物品种		n	说明
≤50 （$d_{50} \geq 0.075$mm）	$C_u \leq 2$ 或 $C_u \geq 8$		1	$C_u = \dfrac{d_{60}}{d_{10}}$
	$2 < C_u \leq 4$		$0.5C_u$	
	$4 < C_u < 8$		$8/C_u$	
>50 （$d_{50} < 0.075$mm）	有纺织物	$O_{95} \leq 0.3$mm	1	—
	无纺织物		1.8	

2）在双向流条件下。双向流条件属于不利的过滤条件，因为从织物流向被保护土的水妨碍天然滤层的形成，这时应取 $n=0.5$。

3）对于内部不稳定土。以上所述的保土准则都假定土是内部稳定的，即不会产生管涌的土。如果遇到不稳定的土，如广级配土（$C_u > 20$），特别是缺少中间粒径的情况，应通过反滤试验来选择合适的土工织物。

（2）透水准则　为了确保水流能顺利通过土工织物，一般认为土工织物的渗透系数应大于土的渗透系数，而且由于土工织物不可避免地要产生一定程度的淤堵，导致渗透系数大幅度地下降，因而要求土工织物未淤堵前的渗透系数要大于土的渗透系数的若干倍，即要求

$$k_g > \lambda_p k_s \tag{4-50}$$

式中　k_g——土工织物的渗透系数，cm/s；

　　　k_s——土的渗透系数，cm/s；

　　　λ_p——系数，在次重要工程中或当过滤条件好时取 1，在重要工程中或当反滤条件差时取 10，在防汛抢险、治理管涌的情况，应取更大值。

还可以通过透水率 ψ 来判断织物是否满足透水要求，即通过将织物的允许透水率 ψ_a 和各种现场条件所需的透水率 ψ_r 进行比较，得出一个透水安全系数。该安全系数值的大小反映了透水安全性的好坏，参见式（4-7）~式（4-10）。该评价方法的优点在于它与现场条件联系较紧，能较好地反映不同工程的要求，缺点在于目前对最小安全系数值应取多少，尚无

一个统一的认识。

（3）防淤堵准则

1）对于次重要工程或反滤条件好的情况：当 $C_u > 3$ 时，$O_{95} \geqslant 3d_{15}$；当 $C_u \leqslant 3$ 时，可以选取满足保土性要求的最大 O_{95} 值。O_{95} 只反映了孔径的大小，而不能体现孔隙数量的多少，因此还有如下要求：对无纺织物，要求孔隙率 $n \geqslant 50\%$；对单丝或裂膜有纺织物，要求开孔面积比 POA $\geqslant 4\%$。大多数的无纺织物孔隙率大于 70%，能满足要求；大多数的单丝有纺织物也能满足开孔比的要求；而紧密有纺裂膜（tightly woven slit films）织物一般不满足开孔比要求，因此不推荐使用。

2）对于重要工程或反滤条件差的情况：当 $k_s \geqslant 10^{-5}$ cm/s 时，要求梯度比 GR $\leqslant 3$；当 $k_s < 10^{-5}$ cm/s 时，应对现场土料进行长期淤堵试验，观察其淤堵情况。

2. 其他保土准则

（1）单向水流的情况

1）荷兰准则。荷兰准则早期是由 Delft 水利研究所针对单向水流条件提出的，后荷兰海岸工程协会在试验工作的基础上作了修改，并被荷兰交通与建筑部所采用。准则如下

$$O_{90} \leqslant 2d_{90} \tag{4-51}$$

O_{95} 的测定方法是干筛法，用 50g 干砂每次振动 5min。

2）德国准则。德国标准是在 Franzius 研究所对单向水流的研究成果的基础上，经德国土力学及基础工程学会的修改而得。该准则首先把土分为有问题的土和稳定土，有问题的土指下列三类：塑性指数小于 15 的细粒土；d_{50} 在 $0.02 \sim 0.1$mm 的土；不均匀系数 C_u 小于 15 并含有黏粒和粉粒的土。稳定土是指上述三类以外的土。

该准则列在表 4-8 中。表中 D_w 为湿筛法测定的结果。采用砂粒，振动 15min，由试验成果定出的 O_{90} 则为 D_w。

表 4-8　德国准则（单向水流保土）

土类	土工织物准则
$d_{40} < 0.06$mm，稳定土	$D_w < 10d_{50}$ 和 $D_w < 2d_{90}$
$d_{40} < 0.06$mm，问题土	$D_w < 10d_{50}$ 和 $D_w < d_{90}$
$d_{40} > 0.06$mm，稳定土	$D_w < 5d_{10}C_u^{1/2}$ 和 $D_w < 2d_{90}$
$d_{40} > 0.06$mm，问题土	$D_w < 5d_{10}C_u^{1/2}$ 和 $D_w < d_{90}$

3）法国准则。法国准则是由法国土工织物与土工膜委员会建立起来的，见表 4-9。

表 4-9　法国准则（单向水流保土）

土类	土工织物准则
不均匀级配（$C_u > 4$）和密实	$4d_{15} \leqslant O_f \leqslant 1.25d_{85}$
不均匀级配（$C_u > 4$）和疏松	$4d_{15} \leqslant O_f \leqslant d_{85}$
均匀级配（$C_u \leqslant 4$）和密实	$O_f \leqslant d_{85}$
均匀级配（$C_u \leqslant 4$）和疏松	$O_f \leqslant 0.8d_{85}$

表 4-9 所列适用于水力坡降小于 5 的情况，因而法国准则考虑到水力坡降、土的级配和密实程度是比较周到的。O_f 是由动力水筛法（法国 AFNCR38017 试验）测定的，采用砂粒

在水中上下运动，动力过筛 24h，$O_f = O_{95}$；当水力坡降为 5~20 时，表中织物的孔径值要减少 20%；当水力坡降大于 20 或受双向水流作用，则表中织物孔径要减少 40%。

从上述准则中可以看到，不同的准则都有一套相应的试验方法，在使用时一定要采用相应试验求得的特征孔径。表 4-10 给出同种织物用几种不同试验方法求得的孔径情况，从中可以看出差别是相当大的。表 4-11 给出几种孔径的粗略关系。这些关系只能在初步设计中使用。

表 4-10　几种试验方法求得的特征孔径

土工织物	厚度 /mm	O_{95}/mm			
		美国	荷兰	德国	法国
单丝	0.66	0.087	0.072	0.070	0.062
平织	0.17	0.140	0.138	0.103	0.100
无纺	4.20	0.180	0.168	0.113	0.113
无纺	2.60	0.136	0.138	0.093	0.083
无纺	1.60	0.086	0.077	0.089	0.072

从表 4-11 中数字可以看出，美国和荷兰干筛法的成果较接近；德国湿筛法和法国动力水筛法的成果也较接近。在采用各种准则时（包括上述准则以外的准则），要注意该准则在试验方法上的要求。

表 4-11　各种试验求得孔径的关系

试验方法与特征孔径	与美国成果的关系
美国 O_{95}	$= 1.0\ O_{95}$（ASTM）
荷兰 O_{90}	$\approx 0.85\ O_{95}$
德国 D_w	$\approx 0.75\ O_{95}$
法国 O_f	$\approx 0.7\ O_{95}$

[例 4-9]　一路堤的底部有一层粗粒材料排水层，在密实填土与排水层之间采用土工织物作为反滤材料。预计水力坡降小于 5。土料级配见表 4-12。试用上述四种准则判别下面给出的四种（表 4-13）土工织物符合哪些保土的准则？

表 4-12　土料级配

特征粒径	d_{10}	d_{15}	d_{20}	d_{30}	d_{40}	d_{50}
粒径/mm	0.02	0.024	0.03	0.046	0.061	0.08
特征粒径	d_{60}	d_{70}	d_{80}	d_{85}	d_{90}	d_{95}
粒径/mm	0.10	0.14	0.18	0.21	0.29	0.39

表 4-13 土工织物参数

土工织物	质量 /(g/m²)	特征孔径/mm			
		O_{95}	O_{90}	O_f	D_w
A(无纺)	210	0.294	0.215	0.159	0.171
B(无纺)	270	0.180	0.150	0.100	0.113
C(有纺)	90	0.240	0.220	0.188	0.195
D(有纺)	240	0.520	0.470	0.384	0.410

解:

1）美国 FWHA 准则。由于 $d_{50}>0.074$mm，且

$$4<C_u=\frac{0.10}{0.02}=5<8$$

则

$$n=\frac{8}{C_u}=1.6$$

$O_{95}\leq nd_{85}=1.6\times0.21\text{mm}=0.336\text{mm}$

故 A、B、C 符合。

2）荷兰准则

$$O_{90}<2d_{90}<0.580\text{mm}$$

故 A、B、C、D 全符合。

3）德国准则。由于 0.02mm $<d_{50}<$ 0.1mm，该土料为问题土，又 $d_{40}=0.061$mm > 0.06mm，故用 $D_w<d_{10}C_u^{1/2}$ 和 $D_w<d_{90}$ 来判别。

$$C_u=\frac{d_{60}}{d_{10}}=\frac{0.10}{0.02}=5$$

$D_w<5\times0.02\times5^{1/2}=0.224$mm，同时 $D_w<d_{90}=0.290$mm，故取 $D_w<0.224$mm，A、B、C 符合。

4）法国准则。由于土类 $C_u>4$、处于密实状态以及水力坡降小于 5，应当用 $4d_{15}\leq O_f\leq 1.25d_{85}$ 来判别。

0.096mm $\leq O_f\leq$ 0.263mm，故 A、B、C 符合。

总结能满足保土要求的土工织物分别为：美国 FWHA 准则，A、B、C；荷兰准则，A、B、C、D；德国准则：A、B、C；法国准则：A、B、C。

从选材范围可以看出荷兰准则是最宽的，而美国、德国和法国准则是相近的。如果用表 4-11 的换算关系统一于美国准则 O_{95} 的上限要求，则从大到小（要求从宽到严）的排列顺序为：荷兰（0.682mm）、法国（0.376mm）、美国（0.336mm）、德国（0.299mm）。

以上介绍的是单向水流的准则。在双向水流作用下，如堤岸护坡下的滤层随水位的升降或波浪作用而频繁发生双向水流，与织物相邻的被保护土层中不易形成天然滤层，因而要求土工织物的孔径小一些，即双向水流下土工织物的准则要严格一些。

（2）双向水流的情况

1）荷兰准则。该准则被荷兰海岸工程协会所采用，见表 4-14。

表 4-14　荷兰准则（双向水流保土）

土类		土工织物准则
有粗粒滤层		$O_{98} \le 2.0 d_{85}$
无粗粒滤层	重大工程	$O_{98} \le 1.0 d_{15}$
	非重大工程	$O_{98} \le 1.5 d_{15}$

2）德国准则。被德国土力学及基础工程学会所采用，见表 4-15。

3）法国准则。由法国土工织物与土工膜委员会所建议，见表 4-16。

表 4-15　德国准则（双向水流保土）

土类	土工织物准则
$d_{40} > 0.06$m	$D_{\mathrm{w}} < d_{90}$
$d_{40} \le 0.06$m	$D_{\mathrm{w}} < 1.5 d_{10} \sqrt{C_{\mathrm{u}}}$
	$D_{\mathrm{w}} < d_{50}$
	$D_{\mathrm{w}} < 0.5$mm

表 4-16　法国准则（双向水流保土）

土类	土工织物准则
不均匀（$C_{\mathrm{u}} > 4$）和密实	$O_{\mathrm{f}} \le 0.75 d_{85}$
不均匀（$C_{\mathrm{u}} > 4$）和疏松	$O_{\mathrm{f}} \le 0.6 d_{85}$
不均匀（$C_{\mathrm{u}} \le 4$）和密实	$O_{\mathrm{f}} \le 0.6 d_{85}$
不均匀（$C_{\mathrm{u}} \le 4$）和疏松	$O_{\mathrm{f}} \le 0.48 d_{85}$

关于双向水流保土准则在护岸滤层中的应用，请参见第 8.3 节。

4.6.3　反滤应用

土工织物作为反滤层应用于所有与土接触的排水系统中，如地基固结排水、挡土墙墙背排水、路基排水和垃圾填埋场的排水等。除此之外，还用于与水接触的一些工程中，如侵蚀控制结构和堤坝背水坡的贴坡排水等。下面举三个典型应用实例加以说明。

（1）挡土墙墙背排水　墙背排水分为两种情况：一种是通过砂砾层排水，另一种是挡土墙自排水，如石笼墙面。土工织物反滤层可防止排水砂层淤堵，或防止墙后的土通过石笼墙面开孔进入或穿出墙体。

（2）侵蚀控制结构　土工织物被用于侵蚀控制结构，如护岸工程中，在块石或预制混凝土块与被保护土坡之间铺设织物滤层。如果使用的是现浇混凝土板（或模袋混凝土）护坡，织物的大部分面积都被混凝土板直接覆盖，土坡中孔隙水的排出就很困难。曾发生过因孔隙水压力过大将混凝土板顶起而造成破坏的情况。因此在这种情况下，应在混凝土板分缝下增铺砂垫层或土工网排水条。是否在混凝土板上增设排水滤点是一个有争议的问题。只有被保护土坡中的地下水位总是高于坡外水位时，才应增设排水滤点。否则，增设排水滤点破坏了混凝土板的防渗性，当坡外水位较高时，水渗入坡内，抬高了地下水位，到了坡内水位较高时，水又来不及渗出（特别是一些无砂混凝土滤点，渗透系数不确定且较小），在混凝土板下产生扬压力，更糟的是如果板下有砂垫层扩大了扬压力的作用面积，可能引起大面积顶起破坏（王钊，2000）。

（3）堤坝背水坡的贴坡排水 土工织物铺设于在背水坡渗流出逸的范围，以防土粒流失。在织物上也有块石或预制混凝土块覆盖层。在渗漏量较大的情况下，渗水不能全部通过织物排出，而是沿背水坡面在织物下面向下流动，因渗流被掩盖而更显其严重性。解决的方法可能从两方面入手：一是研制透水性更大的土工织物或替代材料；二是建立放宽孔径要求的更合适的反滤准则。而设计中应重视渗流的计算，并按式（4-7）~式（4-10）和表（4-1）的要求，验算土工织物的透水率。

习 题

[4-1] 影响土工织物透水性的因素有哪些？

[4-2] 在堤基下面设土工织物水平排水层，堤的高度和软土地基的厚度如何影响其导水率的选择？

[4-3] 一软土地基采用预压及塑料排水带处理，预压工期只有 200d，要求预压后土层的平均固结度达 80%，试设计塑料排水带的布置。已知软土的水平固结系数为 $8.5 \times 10^{-7} \mathrm{m}^2/\mathrm{s}$ 和塑料排水带的断面为 100mm×4mm。

[4-4] 某软土地基采用预压及塑料排水带加固处理。塑料排水带垂直排水系统使得软土的固结速率提高 5 倍。已知软土的 m_V 值为 $0.003 \mathrm{m}^2/\mathrm{kN}$，$C_v$ 值为 $2.5 \times 10^{-8} \mathrm{m}^2/\mathrm{s}$，预压荷载 $120 \mathrm{kN}/\mathrm{m}^2$，荷载宽度为 20m。试求地基表面土工织物排水层应有的导水率。

[4-5] 有一高为 10m 的混凝土悬臂挡土墙，墙后回填土为粉质黏土，其重度为 $18 \mathrm{kN}/\mathrm{m}^3$，渗透系数 $k=4.5 \times 10^{-6} \mathrm{m/s}$，有效内摩擦角为 22°，墙后地下水位与填土面齐平。拟用土工织物、土工网和土工复合排水材料作为待选的排水材料，请计算并比较它们的导（排）水安全系数（可沿用 [例 4-5] 的材料特性参数）。

[4-6] 一个垃圾填埋场的底宽为 80m，底部坡降为 5%，填埋场底部的隔离排水系统采用一层土工膜和一层土工合成材料黏土垫层，内夹土工网做排水体，土工网厚 6mm，所受压力为 400kPa。试验证土工网的排水能力是否足够（可沿用 [例 4-7] 的材料特性参数）？

[4-7] 某高速公路路面宽 16m，两侧路边排水，路面向两侧的坡度为 2%。沥青混凝土面层厚 16cm，其下粒料基层厚度为 48cm、有效孔隙率 n_e 为 0.15、渗透系数 $k=30 \mathrm{cm/d}$。拟采用的土工网排水层厚度为 6mm、有效孔隙率 $n_e=0.69$、允许导水率 $\theta_a=418.28 \mathrm{m}^2/\mathrm{d}$。已知当地的最大降雨强度为 $0.0317 \mathrm{L}/(\mathrm{s} \cdot \mathrm{m}^2)$，沿公路行进方向的排水口间隔为 75m。试验算土工网排水的安全系数并计算所需的排水时间。

[4-8] 根据表 4-7，以均匀系数 C_u 为横坐标，n 为纵坐标，绘制 C_u-n 曲线，观察 n 的变化范围，并和保守设计时 $n=1$ 作比较。

[4-9] 一路堤的底部有一层粗粒材料排水层，在密实填土与排水层之间采用土工织物作为反滤材料。预计水力坡降小于 5。土料的级配见表 4-12。试用教材中介绍的四种准则判别表 4-13 给出的四种土工织物符合哪些双向水流的保土的准则？

参 考 文 献

[1] 曾锡庭，刘家豪，等．塑料排水法加固软基的试验研究报告 [M]//侯钊，等．天津软土地基．天津：天津科技出版社 1987.

[2] 地基处理手册编写委员会．地基处理手册 [M]．北京：中国建筑工业出版社，1988.

[3] 曾国熙，谢康和．砂井地基固结理论的新发展 [C]//中国土木工程学会．第五届全国土力学及基础

工程学术会议论文选集. 北京：中国建筑工业出版社，1990.

［4］ 陆士强，王钊，刘祖德. 土工合成材料应用原理［M］. 北京：水利电力出版社，1994.

［5］ 华南理工大学，东南大学，浙江大学，等. 地基及基础［M］. 3版. 北京：中国建筑工业出版社，1998.

［6］ 余玲，王育人. 农田水利工程［M］//《土工合成材料工程应用手册》编写委员会. 土工合成材料工程应用手册. 北京：中国建筑工业出版社，2000.

［7］ 王钊. 水利工程应成为土工合成材料应用的典范［C］//王钊. 全国第五届土工合成材料学术会议论文集. 香港：现代知识出版社，2000.

［8］ 王钊. 国外土工合成材料应用研究［M］. 香港：现代知识出版社，2002.

［9］ CARROLL J R G. Determination of permeability coefficients for geotextiles［J］. Gcotechnical Testing Journal，1981（2）：83-85.

［10］ HANSBO S. et al. Consolidation by vertical drains［J］. Geotechnique，1981（1）：45-66.

［11］ GIROUND J P. Filter criteria for geotextiles［C］//Proc. of 2nd Int. Conf. on Ceotextiles. Las Vegas：［s. n.］1982.

［12］ SLUYS L，DIERICKX W. The applicability Of Darcy's Law in determining the water permeabilitg of geotextiles［J］. Geotextiles and Geomembranes，1987（3）：283-299.

［13］ PERGADE D T. et al. Improvement of soft Bangkok clay using vertical geotextiles band drains compared with granular piles［J］. Geotextiles and Geomembranes. 1990（3）：203-331.

［14］ AASHTO. Guide for design of pavement structures［S］. Washington D C：AASHTO. 1993.

［15］ KOERNER R M. Designing with geosynthetics［M］. 4th ed. New Jersey：Prentice Hall，1998.

［16］ HOLTZ R D.，CHRISTOPHER B R.，BERG R R. Geosynthetic design and construction guidelines：NHI Course No. 13213［S］. Washington D C：FHWA，2001.

［17］ LUN C，ZHUANG Y F，WANG Z，et al. Hydraulic behavior of filter protected silt under cyclic flow［J］. Journal of Geotechnical and Geoenvironmental Engineering，2007，135（8）：1159-1166.

［18］ 陈轮，许齐，易华强，等. 往复水流条件下土工织物反滤系统渗透系统稳定性模拟试验研究［J］. 水力发电学报，2007，26（4）：115-119.

［19］ 束一鸣，等. 土工合成材料防渗排水防护设计施工指南［M］. 北京：中国水利电力出版社，2020.

［20］ KOERNER R M. Designing with geosynthetics［M］. 5th ed. NewJersey：Prentice Hall，2005.

［21］ 陈丹. 水流条件与拉伸作用对土工织物反滤性能影响的试验研究［D］. 武汉：武汉大学，2013.

第 5 章

防渗作用

5.1 概述

不透水的土工合成材料，如土工膜和土工合成材料膨润土垫（简称"GCL"）可布置在建筑物的表面或内部，用于防止液体或气体的渗透和渗漏，即起到防渗作用。与黏土、混凝土和沥青混凝土等传统防渗材料相比，土工合成材料具有防渗效果好、适应建筑物变形能力强、质地轻柔、施工便捷、造价低等优点，同时符合低碳环保、绿色和可持续发展的工程建设理念，目前被广泛应用于水利与水电、交通与市政、煤电与矿山、环保与生态等各类基础设施工程领域。

5.1.1 土工膜防渗应用概况

土工膜于 20 世纪 40 年代开始用于水工建筑物的防渗。美国垦务局对土工膜用于渠道防渗进行了大量研究后，于 1957 年发表了沥青薄膜渠道衬砌和用作渠道防渗材料的塑料薄膜的研究成果，此后大量塑料薄膜开始应用于灌溉渠道的防渗；1963 年，美国夏威夷 Olinda 水库应用 1.5mm 厚的丁基橡胶膜进行防渗；1972 年，德国首次将高密度聚乙烯（HDPE）土工膜应用于水库防渗，HDPE 膜由于具有良好的耐久性和化学稳定性，很快在固体废弃物垃圾填埋场的防渗中推广使用，也广泛用于工业废液的防渗。20 世纪六七十年代开始，欧洲国家将 PVC 土工膜广泛用于水库防渗。

土工膜用于大坝防渗已有 60 余年的历史。1957 年意大利的 Contrada Sabetta 堆石坝首次采用聚异丁烯土工膜进行坝体防渗；法国在 1968—1990 年先后修建了 17 座土工膜防渗堆石坝，如 MasDarmand 坝（高 21m）和 Codole 坝（高 28m）；建于 1984 年的西班牙 Poladelos Rornos 土工膜防渗堆石坝最初坝高为 97m，现已加高至 134m；建于 1996 年的阿尔巴尼亚 Bovilla 土工膜防渗堆石坝，坝高 91m，库容 1.4 亿 m^3。此外，土工膜也广泛应用于碾压混凝土重力坝的防渗，如建于 2002 年的哥伦比亚 Miel 1 坝（高 188m）和建于 2003 年的美国加州 Olivenhain 坝（高 97m）。

国际大坝委员会（ICOLD）分别在 1981 年的第 38 期简报（Bulletin 38，ICOLD 1981）、1991 年的第 78 期简报（Bulletin 78，ICOLD 1991）和 2010 年的第 135 期简报（Bulletin 135，ICOLD 2010）中，均以土工膜防渗为专题进行了详细论述。据 2010 年 ICOLD 统计，全球范围共有约 280 座大坝采用了土工膜防渗，且近 10 余年仍不断有新的土工膜防渗大坝建成。

我国将土工膜用于水工建筑物防渗也有较长的历史。1966 年我国首次将土工膜用于 79m 高的桓仁混凝土单支墩坝上游面防渗。此后，土工膜在我国开始广泛用于水工建筑物的防渗。1970年陕西西骆峪水库采用土工膜进行水库库盘防渗加固；1987年云南省李家菁水库坝体渗漏采用土工膜进行防渗处理；2001年西安市石砭峪水库及2006年青海省海东地区互助县本坑沟水库等，均采用土工膜进行坝面的防渗加固。但由于当时土工膜防渗在我国尚未形成成熟的技术和工艺，所以在许多土石坝防渗案例中土工膜均为被动采用。20世纪90年代初，广西柳州的田村堆石坝，坝高48m，原采用黏土心墙方案，但当黏土心墙填筑不到10m高时，由于连续降雨，只得在原心墙上游位置铺设土工膜，才得以按期竣工。黄河小浪底枢纽配套工程西霞院土工膜防渗土石坝，因大量黏性土开采带来社会和环境问题，只能突破规范，采用面膜防渗方案。该工程于2011年3月通过验收，尽管坝高只有20多米，却是我国大江大河中第一座采用膜永久防渗的大型工程。四川康定仁宗海堆石坝，坝高56m，地震烈度7度，坝基河床覆盖层深达130~148m，结构层次复杂，采用坝基悬挂式混凝土防渗墙上接坝面土工膜防渗以适应坝基复杂变形，于2008年10月建成蓄水。四川华山沟心墙堆石坝，坝高69.5m，坝区地震基本烈度为Ⅷ度，属强震地区，大坝防渗方案曾考虑采用黏土心墙或沥青混凝土心墙。由于黏土料不仅运距远、跨越铁道，且需侵占大量农田，雨季工期延滞；沥青混凝土冬期施工需加热保温，质量难以保证，且造价高。因此最终采用了施工干扰大的土工膜心墙防渗方案。该工程于2011年建成，目前运行正常。由我国投资和建造的老挝南欧江六级土工膜防渗软岩堆石坝，高87m，软岩坝体变形较大，传统防渗体无法适应，采用了3.5mmPVC/700g/m² 聚丙烯针刺土工织物复合的一布一膜（膜面朝上），且采用无保护层的裸露防渗，大坝2016年建成，运行状态良好。

　　虽然最初土工膜缺乏成熟的技术和工艺，但是它仍然因为自身的防渗优势在我国得到蓬勃发展，从水口、三峡、溪洛渡、向家坝、双江口等高坝大库工程的围堰，到田村、石砭峪、塘房庙、泰安抽水蓄能、仁宗海、黄河西霞院、华山沟、溧阳抽水蓄能及在建的句容抽水蓄能等重大工程的大坝和库盘，均采用了土工膜防渗。近年来DL/T 5395—2007《碾压式土石坝设计规范》和NB/T 35027—2014《水电工程土工膜防渗技术规范》等规范的颁布，进一步推动了我国土工膜防渗工程的发展。

5.1.2　GCL防渗应用概况

　　GCL是在压实黏土衬垫（Compacted Clay Liner，简称CCL）的基础上发展而来的。20世纪20年代，膨润土最早以颗粒和粉料形式，被用于密封池衬垫和夯实土坝中的防渗，如早期的防渗采用黏土和5%膨润土混合夯实的CCL。1982年出现了用胶合剂将膨润土黏接在两层土工织物之间的早期GCL。1986年，美国在双衬里垃圾填埋场衬垫系统中第一次采用了GCL产品（Claymax），经监测发现渗漏液显著减少。大约在同一时期，德国出现了另一种GCL产品——Bentofix，它将膨润土粒置于两块针刺土工织物之间，然后将整个复合物用针刺纤维连接在一起，这种针刺加强型GCL产品是目前应用最广的GCL品种。

　　1991年，GCL率先由美国捷高公司（CETCO）引进中国，并在上海金贸大厦地下室防渗工程中使用，获得了良好效果。2002年，广东中山垃圾填埋场使用了德国诺维公司（NAUE）的GCL，这是国内在垃圾填埋场防渗系统中较早使用GCL的案例。此后，2008年奥运龙形水系防渗工程和2010年上海世博会场馆地下室基础防渗工程也均采用了GCL进行防渗。

　　在水利工程中，GCL主要用于渠道、水库、土石坝、人工湖的防渗等方面。如德国

Eberswalde 渠道用针刺 GCL 结合针刺砂垫的方法实现了渠道的防渗；我国驻马店市的南湖水库库区和库岸以及大同市的御河橡胶坝蓄水区防渗工程，均采用了膨润土复合防水毯进行防渗处理。GCL 在我国人工湖防渗工程中的应用情况见表 5-1。此外，在交通工程（铁路、公路等）中，GCL 可作为环保隔离带，GCL 也可作为加油站地下油罐的防护层，以防止地下水污染。

目前国内关于 GCL 的行业标准以及国家标准包括 JG/T 193—2006《钠基膨润土防水毯》、CJJ 113—2007《生活垃圾卫生填埋场防渗系统工程技术规范》及 GB/T 35470—2017《轨道交通工程用天然钠基膨润土防水毯》等。

表 5-1　GCL 在我国人工湖防渗工程中的应用统计（截至 2007 年）

省市	工程数量	使用面积/m²	省市	工程数量	使用面积/m²
北京	9	167398	上海	37	95907
浙江	28	138385	江苏	22	77213
天津	1	7000	安徽	6	18395
湖北	3	7280	陕西	1	6000
广东	4	13240	云南	3	18220
广西	1	20000	江西	2	7254
甘肃	1	10000	重庆	1	15000
内蒙古	1	25000	河北	1	50000

5.2　防渗材料种类及其工程性质

5.2.1　土工膜种类及其工程性质

1. 土工膜种类

土工膜是以高分子聚合物为基础原料生产的防渗材料。制造土工膜的聚合物可分为如下四种类型：

1）塑料类，包括热塑性和部分结晶热塑性材料，如聚乙烯（PE）、聚氯乙烯（PVC）、高密度聚乙烯（HDPE）、氯化聚乙烯（CPE）和热塑性弹性聚烯烃（TPO）等。

2）合成橡胶类，如丁基橡胶（IIR）、环氧丙烷橡胶（ECO）等。

3）混合类，由两种或以上的聚合物混合，如氯磺化聚乙烯（CSPE）、三元乙烯（乙烯/丙烯/二烯共聚物，EPDM）、乙烯-醋酸乙烯共聚物（EVA）等。

4）沥青和树脂，如改性沥青、环氧树脂等。

目前我国工程中最常用的为 PE 和 PVC 两类土工膜。按照 GB/T 17643—2011《土工合成材料　聚乙烯土工膜》，PE 土工膜可分为普通高密度聚乙烯土工膜、环保用光面高密度聚乙烯土工膜、环保用单糙面高密度聚乙烯土工膜、环保用双糙面高密度聚乙烯土工膜、低密度聚乙烯土工膜和环保用线形低密度聚乙烯土工膜。按照 GB/T 17688—1999《土工合成材料　聚氯乙烯土工膜》，PVC 土工膜可分为单层聚氯乙烯土工膜、双层聚氯乙烯复合土工膜和夹网聚氯乙烯复合土工膜。

土工膜可与土工织物或其他材料结合形成复合土工膜。根据功能的不同，复合土工膜可分为加筋型、横向排水型和防水隔断型。加筋型土工膜由土工膜与加筋材料（锦纶丝布、锦纶帆布、丙纶针刺织物等）压黏而成，具有较高的强度和模量，以满足工程中的防渗与受力要求，用于软弱地基、上部荷载较大等工程。横向排水型土工膜一般由无纺土工织物与土工膜复合而成，常见的有"一布一膜""两布一膜"。其中，无纺土工织物一是对土工膜起增强和保护作用；二是有横向排水作用，可排除膜后的渗透水以及孔隙水和气，防止土工膜被水和气抬起失稳；三是增加了膜面的摩擦系数，有利于土工膜与接触土体之间的稳定性。横向排水型土工膜多用于黄土、膨胀土等特殊岩土地区及铁路路基基床加固等工程。防水隔断型土工膜多为非织造复合土工膜，常用于水利防渗蓄水工程，以及盐渍土、冻土和地下水位较高地区的铁路路基工程。

2. 土工膜的工程性质

土工膜的一般工程特性包括物理性能、力学性能、防渗性能和抗老化性能等。大量工程实践表明，土工膜具有良好的不透水性、弹性和适应变形能力。处于水下和土中的土工膜，抗老化能力突出。

（1）物理性能

1）密度。土工膜的密度取决于其制造材料，如聚乙烯（PE）材质，可划分为低密度（LDPE）、中等密度（MDPE）和高密度（HDPE）等不同类别，其密度分别为 $0.910 \sim 0.930$、$0.926 \sim 0.940$ 和 $0.941 \sim 0.960 \mathrm{g/cm^3}$。而纯 PVC 土工膜的密度为 $1.4 \mathrm{g/cm^3}$，增加了增塑剂和抗老化剂后土工膜密度范围大致在 $1.20 \sim 1.35 \mathrm{g/cm^3}$。

在设计复合土工膜时，还需考虑织物的克重（$\mathrm{g/m^2}$）。织物克重应根据防渗膜防渗水头、防渗膜垫层及保护层材料、运输及施工工艺等因素来选取，其中最主要的因素是防渗水头。工程中常用复合土工膜的无纺土工织物克重为 $250 \sim 750 \mathrm{g/m^2}$。

2）厚度。厚度是土工膜的主要设计参数。设计厚度与防渗水头、垫层材料等密切相关，也与施工条件（装备、工艺、工期）、运行条件（坝体变形、气温、水温）等有关。有些因素是可通过计算分析量化，而有些因素是难以量化的。可量化的因素包括防渗膜随坝体或地基位移产生的变形、颗粒垫层孔隙液胀产生的变形、混凝土垫层局部不平整产生的变形等。难以量化的因素包括膜面划痕、膜体细微缺陷、复合膜内膜褶皱等。实际上，铺设在垫层上的防渗膜，目前也很难通过计算准确地得到上述变形量。因此，工程设计应参照已建成工程的经验，以防渗水头为主要因素选择土工膜厚度比较合适。

（2）力学性能 土工膜一般具有很高的抗拉强度和极限伸长率。但由于土工膜很薄，其撕裂强度和刺破强度较低。

1）抗拉强度和极限伸长率。抗拉强度与极限伸长率是防渗膜最基本的力学指标。极限伸长率是土工膜在断裂时的伸长率。在一定意义上，抗拉强度和极限伸长率也能反映出一些其他力学指标的优劣。与格栅等加筋材料不同，防渗膜在建筑物中主要靠自身变形以适应基础的位移，而不是约束基础的位移，所以理想的防渗膜应该是既具有较高的抗拉强度，以抵抗运输、施工、运行中所承受的外力，又具有适当的弹性模量，以适应建筑物运行中基础的较大位移。土工膜抗拉强度的测定方法有宽条拉伸法和窄条拉伸法。

2）拼接抗拉强度和极限伸长率。土工膜防渗的面积一般较大，存在众多拼接接缝，一般接缝强度及其伸长率均低于母材，所以接缝强度及其伸长率应该作为一项重要的设计指标。同时，该项指标也是对现场拼接施工质量控制的要求。根据现阶段的现场拼接工艺水平，要求拼接接缝的抗拉强度与极限伸长率分别不小于为母材的 80% 和 75%。

3）撕裂强度。撕裂强度体现防渗膜抵抗扩大破损裂口的能力，其指标值除了与材料质地及构造有关外，也与材料的厚度有关。土工膜的撕裂强度通常较低，可采用梯形撕裂试验和舌形撕裂试验等方法测试。

4）刺破强度。刺破强度体现防渗膜抵抗较尖锐物体静力穿透的能力。该项指标除了与防渗膜自身材质有关外，还与防渗膜的厚度有关。一般情况下土工膜的刺破强度较低，在土工膜上或膜下铺设土工织物可以吸收部分能量，从而有效地提高土工膜的抗刺破性能。

5）液胀强度。液胀强度反映防渗膜在具有孔隙垫层上抵抗水压力顶胀破坏的能力。实际工程中，防渗膜下的颗粒垫层在较大颗粒之间存在孔隙、素混凝土垫层在水压力作用下随基础位移而开裂等情况都符合液体顶胀的机制。所以，液胀强度是一项重要的力学指标。

需要指出的是，所谓液胀强度是在规定直径圆孔上防渗膜顶胀破坏时的水压力强度，还不能直接用来评判实际工程防渗膜的液胀安全与否，各工程可根据实际工况提出对应可能出现最大孔隙的顶胀破坏的水压力强度。

6）土工膜与其他材料之间的摩擦特性。土工膜的摩擦特性是指土工膜与土或其他材料接触时，土工膜在接触面上抵抗剪切的性能。一般可通过界面直剪试验、拉拔试验和斜板试验测定。处于斜面上的防渗工程，在较低法向压力下的接触面摩擦强度优先采用斜板仪进行测试，处于土工膜锚固部位附近土工膜摩擦特性应采用拉拔试验测试。光面土工膜与土接触时摩擦系数较小，在土工膜表面加糙或采用复合土工膜等可以解决界面摩擦角过小的问题。

（3）防渗性能　用于防渗的土工膜应该是不透水和不透气的，但由于制造上的不均匀性和缺陷，也存在一定的渗漏现象。因此，对其进行透水性测定时，测得的渗透系数为 $10^{-13} \sim 10^{-15}$ m/s。如此低的渗透系数对于一般的防渗工程而言是允许的，可以忽略不计。但对于有毒有害水、气的防渗工程而言，则是不允许的。因此，了解土工膜的防渗性能十分必要，尤其对于实际环境中水头长期作用下的土工膜防渗问题。

无孔的土工膜是不渗水的，水通过分子弥散方式透过土工膜，因此不能用达西定律来描述水穿过土工膜的所谓"渗流"。土工膜的渗透性通常采用水汽传输率试验（Water-vapor Transmission Test，缩写为 WVT 试验）测定。WVT 试验的理论基础是 Fick 定律，其基本思路是用水汽作为传输介质（而非液态的水）"渗透"土工膜，通过测量一定时间段内穿过土工膜的水汽质量，换算成土工膜的等效渗透系数。

（4）抗老化性能　土工膜的老化问题主要与聚合物的种类、特性，土工膜的工作条件、周围环境有关。诱发土工膜老化的因素有光、氧、热、臭氧、NO_2、SO_2 等化学物质及各种酶和微生物等，它们会导致膜聚合物降解、化学键断裂、相对分子质量减小或失去增塑剂和其他辅助成分，从而使力学性能衰减，使膜脆化甚至开裂。土工膜在阳光下特别容易老化，暴露于大气中的材料的抗拉强度明显比处于土中或水中的材料的拉伸强度低很多，同时伸长率也有较大幅度的降低。因此，非抗老化土工膜在施工和运行期需采用保护层加以保护。结晶型聚合物土工膜（如 HDPE）不易老化，而非结晶型热塑性聚合物（如 PVC）易老化，但添加抗老化剂后抗老化性能可显著提高；薄膜比厚膜容易老化，在允许条件下应优先选择厚的土工膜。目前国际上已出现可裸露防渗 50~100 年的抗老化 PVC 土工膜。

5.2.2　GCL 种类及其工程性质

1. GCL 种类

土工合成材料膨润土垫（GCL），又称钠基膨润土防水毯，是一种以钠基膨润土为主要原料，与一层或多层土工合成材料结合而成的毯状防渗材料。GCL 一般是由两层土工织物或土工膜中间夹一层薄薄的膨润土用织物纤维缝合、针刺，或者用黏结剂黏合而成。有的 GCL 产品只有一层土工膜，其上用黏结剂黏合上一层薄薄的膨润土。

我国的行业标准 JG/T 193—2006《钠基膨润土防水毯》将 GCL 分为三类（图 5-1）。

1）针刺法钠基膨润土防水毯，是由两层土工布包裹钠基膨润土颗粒针刺而成，其中一层土工布为涤纶或丙纶短纤针刺非织造土工织物，另一层为聚丙烯扁丝编织土工布，用 GCL-NP 表示。

2）针刺覆膜法钠基膨润土防水毯，是在针刺法钠基膨润土防水毯的非织造土工布外表面上复合一层高密度聚乙烯薄膜，用 GCL-OF 表示。

3）胶黏法钠基膨润土防水毯，是用胶黏剂把膨润土颗粒黏结到高密度聚乙烯板上，压缩生产的一种钠基膨润土防水毯，用 GCL-AH 表示。

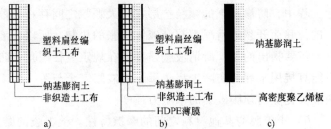

图 5-1　GCL 分类（根据 JG/T 193—2006）

a）针刺法钠基膨润土防水毯　b）针刺覆膜法钠基膨润土防水毯　c）胶黏法钠基膨润土防水毯

GCL 按膨润土的类型可分为天然钠基膨润土 GCL、人工钠化钠基膨润土 GCL 和改性膨润土 GCL。其中，人工钠化钠基膨润土是由钙基膨润土人工钠化而成；改性的膨润土包括有机膨润土、耐盐碱膨润土等。

2. GCL 的工程性质

GCL 作为防渗层的有效性主要取决于三个方面：一是 GCL 作为一种防渗材料本身的渗透性能；二是 GCL 在有液体渗过的过程中，对液体中有害物质的吸附能力，因为 GCL 中膨润土在液体渗透过程中，对其中有害物质的吸附能力在特定的环境工程中显得尤为重要；三是 GCL 自身强度的大小，如果 GCL 发生拉伸或剪切破坏，则会导致防渗系统的失效。JG/T 193—2006《钠基膨润土防水毯》规定的 GCL 物理力学性能指标见表 5-2。

表 5-2　标准 JG/T 193—2006 中 GCL 物理力学性能指标

指标	技术指标		
	GCL-NP	GCL-OF	GCL-AH
单位面积质量/(g/m²)	≥4000 且不小于规定值	≥4000 且不小于规定值	≥4000 且不小于规定值
膨润土膨胀指数/(mL/2g)	≥24	≥24	≥24
吸蓝量/(g/100g)	≥30	≥30	≥30
抗拉强度/(N/100mm)	≥600	≥700	≥600
最大负荷下伸长率(%)	≥10	≥10	≥10

（续）

指标		技术指标		
		GCL-NP	GCL-OF	GCL-AH
剥离强度 /（N/100mm）	非织造布与编织布	≥40	≥40	—
	PE 膜与非织造布	—	≥30	—
渗透系数/（m/s）		≤5.0×10⁻¹¹	≤5.0×10⁻¹²	≤1.0×10⁻¹²
耐静水压		0.4MPa,1h,无渗漏	0.6MPa,1h,无渗漏	0.6MPa,1h,无渗漏
滤失量/mL		≤18	≤18	≤18
膨润土耐久性/（mL/2g）		≥20	≥20	≥20

下面主要就 GCL 的胀缩性、防渗性、吸附有害物质的能力及耐久性做简要介绍。

1）胀缩性。GCL 内的膨润土在吸水时会强烈膨胀，失水时会显著收缩。膨胀时在膨胀力驱使下膨润土具有渗透到裂纹内部的能力，展现很强的自我修复能力，使其能持久发挥防渗作用。同时要注意，如果 GCL 在安装前或安装时遇到水，则会使膨润土发生水化反应而膨胀，可能导致土工织物脱落，从而使防渗系统的整体性受到破坏。

2）防渗性。由于 GCL 中的膨润土吸水膨胀，能够形成均匀密实的胶体系统，从而具有优良的防渗性能，同时部分膨润土颗粒在膨胀压力作用下可进入周围土体或混凝土的裂隙中，进一步保证了防渗系统的抗渗性能。研究表明，GCL 即使在拉伸、局部下陷与冻融循环等不利工况下湿水均可以保持极低的渗透系数。但是当液体中有含量较高的金属离子时，GCL 的防渗性能会降低。

3）吸附有害物质的能力。在渗透过程中，GCL 中的膨润土对溶液中的有机分子和阴、阳离子具有吸附能力，而且膨润土的水化液对 GCL 的吸附能力有一定影响。一般规律是，在渗透开始阶段，GCL 对离子和有机分子或物质的吸附能力比较强且随饱和状态增大而增大，但到饱和状态后其吸附能力开始下降，进而丧失。

4）耐久性。因为膨润土是天然无机物，时间的变化和周边物质的影响对其化学性质的影响很小，并且不易发生老化和腐蚀现象，因此可以永久保持其防水能力。

5.3　防渗设计与计算方法

5.3.1　防渗结构布置

土工合成材料防渗结构布置一般是根据工程总体布置的要求和工程区水文气象、地形地质等自然条件来研究确定。常用的防渗结构布置类型包括水平防渗、斜面防渗、垂直防渗和其他复杂形状的防渗布置。水平防渗的布置形式一般用在水库库底、人工湖、蓄水池和渠道的底部防渗；斜面防渗的布置形式一般用在土石坝、堆石坝和围堰上游面防渗、渠道内侧渠坡防渗、水库库岸防渗、堤防和路基坡面防渗；垂直防渗的布置形式常用在混凝土坝上游面防渗、土石坝和土石围堰心墙防渗、水库和堤防的地基垂直防渗等；其他复杂形状的防渗布置形式常用于各种断面的隧道、蓄水池防渗等。工程常用的土工合成材料防渗布置形式如图 5-2 所示。

103

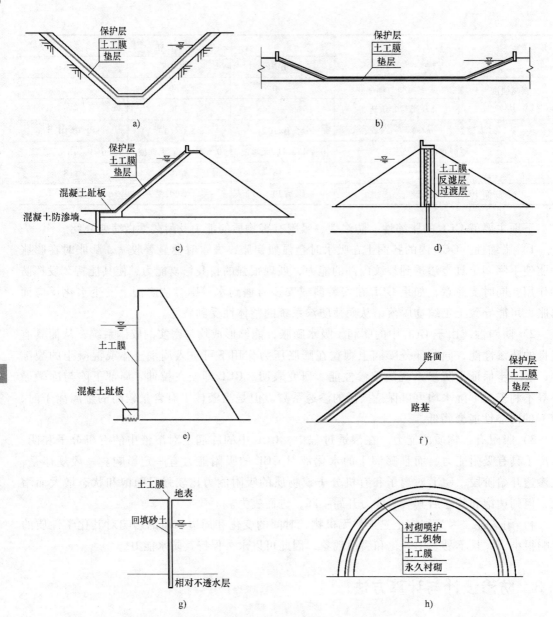

图 5-2 工程常用的土工合成材料防渗布置形式

a）渠道防渗衬砌　b）水库库盘防渗　c）堆石坝上游面防渗　d）土石坝心墙防渗

e）混凝土坝上游面防渗　f）路基防渗　g）地基垂直防渗布置　h）隧道防渗衬砌

5.3.2 防渗结构设计

1. 防渗结构的组成

土工合成材料防渗结构一般包括防渗层、支承层和保护层三部分。根据不同工程的防渗要求和使用条件，可采用单层防渗结构、多层防渗结构和组合防渗结构等不同的结构形式。

单层防渗结构是最常用的防渗结构形式，一般包括支持层、防渗膜或 GCL、保护层（图 5-3）。对于大多数水利水电工程防渗，蓄水量较大，且拦蓄的为无污染的清水，因而允许有一定的渗漏量，采用单层防渗结构即能满足要求。

在防渗等级较高的工程中，也常采用多层防渗结构，如不允许发生渗漏的废水池和蒸发塘防渗。多层防渗结构如图 5-4 所示，可采用两层或更多层土工膜或 GCL 作为防渗材料，防渗层之间应设置排水层，以减小作用于第二层防渗层上的水压力。必要时排水层可加设排水管、土工席垫、土工网等。排水层厚度选择应满足排水能力要求，并考虑排水层施工时机械设备不损伤下层防渗材料。绝大多数情况下，两层防渗已经足够，加设第三层防渗只是增加一个安全储备。

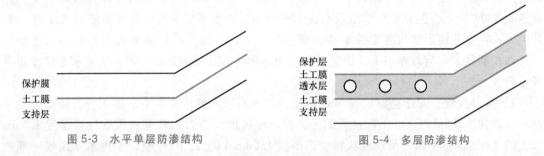

图 5-3 水平单层防渗结构   图 5-4 多层防渗结构

组合防渗结构如图 5-5 所示，是由一层土工膜和一层低渗透性材料（常用黏土）组合而成的防渗结构。比如，在堆石坝心墙防渗中，可用土工膜与含砾黏土组合作为防渗心墙，此时，土工膜与低渗透性材料之间不应设排水层。

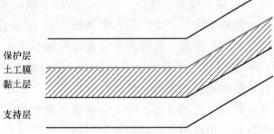

图 5-5 组合防渗结构

2. 防渗层

防渗层指防渗结构中阻止液体或气体运移和渗漏的土工膜或 GCL，是防渗结构中的主体。对于土工膜防渗层，其防渗材料类型和厚度选择是防渗设计中最为关键的环节。

（1）土工膜类型选择 目前我国防渗工程最常用的是 PE 膜和 PVC 膜，在具体选型设计中应根据工程的使用年限、工作环境、施工条件选择合适的土工膜类型。不同类型工程防渗土工膜类型选择可参考本章文献［5］《土工合成材料防渗排水防护设计施工指南》。

从防渗性能的角度考虑，各种土工膜差别并不大。但从物理力学性能考虑，对于坝高50m 以下的中低坝、围堰、水库和渠道等较低水头防渗工程，一般采用 1mm 以下的防渗膜，PE 膜和 PVC 膜都适用。但对于 50m 以上的中高坝，需要采用 1.5mm 甚至更厚的防渗膜，此时土工膜类型选择至关重要。据国际大坝委员会统计，全球共 171 座大型土石坝和 81 座混凝土坝采用土工膜防渗。这些大坝防渗采用土工膜类型分布见表 5-3 和表 5-4。由表可知，在国际上大坝防渗采用 PVC 土工膜的最多。

表 5-3 171 座土石坝防渗土工膜类型分布

防渗土工膜类型	PVC	LLDPE	沥青膜	HDPE	丁基橡胶等弹性膜	CSPE	PP
数量	83	27	20	15	11	7	6
所占百分比	48.5%	15.8%	11.7%	8.8%	6.4%	4.1%	3.5%

105

表 5-4　81座混凝土坝防渗土工膜类型分布

防渗土工膜类型	PVC	LLDPE	HDPE	CSPE	CPE-R	现场涂层
数量	73	3	1	2	1	1
所占百分比	90.1%	3.7%	1.2%	2.5%	1.2%	1.2%

对于 50m 以上的中高坝，国内、外工程设计中优选采用 PVC 膜，主要考虑以下因素：

1）弹性变形性能。PVC 膜的拉伸极限伸长率为 200%~300%，应力-应变曲线无明显的屈服点，其弹性变形阶段的伸长率（应变）可到 70%~80%；PE 膜的拉伸极限伸长率虽然可达到 500% 以上，但弹性变形阶段约在 15% 以内，拉伸屈服强度约为拉伸断裂强度的 2/3，其应力—应变曲线形状与理想弹塑性曲线相仿。由此可知，PVC 膜具有更好的弹性变形能力，在长期往复水荷载作用下，更能适应高土石坝体和地基的复杂变形，更有利于防渗膜自身运行安全。

2）柔软性能。对于防渗水头 50m 以上的高土石坝和其他高水头防渗工程，防渗膜的厚度一般均在 1.5mm 以上。不同材质的土工膜，厚度加大会影响其平面柔软性。厚度 1.5mm 以上的 PE 膜保持平面，呈现板状特性；厚度 1.5mm 以上的 PVC 膜，手握水平面膜一端的以外部分呈 90° 下垂状，呈现良好的柔软性。具有柔软性的土工膜在高土石坝防渗工程实施和运行中的优越性至少体现在以下两个方面：

① 施工期易于铺设、拼接、锚固。膜的柔软性给铺设施工带来方便，尤其在地形复杂处，膜的铺设呈三维状态，柔软的 PVC 膜操作方便，极易贴合复杂变化的地形；膜的幅间拼接、接长拼接、在锚固件上安装等都易于实施。

② 运行时不易产生附加变形。垫层难免存在局部曲率不大的凹凸不平状态，PVC 膜能自然贴在垫层的表面，该处在水库蓄水受水压后膜内基本不产生张拉变形，只产生随坝体整体位移而发生的变形；对于呈板状的较硬的膜，受水压后，该处除将发生随坝体位移产生的变形外，还将由于凹凸而发生附加的张拉变形。

3）抗老化性能。20 世纪 90 年代中期以前，我国大坝防渗采用的土工膜基本以 PVC 膜为主，国内能生产厚度 0.5mm 以上的 PE 土工膜后，PVC 土工膜由于其质量大（单价贵）、幅宽小，尤其是因塑化剂易于流失而老化，逐渐被 PE 膜所取代。近十余年来，PVC 膜由于其配方优化，具有适于高水头防渗且耐恶劣环境的优良性能，国际上已建造了多座 PVC 膜裸露防渗的高水头大坝，几年中，膜裸露防渗的服役周期也由 50 年增加到 100 年。所以，对设计者而言，防渗膜的选择又增添了相对于传统覆盖（保护）型膜的裸露型膜的选项。

4）抗损伤性能。在防渗膜储存、运输和施工过程中，难免会受到不同程度的损伤。复合膜一般比纯膜的抗损伤性能要高。所以，只要复合膜的质量有保证，应该优先选用复合膜。具体来说，对于厚度 1mm 以下的膜，可根据生产企业复合工艺的可靠性选用一布一膜或两布一膜型的复合土工膜；对于厚度 1mm 及以上的膜，就当前的复合工艺水平而言，应选择一布一膜型的复合土工膜。

（2）防渗膜厚度选择　根据 GB/T 50290—2014《土工合成材料应用技术规范》，在使用土工膜进行防渗的水利水电工程中，对于 3 级以上防渗工程，膜厚不应小于 0.5mm；对于一般工程，膜厚不应小于 0.3mm。仅从防渗的角度分析，由于土工膜的渗透系数极小，很薄的土工膜就能满足防渗要求。从水压力作用下的强度分析，采用 5.3.5 节的厚度校核方法计算所得到的土工膜厚度比规范规定的小很多,因此设计中需要人为放大安全系数。但应该放大多少倍并无科学的依据,仅采用理论分析计算土工膜的厚度是不合理的。

因此,土工膜厚度设计应参照已建实际工程的经验,以防渗水头为主要因素选择防渗膜厚度,然后采用 5.3.5 节的厚度计算和校核方法进行安全复合比较合适。不同类型防渗工程土工膜厚度选择可参考本章文献 [5]《土工合成材料防渗排水防护设计施工指南》。

3. 支持层

支持层,即防渗层的垫层,主要为防渗层提供一个坚实、平整、能排除渗水、自滤的支撑面,在巨大的水压力作用下不塌陷、不裂错,避免土工膜承受较大的顶胀变形而发生破坏或缩短生命周期。土工膜的垫层分为接触垫层和非接触两种,接触垫层对平整度要求高,其下为非接触垫层。防渗膜为复合膜时,通常要求防渗复合膜的无纺织物与接触垫层接触,无纺织物既可保护防渗膜,又可增大摩擦力而有利于抗滑稳定。当场地条件比较复杂时,则需要设置专门的支持层;或当场地表面存在树根、碎石等杂物时,土工膜存在被刺破的风险,则需要在土工膜与支持层之间设置必要的防护层,即接触垫层。膜下接触垫层和非接触垫层的设置与否,与工程类别、场地条件密切相关,需因地制宜选择。

在防渗水头较高的堆石坝上游面用土工膜防渗时,应在膜下铺设垫层和过渡层。垫层的形式一般有颗粒型和非颗粒型。对于高面板堆石坝而言,切不可采用黏性土作为垫层形成所谓组合式防渗结构(土工膜心墙堆石坝可采用这种组合防渗结构),因为大面积膜体难以避免一些细小缺陷存在,低透水性材料不利于膜下游侧排水,通过这些细小缺陷的渗水会积聚在膜与黏性土之间,当库中水位下降至积水部位以下时,将影响该部分膜体的稳定。因此,不管是颗粒型垫层还是非颗粒型垫层,均应为透水性垫层。若采用颗粒型垫层,宜用河床开采的细砾,垫层厚度不宜小于 30cm,一般表面需喷洒乳化沥青或水泥砂浆,以加强颗粒垫层表面的稳定性,利于防渗膜的铺设及膜与垫层之间的平整接触。此外,颗粒型垫层应该是自滤的,能抵御渗透变形。非颗粒型垫层可在颗粒垫层上增设,总厚度可为 40~60cm。非颗粒型垫层可为透水混凝土,厚度 10cm 以上。直接采用坝坡填筑设施挤压边墙作为防渗膜垫层,具有较高的技术经济性价比,要求其渗透系数大于 1×10^{-3} m/s。非颗粒型垫层比颗粒型更适于防渗膜的铺设、拼接。

对于渠道和蓄水池等中小型工程,在天然地基和级配良好的透水地基上,只要做好排水措施消除地下水的影响,清除树根等杂物,经整平压实,土工膜可直接铺在其上,不需要设置专门的支持层或防护垫层。对于一般的土基,宜设置透水材料作为膜下防护垫层,如膜下铺设土工织物,不仅可以保护土工膜不受垫层内尖锐颗粒刺破,还可以排除膜下积水。

4. 保护层

在施工及运行过程中防渗层可能会遭受外界作用,如施工时的机械设备破坏和人畜破坏、波浪冲淘、冰冻、风力和紫外线的照射等。膜上防护层是保护土工膜不受自然因素和人为因素等外界因素破坏的部件,是防渗结构体系的有机组成部分。防护层的结构和使用的材料应根据工程的重要性、工程规模、类别和使用条件等因素综合判定。

一般中小水利水电工程的防护层,常用素土、砂砾石、预制或现浇的素混凝土板和干砌石等。素土层的厚度一般采用 30~50cm,混凝土板的厚度 10cm 以上。

对于大型重要工程的防渗层,需要在土工膜上设置防护层。防护层可分为护面层和垫层(上垫层)。防护层一般设置于复合膜的无纺织物上面,有现浇混凝土板、预制混凝土板

（块）、连锁混凝土块等形式，已建工程有采用砌石形式的。众多工程实践表明：现浇混凝土板防护层具有机械化施工、不易损伤防渗膜、抗风浪稳定性强等优点，可优先选择；预制混凝土块防护层可半机械、半人工施工，但预制块在搬运时易因掉落而砸伤防渗膜，在放置时较易因某一边角先着地而损伤防渗膜；砌石防护层一般需先铺设厚 15~20cm 的颗粒垫层再整平坡面，工序较复杂。

若保护层是不透水的，则应设置排水孔以释放护面后面可能存在的积水。而防护层与土工膜之间的垫层常采用透水的无棱角的砂或砂砾料作为垫层，设置垫层除了可保护土工膜不受其上防护层中有棱角材料的破坏之外，还可以起到排水作用，消除防护层与土工膜之间的孔隙水压力，提高防护层材料沿膜面的抗滑稳定性。

对于采用土工膜上游面防渗的高堆石坝，趋于省略颗粒防护层，直接采用混凝土板或混凝土块，既作为坝面护坡又作为防渗膜的防护层，厚度宜在 20cm 以上。

随着 PVC 膜抗老化性能的大幅度增强，越来越多的大坝采用裸露 PVC 膜防渗形式，尤其在高碾压混凝土中。如 2002 年建成的哥伦比亚高 188m 的 Miel 1 碾压混凝土重力坝和 2003 年建成的美国高 97m 的 Olivenhain 碾压混凝土重力坝。在我国龙滩坝建成以前，Miel 1 坝是世界上最高的碾压混凝土重力坝，该坝在直立上游坝面上先安装聚合物复合排水，再安装 PVC 膜，防渗膜不设保护层，完全裸露。与此不同，堆石坝面 PVC 膜上设置防护层并没有碾压混凝土坝直立上游面设置膜保护层的施工那样麻烦。所以，据 2010 年国际大坝委员会统计，土石坝上游面土工膜防渗中仍有 70% 设置防护层，以有效防止风浪、漂浮杂物、冰、温变、紫外线辐射及人为因素等对防渗膜产生的损伤。

5.3.3　锚固结构设计

1. 土工膜锚固

防渗层的四周要与不透水地基或岸坡进行锚固连接，从而形成完整密封的防渗系统。一般土工膜的锚固分为埋入式锚固和机械式锚固两类。

（1）埋入式锚固　埋入式锚固需要先在地基和岸坡上开挖锚固槽。如果地基是透水层，应把它挖出并直达基岩或不透水层，然后浇筑混凝土底座，将土工膜锚固在混凝土内。锚固槽混凝土底座的底宽设置应满足抗渗稳定，即混凝土底座与基岩间实际作用的水力梯度（实际作用水头除以底座宽度）不超过允许水力梯度。锚固槽底部允许水力梯度，对一般新鲜、微风化岩石取 20 以上，弱风化岩石取 10~20，强风化岩石取 5~10，全风化岩石取 3~5。锚固施工完成后需要进行固结灌浆，以填塞岩体中的裂隙和接触面缝隙。

如果将土工膜锚固在不透水的黏性土层中，开挖锚固槽的深度可为 2m 左右，宽度 4m 左右。回填黏土时将土工膜锚固在黏土内，填土必须密实并与锚固槽的边坡和底部严密结合。

常用典型埋入式锚固结构如图 5-6~图 5-8 所示。

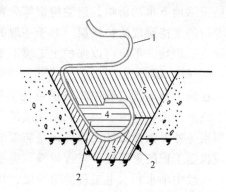

图 5-6　土工膜与基岩连接锚固槽结构形式
1—土工膜　2—钢筋　3、4、5—分期浇筑混凝土

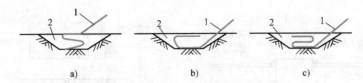

图 5-7　土工膜与黏土地基连接锚固槽结构形式

1—土工膜　2—回填黏土

图 5-8　土工膜与坡（堤坝）顶部连接锚固槽结构形式

1—土工膜　2—坡顶

（2）机械式锚固　机械式锚固如图 5-9 所示，通过由不锈型钢、螺栓及螺母、弹性垫片、密封胶等组成的锚固构件将土工膜锚固在混凝土锚固基座（混凝土趾板、混凝土防渗墙、混凝土防浪墙）上。混凝土基座的底宽设置应满足抗渗稳定，趾板的防渗膜锚着部位，宽约 20cm，应磨平表面。锚固构件材料和尺寸的设计应以被锚固材料拉伸破坏时锚固组件仍能正常工作（防渗膜仍能工作时不因锚固组件破坏而整体失稳）为设计准则。

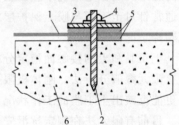

2. GCL 锚固与连接

立面及坡面上铺设 GCL 时，为避免其滑动，可用销钉加垫片将其固定，除了在 GCL 重叠部分和边缘部位用钢钉固定外，整幅 GCL 中间也需视平整度加钉，务求 GCL 稳定地安装在墙面和地面，必要时用膨润土膏抹浆贴合在墙体上。钉孔部位可视需要处理。GCL 在坡顶或地基处的锚固也可参考土工膜埋入式锚固槽结构形式（图 5-6~图 5-8）。

图 5-9　土工膜机械式锚固结构

1—土工膜　2—螺杆　3—镇压型钢
4—螺母　5—橡胶垫片　6—混凝土

工程常用的 GCL 与管道、墙体等结构物的连接锚固结构如图 5-10 所示。

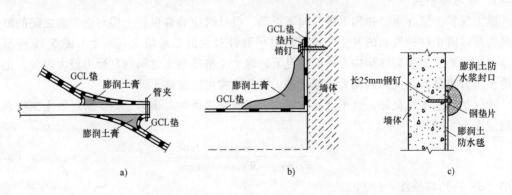

图 5-10　GCL 与结构物连接锚固结构

a）GCL 与管道搭接　b）GCL 与结构物连接　c）GCL 在收头处的锚固

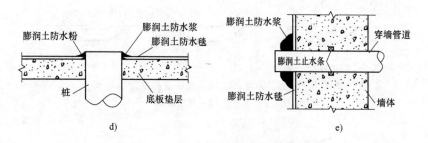

图 5-10　GCL 与结构物连接锚固结构（续）

d）GCL 与桩头连接　e）GCL 与穿墙管道连接

5.3.4　防渗结构稳定性分析方法

铺放在斜坡上的土工膜与坝体之间的摩擦系数一般小于坝体的内摩擦系数，因此需要计算土工膜与其上面的保护层和下面的支持层之间的抗滑稳定性。如果支持层是透水的，那么土工膜与支持层之间不会有水的滞留，并由于防渗膜承受上游水压，使膜与其后的支持层之间产生较大的抗滑阻力，再加上膜与坝体的连接固定等因素，因而一般情况下土工膜与膜后支持层之间的稳定性优于土工膜与膜上保护层之间的稳定性。为此，土工膜防渗层稳定性验算通常针对土工膜与膜上保护层之间的抗滑稳定性问题。一般情况下校核的最危险工况是水位骤降工况。

土工膜和土的接触面稳定分析的方法有两大类，一类是传统的刚体极限平衡法，另一类是有限元数值分析法。刚体极限平衡法简单实用，有丰富的工程实践基础。有限元法在理论上更能反映出土工膜的工作状况及膜对坝体应力和变形的影响，对重要工程可采用此方法验算。目前有限元法在制定抗滑安全系数标准等方面尚不成熟；其次，由于膜厚度较薄，难以模拟；再者，实际工作条件下尤其是荷载长期作用下土工膜的应力应变关系也需进一步研究。因此，目前有限元法应用经验不足，只能作为刚体极限平衡法的补充。下面将介绍刚体极限平衡法在土工膜和保护层之间的抗滑稳定性分析中的应用，其中保护层存在透水与不透水、等厚与不等厚之分，应区别对待。

1. 等厚保护层

膜上保护土层在重力作用下极易向下滑动，设计时应验算保护土层与土工膜之间的摩阻力是否足以阻止这种滑动的发生，或者通过采取针对性措施来阻止其发生。图 5-11 所示为等厚保护层的土工膜防渗结构。一般情况下，除土工格栅与土之间的黏聚力较大以外，土与其他土工合成材料之间的黏聚力一般较小，因此常常可以忽略不计。

若保护层透水性良好，且不计保护层与土工膜交界面的黏聚力，则保护层沿土工膜表面的稳定安全系数为

$$F_s = \frac{N\tan\delta}{W\sin\alpha} = \frac{W\cos\alpha\tan\delta}{W\sin\alpha} = \frac{\tan\delta}{\tan\alpha} \tag{5-1}$$

式中　α——边坡坡度，（°）；

δ——土工膜与保护层之间的内摩擦角，（°）。

若保护层透水性不良，且不计保护层与土工膜交界面的黏聚力，则保护层沿土工膜表面

的稳定安全系数可按沿坡渗流情况计算，即

$$F_\text{s} = \frac{\gamma'}{\gamma_\text{sat}} \frac{\tan\delta}{\tan\alpha} \qquad (5\text{-}2)$$

式中　γ'、γ_sat——保护层的浮重度和
饱和重度，kN/m^3。

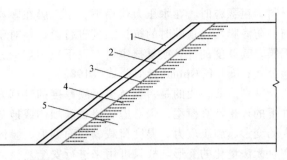

图 5-11　等厚保护层土工膜防渗结构

1—防护层　2—上垫层　3—土工膜　4—下垫层　5—堤坝体

2. 不等厚保护层

由于保护土层与土工膜（特别是光面土工膜）之间的内摩擦角 δ 较小，故等厚度保护层的稳定性较差。为提高其稳定性，实践中也会采用不等厚的保护土层，这种情况下坡上土工膜防渗结构及保护层单元体受力情况如图 5-12 所示。采用滑楔法进行分析，将保护土层分为坡上的主动区（active zone）ABCD 和坡脚的被动区（passive zone）CDE，再根据静力平衡，将下滑力与阻滑力分解成水平分力，进而计算安全系数。若保护层透水性良好，则安全系数 F_s 为

$$F_\text{s} = \frac{W_1\cos^2\alpha\tan\varphi_1 + W_2\tan(\beta+\varphi_2) + c_1 l_1\cos\alpha + c_2 l_2\cos\beta}{W_1\sin\alpha\cos\alpha} \qquad (5\text{-}3)$$

式中　W_1、W_2——主动区 ABCD 和被动区 CDE 的单宽重力，kN/m；

　　　c_1、φ_1——沿 BC 面上垫层土料与土工膜之间的黏聚力，kN/m^2 内摩擦角，$(°)$；

　　　c_2、φ_2——保护层土料的黏聚力，kN/m^2，内摩擦角，$(°)$；

　　　α、β——坡角；

　　　l_1、l_2——BC 和 CE 的长度，m。

若保护层为透水性材料，则取 $c_1 = c_2 = 0$。

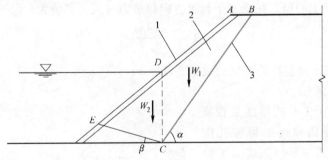

图 5-12　不等厚保护层土工膜防渗结构

1—防护层　2—上垫层　3—土工膜

若保护层透水性不良，只需将式（5-3）中分子上的 W 按单宽浮重度计算，分母上的 W 按单宽饱和重度计算，即可得到相应的安全系数 F_s。当降后水位达到图 5-12 所示 D 点时，为最危险工况。

5.3.5　防渗膜厚度的安全复核方法

土工膜的厚度主要由防渗和强度两个因素决定。对于一般水利水电工程而言，由于土工膜渗透系数很小，渗漏量的大小往往不是关键，因而决定膜厚的主要是后者。当土工膜支撑

材料为粗颗粒时，在水压力作用下，土工膜在颗粒孔隙中易被顶破或被尖锐的棱角穿刺。目前，防渗膜均以顶破时的抗拉强度进行设计。对于铺在颗粒地层或缝隙上受水压力荷载的土工膜，其厚度的计算或复核主要有以下三种理论方法：①顾淦臣薄膜理论公式；②苏联的经验公式；③J. P. Giroud 近似公式（1982）。

特别需要说明的是，本节土工膜厚度的计算方法只是针对水压力作用下某种特定垫层条件下的理想计算模型，未考虑防渗膜随坝体或地基位移产生的整体变形、垫层局部不平整产生的变形、施工应力、温度荷载、膜面划痕、膜体细微缺陷、复合膜内膜褶皱等系列实际存在且无法量化的变形。故只可用来进行安全复核，而设计厚度的确定宜采用 5.3.2 节的方法选择。对于重要的高水头防渗工程，还需要开展能够模拟实际荷载和变形条件的仿真模型试验，对土工膜厚度进行安全复核。

1. 薄膜理论公式

1）对于张在正方形边界上的膜，拉力的计算公式为

$$T = \frac{0.122pa}{\sqrt{\varepsilon}} \qquad (5\text{-}4)$$

式中　　T——单位宽度膜的拉力，kN/m；

　　　　p——膜上作用的水压力，kPa；

　　　　a——正方形膜的边长，m；

　　　　ε——膜的拉应变（%）。

2）对于张在圆形边界上的膜，在直径方向的拉应力，其值为

$$T = \frac{0.11pa}{\sqrt{\varepsilon}} \qquad (5\text{-}5)$$

式中　　a——圆的直径，m；

　　　　其他符号同上。

3）对于长条缝上的膜，在垂直于长条方向拉应力最大，其值为

$$T = \frac{0.204pb}{\sqrt{\varepsilon}} \qquad (5\text{-}6)$$

式中　　b——预计膜下地基可能产生的裂缝宽度，m；

　　　　其他符号同上。

为了复核所选土工膜的厚度是否满足要求，可根据荷载和接触颗粒孔隙（缝）等因素，由式（5-4）、式（5-5）或式（5-6）绘制 $T\text{-}\varepsilon$ 关系曲线，并在同一坐标系中绘出所选土工膜由试验（应该采用土工膜液胀试验，而非相关检测规程中的宽条或窄条拉伸试验）得到的应力-应变关系曲线。如图 5-13 所示，当裂缝宽度分别采用 b_1 和 b_2 两种工况时，由式（5-6）得到的曲线与土工膜试验曲线的交点 p_1、p_2 分别对应拉应变 ε_1、ε_2 和拉应力 T_1、T_2。容易理解，交

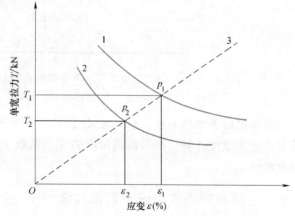

图 5-13　土工膜应力-应变关系

1—b_1 曲线　2—b_2 曲线　3—所选土工膜的试验曲线

点对应的拉应变和拉应力既符合所选土工膜的应力-应变关系，也符合该材料在此条件下发生变形的实际情况。

如果所选土工膜的极限抗拉强度为 T_f，对应的应变为 ε_f，则应力安全系数 K_T 和应变安全系数 K_ε 分别为

$$K_T = \frac{T_f}{T} \tag{5-7}$$

$$K_\varepsilon = \frac{\varepsilon_f}{\varepsilon} \tag{5-8}$$

式中　T、ε——图 5-13 中曲线交点对应的拉应力和拉应变。

2. 苏联经验公式

1987 年，苏联出版的《土坝设计》介绍了聚合物膜厚度的计算公式

$$t = \frac{0.135 E^{0.5} pd}{[\sigma]^{1.5}} \tag{5-9}$$

式中　$[\sigma]$——薄膜的允许拉应力，MPa；

　　　E——设计温度下薄膜的弹性模量，MPa，取 120MPa；

　　　p——薄膜承受的水压力，MPa；

　　　d——与膜接触的土、砂、卵石层的最粗粒组的最小粒径，mm；

　　　t——薄膜厚度，mm。

当用式（5-9）计算出来的膜较厚时，即当 $t > d/3$ 时，则改用下式计算

$$t = \frac{0.586 p^{0.5} d}{[\sigma]^{0.5}} \tag{5-10}$$

式中符号及意义与式（5-9）相同。如果式（5-10）算得的膜厚 $t < d/3$，则取 $t = d/3$。

苏联的经验公式不能直接用于复合土工膜及窄长缝上膜厚度的计算。

苏联水工科学研究院提出的聚乙烯薄膜的允许拉应力和弹性模量参考值见表 5-5。

表 5-5　聚乙烯薄膜的允许拉应力和弹性模量参考值

温度/℃	30	25	20	15	10	5	0	-5	-10	-15
允许拉应力 $[\sigma]$/MPa	2.16	2.26	2.45	2.65	2.75	2.94	3.04	3.24	3.43	3.63
弹性模量 E/MPa	38.1	41.2	45.7	50.3	56.3	65.9	79.1	96.1	117.7	140.3
温度/℃	-20	-25	-30	-35	-40	-45	-50	-55	-60	
允许拉应力 $[\sigma]$/MPa	3.92	4.12	4.32	4.71	5.10	5.30	5.49	5.98	6.57	
弹性模量 E/MPa	167.8	204.0	237.4	292.3	335.5	386.5	438.5	486.6	507.2	

3. Giroud 公式

Giroud 研究了均布荷载作用下铺在窄长缝上膜的计算公式，其基本假设是膜受力后的变形为圆弧。如图 5-14 所示，圆弧曲率半径为 r，最大挠度为 h，缝槽宽度为 b，右半段圆弧的圆心角为 θ，圆弧微段 ds 的圆心角为 $d\alpha$，与 Oy 的夹角为 α，则 ds 段水压力的竖向分量 $dp_v = pds\cos\alpha = prd\alpha\cos\alpha$。右半段圆弧上水压力的竖向分量为

$$p_v = \int_0^\theta pr\cos\alpha d\alpha = pr\sin\theta \tag{5-11}$$

113

p_v 与拉力 T 的竖向分量 $T\sin\theta$ 平衡，得

$$T = pr \tag{5-12}$$

其中，r 由几何关系得到

$$r = \frac{b}{4}\left(\frac{2h}{b} + \frac{b}{2h}\right) \tag{5-13}$$

膜的相对延伸率 ε 为

$$\varepsilon = \frac{\left(r\theta - \dfrac{b}{2}\right)}{\dfrac{b}{2}} = \frac{2r\theta}{b} - 1 \tag{5-14}$$

其中，r 由式（5-13）计算得到，θ 由几何关系得到

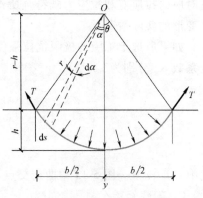

图 5-14　土工膜圆弧受力

$$\theta = \arcsin\frac{b}{2r} \tag{5-15}$$

由式（5-12）和式（5-14）即可绘制出 $T\text{-}\varepsilon$ 关系曲线，再在同一坐标系中绘出所选土工膜由液胀试验得到的应力—应变关系曲线，即可采用与薄膜理论公式中所述方法复核所选土工膜的厚度。Giroud 公式适合计算置于长条缝上的土工膜。

5.3.6　防渗层渗漏量估算方法

土工膜防渗工程的渗漏存在两种机制：一是通过完整无损土工膜的扩散渗透，二是经过土工膜缺陷的渗漏。对于一般水利水电工程，因允许一定的渗漏量，故认为完整的土工膜是不透水的，其扩散渗透可以不予考虑。

1. 完好土工膜的渗透量

完好土工膜的渗透量可按下式计算

$$Q_g = k_g i A = k_g \frac{H_w}{T_g} A \tag{5-16}$$

式中　Q_g——土工膜的渗透量，$\mathrm{m^3/s}$；

　　　k_g——土工膜的渗透系数，$\mathrm{m/s}$；

　　　i——水力梯度；

　　　H_w——土工膜上的水头，m；

　　　A——土工膜的渗透面积，$\mathrm{m^2}$；

　　　T_g——土工膜的厚度，m。

2. 缺陷土工膜的渗漏量

土工膜上因各种原因出现的缺陷包括小的针孔和较大的孔洞。针孔是指直径明显小于膜厚的小孔，孔洞则指直径约等于或大于土工膜厚度的孔。早期的产品有大量针孔，但是随着制造工艺的提高和聚合物合成技术的改进，现在产品的针孔已较少。孔洞主要在施工中产生，包括：①接缝焊黏结不实，成为具有一定长度的窄缝；②施工搬运过程的损坏；③施工工具和机械的刺破；④基础不均匀沉降使土工膜撕裂；⑤水压将土工膜击穿。合理设计可避免后两项缺陷，合理施工可减少前三项缺陷。

通过土工膜缺陷的渗漏量除受孔直径大小影响，还与膜下垫层（支持层）的性质有关。

（1）针孔的渗漏量　针孔直径甚小，渗漏量不大，一般可略而不计。如果要估算通过针孔的渗漏量，可采用下列泊谡叶公式（Poiseuille）

$$Q = \frac{\pi \rho g H_{\mathrm{w}} d^4}{128 \eta T_{\mathrm{g}}} \tag{5-17}$$

式中　Q——经过单个针孔的流量，$\mathrm{m^3/s}$；

H_{w}——土工膜上下水头差，m；

T_{g}——土工膜的厚度，m；

d——针孔直径，m；

ρ——液体的密度，$\mathrm{kg/m^3}$；

η——液体的动力黏滞系数，$\mathrm{kg/(m \cdot s)}$；

g——重力加速度，$\mathrm{m/s^2}$。

（2）孔洞的渗漏量　孔洞的渗漏量与膜两侧土层的透水性以及两者之间的贴合程度有关。当土工膜上下均为渗透性好（渗透系数 $k_{\mathrm{s}} > 10^{-3}\mathrm{m/s}$）的土层时，通过孔洞的渗漏量可近似按孔口自由出流计算

$$Q = \mu A \sqrt{2g H_{\mathrm{w}}} \tag{5-18}$$

式中　Q——经过单个孔洞的流量，$\mathrm{m^3/s}$；

A——孔洞的面积，$\mathrm{m^2}$；

μ——流量系数，一般取 $0.60 \sim 0.70$；

其他符号同上。

当土工膜下垫层为低透水性土层时，两者形成组合防渗系统，此时从孔洞渗漏的水流先在膜与垫层之间的接触空间内侧向运动一定距离，然后才慢慢渗入低透水性土层。因此，如果土工膜与下侧低透水性的土层贴合良好，即使膜上存在孔洞，也能极大地限制土工膜的渗漏；相反，若贴合不好，土工膜与垫层之间存在空隙或垫层未压实，如膜起皱不平，则孔洞的渗漏将不受限制。因此，孔洞渗漏量的大小又与土工膜和垫层之间的接触质量有关。计算方法主要有解析法和 Giroud 近似法两种，下面将简要介绍 Giroud 近似法。

1）一般情况。Giroud 通过理论分析和近似处理，导出了适合于防渗土层 $i_{\mathrm{s}} > 1.0$ 一般情况下的组合防渗系统缺陷渗漏量计算的经验公式。其中，i_{s} 定义如下

$$i_{\mathrm{s}} = \frac{H_{\mathrm{w}} + H_{\mathrm{s}}}{H_{\mathrm{s}}} \tag{5-19}$$

若膜与垫层接触良好，则

$$Q = 0.21 i_{\mathrm{avg}} A^{0.1} H_{\mathrm{w}}^{0.9} k_{\mathrm{s}}^{0.74} \tag{5-20}$$

$$R = 0.26 A^{0.05} H_{\mathrm{w}}^{0.45} k_{\mathrm{s}}^{-0.13} \tag{5-21}$$

若膜与垫层接触不良，则

$$Q = 1.15 i_{\mathrm{avg}} A^{0.1} H_{\mathrm{w}}^{0.9} k_{\mathrm{s}}^{0.74} \tag{5-22}$$

$$R = 0.61 A^{0.05} H_{\mathrm{w}}^{0.45} k_{\mathrm{s}}^{-0.13} \tag{5-23}$$

对于圆形孔洞

$$i_{avg} = 1 + \frac{H_w}{2H_s \ln(R/r)} \qquad (5\text{-}24)$$

式中　H_s——土工膜下面低透水性土层的厚度，m；

　　　i_{avg}——平均水力坡降；

　　　k_s——土工膜下面土层的渗透系数，m/s；

　　　R——土工膜下面土内渗透区域的半径，m；

　　　r——孔洞的半径，m；

其他符号同上。

2）当 $H_w \ll H_s$ 时，$i_s \approx 1.0$，则

膜与垫层接触良好时

$$Q = 0.21 A^{0.1} H_w^{0.9} k_s^{0.74} \qquad (5\text{-}25)$$

膜与垫层接触不良时

$$Q = 1.15 A^{0.1} H_w^{0.9} k_s^{0.74} \qquad (5\text{-}26)$$

上述土工膜缺陷渗漏量的估算，都是针对单个针孔和单个孔洞，而且需要对针孔和孔洞的直径或面积有一个基本估计。当进行实际土工膜防渗工程的渗漏量估算时，还需要了解膜上缺陷的数量。关于土工膜上缺陷出现的频率和尺寸，按照美国垦务局的实践经验，在保证严格施工的前提下，大约每 $4000m^2$ 的土工膜有一处缺陷，其尺寸约为 $10mm^2$ 或更小。另据美国环保署（EPA）的建议，一般情况下缺陷尺寸取 $10mm^2$，而在最不利的情况下可取 $100mm^2$。

3. 膜后排渗能力核算

土工膜防渗系统还应进行膜后排渗能力核算。核算针对膜下排水层材料导水能力进行。排水层材料导水率 θ_a 应满足下式要求

$$\theta_a \geqslant F_s \theta_r \qquad (5\text{-}27)$$

其中，θ_a 和 θ_r 分别按以下两式计算

$$\theta_a = k_h \delta \qquad (5\text{-}28)$$

$$\theta_r = \frac{q}{i} \qquad (5\text{-}29)$$

式中　θ_a——排水层导水率，m^2/s；

　　　θ_r——排水所需导水率，m^2/s；

　　　δ——排水层厚度，m；

　　　k_h——排水层平面渗透系数，m/s；

　　　q——单宽流量，$m^3/(s \cdot m)$；

　　　i——排水层两端的水力梯度；

　　　F_s——排渗安全系数，一般可取 3~5，1、2 级防渗结构取 5。

5.4　工程应用案例

5.4.1　堤坝防渗

西霞院土石坝工程位于黄河小浪底水利枢纽工程下游 16km 的黄河干流上，为小浪底工

程的反调节水库和配套工程，为大（2）型工程。挡水建筑物由土石坝段、泄水闸段和发电厂房坝段组成，典型横断面如图 5-15 所示。土石坝段长 2609m，高 20.2m，上游坝坡为 1∶2.75，下游坝坡为 1∶2.25。该工程地处河南洛阳市，若采用黏土心墙土石坝方案，需征用周围大量耕地，不仅造价高，而且对生态环境造成破坏。由于规范规定"3 级低坝经过论证可采用土工膜防渗体坝"，所以经过数次工程论证决定采用面膜防渗形式。

经过比选分别采用（400g/m²）/0.8mm/（400g/m²）和（400g/m²）/0.6mm/（400g/m²）两种 PE 复合膜。复合膜垫层为砂砾石，复合膜铺设后即用黑色防晒布遮盖。

为保证工程质量，业主除派驻复合膜监造外，还与供货厂商一起改进弯曲坝段复合膜的制造工艺；在施工阶段，通过大量试验得出 PE 膜焊接温度与环境温度的关系曲线。此外，对土工膜与底部混凝土防渗墙、土工膜与河床侧混凝土导墙的锚固及铺设方式进行完善，通过渗透试验证明锚固方法有效可靠。复合膜的 PE 膜现场焊接施工如图 5-16 所示，复合膜的针刺织物现场缝接如图 5-17 所示。12.8 万 m² 的土工膜施工从 2006 年 3 月开始，2007 年 12 月完成。

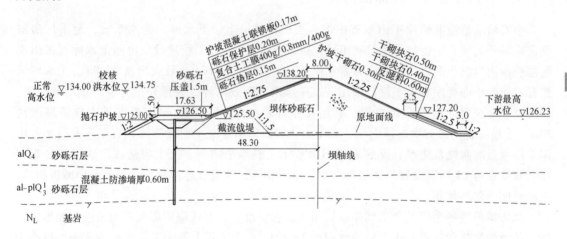

图 5-15　河床段大坝横断面图

图 5-16　复合膜的 PE 膜现场焊接施工

图 5-17　复合膜的针刺织物现场缝接施工

蓄水运行 1 年后，降低水位对复合膜进行检查，结果显示土工膜运行可靠（图 5-18）。

图 5-18　黄河西霞院水利枢纽大坝

5.4.2　蓄能电站上水库库底防渗

　　泰安抽水蓄能电站位于山东省中部，工程枢纽由上、下水库，输水系统，地下厂房洞群，地面开关站及中控楼等建筑物组成，按一等大（1）型工程建设。电站上水库在泰山西麓樱桃园沟口筑坝形成，水库正常蓄水位 410m，死水位 386m，最大坝高 99.8m。上水库天然有效库容小而死库容大，设计采用开挖库岸增加有效库容，大量开挖弃渣环境问题突出。经研究，开挖料除用于直接填坝，利用死库容堆存弃渣 181 万 m^3，坝前最大堆渣厚度约 50m。采用综合防渗方案，即大坝、右岸山体坡面采用混凝土面板防渗；右岸库盆后半段山体采用垂直灌浆帷幕防渗；库底采用 HDPE 土工膜水平防渗。土工膜防渗区通过库底观测和灌浆廊道与 F1 断层设置的锁边垂直防渗帷幕相接，并通过连接板与大坝和右岸面板相接，形成封闭的防渗体系。

　　该方案的选择主要是考虑到库底采用土工膜防渗，具有适应库底大范围填渣区变形能力强，防渗效果好的特点。土工膜防渗面积 16 万 m^2，土工膜上最大工作水头约 37m，最小工作水头约 11.8m，日最大工作水头变幅 24m。

　　土工膜组合防渗形式：库底土工膜防渗结构采用膜布分离方式，即防渗膜采用压延法生产的 1.5mm 厚 HDPE 膜，HDPE 膜上下各铺一层 500g/m^2 聚酯（涤纶）短丝针刺无纺土工布。土工膜下卧支持层自下而上包括：下支持过渡层、下支持垫层、土工席垫（图 5-19）。

　　下支持过渡层：厚度 120cm，最大粒径 15cm，铺层厚度 40cm，碾压后干密度不小于 21.1kN/m^3，孔隙率 ≤20%，渗透系数要求满足 $8×10^{-3} ~ 2×10^{-1}$cm/s，实际填筑检测结果为 $(4~2)×10^{-2}$cm/s。为加强膜下排水能力，在下支持过渡层设 30m×30m 土工排水管网，排水盲管内径 ϕ90mm，外包 100g/m^2 土工布，排水管网与库底排水廊道排水孔连接。

　　下支持垫层：厚度 65cm，渗透系数为 $5×10^{-4} ~ 5×10^{-2}$cm/s。45cm 厚下层 $d_{max} <$ 4cm，采用砂、0~2cm、2~4cm 碎石掺配而成，<5mm 颗粒含量宜为 35%~55%，小于 0.1mm 粒经含量 <8%，干密度 ≥21.5kN/m^3，孔隙率 <18%。20cm 厚上层 $d_{max} <$2cm，干密度 ≥18.4kN/m^3，孔隙率 <30%。

　　土工席垫：鉴于在大面积垫层铺筑施工过程中，难免存在超径石、尖锐物体和杂物等，为尽可能避免这些因素对 HDPE 膜刺破损坏，在垫层顶面设厚 6mm 土工席垫保护，席垫孔隙率不大于 80%、抗压强度不小于 150kPa。

上保护层：防渗 HDPE 膜运行于 11.8m 深死水位下，膜上铺设 500g/m² 聚酯（涤纶）短丝针刺无纺土工布加强施工期和运行期保护，土工布上采用 30kg/只、摆放间距 1.4m×1.4m 的土工布沙袋压重。

a)　　　　　　　　　　　b)　　　　　　　　　　　c)

图 5-19　上层土工布缝接、覆压

a）保护层土工布铺设　b）土工沙袋压重　c）完工后面貌

目前，整个库盆部分（包括库周面板和库底土工膜）渗透量为 20~30l/s，在设计允许的范围内。该方案经济性好，仅综合防渗方案的应用就节省工程投资 0.5 亿~1.5 亿元，是我国大型水电工程首次采用土工膜作为永久工程防渗方案。

5.4.3　渠道防渗案例

南水北调中线工程的鲁山南 1 段工程位于河南省平顶山市鲁山县境内，渠线全长 13.451km，设计流量 320m³/s，加大流量 380m³/s。

渠道采用现浇混凝土衬砌下铺复合土工膜防渗的形式，渠底衬砌混凝土厚 8cm，边坡衬砌混凝土厚 10cm；防渗膜规格为大于 576g/m²（150g/m²-0.3mm-150g/m²）两布一膜复合土工膜，布为宽幅（幅宽大于 5m）聚酯长丝针刺非织造土工布。复合土工膜应采用全新原料，不得添加再生料，聚乙烯膜应为无色透明、无毒性、对水质无污染。复合土工膜膜间连接采用双缝焊接方式，搭接宽度不小于 10cm。

工程区地下水位较高，在渠道土工膜下设 20cm 的级配砂砾料垫层，起排水和反滤作用，汇集地下水或渗水，通过逆止阀排出。

渠道土工膜防护采用现浇混凝土衬砌板，现浇混凝土衬砌板还有减糙作用。混凝土衬砌板采用混凝土衬砌机浇筑，直接浇筑在复合土工膜上。混凝土衬砌板渠坡厚 0.10m，渠底厚 0.08m。衬砌板 4m 左右设伸缩缝，缝宽 1cm，伸缩缝表层填塞 2cm 厚聚硫密封胶，伸缩缝下部采用聚乙烯泡沫塑料板嵌缝。

土工膜锚固包含渠道坡顶及坡脚的锚固。渠道线路一般较长，不可避免地穿越现有公路、河流等，为保持公路畅通及不阻断河道，需在渠道上修建交叉建筑物。交叉建筑物形式为跨渠桥梁、倒虹吸或渡槽。大型渠道顶部开口宽度较宽，跨渠桥及渡槽跨度大，墩柱位于渠道过水断面范围内。渠道防渗土工膜需与墩柱、倒虹吸等建筑物密封连接。

（1）渠道坡顶及坡脚的锚固　土工膜在渠道坡顶锚固在黏土槽中，坡底锚固在衬砌板坡脚趾墙下。

（2）与周围建筑物的连接　与渠道倒虹吸进出口连接采用锚接的方式。跨渠桥根据不同的岩层、跨度和荷载等级，桥墩可采用圆形和方形柱。对于小直径圆形柱，可采用钢箍将土工膜固定在桥墩柱上。土工膜与其他形式的桥墩柱采用锚栓连接，并在桥墩周围填筑黏性土，加强防渗（图5-20）。混凝土衬砌板与桥墩之间的缝隙表面采用聚硫密封胶填塞。

（3）与逆止阀的连接 渠道衬砌板较薄，为防止渠道衬砌板在渠道水位下降时由于地下水位的顶托而被浮起，在渠道两侧坡脚底部和渠底中心线设置逆止阀，以排除土工膜下的积水。逆止阀与土工膜接触部位设了一个圆盘作为黏结垫，采用KS胶将土工膜与逆止阀连接，逆止阀端部的橡胶止水环嵌入混凝土内，形成两道止水。

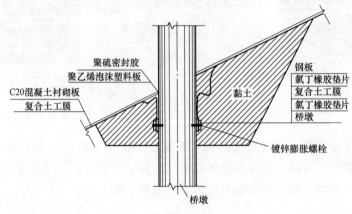

图 5-20 土工膜与桥墩的连接

习 题

[5-1] 土工合成材料防渗应用的工程领域有哪些？

[5-2] 试述常用防渗土工膜类型及各自特点。

[5-3] 土工合成材料防渗结构布置有哪些类型？土工膜复合防渗结构有什么优势？

[5-4] 根据土工膜防渗结构形式，说明保护层和垫层（或支持层）的作用。

[5-5] 某土工膜防渗水库，防渗水头为40m，膜下垫层均匀卵石的最大粒径为20mm，试确定膜的厚度。已知土工膜的渗透系数 k_n 为 $2×10^{-14}$ cm/s，以平均水头20m计，不考虑膜的缺陷，估算100m² 面积的渗流量。

[5-6] 土工膜和GCL防渗层锚固与直接结构有哪几种形式。

[5-7] 斜坡上土工膜稳定性分析采用什么原理？为提高土工膜稳定性，可采取哪些措施？

参 考 文 献

[1] 水利水电规划设计总院. 土工合成材料应用技术规范：GB/T 50290—2014 [S]. 北京：中国计划出版社，2014.

[2] 水电水利规划设计总院. 水电工程土工膜防渗技术规范：NB/T 35027—2014 [S]. 北京：中国电力出版社，2014.

[3] 南京水利科学研究院. 土工合成材料测试规程：SL 235—2012 [S]. 北京：中国水利水电出版社，2012.

[4] 土工合成材料工程应用手册编委会. 土工合成材料工程应用手册 [M]. 2版. 中国建筑工业出版

社，2000.

[5] 束一鸣，陆忠民，侯晋芳. 土工合成材料防渗排水防护设计施工指南［M］. 北京：中国水利水电出版社，2020.

[6] 陆士强，王钊，刘祖德. 土工合成材料应用原理［M］. 北京：中国水利电力出版社，1994.

[7] 顾淦臣. 土工薄膜在坝工建设中的应用［J］. 水力发电，1985，11（10）：43-50.

[8] 王钊. 国外土工合成材料的应用研究［M］. 香港：现代知识出版社，2002.

[9] 束一鸣. 我国水库大坝土工膜防渗工程进展［J］. 水利水电科技进展，2015，35（1）：20-26.

[10] 束一鸣，吴海民，姜晓桢. 中国水库大坝土工膜防渗技术进展［J］. 岩土工程学报，2016，38（S1）：1-9.

[11] 顾淦臣. 承压土工膜厚度计算的研究［C］//全国第三届土工合成材料学术会议论文集. 天津：天津大学出版社，1992，249-257.

[12] 束一鸣. 高面膜堆石坝关键设计概念与设计方法［J］. 水利水电科技进展，2019，39（1）：46-53.

[13] 吴海民，束一鸣，滕兆明，等. 高堆石坝面防渗土工膜锚固区夹具效应破坏模型试验［J］. 岩土工程学报，2016，38（s1）：30-36.

[14] GIROUD J P, BONAPATE R, Leakage through liners constructed with geomembranes：Part Ⅰ［J］. Geotextiles and Geomembranes，1989，8（1）：27-67.

[15] GIROUD J P, BONAPATE R, Leakage through liners constructed with geomembranes：Part Ⅱ［J］. Geotextiles and Geomembranes，1989，8（2）：71-111.

[16] KOERNER R M. Designing with geosynthetics［M］. 4th ed. New Jersey：Prentice Hall Publishing Company，1998.

[17] CAZZUFFI D, GIROUD J P, SCUERO A, et al. Geosynthetic barriers systems for dams［C］// Proceedings of the 9th International Conference on Geosynthetics. Guarujá：［s. n.］，2010：115-164.

[18] ROBERT M. KOERNER R M. Design with geosynthetics［M］. 6th ed. Indiana：Xlibris，2012.

[19] WiLLIAMS N D, HOULIHAN M. Evaluation of friction coefficients between geomembranes, geotextiles and related products［C］// Proceedings of Third International Conference on Geotextiles. Vienna：［s. n.］，1986：891-896.

[20] WU H M, SHU Y M, Stability of geomembrane surface barrier of earth dam considering strain-softening characteristic of geosynthetic interface［J］. KSCE Journal of Civil Engineering，2012，16（7）：1123-1131.

[21] 王钊. 土工合成材料［M］. 北京：机械工业出版社，2005.

第 6 章
加筋作用

6.1 概述

6.1.1 加筋土的概念和作用

土具有一定的抗剪强度,但其抗拉强度几乎可以忽略。类似于钢筋混凝土,将格网状、条带状、片状、蜂窝状或纤维状的抗拉材料布置在土中,构成一种复合建筑材料,可以增强土体的强度和稳定性,这就是加筋土的概念。掺入草筋制土坯,用芦苇、草席增加软土的强度是加筋土运用的早期例子。早在 5000 多年前,我国浙江良渚文化的先民们就采用茅草裹泥、芦苇捆绑制作复合建筑材料,用于修坝筑墙。然而,现代加筋土技术的迅速发展应归功于法国工程师 Vidal 的先锋工作,他于 1966 年应用镀镍钢条做加筋材料修建了加筋挡土墙。土工织物应用于加筋土始于 20 世纪 60 年代后期,之后土工格栅、土工拉筋带、土工格室、土工纤维、土工加筋格宾、土工编织袋等各类土工合成材料被陆续应用于加筋土中。由于各类土工合成材料的抗腐蚀性能远优于金属加筋材料,它们取代金属拉筋带及金属格网成了主流的加筋材料。现代土工合成材料加筋技术于 20 世纪 70 年代末传入我国,数十年来应用规模、技术水平及科研水平得到了长足的发展,在公路、铁路、水运、矿山、林业、水利、城建等行业均得到了广泛的应用。

目前,加筋土已广泛应用于修建挡土墙、陡坡、路堤、桥台,应用加筋土技术进行浅基础地基及道路地基处理也日趋成熟,得到越来越广泛的工程应用 (图 6-1a~f)。随着土工合成材料品种的增多和应用研究的开展,出现了许多新的加筋土应用形式。例如,土工格栅碎石笼用于路堤地基加固;土工织物碎石枕用于铁路路基的加固;袋装土沿坡面砌成连续的拱圈,用以保护土坡或修复滑动的渠坡和坝坡;纤维土(纤维、碎散纤维网或格栅与土的混合材料)的应用等。这些工程应用得益于土工合成材料加筋土结构的三个主要优点:

1)力学性能优越。加筋土挡墙、加筋土边坡、加筋土路堤、加筋土桥台等结构强度高、刚度适当、长期服役性能好,对地基承载力及压缩性的要求低,而且抗震性能良好。

2)经济性强。加筋土结构可充分利用工程弃渣或原位填料,大大降低水泥钢筋等建材用量,从而大幅度降低工程造价。

3)低碳。很多学者的研究表明,跟类似功能的其他土工结构相比,土工合成材料加筋土结构的整体碳排放量大大减小。

6.1.2 加筋土的组成和作用

加筋土由加筋材料和土组成。在荷载作用下,土与筋材之间产生相对位移和剪应力。其

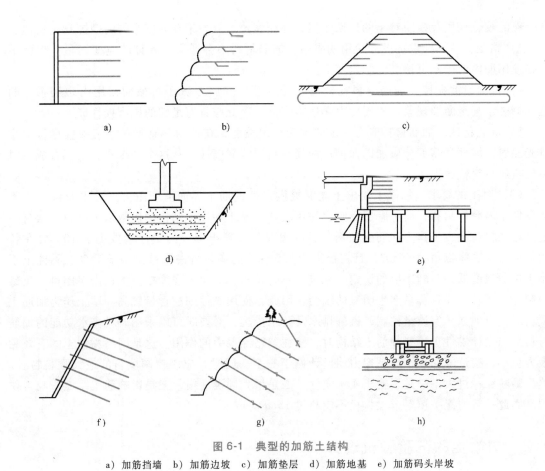

图 6-1　典型的加筋土结构

a）加筋挡墙　b）加筋边坡　c）加筋垫层　d）加筋地基　e）加筋码头岸坡

f）、g）锚固边坡　h）加筋道路

结果一是在土工合成材料中产生拉力，从而增强了对土横向变形的限制；二是使处于受拉土工合成材料（张力膜）下面的土中应力均匀分布，不均匀沉降减小。

（1）加筋土工合成材料的类型和作用　从形式上分，加筋用土工合成材料有格网状、条带状、片状、蜂窝状、纤维状等，包括土工织物、土工格栅、土工拉筋带、土工格室、土工加筋格宾、土工袋等。绝大多数的土工合成材料筋材属于允许一定变形的典型可伸长（柔性）材料，但一些高强的钢塑土工格栅、钢塑土工拉筋带、土工加筋格宾的拉伸模量可接近金属材料，其抗变形能力可接近于金属加筋材料，可近似归类为刚性拉筋材料。柔性筋材允许加筋土产生较大的应变，达到主动极限平衡状态，因此加筋土的延性较好，一般不会出现脆性破坏。应用刚性材料的加筋土的优点是刚度高，抗变形能力良好，但如筋材断裂，则易出现脆性破坏。

（2）对加筋材料特性的要求

1）抗拉强度和伸长率。加筋材料应在较小的伸长变形时发挥大的拉力，目前主流的加筋材料的抗拉强度不小于 $30kN/m$，到达设计拉力时的伸长率一般应小于 12%。

2）界面摩擦特性。加筋材料的拉力是由它与土的摩擦力产生的。好的加筋材料具有大的开孔或粗糙表面，因此与土有较大的摩擦力。筋材与土的摩擦系数应由试验确定。一般土工织物及土工拉筋带与土的界面摩擦系数大于土的内摩擦角正切值的 2/3，土工格栅有孔眼与土粒的咬合作用及横肋对土的挤推作用，界面摩擦系数大于0.8倍土的内摩擦角正切值。

3）蠕变特性。要求在设计使用期限内，加筋材料不会产生不允许的应变增量，也就不会在使用期内产生不可接受的结构变形。

4）抗铺设磨损性。加筋材料在铺设时受到填土和施工碾压机械的作用出现磨损、凹痕、撕裂，甚至断裂现象，表现为力学性能降低，因此应具有足够的抗磨损性能。

5）抗老化性。加筋材料应有一定的抗紫外线性能，在运输、储存和施工中应尽量减小日光照射，坡面暴露部分应加以保护；加筋材料要能耐腐蚀。从这个要求看，土工合成材料要比金属材料优越得多。

（3）对土的要求　加筋土要求土能够提供足够的筋土界面剪切阻力。砂土及砾石土等无黏性土内摩擦角高，筋土摩擦及咬合作用较强，属于加筋结构的优越填土材料。含有一定黏粒的粗粒土也可作为加筋土填料，但一般要求细粒土部分的塑性指数小于10，含黏粒的粗粒土的内摩擦角大于30°，且粒径小于0.05mm的颗粒所占重量比小于15%。黏性土不排水抗剪强度低，对施工期的稳定有影响；不易排水，湿化时强度损失大；击实困难，质量控制存在风险，而且容易产生明显的蠕变。因此，使用黏性细粒含量较高的填土作为加筋土填料时，应加强压实质量控制，做好排水及防水措施，必要时可以采用兼具排水功能的加筋材料。当设计黏性土填料加筋土结构时，往往忽略黏聚力的作用。这是因为黏性土的有效黏聚力很小，接近零；且不计黏聚力使设计偏于安全。同时，应该控制填料的最大颗粒粒径。填料颗粒粒径过大，一是影响压实密实度，二是增大铺设磨损，三是影响筋土摩擦、咬合作用。因此一般情况下填料最大粒径不应超过15cm。

6.2　加筋土的试验和机理分析

从现代土力学的观点看，土的应力-应变关系全过程包括了其最后的破坏阶段，因此包括加筋土强度在内的应力-应变关系全过程特性、土-筋界面特性对掌握加筋土的作用机理、建立加筋土的计算理论有重要作用。

6.2.1　加筋土单元体试验

1. 常规三轴压缩试验

首先用三轴压缩试验研究土工织物加筋土强度特性的是1977年瑞典的Broms，他将织物放在圆柱形土样的不同部位，进行试验对比，发现当织物在圆柱土样上下两端时，抗剪强度与没有织物时基本一样，只有当织物放在土样中部时，抗剪强度才有明显的增加。这说明加筋材料必须布置在土的拉伸变形区域才起作用。图6-2是采用国产有纺织物和平潭标准砂进行三轴压缩试验的结果，三组试验分别为纯砂、一层织物加筋砂和两层织物加筋砂。表6-1是三种试样的横向应变 ε_r 和轴向应变 ε_1 的关系。

1）当纯砂试样的偏应力（$\sigma_1-\sigma_3$）达到峰值时，ε_1 为5.2%，将一层和二层织物加筋试样在达相同 ε_1 时的偏应力与纯砂的比较，分别提高了32%和72%。

2）当 ε_1 较小时，三曲线的初始切线模量基本相等，这时土工织物的加筋作用不明显，只有当产生较大应变（$\varepsilon_1>1.5\%$）时，土工织物才发挥加筋作用。

3）整理纯砂三轴试验的抗剪强度参数为 $c=0$，$\varphi=33.5°$，而一层织物加筋砂的 $c=$

3kPa，$\phi = 36.5°$。

4）当纯砂达峰值强度后开始下降时（应变软化观象），加筋试样的总体强度仍在继续增大，加筋土有更好的承受大变形的能力。

5）从表 6-1 可以看出，随着 ε_1 的增大，与纯砂试样相比，含织物试样的 ε_r 减小，只有在较大变形时才能产生织物对横向变形的限制作用，并且这种限制作用随层数增加而增加。

可以用摩尔-库仑强度理论解释加筋土抗剪强度提高的原因。在图 6-3 中，线 a 为素土的破坏包线；线 b 为加筋土的破坏包线。圆①为素土试样在围压等于 σ_3 下破坏的莫尔圆；圆②为加筋土试样在围压等于 σ_3 下破坏的莫尔圆；圆③为加筋土试样在围压等于 σ_3 下破坏时其中素土的莫尔圆，它与素土的包线相切。单元体在 σ_1 和 σ_3 作用下产生横向变形，当处于破坏的临界状态时，应力圆（σ_1，σ_3）与强度包线相切。可见当沿 σ_3 方向布置有织物时，织物对横向变形的限制作用相当于给单元体一个应力增量 $\Delta\sigma_{3f}$，此时加筋土试样中素土的应力圆（σ_{1r}，σ_{3r}）没有达到破坏状态（破坏包线 b）。在 σ_{3r} 作用下，破坏时可承受更大的 σ_1，即（$\sigma_{1r}-\sigma_{3r}$）大于（$\sigma_1-\sigma_3$）。

试验结果表明，加筋土与素土的内摩擦角变化不大，但黏聚力 c 有明显的提高，其增量 Δc 是由筋材的附加约束 $\Delta\sigma_{3f}$ 引起的，即

$$\Delta\sigma_{3f} = 2\Delta c \tan\left(45° - \frac{\varphi}{2}\right) \text{ 或者 } \Delta c = \frac{\Delta\sigma_{3f}}{2}\tan\left(45° + \frac{\varphi}{2}\right)$$

表 6-1　ε_1 与 ε_r 关系

$\varepsilon_1(\%)$		1.6	5.2	11.6
$\varepsilon_r(\%)$	纯砂	0.77	3.12	7.56
	一层织物	0.84	3.12	7.40
	二层织物	0.67	2.96	7.09

125

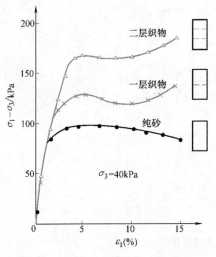

图 6-2　偏应力和轴向应变的关系

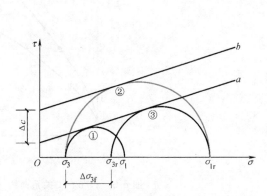

图 6-3　素土和加筋土的破坏应力圆

2. 平面应变试验

挡土墙和路堤等构筑物属于平面应变问题，而常规三轴剪切是轴对称试验。对比研究表

明，用轴对称试验模拟平面应变问题存在一定的误差。例如，轴对称剪切试样破坏时常呈鼓形，而平面应变试样破坏时呈单一的剪切面；一般用轴对称试验测得的变形模量 E 偏小，而泊松比 μ 偏大；对于密砂，跟三轴压缩试验相比，在 σ_3 较小时，平面应变试验测得的内摩擦角 φ 要大 $6°\sim8°$。为了研究实际工程中土体的变形规律和加筋的效果，应该进行平面应变剪切试验。图 6-4 所示为试制的一种三轴压力室，其左右两侧为橡胶膜，用以施加 σ_3，σ_1 由三轴剪切仪轴向加压装置施加，在中主应力 σ_2 的方向，正面嵌以有机玻璃面板，板上画有方格，通过显微镜观测各格点位移可以计算出各个方格单元的应变大小。对于纯砂和正中间有一层有纺织物的加筋砂，剪切试验结果如图 6-5 所示。将试样左右两侧各七点的水平和铅直位移分别按左右取平均值列于表 6-2。由各点位移得最大剪应变 γ_{max} 的等值线图，如图 6-6 和图 6-7 所示。

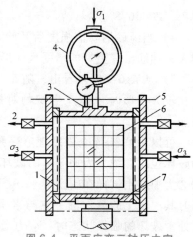

图 6-4 平面应变三轴压力室
1—橡胶膜 2—排气阀 3—盖板 4—量力环 5—螺栓 6—玻璃 7—底板

表 6-2 加筋砂与纯砂位移比较

位移方向	$\varepsilon_1 = 1.5\%$			$\varepsilon_1 = 11.7\%$		
	砂	加筋砂	比值	砂	加筋砂	比值
水平位移/mm	0.296	0.290	0.98	5.646	5.080	0.90
铅直位移/mm	0.537	0.510	0.95	6.376	5.805	0.91

注：比值是加筋砂与砂的位移比。

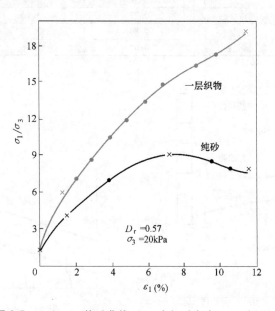

图 6-5 σ_1/σ_3-ε_1 关系曲线（D_r 为相对密度，σ_3 为围压）

从上述试验成果可以看出：

1）当纯砂试样 σ_1/σ_3 达峰值 8.9 时，$\varepsilon_1 = 7.4\%$，相同 ε_1 时加筋砂的 $\sigma_1/\sigma_3 = 15.0$，提高了 68%，并且随着 ε_1 增加，纯砂的 σ_1/σ_3 逐渐下降，而加筋砂的 σ_1/σ_3 仍在提高。

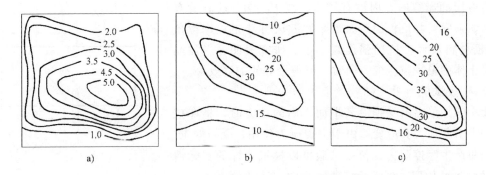

图 6-6　纯砂平面应变剪切 $\gamma_{\max}$ 等值线 （%）

a）$\varepsilon_1 = 1.5\%$，$\sigma_1/\sigma_3 = 4.1$　b）$\varepsilon_1 = 7.4\%$，$\sigma_1/\sigma_3 = 8.9$　c）$\varepsilon_1 = 11.7\%$，$\sigma_1/\sigma_3 = 7.6$

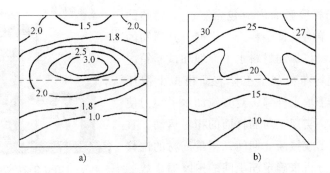

图 6-7　砂和一层织物加筋砂平面应变剪切 $\gamma_{\max}$ 等值线 （%）

a）$\varepsilon_1 = 1.5\%$，$\sigma_1/\sigma_3 = 5.9$　b）$\varepsilon_1 = 11.7\%$，$\sigma_1/\sigma_3 = 18$

2）加筋砂的水平位移比纯砂的小，其减小比例见表 6-2。同时由于对横向变形的限制，铅直位移也有所减小，并且减小的比例随变形 ε_1 的增加而越加显著。

3）从图 6-6 可见，随着 ε_1 增加，纯砂逐渐形成从左上角到右下角的剪切带，而加筋砂在相同 ε_1 时的剪应变较小，特别是织物下方的土体（图 6-7），故可承受更大的剪应力 $(\sigma_1 - \sigma_3)/2$。

6.2.2　筋-土界面特性试验

在实际加筋土中，在不同部位土与筋材界面具有不同的相互作用关系。

1. 直剪试验

在加筋土坡等实际问题中，潜在滑动面与加筋材料间具有一定的夹角，可用图 6-8 说明加筋机理。当土中具有与剪切面法向成 θ 角的加筋材料时，设剪切面对应于每一拉筋的面积为 A_s，每一拉筋受力为 P_R，考虑到上盒土体的平衡，可得正应力 $\sigma'_y = \sigma_y + P_R \cos\theta/A_s$，剪应力 $\tau'_{xy} = \tau_{xy} - P_R \sin\theta/A_s$，可见加筋土抗剪强度的提高是由于作用在剪切面上正应力增加，同时剪应力减小的结果。抗剪强度的增加可用下式表示

$$\Delta\tau = \frac{P_R}{A_s}(\cos\theta\tan\varphi + \sin\theta) \tag{6-1}$$

从式（6-1）可以看出，加筋土抗剪强度的提高与加筋材料布置的方向有关。如当加筋

材料沿剪切面布置时，因没有锚固，故 $P_R = 0$，这时没有提高剪切强度。相反，因界面摩擦角 φ_s 小于土的内摩擦角 φ，加筋材料反而使抗剪强度减小了。研究表明，当加筋材料沿土体中最大拉应变方向时，可得最好的加筋效果。

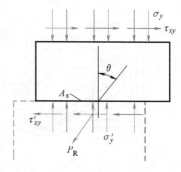

图 6-8　加筋土直剪试验应力分析

2. 拉拔试验

土中的加筋材料受到沿其平面方向的拉力时，将在拉力方向上引起应力和应变。由于上覆压力作用，受拉时筋-土界面将产生摩擦阻力，拉拔试验可以模拟这样的实际情况。试验装置如图 6-9 所示，其侧壁应有足够的刚度。考虑到尺寸效应，箱体尺寸应大小适当，不宜小于 40cm× 25cm×25cm（长×宽×高）。对于土工格栅等网格尺寸较大的材料，土-筋材接触面内应包含有一个完整的网格结构，特别是单向拉伸塑料土工格栅，其横肋的阻力作用不容忽视。将加筋材料水平铺埋在试验箱内土体中，施加竖直均布荷载于土体表面模拟上覆压力，预留一端格栅于填土外部，对其施加水平拉力使筋材在填土中移动，实现土与筋材面的相对运动，直到筋材屈服、被拔出或拉断。期间，测量筋材的位移和端部拉力，通过分析来确定筋土间的拟摩擦系数。

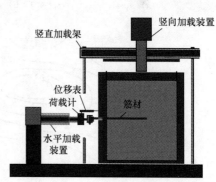

图 6-9　拉拔试验装置

筋材被拔出的瞬间，上下界面的阻力可认为是均匀分布，并与拉力平衡，该值即为界面的摩擦强度。可按照下式计算

$$\tau = \frac{T_d}{2LB} \qquad (6-2)$$

式中　τ——界面摩擦强度，kPa；

　　　T_d——筋材被拉出瞬间的拉力，kN；

　　　L——筋材试样埋在土内的长度，m；

　　　B——筋材试样埋在土内的宽度，m。

图 6-10 所示为典型拉拔试验结果。

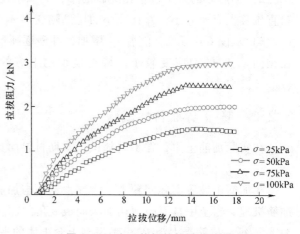

图 6-10　土工格栅拉拔试验结果

6.2.3　加筋作用机理分析

从以上加筋土的试验和分析可以得到下面一些结论：

1）当加筋土受到荷载作用时，土与加筋材料之间发生相对位移，并在界面上产生剪应力，从而在加筋材料中产生拉应力，反过来筋材对土体的横向变形起到限制作用，相当于增加了横向主应力 σ_3。如果 σ_1 不变，则剪应力 $(\sigma_1 - \sigma_3)/2$ 减小；另一方面，σ_3 的增加使破坏时的 σ_1 大幅度增加，故提高了加筋土的抗剪强度。加筋材料中产生的拉应力与筋材的拉伸刚度直接相关，拉伸应变相同时，筋材拉伸刚度越大，筋材的拉应力就越大，所增加的横向主应力 σ_3 也越大。同时，加筋材料中产生的拉应力跟填土的横向变形相关。在相同的加筋土荷载作用下，填土的横向变形越大，筋材的拉应力越大，其约束作用也越大。

2）由于筋材对土体横向变形的限制，铅直变形也有一定程度的减小；土体两侧筋材拉力向上的分力能起到一种张力膜的作用，加之筋材对剪切带的阻断，从而提高加筋土的承载能力。

3）为了使加筋材料产生拉应力，必须将其布置在土体的拉伸变形区域，并最好沿着主拉应变方向。如果将它布置在沿滑动面方向，由于界面摩擦角一般小于土的内摩擦角，反而降低了土体的强度。

4）加筋效果取决于加筋材料拉力发挥的大小。因此，只有当加筋土体产生一定变形时，才能起作用。此外，加筋材料应具有高的拉伸模量和粗糙的表面，才能在较小应变时发挥较高的拉力；填土应具有较大的内摩擦角和剪胀性，填土的剪胀性可增大筋材的拉应力，从而增大筋材对填土的约束作用。

5）土中的加筋材料不仅会在土与筋材的接触面上产生直接加筋作用，而且会在接触面以外的一定范围内对土体产生一种间接加固作用，可称为"间接影响带"。也就是说，由于筋材附近一定范围内的土会同时发生颗粒之间的位置调整或颗粒破碎，使土的抗力（强度）增大。这种土体强度的增大与筋材表面的糙度、土体的粒径和性质，以及所受的压力大小密切相关。一般岩土粒径越粗，筋材表面的糙度越高，外加压力越大，则间接影响带的范围越大，或者说间接加固作用也越强。

6.2.4　纤维加筋土的特性及应用

纤维加筋土（简称纤维土）是将连续的纤维丝或者有一定长度的短纤维丝采用机械、气压或水压等方式均匀且随机地掺入到粒状材料中（如砂土），形成加筋土。常见的土工格栅、织物和条带等产品用作加筋材料，一层层铺设，呈各向异性，不是真正意义上的三维加筋结构，而纤维土则是真正的三维加筋。我国民间自古就有类似的加筋方法，如常见的糊墙黏土中加有短条的草秸。1979 年法国道桥中心实验室主持了用土工合成材料纤维加筋粒状材料（砂土）的研究工作，发现随机掺入 0.1%（以质量计）的合成丝线可获得 100 ~ 200kPa 的黏聚力，同时这种纤维土保持了土原有的内摩擦角和渗透性能，并且具有抗冲刷特性。1982 年 11 月运用纤维砂土（含 0.23% 质量的聚酯纤维）成功地修复了一处小滑坡，坡角为 60°，坡高达 6m，长 10 余 m。20 世纪 90 年代，有关纤维土的试验研究涉及其工作机理、最优掺量和掺和方法等，从而加深了人们对纤维土的认识。

（1）作用机理　研究认为，纤维对土体的增强作用不仅来自于纤维土体间的摩擦力，更来自于土体中彼此交错连接的纤维网状空间结构对土体的约束作用，从而使纤维土具有更高的强度和更大的延伸性。每根纤维都呈现许多曲线条，当纤维受拉时，曲线的凹面区域产生摩擦力，称为弯曲机理，就像靠船桩上的缆绳可以承担很大的拉力；各根纤维纵横交错，一根纤维受力引起其他纤维受力，从而牵动较大区域投入工作，也称为交织机理。相比之下，分层铺设的筋材的影响是不会扩展到加筋土的整个区域的。纤维土对横向伸长变形的限制作用同样引起 σ_3 的增加，从而提高了土体的抗剪强度。

（2）相关试验研究　国内外学者曾大多以纤维加筋砂进行一些室内土工或模型试验，

部分研究成果简要列于表 6-3。

表 6-3　纤维土的部分试验研究成果

研究单位	试验内容	成果简介
法国道桥中心研究所	纯砂和不同配比纤维砂；CBR、无侧限抗压强度、饱和 CD 三轴试验	1）掺纤维 1‰，与纯土比，CBR 提高 1.76 倍，掺纤维 3.5‰则提高 2.7 倍； 2）无侧限抗压强度，随掺量直线增大； 3）掺纤维 1‰，三轴试验，表观黏聚力 c 平均增大 14 ~ 166kPa，φ 基本不变
布拉德福德大学	土工格栅和 PET 纤维加筋砂挡墙模型试验，对比垂直沉降和横向推力	1）加筋砂挡墙沉降大大减小； 2）纤维砂横向力减少
英国　R. B. Weerasinghe 和 A. F. L. Hyde	PET 纤维不同配比时的加筋砂的 CD 三轴试验	1）掺量 2‰，峰值强度提高 60%； 2）纤维土残余强度高于纯砂，破坏后仍可负载； 3）加筋松砂、紧砂分别提高 7°和 5°
原华北水电学院北京研究生部	PP 网片、砂和黏性土的三轴试验、模型试验	1）与纯土比，φ 基本不变，c 明显增加，掺量越大，c 增加越多； 2）掺量越大，土韧性越大； 3）掺量 2‰与 6‰，承载力分别提高 1.41 倍和 3.3 倍
清华大学	纤维黏性土的剪切、抗拉、断裂韧度、水力劈裂、抗冲刷等试验	1）改善黏性土抗水力劈裂性能； 2）大幅提高砂土抗冲能力，增加纤维长度，提高抗冲刷能力

从以上试验可以得出这样的结论：将纤维加入土中可以赋予土一个较大的黏聚力，并增加其达到破坏时变形的能力，但不能增大内摩擦角，也不能明显增加在小变形范围内的变形模量值。

6.2.5　加筋土结构的分析方法

由于加筋材料的抗拉作用提高了土的抗剪强度，因此，加筋土可用于提高结构的稳定性，如挡土墙、陡坡和软基上的堤坝，还可用于提高地基的承载力。

加筋土结构的分析方法可分为两种，一是有限元等数值分析法，二是极限平衡法。在有限元或有限差分等数值分析法中，可以采用现有的土的本构关系，如用非线性弹性或弹塑性模型描述土单元的性质，并补充土与筋材相互作用及筋材本身的应力-应变关系。土与筋材的相互作用可用界面剪切单元来表示，该单元的厚度为零，用图 6-11 中的两组弹簧来代表，垂直于筋材平面的弹簧假设具有很大的刚度系数 k_n，以便限制它连接的两个结点沿筋材法向的相对位移；切向弹簧的刚度系数为 k_t，其大小由界面剪切试验确定。由剪切试验得到的剪切位移 s 与剪应力 τ 之间一般存在着双曲线关系，即

$$\tau = \frac{s}{a+bs} \qquad (6-3)$$

式中　　a、b——和法向正应力有关的系数，由 τ-s

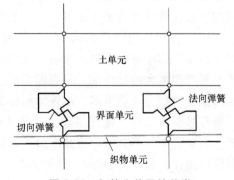

图 6-11　加筋土单元的种类

曲线确定，则 $k_t = \mathrm{d}\tau/\mathrm{d}s$。

土与筋材的相互作用也可以用薄层固体单元来模拟。薄层固体单元模拟土-结接触面是 1984 年 Desai 提出来的，Liu 等将这种模型应用于模拟筋-土相互作用。模拟接触面的薄层固体单元的应力-应变关系可以跟填土相同，但其强度及刚度参数根据筋-土界面摩擦作用做 70%左右的折减。

筋材在二维有限元分析中用只能承受拉力的一维单元来表示，其单位宽度的拉力 T 和拉应变 ε 之间的关系可由筋材的拉伸试验来确定，如用拉格朗日插值多项式表示

$$T = a_1\varepsilon + a_2\varepsilon^2 + a_3\varepsilon^3 + \cdots + a_n\varepsilon^n \tag{6-4}$$

式中　a_1，a_2，$\cdots$，a_n——拟合拉力和应变曲线的系数。

有限元法可应用于加筋土挡土墙和堤坝的分析，由于程序的通用性，原则上适用于所有的加筋土建筑。该法能给出土体和筋材的拉力和变形分布的信息，能够模拟建筑物施工的过程，特别在改变加筋材料类型和布置方式的优化设计中具有很大的优越性。图 6-12 是用非线性弹性模型分析模型堤的结果，堤高 0.75m，坡角 60°，建于硬基上用五层织物加筋。图 6-13 是用弹塑性模型分析一软基上的试验堤，在堤高达 1.80m 时试验堤破坏，其塑性区发展情况如图 a 所示，图 b 为堤基有一层织物加筋时的塑性区。

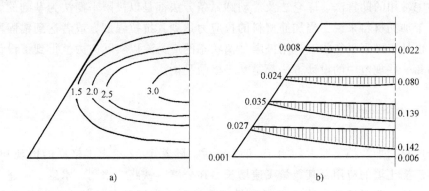

图 6-12　加筋模型堤的有限元分析

a）垂直位移（单位：mm）　b）织物拉力分布（单位：kN/m）

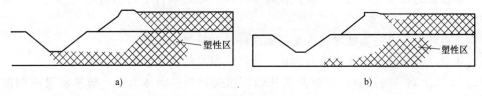

图 6-13　试验堤的有限元分析（Love，1987）

李广信等于 20 世纪 90 年代提出的等效附加应力法是另外一种分析加筋土的数值分析方法。在该方法中，筋材的作用等效于给土单元施加了一个侧向的附加应力 $\Delta\sigma_r$（图 6-14），其大小为：

$$\Delta\sigma_r = \frac{T}{\Delta T} = \frac{F(|\varepsilon_g|)}{\Delta H} = \frac{F(\alpha|\varepsilon_r|)}{\Delta H} \tag{6-5}$$

式中　ΔH——土单元垂直于布筋方向上的边长；

　　　ε_g——筋材应变；

ε_r——土单元沿着筋材方向的应变（伸长为正，压缩为负）；

α——筋中应变与土单元沿筋方向上应变的比例系数，$\alpha = \varepsilon_g / \varepsilon_r$，如果筋土变形协调，则有 $\alpha = 1$，$\varepsilon_g = \varepsilon_r$。

尽管有限元等数值分析方法有很多优点，但确定计算模型参数的试验和计算工作都较复杂，所以目前工程设计中大多仍采用极限平衡法。

所谓极限平衡就是濒临破坏时的极限应力状态，如土体处于极限平衡时，剪切面上的剪应力达到其抗剪强度 τ_f，即

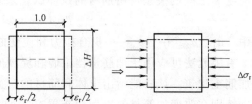

$$\tau_f = c + \sigma \tan\varphi \qquad (6\text{-}6)$$

式中　c——黏聚力，kPa；

　　　φ——内摩擦角，(°)；

　　　σ——剪切面上的法向应力，kPa。

图 6-14　等效附加应力

土力学中常用的朗肯法、库仑法及滑动圆弧条分法都是以极限平衡法为基础的。除了土体以外，对于加筋材料来说，当加筋材料的拉应力达到其抗拉强度，或者达到锚固段的抗拔握裹力时，也处于极限平衡状态。用极限平衡状态的应力除以实际应力就得到了设计的安全系数。本书和一些规范中的设计方法都是基于极限平衡法。

6.3　加筋土挡土墙

土工合成材料加筋挡土墙大约始于 1977 年后，随着 1982 年土工格栅的出现和 1985 年弧形墙面加筋挡土墙的应用，其数量飞速增长，在公路、铁路、水利、水运、城建等领域的应用越来越广泛。除了经济、施工方便和低碳，加筋土挡墙与传统挡土墙相比还具有以下优点：

1）柔性。对地基变形适用性大，在软基或较差坡地条件下可不进行地基处理，或仅需稍加处理。

2）抗震性好。具有柔性等特点使其能很好地抵抗地震作用。

3）美观。面板可以做成要求的形式，能提供很好的视觉效果。

加筋土挡土墙结构主要由墙面及其基础、加筋材料、墙体填土、防排水设施四部分组成，这些部分一起形成一整体结构，共同承担墙后土体、墙顶荷载、水流渗入等作用。

6.3.1　加筋土挡土墙的破坏模式

加筋土挡土墙的破坏模式主要分为内部稳定破坏和外部稳定破坏两类，如图 6-15 所示。内部稳定破坏的特征是其破坏范围完全发生在加筋土挡土墙的加筋区内，有加筋材料被拉断和拔出两种情况（图 6-15a、b）。其中，筋材被拉断是由于筋材受到的拉力大于其强度；筋材被拔出是由于筋材单元两端的拉力差值 dT 大于筋-土界面之间的摩阻力造成的，即 $dT > 2\tau dx$，如图 6-15a 所示。

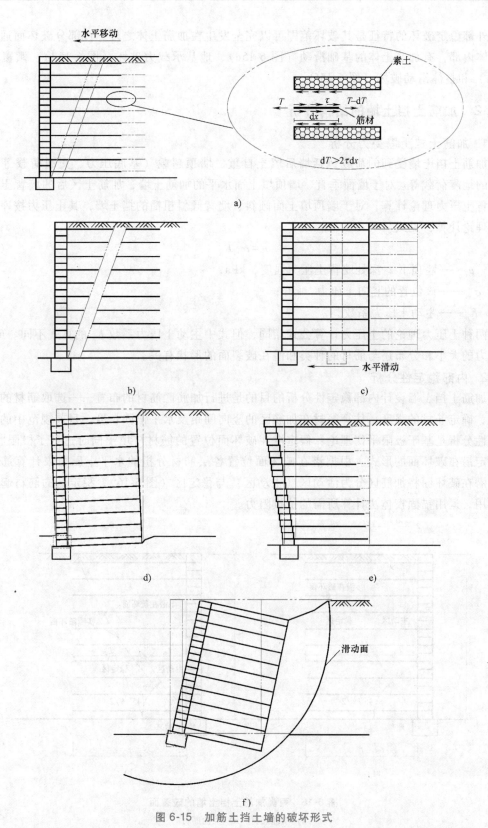

图 6-15　加筋土挡土墙的破坏形式

a) 筋材被拔出　b) 筋材拉断　c) 整体水平滑动　d) 地基承载力破坏　e) 倾覆　f) 整体滑动破坏

外部稳定破坏的特征是其破坏范围可以完全发生在加筋土体之外，或部分破坏面通过加筋土体内部，有加筋土体的基础滑动（图 6-15c）、地基承载力破坏（图 6-15d）、倾覆（图 6-15e）和整体滑动破坏（图 6-15f）。

6.3.2 加筋土挡土墙的结构分析

1. 加筋土挡土墙受力分析

加筋土挡土墙受到的荷载包括墙后填土自重、墙顶超载（基底压力、交通荷载等）和可能的地震荷载等。对于墙面垂直、墙顶填土面水平的加筋土墙，加筋土区后的墙背土压力按朗肯土压力理论计算；对于墙顶填土面倾斜、墙背倾斜粗糙的挡土墙，其土压力按库仑土压力理论计算，见式（6-7）。

$$p_i = \sigma_{vi} K_a \tag{6-7}$$

式中　p_i——墙顶下 z_i 深处墙背土压力强度，kPa；

　　　σ_{vi}——该位置的竖向土压力，kPa；

　　　K_a——主动土压力系数。

两种土压力理论的土压力计算公式相同，但式中主动土压力系数 K_a 的算式不同。此外，土压力的大小和分布还与筋材的种类和潜在破裂面的形状有关。

2. 内部稳定性分析

加筋土挡土墙设计内部稳定性分析的目的是进行加筋区筋材的布置——选取筋材的刚度类型、确定筋材的强度、估算筋材在加筋区的竖向间距及水平锚固长度。目前规范中的内部稳定性分析是基于极限平衡理论：假定潜在破坏面位置的筋材与填土同时达到了极限状态，并假定潜在破坏面的形式。根据潜在破坏面位置各层筋材分担的水平土压力来计算筋材拉力；潜在破坏面将加筋区分为活动区（主动区）与稳定区（图 6-16），稳定区的筋材起到锚固作用，运用锚固楔体法计算所需的抗拔阻力。

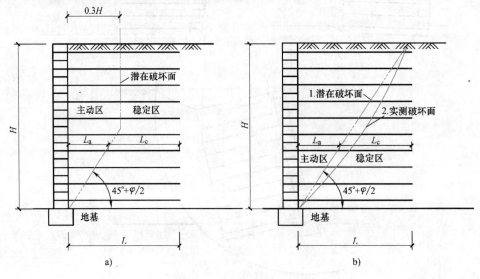

图 6-16　两类加筋土挡土墙的破裂面

a）刚性筋材　b）柔性筋材

　　加筋土挡土墙的内部稳定性分析的过程如下：①选取筋材刚度；②确定潜在破坏面的形式；③选取合适的筋材竖向间距；④通过筋材强度验算与抗拔稳定性验算来计算各层筋材最大拉力与所需的抗拔阻力；⑤根据各层筋材最大拉力与所需的抗拔阻力合理设置筋材强度、水平锚固长度。

　　（1）筋材的刚度与潜在破坏面　筋材的刚度指筋材受到拉力时的变形能力，根据刚度的大小分为柔性筋材、刚性筋材（金属带、金属片、金属网、一些刚度较大的钢塑土工格栅等）两大类。筋材的刚度直接影响到潜在破坏面的形式与水平土压力系数的大小。柔性筋材允许加筋土产生较大的拉伸应变，达到主动极限半衡状态，因此应采用主动土压力计算挡土墙受力，其墙后的潜在破坏面为朗肯破坏面，如图 6-16b 中的直线 1，折（曲）线 2 为实测破裂面的大致位置，可用直线近似；刚性筋材的墙后潜在破坏面如图 6-16a 所示，从墙顶到上部一半墙高处破裂面平行于墙背且距墙背 $0.3H$，破裂面在墙半高处与墙趾的连线则为下部破裂面。注意：加筋土挡土墙为柔性或者刚性仅与筋材的刚度有关，与面板的形式（砌块式、返包式等）无关。根据国内外相关标准和规范，建议土工格栅加筋土挡土墙视为柔性加筋土挡土墙，其潜在破坏面为朗肯破坏面。

　　上述破裂面形状是大量实测资料的反映，破裂面将加筋土体分成主动和稳定两个区域，沿每层加筋材料上剪应力 τ 分布都在折线处改变方向。因此，实际抗拔出的有效长度为加筋材料在稳定区的长度 L_e，加筋材料总长度 L 为 L_e 与主动区长度 L_a 之和。

　　（2）土压力系数　对柔性筋材，如满铺的土工格栅，不同深度 z_i 处的土压力系数 K_i 不随深度变化，取 $K_i = K_a$。对刚性筋材，土压力系数 K_i 的分布如图 6-17 所示，可按下式计算

$$K_i = \begin{cases} K_0 - \left[(K_0 - K_a) z_i \right]/6 & (0 < z_i \leq 6\text{m}) \\ K_a & (z_i > 6\text{m}) \end{cases} \tag{6-8}$$

式中　K_0、K_a——静止和主动土压力系数，$K_0 = 1 - \sin\varphi$，$K_a = \tan^2(45° - \varphi/2)$。

　　仅当路面结构处在距墙面板 $0.5H$ 范围内才需考虑交通荷载为超载，其最小值可取为 0.6m 厚填土的均布荷载。

　　（3）筋材强度验算和筋材间距　在进行加筋土挡土墙初始设计时，水平筋材长度取值不小于 $0.7H$ 和 2.5m（H 为墙高）。如墙顶填土面为斜面或填土上有附加荷载，筋长应不小于 $0.8H$；筋材的竖向间距一般不超过 0.6m。

　　如图 6-16b 所示，筋材长度为 L，等长布置。第 i 层筋材水平拉力 T_i 来自以下几部分：

　　1）上覆填土自重产生的水平土压力。一般情况下挡土墙顶部没有斜坡时，采用填土自重 γz_i 乘以土压力系数 K_i；当加筋土挡土墙墙顶有斜坡型分布荷载时，将加筋区（筋材长度 L 范围）上方斜坡型荷载换算成等效均布荷载（具体参见相关设计规范），再乘以相关的土压力系数 K_i。

　　2）超载扩散产生的水平土压力，超载扩散至 z_i 深度处的竖向附加压力 $\sum \Delta \sigma_v$ 乘以土压力系数 K_i。

　　3）水平附加荷载的作用。

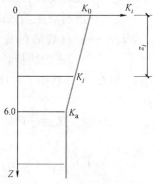

图 6-17　刚性加筋土挡土墙土压力系数与埋深的关系

因此，第 i 层筋材水平拉力 T_i 等于该层的土压力（包括水平附加荷载）与筋材间距之积，即

$$T_i = \left[(\gamma z_i + \sum \Delta \sigma_v) K_i + \Delta \sigma_h \right] S_v \tag{6-9}$$

式中　$\sum \Delta \sigma_v$ ——超载扩散至 z_i 深度处的竖向附加压力，荷载扩散线的斜率为 $2:1$（竖直：水平），扩散线与墙背交点以下部位须考虑土压力作用，kPa；

　　　　$\Delta \sigma_h$ ——水平附加荷载，kPa；

　　　　S_v ——筋材的竖向间距，m。

筋材竖向间距 S_v 由式（6-9）和式（6-10）计算后确定，一般等间距布置，也可沿墙高划分几个等间距区，越靠近墙底的区域，间距越小。筋材强度条件应符合式（6-10）的要求。

$$T_{imax} \leqslant T_a \tag{6-10}$$

式中　T_{imax} ——各层筋材中最大水平拉力，kN/m；

　　　　T_a ——筋材的允许抗拉强度，kN/m。

（4）筋材抗拔验算　筋材抗拔的摩擦阻力主要由两部分竖向应力引起：①锚固段上覆填土自重 γz_p；②超载扩散至 z_i 深度处的竖向附加压力 $\sum \Delta \sigma_v$。由于筋材与填土上下接触面都受到摩擦阻力的作用，抗拔安全应符合式（6-11）的要求。

$$T_i \leqslant 2(\gamma z_i + \sum \Delta \sigma_v) L_e f \frac{1}{F_s} \tag{6-11}$$

式中　L_e ——筋材有效长度，即超出填土破裂面的筋材锚固段长度，m；

　　　　z_i ——筋材锚固段中点上覆土层深度，m；

　　　　f ——筋材与周围土的摩擦系数，应由试验测定，无试验资料时，土工织物可采用 $2/3\tan\varphi$，土工格栅采用 $0.8\tan\varphi$，φ 为土料的内摩擦角；

　　　　F_s ——要求的安全系数，$F_s \geqslant 1.5$。

（5）筋材长度　筋材总长度按下式计算

$$L = L_e + L_a + L_w \tag{6-12}$$

式中　L_e ——筋材有效长度，m；

　　　　L_a ——筋材在主动区的长度，m；

　　　　L_w ——筋材端部包裹的长度，m，返包式加筋土挡土墙应为包裹层厚度与不小于 1.2m 的转折长度之和，砌块式加筋土挡土墙可忽略不计。

L_e 和 L_a 可分别按下式计算

$$\begin{cases} L_e = \dfrac{1}{2} F_s \dfrac{T_i}{(\gamma z_i + \sum \Delta \sigma_v) f} \\ L_a = (H - z_i) \tan\left(45° - \dfrac{\varphi}{2}\right) \quad \text{（柔性筋材，墙背垂直，填土面水平）} \\ L_a = 0.3H \quad \text{（刚性筋材）} \end{cases} \tag{6-13}$$

式中　z_i ——墙顶下深度，m；

　　　　φ ——填土的内摩擦角，（°）。

筋材的有效长度 L_e 应不小于 1m。为施工方便，不同层的筋材应按要求的最大长度等长

度铺设。如从内部稳定性要求出发，也可分段采用不等长度，底部较短，顶部较长。

3. 外部稳定性分析

在进行加筋土挡土墙外部稳定性分析时，将加筋土结构视为加筋复合体，加筋区的填土可认为是刚性体，即相当于厚度为加筋长度的一般重力式挡土墙（图 6-18），其"墙背"受到非加筋区填土的侧向土压力作用，土压力的方向平行于填土面。加筋挡土墙外部稳定设计内容包括抗水平滑移验算、抗深层圆弧滑动稳定性验算、地基承载力验算等。

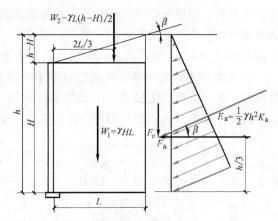

图 6-18　墙背垂直，填土倾斜时的土压力计算

需要注意的是当墙后填土为无限斜坡时，斜坡与水平方向的夹角为 β，这种情况就可以用朗肯土压力计算，"墙背"与土间的摩擦角为 $\varphi > \beta$，墙背不是滑动面。其土压力系数为

$$K_a = \cos\beta \, \frac{\cos\beta - \sqrt{\cos^2\beta - \cos^2\varphi}}{\cos\beta + \sqrt{\cos^2\beta - \cos^2\varphi}} \tag{6-14}$$

当 $\beta = 0°$ 时，土压力系数为 $K_a = \tan^2(45° - \varphi/2)$。

（1）抗水平滑移验算　在进行抗水平滑移验算时，加筋区填土看作厚度为加筋长度的重力式挡土墙，其与地基之间最大摩阻力为 $\sum p_r$，非加筋土区填土的土压力对其产生水平推力分量的作用 $\sum p_d$。

抗水平滑动安全系数等于加筋复合体底部摩擦力除以土压力的水平分力，即

$$F_s = \frac{\sum p_r}{\sum p_d} \tag{6-15}$$

$$\sum p_r = (W_1 + W_2 + E_a \sin\beta) f$$

$$\sum p_d = E_a \cos\beta \tag{6-16}$$

式中　W_1——加筋土体上部的楔形体重，kN/m；

$\qquad W_2$——加筋土体重，kN/m；

$\qquad \beta$——墙顶填土面坡角，（°）；

$\qquad E_a$——主动土压力，kN/m；

$\qquad f$——墙底面摩擦系数；

$\qquad F_s$——安全系数，应大于等于 1.5。

摩擦系数 f 可按式（6-17）采用

$$f = \min(\tan\varphi_b, \tan\varphi_f, \tan\varphi_{sg}) \tag{6-17}$$

式中　φ_b、φ_f——地基土和填土的摩擦角；

$\qquad \varphi_{sg}$——筋材与地基土或筋材与填土之间摩擦角中的较小者，应由试验测定。

计算 $\sum p_r$ 时不计墙前被动土压力和活荷载引起的抗力。如不满足 $F_s \geqslant 1.5$，应加长筋材并重新验算，直至满足。

137

（2）抗深层圆弧滑动稳定性验算　在进行抗深层圆弧滑动稳定性验算时，同样将加筋复合体视为一刚体按传统方法计算：根据圆弧滑动面假定采用条分法进行计算，分别验算滑动面穿过加筋土体及地基土的某圆弧的稳定性，通过搜索最危险滑弧，确定最不利的安全系数应符合 $F_s \geqslant 1.3$。如不满足，应加长筋材或进行地基处理。

（3）地基承载力验算　在进行地基承载力验算时，将加筋复合体假定为一刚体，其自身重力、顶部上覆填土的重力、非加筋区土压力的竖向分量共同作用于加筋区的地基。因此，防止地基整体剪切破坏应符合以下条件

$$\sigma_v \leqslant \frac{q_u}{F_s} \tag{6-18}$$

式中　σ_v——等效基底压力，kPa；

　　　q_u——地基极限承载力，kPa；

　　　F_s——安全系数，要求 $F_s \geqslant 2.5$。

从图（6-18）可求得

$$\sigma_v = \frac{W_1 + W_2 + E_a \sin\beta}{L - 2e}$$

$$e = \frac{E_a \cos\beta \cdot h/3 - E_a \sin\beta \cdot L/2 - W_2 L/6}{W_1 + W_2 + E_a \sin\beta}$$

对墙底面偏心距 e 应满足

$$e \leqslant \frac{L}{6}（土质地基）；e \leqslant \frac{L}{4}（岩质地基）$$

地基极限承载力可按太沙基公式计算

$$q_u = cN_c + 0.5(L - 2e)\gamma N_\gamma \tag{6-19}$$

式中　c——地基土黏聚力，kPa；

　　　L——墙底宽度，m；

N_c、N_γ——由土的内摩擦角 φ 查取的承载力因数。

（4）讨论

1）加筋材料为刚性条带时，其宽度为 $b(\mathrm{m})$，厚度为 $\delta(\mathrm{m})$，设条带的水平和竖向间距分别为 h_x 和 h_y，如墙顶填土面水平，不计超载和水平附加荷载，则式（6-9）改为

$$T_i = \gamma z_i K_i h_x h_y \tag{6-20}$$

式中　T_i——加筋条带的拉力（kN），应小于条带的允许拉力。

由式（6-9）可知，式（6-20）中 K_i 和 T_i 均与条带位置 z_i 有关，根据条带与面板连接的特点，z_i 在分层的中间。因条带的厚度 δ 较小，忽略条带侧面的摩擦力，则筋材的长度为

$$L \geqslant 0.3H + \frac{0.5F_s K_i h_x h_y}{b \tan\varphi_{sg}} \tag{6-21}$$

式中　$\tan\varphi_{sg}$——条带与周围土的摩擦系数，应由试验定，无试验资料时，根据条带表面粗糙情况，按土工织物或土工格栅选取。

2）筋材等间距布置的缺点：只有最底层织物的拉力达到允许抗拉强度，上面各层的实际拉力逐渐减小。如果设计中使各层筋材的拉力均达到允许抗拉强度，则必须采用非等间距布置，即上疏下密，这样每层的土压力相等，并等于筋材的允许抗拉强度。根据式（6-12），

138

因上部筋材的拉力增大，为满足抗拔出要求，其长度也必须增大。即非等间距布置引起非等长布置，这将很大程度上抵消上部加大间距节省材料的优点，同时给施工带来不便。

[例 6-1]　如图 6-19 所示，采用允许抗拉强度为 25kN/m 的土工格栅做加筋材料，修建一座高 6m 的挡土墙（墙背垂直光滑，填土面水平），共 10 层加筋，每层长度 4.2m，回填土重度 $\gamma = 18kN/m^3$，内摩擦角 $\varphi = 30°$。试校核设计中筋材的抗拉断和抗拔出是否安全。

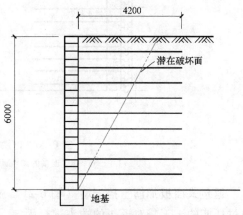

图 6-19　例 6-1

解：根据题意，筋材竖向间距 $S_v = 0.6m$。对土工合成材料满铺，视作柔性加筋土挡土墙，沿墙高取主动土压力系数计算土压力。主动土压力系数为

$$K_a = \tan^2\left(45° - \frac{\varphi}{2}\right) = 0.333$$

1）抗拉断验算。由式（6-9）筋材最大拉力发生在底层，则

$$T_{imax} = \gamma H K_a S_v = (18×6×0.333×0.6)\,kN/m = 21.6kN/m < T_a = 25kN/m$$

2）抗拔出验算。用式（6-13）计算最高一层筋材长度，式中该层拉力由式（6-9）得

$$T_i = \gamma z_i K_a S_v$$

格栅与土的摩擦系数 $f = 0.8\tan\varphi = 0.8×\tan30° = 0.462$，取抗拔出安全系数 $F_s = 1.5$，代入式（6-13）得

$$L_e = 0.5F_s\frac{T_i}{\gamma z_i f} = 0.5F_s\frac{K_a S_v}{f}$$

$$= (0.5×1.5×0.333×0.6/0.462)\,m = 0.33m(\text{实取 }1m)$$

$$L_a = (H - z_i)\tan\left(45° - \frac{\varphi}{2}\right) = (6 - 0.6)\,m×\tan30° = 3.12m$$

$$L = L_e + L_a = (1.0 + 3.12)\,m = 4.12m < 4.2m$$

可见设计满足土工格栅的抗拉断和抗拔出要求。

6.3.3　加筋土挡土墙的细部设计

1. 加筋土挡土墙面板及连接设计

加筋土挡土墙的面板主要起到美观性与防护作用，其面板形式主要有现浇钢筋混凝土面板、砌块式面板、返包式面板、加筋格宾式面板等。

砌块式面板（图 6-20）既有采用混凝土预制实心或空心砌块，也有具有构造配筋的钢筋混凝土砌块。由于面板都是工厂预制，有利于快速施工，对墙面变形具有较好的适应性。砌块式面板与筋材的连接主要有三种方式：①将土工格栅置于上下砌块之间的企口中，并用特制的水平杆将土工格栅在砌块之间卡槽中进行卡位；②将土工格栅置于没有企口的上下砌块面板之间，利用竖直方向的销钉将面板与土工格栅进行连接；③在浇筑砌块时，直接将土

工格栅预制到砌块中。需要注意的是，混凝土存在化学腐蚀作用，PET 土工格栅和土工织物不应浇筑于混凝土中进行连接。

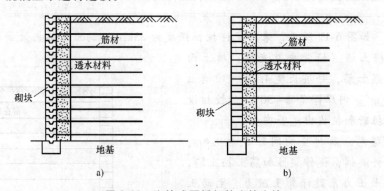

图 6-20　砌块式面板加筋土挡土墙

a）企口连接的砌块面板　b）直接码砌的砌块面板

返包式面板加筋土挡土墙（图 6-21）施工时，将面板位置的土工格栅的端头进行返包，通过压实的土工袋对返包的端头进行固定，上下相邻层土工格栅通过连接棒连接。为了美观会在格栅的缝隙之间播撒草籽或者种植植物，形成绿色植被，同时又能遮挡阳光，保护格栅不受紫外线的直射，提高其耐久性。

整体现浇钢筋混凝土面板（图 6-22）实际上是返包式面板施工完成后在外部做钢筋网，钢筋网与包裹体中预埋的锚杆连接，然后浇筑一定厚度混凝土形成面板。这种面板整体性好，使得返包的土体、土工格栅不会裸露在空气中，起到了一定的保护作用。

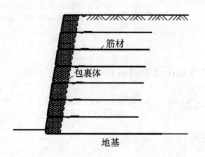

图 6-21　返包式面板加筋土挡土墙

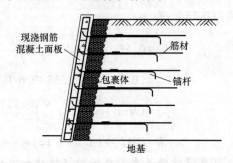

图 6-22　整体现浇钢筋混凝土面板加筋土挡土墙

加筋格宾（图 6-23）是采用经过防腐处理的钢丝编织成的六面体金属网箱，然后在网箱中填充级配良好的硬质石料，将其整体作为砌块一样的面板进行砌筑，不同的是面板的金属网与加筋区的拉筋是由同一钢丝网面一体化制成，避免了面板与筋材之间连接薄弱的问题。同时，可以在面板的钢丝网内侧铺设有椰棕植生垫进行绿化，起到美观的作用。

2. 加筋土挡土墙防排水设计

加筋土挡土墙防排水设计主要有"隔"和"排"两种设计理念：一是能够使水分毫无阻碍地从墙体流出，且不造成加筋结构的土体流失；二是能够使水分无法进入墙体，即水分在进入墙体之前进行有效收集并导出，且不影响加筋土挡土墙的稳定性。在排水设计中上述两种理念是相互结合使用的，一疏一导，相辅相成。加筋土挡土墙排水系统如图 6-24 所示。

加筋土挡土墙水分主要来自墙顶的雨水与加筋区外部的地下水，其排水设计内容分为内

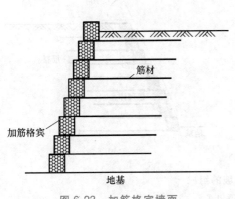

图 6-23　加筋格宾墙面

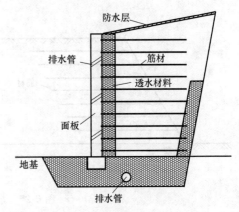

图 6-24　加筋土挡土墙排水系统

部排水设计与外部排水设计。内部排水设计主要是为了把渗入加筋区的顶部雨水、外部地下水导出，即在内部采用透水材料把渗入水分引流排出。通常设有两种形式的内部排水系统：一是针对顶部雨水的渗入，在面板与墙后填土之间设置宽度不小于 300mm 的碎石排水层，同时在碎石与加筋土之间设置土工布起到反滤作用，防止土体被水流带出；二是对于加筋区外部地下水的渗入，在加筋区后部及底部同样铺设透水材料设置连通的排水系统，以保障加筋土结构长期的稳定性。两套系统最终连通外部排水管，从而将水导出。

外部排水设计主要为了防止外部水分的渗入。为防止顶部雨水的渗入，在顶部采用不透水夯实黏土层或混凝土面板设置防水层，并设置散水与纵向排水沟，将水收集导出。

6.4　加筋土边坡

6.4.1　加筋土边坡的组成

加筋土边坡是在填方工程中采用加筋材料，通过筋-土相互作用对填土的侧向变形产生约束作用，从而改善土体性能、增强边坡稳定性。在结构构成上，加筋土边坡与加筋土挡墙同样主要由面层系统、加筋材料、填土构成。两者的区别在于：工程实践上通常把坡角大于 70° 的称为加筋土挡墙，其面层系统既可以采用土工合成材料返包的柔性面板，也可以采用砌块、混凝土现浇刚性面板等形式；把坡角小于 70° 的则称为加筋土边坡，其面层系统主要为柔性护面形式或不设面层系统，不设面层通常采用土工合成材料水平铺设（图 6-25a）。然后在这两种情况基础上进行工程防护、植物防护。

加筋土边坡与传统边坡工程相比，由于对填土进行加筋可以提高边坡稳定性，在同样地形条件、填土特性情况下，可以放更陡的边坡，减少填方量，减少占地，节约土地资源，更加经济、安全。因此，加筋土边坡主要应用于地形或者占地条件限制下放陡坡、新填方边坡的加固、原路堤边坡加高加宽、滑坡治理等（图 6-26）。

6.4.2　加筋土边坡的破坏模式

根据破坏面是否完全在加筋区域内，加筋土边坡的破坏模式主要分为以下三类（图 6-27）：

141

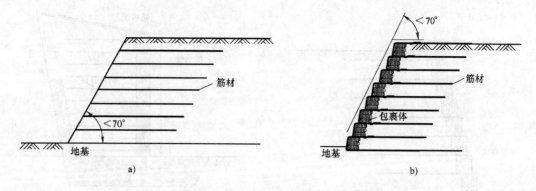

图 6-25　加筋土边坡的组成

a）平铺式　b）返包式

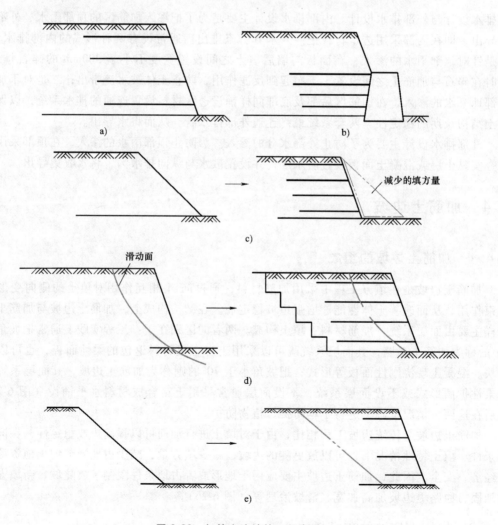

图 6-26　加筋土边坡的工程应用

a）新填方边坡的加固　b）增强挡墙的稳定性　c）构成陡坡减少填方占地

d）滑坡治理　e）道路加宽

1）内部破坏。加筋土边坡的破坏面完全发生在加筋区域内，包括筋材的断裂、拔出、沿筋土界面滑动等（图 6-28）。

2）外部破坏。破坏面完全发生在加筋土区域外。包括整个加筋体沿地基表面的水平滑动、沿着贯穿非加筋区填土与地基的圆弧面滑动、软基侧向挤出（坡脚承载力破坏）或过量沉降等（图 6-29）。

3）混合型破坏。破坏面一部分在加筋区域外，一部分穿过加筋区域。

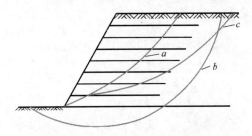

图 6-27　加筋土边坡的破坏模式

a—内部破坏　b—外部破坏　c—混合型破坏

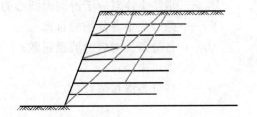

图 6-28　加筋土边坡的内部破坏形式

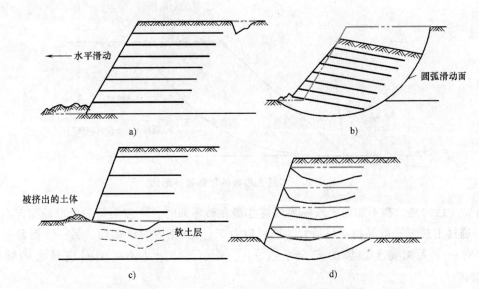

图 6-29　加筋土边坡的外部破坏形式

a）水平滑动破坏　b）圆弧滑动破坏　c）局部承载能力破坏　d）过量沉降破坏

6.4.3　加筋土边坡的稳定性分析及设计方法

1. 内部稳定性分析

（1）计算满足安全系数 F_{sr} 所需要的筋材总拉力 T_s　如图 6-30 所示，在边坡临界区内有无数个潜在的破坏面，对于任意一个潜在破坏面，根据力矩平衡，可算得所需筋材总拉力 T_s

$$T_s = (F_{sr} - F_{su}) \frac{M_D}{D} \tag{6-22}$$

$$M_D = \sum (W_i + Q_i) R \sin \alpha_i \tag{6-23}$$

式中　F_{sr}——加筋土坡所要求的安全系数；

F_{su}——不加筋土坡的稳定安全系数；

T_s——为达到要求的安全系数 F_{sr}，在筋材与滑动面交界处，每延米所需的筋材总拉力 T_s；

D——T_s 关于圆心的力臂，对于连续片状分布筋材（如土工织物、土工格栅等），可以认为 T_s 与圆弧滑动面相切，取 $D=R$，对于刚度大的条带式筋材，可先假定破坏面在坡高的 1/3 处 T_s 沿着水平方向，此时 $D=Y$；

M_D——滑动土体对应于滑动面圆心的力矩之和；

W_i——条分法中各分条的自重；

Q_i——各分条处对应的坡顶超载；

R——滑弧半径；

α_i——各分条滑弧圆心角。

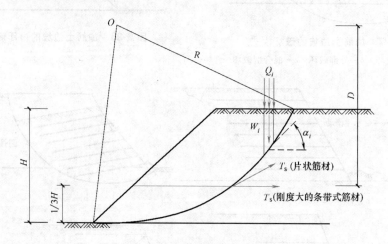

图 6-30　加筋土边坡的外部破坏形式

需要注意的是，在不加筋土坡临界区建立潜在破坏面时，一方面每一个滑动面都对应一个 T_s，通过上述方法可寻找获得最大的筋材拉力 T_{smax} 及相应的滑动面；另一方面每一个滑动面都有一个无加筋土边坡的安全系数 F_{su}，最小的 F_{su} 并不一定对应最大的筋材拉力 T_{smax}。

（2）确定筋材拉力的分布与筋材的竖向间距　筋材拉力分布可根据 T_{smax} 与 H 确定（图 6-31）：

1）当坡高 $H \leqslant 6m$ 时，可按照一个区域均匀分配总拉力 T_{smax}，筋材可等间距布置；

2）如果 $H>6m$，则可沿坡高分为等高度的 2~3 区域分配 T_{smax}，每个区域的筋材拉力均匀分配。

当 1 个区域分配时，$T_z = T_{smax}$；当 2 个区域分配时，底部 $T_z = 3/4T_{smax}$，上部 $T_z = 1/4T_{smax}$；当 3 个区域分配时，底部 $T_z = 1/2T_{smax}$，中部 $T_z = 1/3T_{smax}$，上部 $T_z = 1/6T_{smax}$。

每个区域的筋材竖向间距 S_v 及加筋层数 N 由下式确定

$$T_i = \frac{T_z S_v}{H_z} = \frac{T_z}{N} \leqslant T_a R_c \qquad (6\text{-}24)$$

式中　R_c——加筋覆盖率，对于连续片状筋材，$R_c = 1.0$，对于条带状筋材，等于筋材的宽

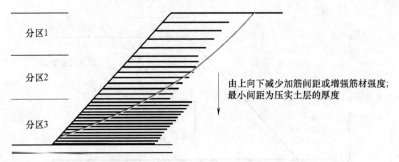

分区1

分区2

分区3

由上向下减少加筋间距或增强筋材强度；
最小间距为压实土层的厚度

图 6-31　加筋土坡筋材的分区布置

度 b 除以水平间距 S_h；

S_v——各加筋区域筋材的竖向间距，m；

H_z——各加筋区域的高度，m；

T_z——各加筋区域筋材的拉力，kN/m；

N——各加筋区域的加筋层数；

T_a——筋材的允许抗拉强度，kN/m。

需要注意的是，筋材竖向间距 S_v 小于填土的最小压实厚度时，应改用强度更高的加筋材料。

（3）确定筋材锚固长度 L_e　对于加筋土边坡，筋材锚固长度计算的原理与加筋土挡墙基本相同，锚固区域筋材上下表面受到的静摩擦力大于筋材受到的拉力，筋材才不会被拔出。筋材锚固长度可以通过下式计算

$$L_e = \frac{T_j F_e}{2f_{cs}\alpha\sigma'_v R_c} \tag{6-25}$$

式中　L_e——滑动面后被动区内筋材的埋置长度，m；

T_j——第 j 层筋材所受的拉力，kN/m；

F_e——筋材抗拔出的稳定安全系数，对于粒料土取 1.5，对于黏性土取 2.0；

α——考虑筋材与土相互作用的非线性分布效应系数，取 0.6~1，资料缺乏时，土工格栅取 0.8，土工织物取 0.6；

σ'_v——筋土交界面的有效正应力，可按作用在筋材上的填土自重应力计算；

R_c——加筋覆盖率，对于连续分布的土工格栅和土工织物，取 1；

f_{cs}——抗拔阻力系数（界面摩擦系数），缺乏资料时，对于土工织物 $f_{cs}=2/3\tan\varphi_s$，对于土工格栅 $f_{cs}=0.9\tan\varphi_s$，φ_s 为与筋材接触土的内摩擦角。

2. 外部稳定性验算

（1）抗滑移验算　这时可以将加筋区当成一个刚性挡土墙进行墙底滑动验算，底边滑动面假定为加筋土坡底部或各层筋材的筋土界面，如图 6-32 所示。加筋区后的土压力可由库仑主动土压力确定。外部稳定的安全系数需大于规范规定的最小值。

（2）深层滑动验算　在无筋土坡的稳定计算中可以发现是否存在深层滑动面（图 6-33）。当完成加筋土坡设计以后，还应检查所有通过加筋土体之后及深入地基土层的滑动面是否满足稳定性要求，即

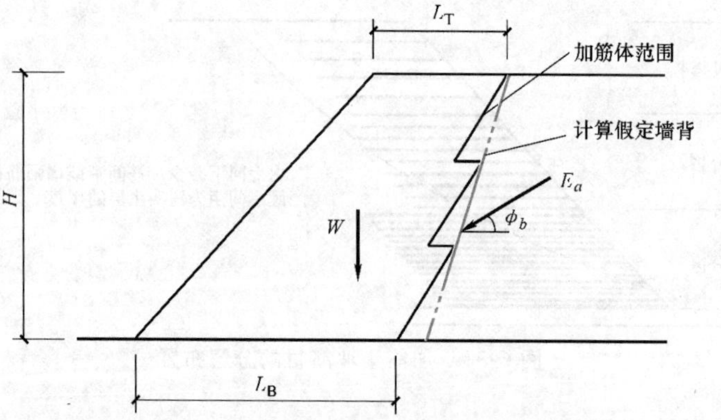

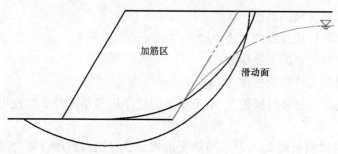

图 6-32　加筋边坡外部稳定分析

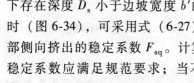

图 6-33　整体滑动稳定校核

$$F_s = \frac{M_R}{D} \qquad (6\text{-}26)$$

计算可采用简化毕肖甫（Bishop）法、简布（Janbu）法、斯宾塞（Spencer）法、摩根斯坦-泼赖斯（Morgenstern-Price）法等。

（3）坡脚局部承载力验算　当边坡下存在深度 D_s 小于边坡宽度 b' 的软弱土时（图6-34），可采用式（6-27）计算局部侧向挤出的稳定系数 F_{sq}。计算所得的稳定系数应满足规范要求；当不满足要求时，应对地基进行处理。

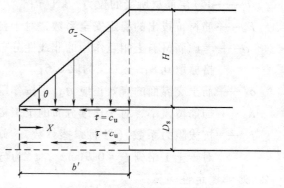

$$F_{sq} = \frac{2c_u}{\gamma D_s \tan\theta} + \frac{4.14c_u}{H\gamma} \qquad (6\text{-}27)$$

式中　θ——坡角，（°）；

γ——土的重度，kN/m^3；

D_s——填方坡底以下软土的厚度，m；

H——坡高，m；

c_u——坡下软土的不排水强度，kN/m^3。

图 6-34　局部侧向挤出稳定分析

（4）地基沉降验算　可采用经典的沉降计算方法，计算总沉降量的大小、差异沉降与沉降速率。

3. 讨论

对于建立在坚实地基上的采用土工格栅加筋的边坡，且坡内无孔隙水压力、填土均匀无黏聚力，坡顶荷载 $q \leqslant 0.2 \gamma_r$，可根据图 6-35 计算筋材总的最大拉力 T_{smax}。

1）确定考虑加筋土边坡安全系数 F_{sr} 后的填土强度

$$\varphi_f = \arctan\left(\frac{\tan\varphi_r}{F_{sr}}\right) \tag{6-28}$$

式中　φ_r——加筋区填土的内摩擦角。

2）确定顶部均布荷载等效换算后总的填土高度

$$H' = H + \frac{q}{\gamma_r} \tag{6-29}$$

式中　q——坡上均布超载；

　　　γ_r——加筋区填土的重度。

3）确定筋材总的最大拉力

$$T_{smax} = 0.5 K \gamma_r H'^2 \tag{6-30}$$

式中　K——根据图 6-35a 确定的土压力系数。

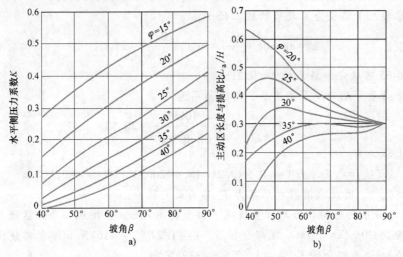

图 6-35　k-β 曲线及 L_a/H-β 曲线

注意：当一个加筋土边坡有多个潜在破坏面时，借助式（6-22），通过力矩平衡手动计算找寻最大拉力较为烦琐。因此，在满足假设条件下，可借助式（6-30）简化计算。也可以将式（6-22）计算的 T_s 与式（6-30）获得的 T_{smax} 比较，进行校验，如果二者有明显的差别，应检查无筋土坡稳定安全系数的搜索与计算。

[例 6-2]　如图 6-36 所示，在硬地基上建筑一个高 20m，坡角为 55° 的边坡，坡顶水平，顶部受到 10kPa 的均布荷载。填料 $c' = 3$kPa，$\varphi' = 35°$，重度 $\gamma_r = 18.8$kN/m³。拟采用允许抗拉强度为 $T_a = 22$kN/m 的土工格栅逐层加筋，并在坡面翻卷，要求加筋边坡的内部稳定安全系数取值 1.5。试进行土工格栅布置的设计。

解：1）无加筋边坡根据瑞典条分法获得安全系数与潜在破坏面（图 6-36），对比得到当安全系数 $F_{su} = 0.894$ 时，潜在破坏面筋材总拉力最大，则

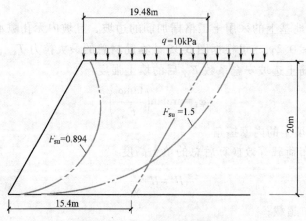

图 6-36　加筋边坡设计算例

$$T_s = (F_{sr} - F_{su}) \frac{M_D}{D} = (1.5 - 0.894) \times \frac{21861.17\text{kN}}{15.403\text{m}} = 860.08\text{kN/m}$$

2）由于加筋土边坡为坚实地基，可根据图 6-35 校验筋材最大拉力。

计算考虑要求加筋安全系数后的填土强度

$$\varphi_f = \arctan\left(\frac{\tan\varphi'}{F_{sr}}\right) = \arctan\left(\frac{0.7}{1.5}\right) = 25.02°$$

根据图 6-35 可确定加筋系数 $K = 0.21$。

坡顶均布荷载等效为填土高度后，填土总高为

$$H' = H + \frac{q}{\gamma_r} = 20\text{m} + \frac{10\text{kPa}}{18.8\text{kN/m}^3} = 20.53\text{m}$$

筋材最大拉力为

$$T_{s\max} = 0.5 K \gamma_t H'^2 = (0.5 \times 0.21 \times 18.8 \times 20.53^2)\text{kN/m} = 832\text{kN/m}$$

由于 $T_s > T_{s\max}$，因此采用筋材总拉力 T_s 作为最大拉力。

3）确定各分区的筋材拉力与布置情况。由于坡高>6m，应按照三个分区进行拉力分配，每个分区高度为 20m/3 = 6.7m。底部分区 3，$T_z = 1/2 T_{s\max} = 416\text{kN/m}$；中部分区 2：$T_z = 1/3 T_{s\max} = 277\text{kN/m}$；上部分区 1：$T_z = 1/6 T_{s\max} = 139\text{kN/m}$。

所需要总的加筋层数最小值为：$N = T_{s\max}/T_a = 832/22 = 37.8$，取整 38 层。

各分区所需要的最小加筋层数分别为：分区 1，$N_1 = 139/22 = 6.3$，取 7 层；分区 2：$N_2 = 277/22 = 12.6$，取 13 层；分区 3：$N_3 = 416/22 = 18.9$，取 19 层。总加筋层数为：39 层≥38 层，可行。

分区的筋材竖向间距分别为：分区 1，$S_{v1} = 6.7\text{m}/7 = 0.96\text{m}$，取 1.0m；分区 2：$S_{v2} = 6.7\text{m}/13 = 0.52\text{m}$，取 0.6m；分区 3：$S_{v3} = 6.7\text{m}/19 = 0.35\text{m}$，取 0.4m。

根据公式 $L_e = \dfrac{T_j F_e}{2 f_{cs} \alpha \sigma_v' R_c}$ 确定不同高度处筋材的锚固长度，粗粒土 $F_e = 1.5$，根据拉拔试验确定界面调整系数 $\alpha = 0.66$，加筋覆盖率为 $R_c = 1.0$，因此可得：当 $z = 1\text{m}$ 时，$L_e = 2.1107\text{m}$；当 $z = 2\text{m}$ 时，$L_e = 1.05\text{m} < 2\text{m}$，取 2m；当 $z = 3\text{m}$ 时，$L_e = 0.70\text{m} < 2\text{m}$，取 2m；当 $z = 4\text{m}$ 时，$L_e = 0.53\text{m} < 2\text{m}$，取 2m；当 $z = 5\text{m}$ 时，$L_e = 0.42\text{m} < 2\text{m}$，取 2m；当 $z = 6\text{m}$ 时，$L_e = 0.35\text{m} < 2\text{m}$，取 2m；当 $z > 7\text{m}$ 时，$L_e = 0.30\text{m} < 2\text{m}$，取 2m。

6.4.4 加筋土边坡的坡面防护及排水设计

（1）加筋土边坡坡面防护设计 为了坡面的美观、防止土体流失，加筋土边坡坡面防护设计主要分为两大类——工程防护与植物防护。工程防护一般采用格宾、钢丝网、砌石喷浆等。植物防护：缓坡采用喷播绿化，陡坡采用土工合成材料与植草或灌木相结合的方式。实际工程中以植物防护为主，也会结合使用工程防护。需要注意的是，为了防止雨水对坡脚冲刷、侵蚀，采用植被防护时应设置坡脚护面墙。

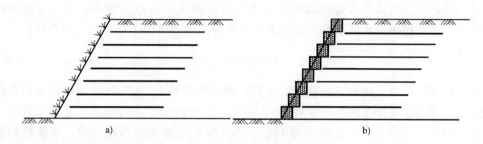

图 6-37 加筋边坡坡面防护形式
a）植物防护 b）工程防护

（2）加筋土边坡的防/排水设计 加筋土边坡的防排水设计与加筋土挡墙原理相同，针对可能对加筋土边坡造成侵蚀作用的地表水和地下水，采用防渗与疏导相结合的方式（设置防渗层、铺设碎石排水层、土工布反滤层、埋置排水管等）将水引流排出边坡。加筋土边坡排水系统如图 6-38 所示。排水系统的具体尺寸、坡度、细部构造措施，需根据当地的降水量、地质水文条件，结合设计规范要求进行布置。

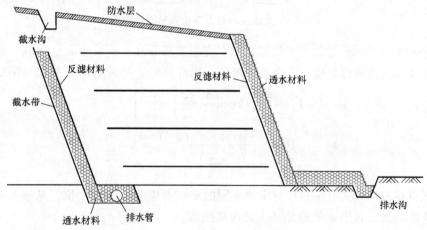

图 6-38 加筋土边坡排水系统

6.5 条形基础的加筋地基

理论分析、试验观察和工程实践都表明，基础下方的土在沉降的同时向两侧扩张，地基土破坏时，基础两侧的地表隆起。因此在基础下方存在着一个拉伸变形区域，如果将土工合成材料布置在这个区域，将产生拉力，提高地基的承载力。

6.5.1　平面土工合成材料加筋土地基

加筋用平面土工合成材料主要包括土工织物、土工格栅等片状、格网状、条带状土工合成材料。平面土工合成材料加筋土地基是将土工织物、土工格栅等加筋材料分层铺设于条形基础下方，与地基土一起承担基础荷载，提高地基承载力。

1. 筋材布置

太沙基等研究者将条形浅基础破坏时（整体滑动破坏）的地基分成三个区，即主动极限平衡区Ⅰ、被动极限平衡区Ⅲ和过渡区Ⅱ，并推导出地基极限承载力公式（6-31）。

$$p_u = cN_c + \gamma dN_q + \frac{b\gamma}{2}N_\gamma \tag{6-31}$$

由式（6-31）可见，由地基土的重度 γ 和抗剪强度参数 c、φ 等参数即可计算地基的极限承载力。但是对于加筋土地基，存在 c、φ 和 γ 是取加筋土垫层的参数还是取原地基土参数的问题。答案是只有当加筋土的范围不小于图 6-39 中完整滑动面范围时，才能取加筋土的有关参数，筋材也应均布在该范围才能发挥正常功能。

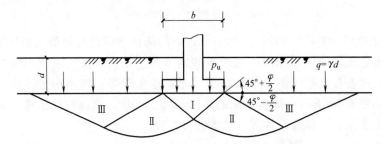

图 6-39　太沙基承载力理论假设的滑动面

根据 Prandtl-Reissner 理论可求得基础两侧完整滑动面总水平长度 L_u，见式（6-32）；在过渡区的滑动面为对数螺旋线，求深度的极值，得滑动面最大深度 D_u，见式（6-33）。

$$L_u = b\left[\left(1 + 2\tan\left(\frac{\pi}{4} + \frac{\varphi}{2}\right)\right)e^{\frac{\pi}{2}\tan\varphi}\right] \tag{6-32}$$

$$D_u = \frac{b\cos\varphi}{2\cos\left(\frac{\pi}{4} + \frac{\varphi}{2}\right)}e^{\left(\frac{\pi}{4} + \frac{\varphi}{2}\right)\tan\varphi} \tag{6-33}$$

根据式（6-32）和式（6-33）可求得不同的 φ 值对应的 L_u 和 D_u 值，见表 6-4，它们是基础宽度 b 的倍数，表中 φ 取原地基土的内摩擦角。

很多模型试验揭示地基极限承载力随筋材长度和深度增加而变化的规律，虽然长度和深度增加至一定值后，极限承载力增加缓慢，但理论上只有达到表 6-4 所列深度和长度时，极限承载力才停止增长。

表 6-4　滑动面长度和深度

$\varphi/(°)$	0	5	10	15	20	25	30	35
L_u/b	7.00	7.50	4.14	4.97	6.06	7.53	7.58	12.53
D_u/b	0.71	0.79	0.89	1.01	1.16	1.35	1.59	1.90

实践中，对筋材布置范围的要求是：最上层筋材距基底 $z_1 < 2/3b$、最下层筋材距基底 $z_n \leqslant 2b$、筋材层数 N 为 3~6，且长度 L 足够。此时加筋地基的破坏表现为筋材的断裂，其断裂点在基础下方，接近筋材与压力扩散线的交点。

从表 6-4 中可看出，当 φ 从 0° 增至 35° 时，L_u 从 7.0b 增至 12.53b，筋材的增长大幅度增加了基坑开挖的工程量，而增加的极限承载力又伴随着基础的过量沉降，故适当减短长度，损失一定的承载力是合理的。

按基础两侧压力扩散线外侧筋材的抗拔出极限状态来确定筋材长度，要求筋材允许拉力 ≤ 压力扩散线外侧筋材的抗拔力，并且在计算筋材锚固段长度时，忽略基底压力在筋材上产生的附加应力所引起的摩擦力，只计算上覆土重引起的正应力。由图 6-40，第 i 层筋材的水平总长度 L_i 为

$$L_i = b + 2z_i \tan\theta + \frac{T_a F_s}{f\gamma(d+z_i)} \tag{6-34}$$

式中　d——基础埋深，m；

f——土与筋材的界面摩擦系数，由试验确定。无试验资料时，土工织物可取 0.67$\tan\varphi$，土工格栅可取 0.8$\tan\varphi$，φ 为加筋砂垫层中砂的内摩擦角；

θ——压力扩散角，可以从现行《建筑地基基础设计规范》中查找；

F_s——筋材抗拔出安全系数，可取 2.5；

γ——加筋砂垫层中砂的重度，kN/m³。

用式（6-34）计算得各层筋材长度后，可取最大值，按各层等长布置，一般长度不超过 2.5b。实际上，加筋地基的破坏形式已不是整体剪切破坏，而是沿压力扩散线的冲剪破坏。这与许多研究者发现加筋地基的破坏面并非为向基础某侧发展的完整滑动面，而是从基础边缘向下方近似垂直的发展，或与铅直方向形成一定的压力扩散角的分析是一致的。一些试验还观察到地基的压力扩散角 θ 并不因布置了筋材而增加。

2. 地基承载力设计公式

在加筋地基中，土和筋材的相对位移（或位移趋势）形成了土与筋材界面的摩擦力，从而在筋材中产生拉力（图 6-40）。筋材拉力对地基承载力的贡献包括以下两个方面：一是拉力向上分力的张力膜作用，二是拉力水平分力的反作用力所起的侧限作用。侧限作用可根据极限平衡条件计算，具体做法是将 N 层筋材设计拉力的水平分力除以 D_u，得到水平限制应力增

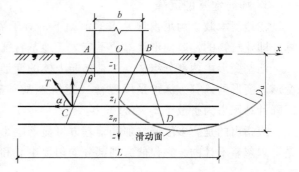

图 6-40　加筋地基的破坏分析

量 $\Delta\sigma_3 = NT\cos\alpha/D_u$，$\alpha$ 为筋材拉力与水平面夹角，取 $\alpha = 45° + \varphi/2$，即筋材变形后沿朗肯主动滑动面方向，φ 为砂垫层的内摩擦角。用极限平衡条件求 $\Delta\sigma_3$ 对应的竖向应力增量 $\Delta\sigma_1$ 即提高的地基承载力。再考虑到筋材拉力的向上分力增加的地基承载力 $2NT\sin\alpha/(b + 2z_n\tan\theta)$，则筋材提高的地基承载力 Δf 可用下式表示

151

$$\Delta f = \frac{NT_a}{F_s} \left[\frac{2\sin\left(45°+\frac{\varphi}{2}\right)}{b+2z_n\tan\theta} + \frac{\cos\left(45°+\frac{\varphi}{2}\right)}{D_u}\tan^2\left(45°+\frac{\varphi}{2}\right) \right] \tag{6-35}$$

式中　F_s——地基承载力安全系数，$F_s = 2.5 \sim 3.0$；

　　　z_n——最低一层筋材的深度，m。

考虑因埋深修正而提高的承载力和垫层压力扩散提高的承载力，则加筋地基增加的地基承载力设计值 Δf_R 为

$$\Delta f_R = \eta_d \gamma (d+z_n-0.5) + p_k \frac{2z_n\tan\theta}{b+2z_n\tan\theta} + \Delta f \tag{6-36}$$

式中　η_d——基础埋深的地基承载力修正系数，根据地基土的分类和土性指标查现行《建筑地基基础设计规范》；

　　　γ——原地基土的重度，kN/m^3；

　　　p_k——相应于荷载效应标准组合时，基础底面处的平均压力值，kPa。

加筋土（砂）垫层地基承载力设计公式为

$$p_k - f_{ak} \leqslant \Delta f_R \tag{6-37}$$

式中　f_{ak}——垫层下软土地基承载力特征值，kPa。

总结加筋地基的设计步骤如下：

1）初步选定加筋材料，如土工格栅或土工织物，拟定其布置参数，包括第一层到基底面距离 z_1，第 N 层到基底面距离 z_n，间距 $S_v = (z_n - z_1)/(N-1)$；确定填土垫层中填土的内摩擦角 φ 和重度 γ。

2）据式（6-36）和式（6-35）分别计算出加筋地基需提高的地基承载力 Δf_R 及要求筋材提供的承载力增量 Δf。

3）按式（6-37）校核加筋地基的承载力。

4）由式（6-34）得到加筋材料的长度 L_i，取最大值等长布置。

3. 加筋地基的沉降

在地基承载力满足设计要求的前提下，对于需要进行变形验算的建筑物还应做变形计算，即建筑物的地基变形计算值不应大于地基特征变形允许值。

地基变形由两部分组成，一是加筋土体的变形，该变形可忽略不计；二是其下软土层的变形。变形的计算方法可采用现行《建筑地基基础设计规范》中最终沉降量的计算公式，沉降计算压力为扩散于 z_n 处的压力。

应指出的是，多层筋材加筋地基方可显著减小沉降量，而一层筋材对于减小沉降的作用是可以忽略不计的，它仅能起到部分均匀堤中心和两侧沉降差的作用。

6.5.2　土工格室加筋地基

土工格室是一种蜂窝状的立体加筋材料。土工格室通过每个单元的箍力来增强体系的承载能力，甚至不需要初始变形即可发挥加筋作用。土工格室提高承载力的机理在于格室侧壁的摩擦和限制力不仅增加了土体围压，还使之获得了"准黏聚力"。研究发现，承载力随格室材料强度的增大而提高，并且单个格室的高、宽比在 1.0 ~ 1.5 范围内加筋效果较好。当格室侧壁有斜纹、穿孔时，还可进一步提高承载力。侧壁的穿孔兼有排水、允许根系横向发

展的作用，同时减小材料消耗。此外，填土压实后土工格室各个单元之间存在较强的相互作用，在竖向荷载的作用下会发挥一定的抗弯能力和抗剪能力。因此，跟平面加筋材料相比，土工格室加筋土的地基加固性能更优。

美国 R. K. Koerner 根据 Terzaghi 理论给出了土工格室加筋地基承载力的计算公式，认为土工格室的限制作用使得地基破坏面向下延伸，扩大了滑动面范围。原有地基（无土工格室）和土工格室加筋地基的破坏形式如图 6-41 所示，承载力计算公式分别为式（6-38）和式（6-39）。王协群根据土工格室的环形结构特点，推导了极限承载力增量 Δp_u，改进了土工格室加筋地基承载力公式（6-39a）。从式（6-39a）可看出，土工格室增加的地基承载力还包括向上的侧壁摩擦力（式中第一项）和格室自重形成的旁侧荷载（式中第三项）。

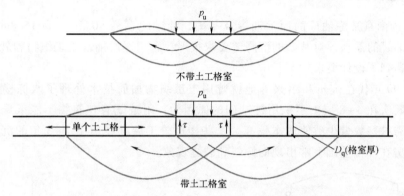

图 6-41　带/不带土工格室组合体破坏机理示意图

无土工格室

$$p_u = cN_c\zeta_c + 0.5\gamma bN_\gamma\zeta_\gamma \tag{6-38}$$

有土工格室

$$p_u = 2\tau + cN_c\zeta_c + qN_q\zeta_q + 0.5\gamma bN_\gamma\zeta_\gamma \tag{6-39a}$$

$$p_u = 2\frac{D_q}{r}\tau + cN_c\zeta_c + qN_q\zeta_q + 0.5\gamma bN_\gamma\zeta_\gamma \tag{6-39b}$$

式中　　p_u——地基极限承载力，kPa；

c——黏聚力，kPa；

q——旁侧荷载，kPa，$q = \gamma_q D_q$；

γ_q——格室内土的重度，kN/m^3；

D_q——土工格室的厚度，m；

r——土工格室铺设充砂后呈圆环形，圆环的半径，m；

γ——破坏区土的重度，kN/m^3；

b——基础宽度，m；

τ——土工格室侧壁与其间土的抗剪强度，kPa，对粗颗粒土有 $\tau = \sigma_h \tan\varphi_{sg}$，$\varphi_{sg}$ 为土与格室侧壁间的摩擦角，建议按表 6-5 计算；

σ_h——土工格室内土的平均水平应力，kPa，$\sigma_h = pK_a$；

K_a——主动土压力系数；

N_c、N_q、N_γ——承载力系数（与土的内摩擦角有关）；

ζ_c、ζ_q、ζ_γ——考虑基础为条形基础假设的误差，基础底面形状修正系数，建议采用魏锡克（A. S. Vesic）地基极限承载力公式中给出的基础形状因数计算公式。

表 6-5　φ_{sg}的建议值

土工格室		粗砂石	石英砂	碎石
侧壁	光滑	0.71	0.78	0.72
	斜纹	0.88	0.90	0.72
	穿孔	0.90	0.89	0.83

6.5.3　工程实例

图 6-42 为南京某炼油厂的原油油罐及基础，油罐的直径 40.5m，高 15.8m，下卧 40m 厚的软土。油罐的浮动顶对基础的沉降差要求很严，采用逐层铺设土工织物和砂垫层的方法处理地基，达到了设计要求。

20 世纪 90 年代在杭州和绍兴等地就曾用土工织物加筋技术处理了八栋楼房的软土地基，楼房的层次在 4~8 层。不采用桩基础的原因为：附近既有建筑物不能承受桩基施工的振动，或所需桩基数量少致使成本偏高。这些楼房竣工后都经历了 2~3 年的沉降观测，表明避免了楼房在片筏基础上常出现的倾斜和裂缝现象。

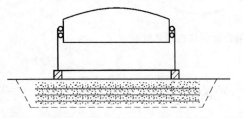

图 6-42　油罐基础的加筋砂垫层（王铁儒等，1987）

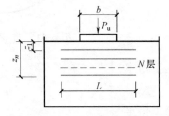

图 6-43　加筋地基的模型试验

在研究用土工织物加筋提高浅基础承载力方面，有很多模型试验的成果供设计参考。如图 6-43 所示装置，b 为基础宽度，加筋织物长度为 L，z_1 和 z_n 分别表示顶层和最底层土工织物的深度，并设 P_0 为无加筋时的极限荷载，P_u 为加筋条件下沉降达到与 P_0 作用下沉降相同时的荷载。令承载比 $BCR = P_u/P_0$，主要的试验成果列举如下：

1) 对于相对密度 $D_r > 50\%$ 的砂，BCR 值较小，但当沉降较大，如达到 $0.1b$ 时，不同密度砂的 BCR 稳定在 1.7 左右，即不受密度的影响。

2) 顶层加筋的最佳深度 $z_1 = 0.3b$，有效加筋范围为 $z_n \leqslant 2b$；

3) 在有效深度内，层数 N 增加，BCR 增加，直到 $N = 6$，达到峰值 $BCR = 3.0$，层数再增加，BCR 无明显改变。

4) 织物长度 L 增加至 $L = 2.5b$ 时，BCR 接近最大，再增加 L 只是增加了锚固段长度，BCR 几乎没有变化。

5) 当织物抗拉强度增加时，BCR 增大，如从 67kN/m 增加到 216kN/m，BCR 由 1.7 增加到 2.6。

分析土工织物对地基的加筋作用主要有以下三个方面：

1) 增强砂垫层的整体性和刚度，减小不均匀沉降。

2）扩散应力，使压缩应力分布均匀。

3）约束软弱土的侧向变形。

[例 6-3]　黄石市某泄洪闸的闸室底宽 b 为 5.0m，基底压力设计值 $p_k = 280$kPa，埋深 $d = 3.37$m，地基淤泥质土的重度 $\gamma = 18.4$kN/m³，地基承载力特征值 $f_{ak} = 100$kPa，黏聚力 $c = 40$kPa，内摩擦角 $\varphi = 16°$。初步设计拟在闸室及前面二节和后面一节箱涵的下方采用外径 50cm，长 14m 的微型桩 93 根处理地基。施工图设计阶段改为土工格栅加筋土垫层。试完成设计。

解：设计用三层土工格栅构成加筋土地基，其布置如图 6-44 所示。第一层到基底面距离 $z_1 = 0.6$m，第 3 层到基底面距离 $z_n = 1.6$m，间距 $\Delta H = (z_n - z_1)/(3-1) = 0.5$m。试验测得砂垫层中砂的内摩擦角 $\varphi_s = 34°$。

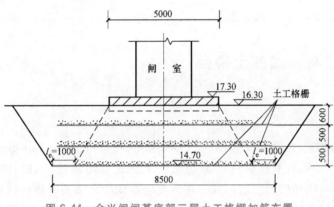

图 6-44　合兴闸闸基底部三层土工格栅加筋布置

1）由式（6-35）可得

$$\Delta f_R = p_k - f_{ak} = (280 - 100)\text{kPa} = 180\text{kPa}$$

将 $\Delta f_R = 180$kPa 和查得的 $\eta_d = 1.1$，$\theta = 25°$ 代入式（6-35）得

$$\Delta f = \Delta f_R - \eta_d \gamma (d + z_n - 0.5) - p_k \frac{2 z_n \tan\theta}{b + 2 z_n \tan\theta}$$

$$= 180\text{kPa} - 1.1 \times 18.4 \times (3.37 + 1.6 - 0.5)\text{kPa} - 280 \times \frac{2 \times 1.6 \times \tan25°}{5 + 2 \times 1.6 \times \tan25°}\text{kPa}$$

$$= (180 - 90.47 - 68.36)\text{kPa}$$

$$= 25.17\text{kPa}$$

从上面计算中可见，因埋深修正增加的承载力达 90.47kPa，因压力扩散增加的承载力达 68.36kPa，而要求筋材提供的承载力增量 Δf 仅为 25.17kPa。

2）将地基土的内摩擦角 $\varphi = 16°$ 代入式（6-32），得 $D_u = 5.2$m；将 $N = 3$，$\varphi_s = 34°$，$F_s = 2.5$ 代入式（6-34）得

$$25.17\text{kPa} = \frac{3 T_a}{2.5}\left(\frac{2\sin62°}{5 + 2\tan25°} + \frac{\cos62°}{5.2}\tan^2 62°\right)\text{kPa} = T_a \times (0.357 + 0.383)\text{kPa}$$

求解得土工格栅的允许抗拉强度 $T_a = 34.02$kN/m。而 Δf 中，因拉力向上分力和侧限作

用提高的地基承载力分别为 11.57kPa 和 13.60kPa。

将 $F_s = 2.5$，$f = 0.8\tan\varphi_s$，$\varphi_s = 34°$ 代入式（6-33）得

$$L = \left(5 + 2 \times 1.6 \times \tan25° + \frac{34.02 \times 2.5}{18.4 \times (3.37 + 1.6) \times 0.8 \times \tan34°}\right)m = (5 + 1.49 + 1.72)m = 8.21m$$

取三层筋材下料长度为 8.50m。实际需选用抗拉强度 $T = 110$kN/m 的土工格栅（总强度折减系数 $RF = 110/35.5 = 3.1$）。

3）闸基沉降量验算。按《建筑地基基础设计规范》推荐公式，$s = \dfrac{4pz\alpha}{E_s}$ 计算沉降量，p 可取垫层底面附加压力值，沉降计算深度 z 取垫层以下深度，$z = b(2.5 - \ln b) = 3.7m$（$b$ 可取垫层底面的宽度），即取加筋砂垫层底下 $z = 3.7m$ 的淤泥质粉质黏土层验算，得沉降量 s 为 0.052m。

6.6　土工合成材料加筋土桥台

6.6.1　概述

土工合成材料加筋土桥台复合结构（Geosynthetic Reinforced Soil-Integrated Bridge System，简称 GRS-IBS）是土工合成材料加筋土技术新的应用领域。GRS-IBS 由加筋土基础、加筋土桥台、桥跨结构和桥头引道构成。在该复合结构中，加筋土桥台代替常规的桩基高承台或重力式桥台支撑桥梁荷载，如图 6-45 所示。加筋土基础由加筋土外包裹土工织物构成，填料一般为级配良好的粗颗粒土，主要用来提高原有地基的承载力和均匀性，同时采用土工织物包裹的加筋土，在一定程度上起到反滤层作用，在有水流侵蚀的工况下，还可以防止水

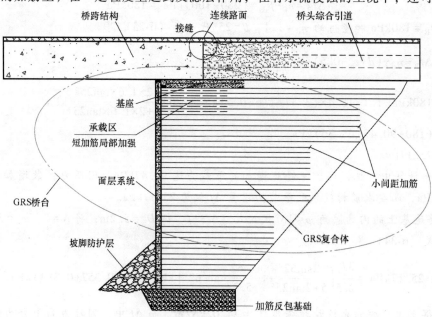

图 6-45　土工合成材料加筋土柔性桥台复合结构（GRS-IBS）

流对基础的冲刷掏蚀。加筋土桥台是由压实填料和土工合成材料筋材按小间距（加筋间距不超过 30cm，常用间距为 20cm）分层交互铺设构成的 GRS 复合体。桥跨结构可以直接安置在加筋土桥台顶部的压实填土上，可不设桥梁基座。桥头引道是桥跨结构与主体道路之间的过渡段，靠近桥梁一端直接建在加筋土桥台上，逐步过渡到正常道路。

在常规的桥梁建设中，由于刚性桥台与填土路基之间的差异沉降过大，常产生桥台错台，导致"桥头跳车"问题，影响行车安全，并增加维护成本。而在 GRS-IBS 中，桥跨结构同桥头引道均直接安置于 GRS 复合体上，且桥台上部直接承受桥跨结构荷载的区域采用"短加筋局部加强"措施以减轻或消除与桥头引道的差异沉降，控制"桥头跳车"现象的发生。桥头引道的路基由土工织物反包粗颗粒压实填料构成，接缝处能与桥跨结构端面柔性结合，沥青路面可不设伸缩缝。

世界上第一座 GRS-IBS 是 2005 年建成的美国俄亥俄州某 Bowman 公路桥，之后加拿大、日本、欧洲和中国等陆续展开了对该项技术的研究、改进和应用。研究和工程实践表明，这种新型桥梁系统具有技术先进、节约投资、施工便捷、维护成本低等诸多优点。由于加筋土桥台在桥梁静载和交通荷载作用下，仍会发生一定的变形，从目前的应用情况看，GRS-IBS 技术主要适用于单跨中小型桥梁工程。

6.6.2 工程案例简介

建于 2005 年的 Bowman 公路桥是世界上首座采用 GRS-IBS 技术的桥梁（图 6-46），建成后长达 3 年的监测结果表明，加筋土桥台的工作性能良好，桥梁与引道过渡处路面无裂缝出现，加筋土桥头的变形在预期范围内。具体来讲，桥梁服役 2 年后两侧桥台的平均工后总沉降量约 22mm，其中桥台自身压缩量约 8.5mm（$0.18\%H_a$，H_a 为桥台高度）；3 年后，桥台的压缩量增加到 14.3mm（$0.28\%H_a$），小于设计限值 23mm（$0.5\%H_a$）。根据监测数据推测该桥梁 100 年使用期内的总沉降量不超过 30mm。

图 6-46　Bowman 公路桥

建于 2015 年的 Maree Michel 桥位于美国路易斯安那州 LA 91 号公路上，从 GRS 桥台施工开始，至 GRS-IBS 桥梁竣工通车后 4 个月，对南侧桥台进行了系统的监测。监测结果表明：

1）桥台（包括加筋土基础）及地基的竖向变形随着施工荷载的增大而增大，最大变形位于桥台中心部位，变形量向翼墙两侧递减；桥台顶面总沉降量约 8mm，小于设计限值 20mm（$0.5\%H_a$），其中地基沉降量超过 70%，桥台自身压缩量占比不足 30%。

2）桥台侧向位移基本呈现"从底部到顶部逐渐增大"的规律。其中桥台自重荷载引起的侧向变形在施工阶段基本完成，残余变形量不足 0.5mm；钢梁结构的放置引起比较大的侧向位移增量，而通车后车辆荷载对桥台侧向位移的影响不大；桥台侧向位移不超过 4mm，远小于设计限值 40mm（$1.0\%H_a$）。

3）桥台内竖向土压力随深度增大而增大，符合土中竖向应力分布的一般规律，最大值约 160kPa，出现在加筋土基础的底部；桥台墙面处侧向土压力分布比较均匀，量测值仅有 1.0kPa，且随时间变化不大；特别地，上部布置次筋的承载区（层间距为其他区域的一半）的侧向土压力值约为下部区域的一半，证明设置次筋有助于减小 GRS 复合体表面的侧向土压力。

4）筋材最大应变约 1.2%，小于设计限值 2%；单层筋材的应变分布随筋材位置的不同而不同，但总体上在筋材长度 1/3～2/3 部位的应变较大；在放置桥梁结构前，筋材最大应变出现在 2/3 桥台高度处，安放桥梁结构之后，筋材最大应变在桥台上部，且分布较为均匀；如果将各层筋材最大应变点连线视为桥台内部潜在破裂面，则桥梁结构施加前潜在破裂面与朗肯主动破坏面较为接近，放置桥梁后则潜在的破裂包络面远超出朗肯主动破坏面。

Guthrie Run 桥建于 2013 年，是美国特拉华州第一座 GRS-IBS 结构桥梁，其桥台断面如图 6-47 所示。通过施工阶段和通车后两年的现场监测，获得了 GRS 桥台和 GRS-IBS 桥梁工作性状的第一手资料。这些监测成果与前述 Maree Michel 桥基本一致，并进一步揭示了加筋土基础下的土压力变化特征：

1）加筋土基础的基底压力分布不均匀，在墙面位置处最大，在基础最前端最小；总体上以墙面位置处为界限，基底压力向两侧各呈梯形分布。

2）基底压力在施工过程中随着桥台高度的增加而逐渐增大，在桥跨结构放置后突然增大，其后受车辆超载的影响则不大。

3）同一级荷载条件下，墙面位置处基底压力增量值最大，而基础最前端增量值很小。

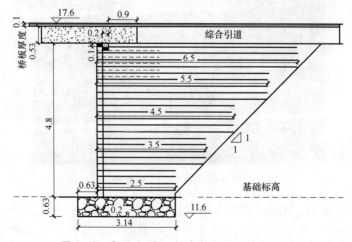

图 6-47　Guthrie Run 桥台断面图（单位：m）

6.6.3　加筋土桥台的力学特性

加筋土桥台从形式和构成上，可以看作加筋土挡墙，同样由面板、土工合成材料筋材和压实填土所构成。然而从工作原理上，加筋土桥台与常规的加筋土挡墙又存在着本质的不同。对于一般的加筋土挡墙，加筋层间距很少小于 0.5m，可以认为离散布置的筋材对层间填土的性能和状态影响不大；筋材与面板一起工作，通过筋材的抗拉作用维持加筋土挡墙的稳定，并发挥挡土作用。正因为此，在进行加筋土挡墙的内部稳定性分析时，是先计算某一层筋材分担的水平荷载，然后验算筋材的抗拉强度设计值是否满足式（6-40）的要求。

$$T_r \geqslant F_s \sigma_h S_v \tag{6-40}$$

式中　T_r——筋材允许抗拉强度设计值，kN/m；

$\quad\quad F_s$——考虑施工损伤、筋材蠕变和耐久性之外其他不确定性的安全系数；

$\quad\quad \sigma_h$——筋材铺设位置处的侧向土压力（参见文献[1]），kPa；

$\quad\quad S_v$——加筋层间距，m。

然而，加筋土桥台是由筋材与压实填土组成的 GRS 复合体，加筋层间距不大于 0.3m（常用 0.2m），加筋材料对层间填土具有不可忽视的约束作用。因此，在 GRS-IBS 设计时，是将加筋土桥头看作一个整体，验算其抗压承载力。

根据已有的室内试验研究成果，无论是大型无侧限抗压强度试验还是短柱抗压试验，小间距加筋土复合体在竖向应力作用下的破坏模式为剪切破坏，而非鼓胀破坏，剪切面接近朗肯破裂面（图 6-48）。图 6-49 给出了 GRS 复合体的单轴抗压应力-应变曲线，该复合体采用极限抗拉强度为 70kN/m 的土工织物加筋碎石土，间距为 0.2m，其极限抗压强度达到1.9MPa。表明加筋土复合体具有很高的抗压强度。

图 6-48　GRS 复合体破裂面

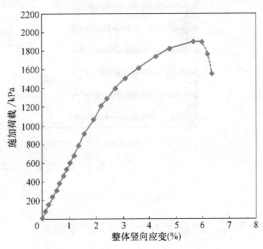

图 6-49　GRS 复合体单轴抗压应力-应变曲线

加筋土复合体的抗压强度不仅取决于填料的强度和筋材的特性，而且极大地依赖于加筋层间距。试验结果反复证明，即使筋材强度与层间距的比值（T_f/S_v）不变，加筋间距小的GRS 复合体的抗压强度远大于大间距的。因此，对于小间距 GRS 复合体的力学性能，不能仅仅考虑筋材对填土体提供的侧向约束力，还应考虑筋材对填土的约束和加固作用（如约束颗粒位移和限制填料剪胀）。为此，Wu 等根据试验结果提出了考虑层间距影响的、由加筋作用引起的等效围压或似黏聚力增量的修正公式，见式（6-41）、式（6-42）。

$$\Delta\sigma_{3f} = (m^{S_v/S_{ref}})\frac{R_f}{S_v} \tag{6-41}$$

$$\Delta c_R = (m^{S_v/S_{ref}})\frac{R_f\sqrt{K_p}}{2S_v} \tag{6-42}$$

式中　$\Delta\sigma_{3f}$——加筋作用引起的等效围压，kPa；

Δc_R——加筋作用引起的似黏聚力增量，kPa；

R_f——加筋土复合体破坏时筋材发挥的抗拉强度，kN/m；

K_p——被动土压力系数；

m——经验参数，指工作状态下筋材平均受力与极限状态下筋材最大受力之比，建议取 0.7；

S_{ref}——基准层间距，认为是加筋土表现出复合体特征的最小层间距，m，建议取 $6d_{max}$（d_{max} 为填料最大粒径）或 $20d_{85}$（d_{85} 对应于85%过筛的粒径）。

可见，加筋土是一种全新的"土"，其力学特性受筋材、填土、加筋层间距和筋-土界面性质控制，其中层间距发挥了显著作用。不妨这样区分小间距加筋土桥台与一般加筋土挡墙：当布筋间距较大时（图6-50a），填土受加筋作用影响的范围占比较小，加筋土的复合体特征并不明显；当布筋间距较小时（图6-50b），除筋-土接触面上的相互作用力外，层间填土也会受到加筋作用的影响，此时加筋土体变为一个复合体。GRS复合体具有自稳性，在静载作用下加筋土桥台面板承担的水平土压力可以忽略不计，主要用于阻挡填料漏失和防止外部侵蚀，并具有美观作用。

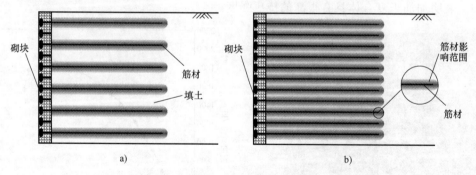

图 6-50　加筋土挡墙与加筋土桥台的示意图

a）挡墙　b）桥台

6.6.4　加筋土桥台的设计方法

与任何一个工程项目的设计一样，加筋土桥台或者包括桥梁结构和连接路基的加筋土桥台复合结构（GRS-IBS）的设计，都需要根据项目的工程地质条件和工程本身的特点与要求来进行，包括地形条件、地基条件、项目规模、荷载条件等。这些都需要事先调查和掌握，然后根据具体条件和要求开展设计工作。限于篇幅，这里结合加筋土桥台的自身特性，仅给出加筋土桥台的承载能力、变形和筋材受力的设计计算方法。

（1）桥台承载能力验算　GRS复合体属于自稳定结构，在静荷载作用下不需要验算筋材与面板的连接强度。加筋土桥台的承载能力可以采用试验的方法确定。无论是模型试验还是短柱试验，试验中所用的材料应与实际工程应用的材料相同。通过试验获得极限承载能力或加筋体的应力-应变关系曲线。一般地，可取应变值等于 5% 时对应的应力值作为桥台的极限承载力（p_u）。

当没有试验资料或不具备试验条件时，也可按经验公式（6-43）估算桥台的极限承载力。使用该公式的前提是填料必须满足设计指南规定的质量控制要求。

$$p_u = \left[0.7^{\left(\frac{s_v}{6d_{max}}\right)} \frac{T_f}{S_v} \right] K_{pr} \tag{6-43}$$

$$K_{pr} = \frac{1+\sin\varphi_r}{1-\sin\varphi_r} = \tan^2\left(45° + \frac{\varphi_r}{2}\right) \tag{6-44}$$

式中　p_u——桥台的极限承载力，kPa；

d_{max}——填料的最大颗粒直径，m；

T_f——筋材的极限抗拉强度，kN/m；

K_{pr}——加筋土体的被动土压力系数；

φ_r——加筋土体的内摩擦角，(°)，建议由室内大直剪试验确定。

在确定加筋土桥台的允许极限承载力 p_a 时，安全系数通常取 3.5。设计时，桥台顶面承受的静荷载和活荷载之和应不大于允许承载力。

（2）桥台变形验算　GRS 桥台的填料应为粗颗粒土，大部分压缩变形会在施工期完成。为有效预防"桥头跳车"问题，桥台自身的压缩变形（沉降）应控制在 0.5%~1.0% 以内。地基的沉降量可依据《建筑地基基础设计规范》中的相关方法确定。为防止桥头错台，地基的工后沉降量同样应控制在一定范围内。当不满足要求时，应事先进行地基加固。

桥台的侧向变形是基于"加筋土桥台体积不变"的假定进行估算的，加筋土桥台的体积变形为零，假定竖向变形为均匀分布，而侧向变形按三角形分布，则

$$D_L = \frac{2b_{q,vol}D_v}{H_a} \tag{6-45}$$

式中　D_L——GRS 桥台的最大侧向位移，mm；

$b_{q,vol}$——竖向荷载分布宽度，m；

D_v——GRS 桥台顶面的竖向沉降，mm。

也就是说

$$\varepsilon_L = \frac{D_L}{b_{q,vol}} = \frac{2D_v}{H_a} = 2\varepsilon_v \tag{6-46}$$

式中　ε_L——GRS 桥台的最大侧向变形；

ε_v——GRS 桥台的最大竖向变形。

按此假定，GRS 桥台的最大侧向变形为最大竖向变形的 2 倍，因此最大侧向变形应控制在 1%~2% 之内。

如果要把竖向应变控制在 1% 以内，则要求桥台上施加的竖向荷载应不大于下式的计算值，即

$$q_{DL,allow@\varepsilon=1\%} = 0.2\left(0.7^{\frac{s_v}{6d_{max}}}\frac{T_f}{S_v}\right)K_{pr} \tag{6-47}$$

（3）筋材抗拉验算　根据 GRS 桥台的受力分析，按最不利工况进行设计，筋材承受的水平向拉力 T_r 为

$$T_r = \left(\frac{\sigma_h}{0.7^{\frac{s_v}{6d_{max}}}} \right) S_v \qquad (6\text{-}48)$$

式中　σ_h——桥台结构内部任意深度处的土体水平向应力（参见文献［1］），kPa;

　　其余符号同上。

筋材的允许抗拉强度 T_a 由极限抗拉强度除以折减系数获得。筋材承受的水平向拉力 T_r 不得超过允许抗拉强度，同时不得超过筋材变形程度达 2% 时的允许变形强度 $T_{\varepsilon=2\%}$。

［例 6-4］　某机场改建工程中的桥梁拟采用土工合成材料加筋土桥台取代钢筋混凝土重力式桥台，桥台宽 4.8m，高 6.0m。经现场调查，并结合已有工程经验，初步确定采用碎石作为填料，最大粒径 50mm，保守取填料强度参数为：黏聚力 $c=0$，内摩擦角 $\varphi_r=35°$，重度为 20kN/m³。加筋间距等于 0.2m，选用有纺土工织物作为筋材，抗拉强度 $T_f=90$kN/m。根据初步设计资料，验算加筋土桥台的承载力和变形是否满足要求，所选筋材强度是否满足受力要求。

解：按式（6-43）和式（6-44）计算加筋土桥台的极限承载力为 $p_u=1018.2$kPa。安全系数取 3.5，可得桥台的允许承载力为 290.9kPa。按式（6-47）可得，$q_{DL,allow@\varepsilon=1\%}=203.64$kPa，即只要桥台承担的竖向荷载小于此值，桥台竖向应变将不大于 1%。

按式（6-48）计算加筋土桥台不同高度处筋材的受力，最大值约为 13.5kN/m。如果初设的有纺土工织物抗拉强度的总折减系数取 5，则 $T_a=(90/5)$kN/m$=18$kN/m，筋材强度满足要求。

经核算，桥台上的桥梁荷载与交通荷载之和约为 200kPa，因此加筋土桥台的承载力和变形均满足设计指南的要求。

6.7　桩承式加筋路堤

6.7.1　概述

在松软土地基上修建堤坝（主要指铁路和公路填方路基），如果不采取任何工程措施，可能会面临地基变形（沉降）过大和整体稳定性不足两方面的问题，特别是在软土地基上，地基变形（沉降）历时长且一般不均匀。为了满足软弱土地基上公路和铁路工程对沉降和稳定性的要求，需要针对性地采用地基加固和加筋垫层等技术措施。由于工程条件错综复杂，包括工程等级、荷载条件、场地与地基条件、工期与造价等，这些条件因项目不同而差异巨大，因此需要采取的地基处理和垫层加筋措施也因项目而不同，大致可归为两种类型：

1）加筋垫层路堤，即"软土地基上的加筋堤"（Reinforced Embankment over Soft Soils）。通过设置加筋土垫层，以提高填方路基的临界填筑高度和整体稳定性，约束路堤和软基的侧向变形，减小地基的不均匀沉降。它适用于具有一定抗剪强度的软土地基，通过设置加筋土

垫层，可使路基填筑的临界高度达到路基设计标高，并随着地基土固结和强度增长，路基的稳定性（安全系数）满足工程项目要求，地基沉降也能够满足路基工后沉降要求的场合。

2）地基加固与加筋垫层联合处置措施。最典型的是将复合地基与加筋垫层相结合的处置技术，即桩承式加筋路堤或者桩网复合地基：竖向增强体与水平增强体共同工作控制路堤沉降，保证路堤的整体稳定性。这种措施适用于力学性能较差的松软土地基上修建填方路堤的情形，仅采用加筋垫层无法同时满足工程项目关于沉降和稳定性的要求，需要事先采用复合地基技术对松软土地基进行加固处理。

这种联合处置措施与软土地基上的加筋堤相比，增加了软土地基内的竖向增强体（桩）；与传统的桩承路堤相比，在路堤底部垫层中增加了水平向增强体（加筋材料）。因此，它是将竖向增强体与水平向增强体联合使用、共同工作的复合土工体系。

根据我国桩承式加筋路堤和复合地基的工程实践，并考虑国际上桩承式加筋路堤的研究与应用现状，建议应根据竖向增强体刚度、端承情况和桩间土的工程特性等来判断是否考虑桩间土的支撑作用。当采用的竖向增强体为半刚性桩，或桩间土的工程性能相对较好时，桩与桩间土的刚度虽有差别，但桩与桩间土变形仍基本协调，那么在这种工况下应考虑桩间土发挥的支撑作用，可称为"桩网复合地基"。当竖向增强体为端承刚性桩，且桩间土的工程性能很差时，桩与桩间土的刚度差异明显，变形不协调，荷载向桩体集中；或者在土工结构的服役期内，桩间土由于地下水位变化、基坑开挖等而固结沉降及湿陷等可能出现网下空穴时，在此情形下不应考虑桩间土的支撑作用，就属于典型的"桩承式加筋路堤"。

桩承式加筋路堤（Geosynthetic-reinforced and Pile-supported Embankment，缩写 GRPS 路堤）是软弱土地基上可同时控制填方路基整体稳定和变形的理想方案，一般可应用于软土地基上的以下填方工程（部位）：①高等级公路和铁路的桥头、通道等结构物与路堤连接的填方路基；②高等级公路填方路基的拓宽工程；③高填方路基工程；④其他软土地基上需要控制变形和提高整体稳定性的填方工程。图 6-51 给出了 GRPS 路堤构成，其工作原理和设计方法同样适用于《复合地基技术规范》中的"桩网复合地基"和《铁路工程地基处理技术规程》中的"钢筋混凝土桩网（桩筏）结构"。

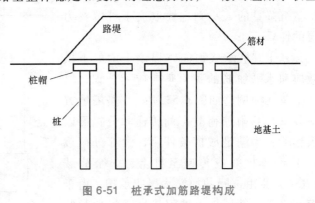

图 6-51　桩承式加筋路堤构成

6.7.2　桩承式加筋路堤的工作原理

桩承式加筋路堤的工作原理主要涉及荷载传递、桩与加筋垫层发挥的作用及其对路堤稳定性的贡献，包括路堤（填土）中的土拱效应和水平加筋体的张力膜效应。由于土拱模型假设的不同及土拱效应分析方法的不同，国内外相关标准之间存在差异。在大多数情况下，无论采用 Terzaghi 土拱模型、Hewlett 和 Randolph（1988）的土拱模型，还是采用 Marston 公式（BS8006，2010）考虑土拱效应，只要参数选择合理，设计计算结果不会有大的差异。

对于桩承式加筋路堤，作用在地基上的荷载主要来自路堤自重和车辆交通荷载。在上覆荷载作用下，桩和桩间土发生差异沉降，产生土拱效应并引起填土内应力的重分布，同时随着筋材的拉伸变形，产生张力膜效应。根据已有研究成果，打穿软土层的刚性桩桩承式加筋路堤荷载传递过程如图 6-52 所示。

分层填筑的路堤荷载直接作用于加筋垫层，在起始均布荷载作用下，桩间土的沉降远大于桩的沉降。加筋材料发生挠曲，产生"张力膜效应"，将部分荷载转移到桩顶。同时，随着路堤填筑高度的增加，由于桩土之间的差异沉降，下部填土路堤也出现不均匀沉降，填土中出现"土拱效应"，新转移的填土荷载主要由桩体承担。路堤内的不均匀沉降随着填土内高度增加而变得不明显，最终消失，即在路堤中某一高度形成等沉面。在加筋

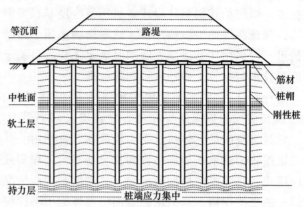

图 6-52　桩承式加筋路堤体系荷载传递及变形

垫层以下的桩土体系中，由于桩基支撑于良好持力层，向下刺入和压缩变形有限，在软土地基较浅部位存在桩与桩间土之间的相对位移，桩体承受负摩阻力，从而进一步增加桩体的承载作用。在软土地基中的某一深度，当桩与土不再发生相对位移，负摩阻力减小至零，这一位置称为中性面。中性面以下，桩将部分荷载传递给桩间土，桩承担的大部分荷载传至桩端，产生持力层中桩端的应力集中现象。桩基沉降量的大小则主要取决于桩端持力层的性质。

基于对桩承式加筋路堤填土中的土拱效应和水平加筋的张力膜效应的认识，以一个单元为例，如图 6-53 所示。路堤填方荷载（包括附加荷载）的传递和分担可以表述为：当满足成拱条件后，大部分荷载（A）经土拱效应传递至桩上，剩余荷载（B+C）则由桩间的加筋垫层所承担。由于存在水平加筋层，由桩间垫层承担的荷载（B+C）的一部分荷载（B）经张力膜效应传递至桩上，剩下的荷载（C）则由桩间地基土承担。在特殊情形下，如地下水位下降引起桩间土固结，桩间土相对桩沉降过大、脱离加筋垫层，而形成空穴。在这种

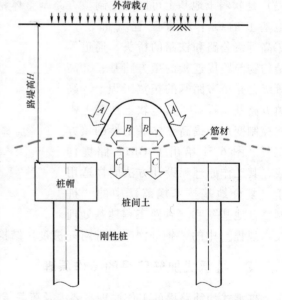

图 6-53　桩承式加筋路堤的荷载分担

情况下，桩间土不承担上部荷载，荷载（B+C）全部由张力膜效应传递给桩体。

对于悬浮桩桩承式加筋路堤，荷载传递过程会更复杂。根据模型试验的研究结果，相比端承桩，采用刚性悬浮桩时，桩体在土拱效应和张力膜效应转移过来的荷载作用下，自身发生刺入下沉，路堤的沉降量将大幅增加。此时，中性面将上移，桩间土将发挥较大的支撑作用。

6.7.3　桩承式加筋路堤的失效模式

根据桩承式加筋路堤工作机理和技术特点，其破坏模式分为两类：结构强度破坏和功能失效。

（1）结构强度破坏　由某种破坏机制引起的极限状态（破坏模式）如图 6-54 所示。其中，图 a 为桩基承载力达到极限状态，无论是桩身强度破坏，还是桩体向下刺入过大，都表明桩基的承载能力不能满足上部路堤（包括附加荷载）的需求；图 b 为路堤边坡局部达到极限状态，这与桩的布置范围有关；图 c 为荷载由桩顶滑落到桩间土，桩间土承担过多荷载，这与桩间距大小及成拱条件有关；图 d 为路堤填土侧向滑动；图 e 为桩承式加筋路堤的整体稳定性达到极限状态。

（2）功能失效　除了上述可能出现的结构破坏外，由于桩（净）间距偏大及（或）加筋材料抗拉模量偏小，或者在路堤荷载作用下桩体（如摩擦桩或柔性桩）沉降过大，会产生由于路堤变形或不均匀变形超过允许值而失去应有功能的问题，如图 6-55 所示。

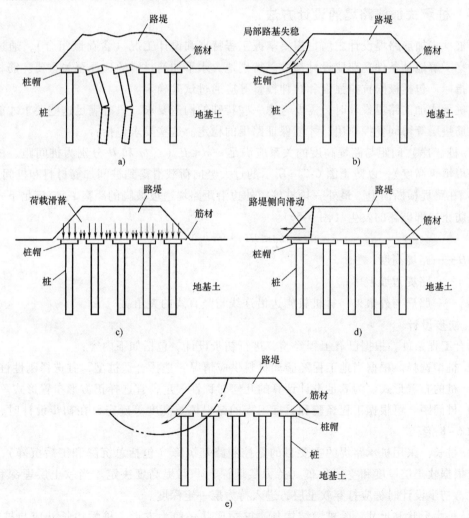

图 6-54　桩承式加筋路堤的结构破坏

a）桩基承载力破坏　b）局部路堤破坏　c）荷载从桩顶滑落至桩间土　d）路堤侧向滑动破坏
e）整体稳定性破坏

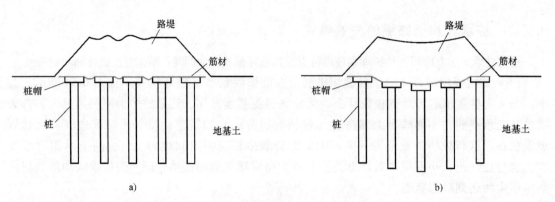

图 6-55　桩承式加筋路堤的功能失效

a）加筋变形过大　b）地基沉降过大

6.7.4　桩承式加筋路堤的设计方法

在桩承式加筋路堤设计之前，需要掌握工程特点和设计工况（含荷载组合），通过岩土工程勘察了解地基条件，获取设计参数。特别地，水平加筋材料的选择至关重要。筋材的力学性能指标，包括极限抗拉强度和拉伸模量等应通过试验确定。

在桩承式加筋路堤设计时，需要考虑一些特殊的构造要求，只有满足这些要求才能使桩基、加筋垫层等协同发挥作用，才能保证路堤的稳定。这些要求包括：

1）桩（净）间距与路堤高度的关系应满足 $s-a \leqslant H$（s、a 和 H 分别为桩间距、桩帽边长和路堤填筑高度），以防止图 6-54c 所示的过大竖向荷载滑落到桩间加筋材料和桩间土上。

2）在路堤横断面上，最外一排桩桩帽外边沿距路堤边坡坡脚的距离 L_p 应满足下式的要求，以防止局部破坏的发生（图 6-56）。

$$L_p \leqslant H(n - \tan\theta_p) \tag{6-49}$$

式中　H——路堤高度；

　　　n——路堤边坡坡率；

　　　θ_p——路肩与外最外一排桩桩帽边沿连线与竖直线的夹角。

1. 初步设计

结合工程条件，根据已有工程经验，进行初步设计。包括如下内容：

1）桩型选择。根据当地工程经验和材料供应情况，选择合适桩型，宜选刚性桩。

2）桩的布置形式。为满足设计计算的几何对称性假定，宜选择正方形布置形式。

3）桩间距。可根据工程经验和目标工程的路堤填筑高度等确定，在初步设计时，可取桩径的 6~8 倍。

4）桩长。采用桩承路堤的主要目的是控制路基沉降（包括总沉降和工后沉降），因此桩长应根据软土层厚度和空间分布（持力层埋深）和路堤高度决定。当软土层埋深和厚度不大时，初步设计时桩应打穿软土层，进入持力层一定深度。

5）桩帽形状和尺寸。除桩梁结构外，桩帽形状一般为方形。桩帽边长 a 应与桩间距 s 相协调，且最好能满足全拱条件 $s-a \leqslant 0.7H$（H 为路基填筑高度）。

6）加筋层数和布设位置。桩承式加筋路堤的水平加筋层最多不应超过 3 层。在工程实践中，采用一层或两层较常见。初步设计时可按一层考虑。

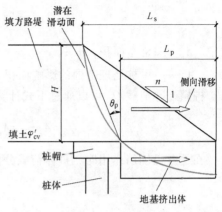

图 6-56　边沿桩的布置要求

2. 稳定性评价

这里的稳定性验算主要针对图 6-54a、d、e 所示的三种破坏模式。因为填方路堤自身的局部稳定性问题与地基和加筋垫层没有关系，按常规边坡稳定性方法进行验算即可；当最外一排桩的布置满足式（6-49）的构造要求时，可不进行此项验算。

桩承式加筋路堤的整体稳定性可采用圆弧滑动法验算，其中水平加筋的贡献，可取筋材设计抗拉强度、允许应变对应强度和锚固强度三者的最小者；而关于桩体对整体稳定性的贡献，可适当考虑。如果不考虑桩体的贡献，结果会比较保守。有多种考虑的方法可参考，如英国规范 BS8006（2010）对于桩体的贡献有不同的规定，只考虑滑动面以下的桩的竖向承载力作为阻抗力作用在滑动面上，而不是考虑其桩体截面抗剪强度；《浙江省公路软土地基路堤设计要点》对于桩体的抗剪强度建议取其 28d 无侧向抗压强度的 1/2。

如果桩承式加筋路堤在某一模式下不能满足局部稳定性或整体稳定性的要求，应通过路堤几何断面的调整、桩的重新布置、筋材强度的提高等方式满足稳定性要求。

3. 荷载分担与筋材受力计算

水平加筋材料的受力计算是桩承式加筋路堤设计的核心问题。这里参考德国 EBGEO（2010）来介绍设计验算方法。

（1）桩顶平面竖向荷载分布　根据 Zeaske and Kempfert（2002）提出的多拱模型，通过求解三维土单元径向力平衡偏微分方程，获得桩顶和桩间土上的竖向应力。桩顶平面上作用的应力 σ_{zo} 可表述为

$$\sigma_{zo} = \lambda_1^{\chi}\left(\gamma + \frac{q_c}{H}\right)\left\{H\left(\lambda_1 + h_g^2\lambda_2\right)^{-\chi} + h_g\left[\left(\lambda_1 + \frac{h_g^2\lambda_2}{4}\right)^{-\chi} - \left(\lambda_1 + h_g^2\lambda_2\right)^{-\chi}\right]\right\} \tag{6-50}$$

$$\chi = \frac{d(K_p - 1)}{\lambda_2 s}; \quad K_p = \tan^2\left(45° + \frac{\varphi'}{2}\right)$$

$$\lambda_1 = \frac{1}{8}(s-d)^2; \quad \lambda_2 = \frac{s^2 + 2ds - d^2}{2s^2}$$

式中　q_c——路堤顶面附加荷载，包括可变荷载换算的等代荷载，kPa；

　　　H——路堤高度，m；

　　　d——桩帽直径，m；

　　　φ'——路堤填土的内摩擦角，（°）；

　　　γ——路堤填土的重度，kN/m^3；

　　　h_g——拱高，m，当 $H \geqslant s/2$ 时，$h_g = s/2$，否则 $h_g = H$；

　　　s——桩的最大中心间距，m，当正方形布桩时，$s = \sqrt{2}S_a$（S_a 为桩的中心间距）。

则桩帽上的等效平均应力 σ_{zs}（kPa）可按下式计算

$$\sigma_{zs} = \left[(\gamma H + q_c) - \sigma_{zo} \right] \frac{A_E}{A_s} + \sigma_{zo} \tag{6-51}$$

式中 A_s ——桩帽面积，m^2；

A_E ——单桩处理范围的影响面积，m^2。

桩帽上部荷载 Q_u 可以通过下式计算

$$Q_u = A_s \sigma_{zs} = A_s \left\{ \left[(\gamma H + q_c) - \sigma_{zo} \right] \frac{A_E}{A_s} + \sigma_{zo} \right\} \tag{6-52}$$

在不考虑加筋作用时，桩体荷载分担比 η 可按下式计算

$$\eta = \frac{\sigma_{zs} A_s}{(\gamma H + q_c) A_E} \tag{6-53}$$

（2）筋体抗拉强度验算 一般认为，桩承式加筋路堤中水平加筋体的拉力 T 由两部分组成：支承部分竖向路堤荷载（$B+C$）而引起的拉力 T_{rp}（$\mathrm{kN/m}$）和抵抗路堤侧向位移而引起的拉力 T_{ds}（$\mathrm{kN/m}$），即

$$T = T_{rp} + T_{ds} \tag{6-54}$$

1）竖向路堤荷载而引起的拉力 T_{rp} 求解。根据张力膜效应的三维计算模式，在水平面内考虑正交的两个方向，将荷载分为 F_x 和 F_y 两部分，F_x 和 F_y 可按式（6-55）计算。图 6-57 给出了 F_x 和 F_y 作用面积 A_{Lx} 和 A_{Ly} 的划分。

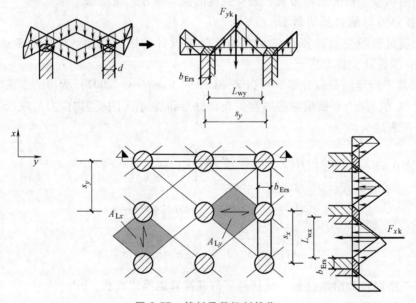

图 6-57　筋材承载机制简化

$$F_x = A_{Lx} \sigma_{zo}, \quad A_{Lx} = \frac{1}{2}(s_x s_y) - \frac{d^2}{2} \mathrm{atan}\left(\frac{s_y}{s_x} \right) \frac{\pi}{180} \tag{6-55a}$$

$$F_y = A_{Ly} \sigma_{zo}, \quad A_{Ly} = \frac{1}{2}(s_x s_y) - \frac{d^2}{2} \mathrm{atan}\left(\frac{s_x}{s_y} \right) \frac{\pi}{180} \tag{6-55b}$$

式中 A_{Lx}、A_{Ly} ——承担 x 方向及 y 方向桩间土荷载的筋材面积，m^2；

s_x、s_y——x 方向及 y 方向桩的中心间距，m。

根据筋材竖向受力平衡，由图 6-58 获得筋材的平均应变 ε，则竖向路堤荷载而引起的拉力 T_{rp} 可按下式计算：

$$T_{rp} = \varepsilon J \qquad (6\text{-}56)$$

式中　ε——筋材的平均应变；

　　　J——筋材轴向抗拉模量，kN/m，应根据所选筋材的应力-应变曲线选取。

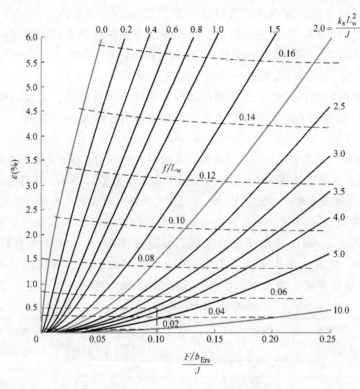

图 6-58　筋材平均应变求解

图中各符号含义如下：

F——筋材承担的荷载，kN/m，可分为 F_x 和 F_y；

b_{Ers}——等效桩帽宽度，m，$b_{Ers} = \dfrac{1}{2}d\sqrt{\pi}$；

J——筋材轴向抗拉模量，kN/m，与筋材所受荷载与时间有关；

L_w——加筋条带长度，m；

f——筋材的挠度（下垂量），m；

k_s——桩间地基土刚度或反应模量，kN/m^3。

2）抵抗路堤边坡向外推力而引起的拉力 T_{ds} 求解。填土路堤与填方边坡类似，边沿的土体在水平土压力作用下具有向临空面滑动的趋势，由此引起的推力作用在垫层内的加筋层上，使筋材承受张拉力。当软弱土层直接与加筋层接触，该张力的最大值可按主动土压力估算，即

$$T_{ds} = 0.5 K_a (\gamma H + 2q_c) H \qquad (6\text{-}57)$$

式中 K_a——填土的主动土压力系数。

为了保证桩承式加筋路堤的整体性，防止筋材被拉断，由 $T = T_{rp} + T_{ds}$ 确定的筋材受力应小于筋材的允许抗拉强度。

需要指出，筋材在垂直、平行路堤轴向方向上的受力不同。沿路堤轴线方向，筋材主要承担 T_{rp}，由于水平滑动引起的拉力 T_{ds} 很小或等于零；而垂直路堤轴线的筋材沿垂直路基轴向的受力则不均匀，在路堤断面中部，筋材仅承担 T_{rp}，而在路堤断面两侧易于发生路堤填土侧向滑动的部位，部分规范规定筋材受力等于 T_{rp} 与 T_{ds} 的合力。

关于加筋体受力的另一个思路是把由于填土侧滑作用在筋材上的拉力 T_{ds} 看作是张力膜效应引起的筋材受力 T_{rp} 在路堤两侧的锚固力。筋材实际受力应取二者中的大值，即 $T = \max(T_{rp}, T_{ds})$，关于这一点，仍需要进一步的研究进行验证。

关于桩承式加筋路堤的设计，当然还包括桩基设计和沉降验算，以及路堤边坡防护设计等。这些内容可以参考相关的规范和参考书中的相关内容，这里不再赘述。

[例6-5] 案例选取某公路工程的桥头段，为控制填方路基与桥台的差异变形，选择采用桩承式加筋路堤方案。该处路基的填方高度6.00m，路基设计宽度32.00m，路堤坡率1:1.5，路面超载按20kPa。路堤填土采用碎石混合土。地基土共有六层，各层地基土的参数见表6-6。

解：（1）初步设计 桩承式加筋路堤的桩型选用钢筋混凝土桩，桩径0.5m，桩长12m，穿透软土层进入泥岩0.6m；采用正方形布桩，桩间距1.6m，采用正方形桩帽，桩帽边长0.8m，厚度0.2m，混凝土强度等级为C30，采用Φ12双向配筋；路堤底层设置砂砾垫层，垫层厚0.6m，在垫层中设置两层土工格栅，层间距15cm。路堤断面示意如图6-59所示。

表6-6 各土层的相关参数

土层	层厚 /m	重度 $\gamma/(kN/m^3)$	黏聚力 c/kPa	内摩擦角 $\varphi/(°)$	承载力允许值 f_{a0}/kPa	摩阻力标准值 q_{ik}/kPa	压缩模量 E_s/MPa
路堤填土	9	19.00	0	35			
粉质黏土①	2	19.65	37.85	22	150	40	5.95
有机质黏土②	1.3	16.75	20.1	5.6	40	10	2.6
粉质黏土③	5.2	19.20	27.79	14.1	120	40	3.43
有机质黏土④	2.5	19.00	32.81	7.7	40	10	2.74
粉质黏土⑤	0.4	19.90	43.7	17.45	180	50	5.7
粉砂质泥岩⑥	—	19.60	43.65	11.75	250	90	6.35

（2）设计验算

1）稳定性分析。对于填方路堤自身的局部稳定问题，由于 $L_p = H(n - \tan\theta_p) = 0.6$，即最外一排桩的布置满足式（6-49），所以可不进行此项验算。对于路堤的整体稳定，采用二维极限平衡法来进行复合地基整体稳定性验算，采用 ReSSA3.0 软件对路堤稳定性进行验算。由计算结果得到，深层滑动最小安全系数大于1.62，满足要求。

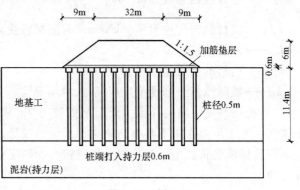

图 6-59 例6-5

2）筋材受力计算。

① 竖向路堤荷载而引起的拉力 T_{rp} 求解。经计算，该断面 $\sigma_{zs} = 20.92\text{kPa}$；该断面 $A_{Lx} = A_{Ly} = 1.27\text{m}^2$，则 $F_x = F_y = 26.57\text{kN}$；该断面取 $k_s = 350\text{kN/m}^3$，$J = 1000\text{kN/m}$，查图表得 $\varepsilon_{max} = 2.8\%$，则 $T_{rp} = 28\text{kN/m}$。

② 抵抗路堤边坡向外推力而引起的拉力 T_{rp} 求解。$T_{rp} = 108.93\text{kN/m}$。

若取 $T = \max(T_{rp}, T_{ds})$，则有 $T = 108.93\text{kN/m}$。取筋材安全系数 RF 为 2.0，则筋材和设计抗拉强度为 217.86kN/m。由于采用两层格栅，设有 $T_1 + 2/3T_2 \geqslant T_s$（$T_1$、$T_2$ 为两层格栅的抗拉强度，且有 $T_1 = T_2$），经计算，需要抗拉强度不弱于 131kN/m 的两层土工格栅。

若取 $T = T_{rp} + T_{ds}$，则有 $T = 136.93\text{kN/m}$。取 RF 为 2.0，则筋材和设计抗拉强度为 273.86kN/m。由于采用两层格栅，设有 $T_1 + 2/3T_2 \geqslant T_s$，经计算，需要抗拉强度不弱于 165kN/m 的两层土工格栅。

6.8 道路加筋

6.8.1 土工合成材料在道路加筋中的应用

目前，在未铺装道路施工中，土工合成材料被广泛用于路基加固和道路基层加筋。工程实践表明，通过在道路基层和路基之间或者在道路基层内铺设土工合成材料加筋层，可明显改善交通荷载下未铺装道路的承载性能，实现相同基层厚度条件下未铺装道路承受更多交通流量，或者适当减少基层厚度的同时，提高道路设计的通行能力，如图 6-60 所示。此外，当道路路基土强度相对较低时，在道路基层和路基之间铺设土工合成材料同时起到隔离作用，以避免交通荷载作用下基层水稳层的粗粒料进入路基软土层而造成基层粒料性质的劣化。

与传统非加筋道路相比，土工合成材料加筋增加了对道路基层填料的侧向约束，提高了路基的竖向承载力和基层刚度，增强了路基的整体性和稳定性，使交通荷载由路面向加筋路基传递过程中的应力扩散角 α 明显增大，附加应力沿基层深度衰减明显，从而减少了路基受载区域的正应力，改变了剪应力大小和方向，进而有效限制了基层和路基土体的侧向变形，改善了道路基层的力学性能并延长了道路的使用年限。

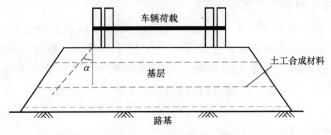

图 6-60 土工格栅加筋道路

土工格栅和土工织物是当前用于道路加筋的两种典型土工合成材料。土工格栅因其网孔结构特点，其加筋效果与格栅和基层粒料的相互嵌锁作用密切相关，且受格栅网孔尺寸和基层骨料颗粒尺寸的相互关系影响，通过格栅网孔肋条约束道路基层骨料，使路面受载时阻止基层粒料产生侧向变形。事实上，Perkins（1999）分析铺装道路加筋对基层材料的约束作用同样适用于未铺装道路加筋，这种约束作用主要体现在以下四个方面：

1）阻止道路基层材料侧向变形，由此减少路面车辙。

2）增加基层材料刚度，减少基层内垂直方向的应变。

3）改善基层抗弯刚度，分散交通荷载，减少路基表面的最大垂直应力。

4）减少由基层转递至路基的剪应力，进而增加路基承载能力。

同时，对于未铺装道路，土工格栅加筋道路基层还有以下另外四个方面的潜在好处：

1）防止基层内产生剪切破坏。

2）当路面产生明显车辙后筋材形成张力膜直接支撑交通荷载。

3）防止基层底面产生张拉裂缝，避免路基土对基层填料性质的影响。

4）防止因基层粒料进入软土路基而造成基层骨料损失。

土工格栅加筋未铺装道路基层，对路基土的特性也会产生影响，主要体现为：

1）基层与路基之间设置合适的加筋层，可有效防止路基土局部剪切的发生和发展。

2）格栅加筋增强了道路基层稳定性，增大了应力扩散角，从而减少作用于道路路基上的最大垂直应力。

3）使道路基层和路基界面上的剪应力减少或重新分布，达到增加路基承载能力的目的。

4）轮载引起路面车辙变形使筋材产生张力膜效应，使加载边沿区域受到筋材下压力而增加界面正向应力作用，即类似对轮载周边路基土施加了围压，进而有效地阻止路基土的剪切破坏。

6.8.2　未铺装道路加筋设计

1. 未铺装道路的设计原则

未铺装道路运营期间路面变形达到预设允许车辙时，道路毁坏不能正常使用。然而，车辙深度取决于未铺装道路基层和路基土的变形。车辆荷载通过基层将轮载传递至路基土表面，作用于路基土表面的应力大小直接决定了路基土的变形大小。因此，针对未铺装道路的设计原则主要包括两个方面：一是确定基层底部或路基土表面的应力大小；二是确定允许车辙深度，而允许车辙深度与道路基层与路基土界面处应力和路基土的承载能力密切相关。

2. 作用于路基土表面的应力

图 6-61 所示为交通荷载作用下未铺装道路加筋受力分析。道路结构受力主要是路面交通荷载，车辆轮胎与道路接触面通常呈矩形，为了便于计算，一般将轮载矩形接触面等效为面积相同的圆形接触面积，如图 6-62 所示。若车辆轮载为 P，轮胎与道路接触面积为 A，轮胎对道路产生的竖向压力为 p（轮胎与路面的接触压应力），则有

$$P = pA \tag{6-58}$$

式中　P——车辆轮载，kN；

p——轮胎接触压应力，kPa；

A——轮胎接触面积，m^2，且

$$A = \pi r^2 \tag{6-59}$$

式中　r——轮胎接触面等效圆半径，m^2。

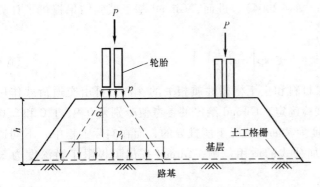

图 6-61 未铺装道路加筋受力分析

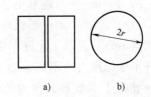

图 6-62 轮胎与道路接触面

a) 实际接触面 b) 等效接触面

显然，结合式（6-58）和式（6-59）可知

$$r = \sqrt{\frac{P}{\pi p}} \qquad (6\text{-}60)$$

由图 6-61 可知，轮载在路基表面产生的附加应力 p_i 为

$$p_i = \frac{P}{\pi (r + h\tan\alpha)^2} \qquad (6\text{-}61)$$

式中 p_i——路基土表面的附加应力，kPa；

h——未铺装道路基层厚度，m；

α——应力扩散角，(°)。

3. 未铺装道路基层高度 h

以基层和路基土之间设置单层土工格栅为例，为了保证道路的安全使用，道路路基土应具有足够的强度承受车辆荷载所传递的附加应力，则有

$$p_i \leqslant mN_c c_u \qquad (6\text{-}62)$$

将式（6-61）代入上式可得

$$\frac{P}{\pi (r + h\tan\alpha)^2} = mN_c c_u \qquad (6\text{-}63)$$

式中 N_c——承载力系数，与土体内摩擦角有关，对于未加筋道路、土工织物和土工格栅加筋道路，建议 N_c 分别取 3.14、5.14 和 5.71（Giroud 等，2004）；

m——路基土承载力发挥程度系数，取值范围为 $0 < m \leqslant 1$；

c_u——不排水状态下的路基土黏聚力，kPa。

以土工格栅加筋未铺装道路的设计为例，这里介绍 Giroud（2004）求解参数 m 的方法。Giroud 假定当基层和路基土接触面处沉降变形达到 75mm 时，可认为路基土达到极限承载力；当不设置道路基层时，则路基土极限承载力等同于道路极限承载力，此时 $m = 1$。实际上，大部分道路会通过设置不同厚度的基层用来减小车辆荷载对路基土的影响。对于设置基层的铺装道路，在车辆荷载作用下，基层和路基土接触面的变形显著小于路基表面的车辙深度，并且道路路基表面变形随基层厚度增加而减小，主要原因是基层吸收了部分车辆荷载作用力。Giroud 假定以 75mm 的车辙深度作为道路破坏标准，而对于设置基层的道路，当路面车辙深度达到 75mm，路基土表面沉降变形小于 75mm，即道路破坏时的极限承载力小于地

基土极限承载力，此时 $m<1$（Giroud 等，2004）。进而，Giroud 基于试验结果提供了计算参数 m 值的经验公式

$$m = 1 - \xi \exp\left[-w\left(\frac{r}{h}\right)^n\right] \tag{6-64}$$

式中 ξ、w、n——与地基土、基层材料和土工格栅性质相关的参数，可由交通荷载作用下的模型或现场试验确定，Giroud 给出的参考值分别是 0.9、1.0 和 2.0。

式（6-63）是基于允许车辙深度为 75mm 情况下所推导的，而在实际工程中，不同道路的允许车辙深度有所不同。为了增加公式的适用范围，Giroud 提出了极限车辙深度为 30～100mm 情况下参数 m 的经验公式

$$m = \left(\frac{s}{f_s}\right)\left\{1 - \xi \exp\left[-w\left(\frac{r}{h}\right)^n\right]\right\} \tag{6-65}$$

式中 s——道路路面允许车辙深度，mm，一般取值为 30～100mm；

f_s——道路路面参照的允许车辙深度，mm，$f_s = 75$mm。

将式（6-65）代入式（6-61）可得

$$\frac{P}{\pi\left(r+h\tan\alpha\right)^2} = \left(\frac{s}{f_s}\right)\left\{1 - \varepsilon \exp\left[-w\left(\frac{r}{h}\right)^n\right]\right\} N_c c_u \tag{6-66}$$

由此，可计算求得采用单层筋材时未铺装道路基层的设计厚度 h 为

$$h = \frac{r}{\tan\alpha}\left\{\sqrt{\frac{P}{\pi r^2\left(\frac{s}{f_s}\right)\left[1 - \xi \exp\left(-w\left(\frac{r}{h}\right)^n\right)\right] N_c c_u}} - 1\right\} \tag{6-67}$$

4. 筋材性质和基层厚度对应力扩散角的影响

交通往复荷载作用下未铺装道路的路用性能会劣化。因此，随着荷载加载循环次数增加，道路基层中应力扩散角会减小。基于室内循环载荷试验，Gabr（2001）提出应力扩散角 α 与加载循环次数 N 的关系式，即

$$\frac{1}{\tan\alpha} = \frac{1+k\lg N}{\tan\alpha_1} \tag{6-68}$$

式中 α——荷载作用次数 N 时对应的应力扩散角；

k——与基层厚度和筋材性质相关的常数；

α_1——$N=1$ 时的应力扩散角，且 $\tan\alpha_1 = \tan\alpha_0[1+0.204(R_E-1)]$，其中，$\alpha_0$ 为基层和路基同属相同材料时的应力扩散角；R_E 为极限模量比，可定义为 $R_E = \min\left(\frac{3.48\text{CBR}_{bc}^{0.3}}{\text{CBR}_{sg}}, 5.0\right)$，$\text{CBR}_{bc}^{0.3}$ 和 CBR_{sg} 分别为未铺装道路基层和路基土的加州承载比。

基于此，Giroud and Han（2004）进一步考虑基层厚度和筋材性质影响，提出应力扩散角与荷载作用次数 N 和筋材性质的相互关系，即

$$\frac{1+k\lg N}{\tan\alpha_0} = 1.26 + (0.96 - 1.46J^2)\left(\frac{r}{h}\right)^{1.5}\lg N \tag{6-69}$$

式中 J——土工格栅孔径稳定性模量，m·kN/(°)，可根据 ASTM D7864/D7864M-2015 开展试验确定。

174

结合式 (6-66) 和式 (6-68)，可确定考虑筋材性质时未铺装道路基层厚度为

$$h=\frac{1.26+(0.96-1.46J^2)\left(\dfrac{r}{h}\right)^{1.5}\lg N}{[1+0.204(R_{\mathrm{E}}-1)]}\left\{\sqrt{\dfrac{P}{\pi r^2\left(\dfrac{s}{f_{\mathrm{s}}}\right)\left[1-\xi\exp\left(-w\left(\dfrac{r}{h}\right)^n\right)\right]N_c c_{\mathrm{u}}}}-1\right\}r \quad (6\text{-}70)$$

上述公式对加筋与不加筋的路面基层均可使用，对于计算不加筋路面基层厚度时，式中 J 取值为 0。另外，式中 c_{u} 取值也可根据 $\mathrm{CBR_{sg}}$ 值进行换算，当 $R_{\mathrm{E}} \leqslant 5$ 时，$c_{\mathrm{u}}=f_c \mathrm{CBR_{sg}}$，其中 f_c 为换算系数，取 $30\mathrm{kPa}$。

当考虑基层与路基界面土工合成材料变形对道路产生网兜作用效应时，叫考虑筋材拉力对基层高度的影响，如图 6-63 所示。由此，式 (6-62) 可表示为

$$p_{\mathrm{i}}=mN_c c_{\mathrm{u}}+F_{\mathrm{T}}\cos\theta \quad (6\text{-}71)$$

$$F_{\mathrm{T}}=E\varepsilon_{\mathrm{e}} \quad (6\text{-}72)$$

式中　F_{T} ——筋材拉力，$\mathrm{kN/m}$。

　　E ——筋材的弹性模量，kPa。

　　ε_{e} ——筋材拉伸应变，$(\%)$。

　　θ ——界面筋材两端与水平面的夹角，$(°)$。

进而，结合式 (6-70) 可求解道路加筋基层厚度为

$$h=\frac{1.26+(0.96-1.46J^2)\left(\dfrac{r}{h}\right)^{1.5}\lg N}{[1+0.204(R_{\mathrm{E}}-1)]}\left\{\sqrt{\dfrac{P}{\pi r^2\left(\dfrac{s}{f_{\mathrm{s}}}\right)\left[\left(1-\xi\exp\left(-w\left(\dfrac{r}{h}\right)^n\right)\right)N_c c_{\mathrm{u}}+E\varepsilon_{\mathrm{e}}\cos\theta\right]}}-1\right\}r$$

$$(6\text{-}73)$$

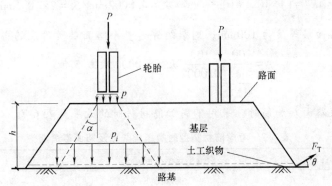

图 6-63　考虑筋材网兜作用的加筋道路受力

6.8.3　铺装道路加筋设计

1. 铺装道路基层加筋

铺装道路基层加筋工作机理很复杂，土工格栅网孔结构与基层碎石的相互嵌锁作用，增加了对碎石路基的侧向约束力，加筋效果表现多样化，主要体现为：增加道路初始刚度，减小长期交通荷载作用下的竖向变形和侧向变形，提高抗拉强度，减小路面裂缝并提高抗疲劳性。由于铺装道路加筋工作机理涉及因素较多，工作机理复杂，目前尚未有具体详细的设计方法，但可根据加筋效果系数设计加筋铺装道路的当量交通量，即

$$N_R = f_R N_u \tag{6-74}$$

式中 N_R——铺装道路基层加筋时当量交通量，次；

N_u——铺装道路基层未加筋时当量交通量，次；

f_R——加筋效果系数，对土工格栅可取 3.0。

2. 铺装道路路面加筋

新修路面和既有路面维修时铺设土工格栅加筋，可有效减缓反射裂缝的产生。对于柔性铺装路面层，筋材可显著减少车辙。然而，对于刚性铺装路面层，加筋增强作用不明显。目前，土工格栅加筋铺装路面层更倾向于用于旧有路面的维修，以达到阻止或最小化反射裂缝的产生。现有研究表明，可用指数函数来计算新铺装加筋面层的裂缝发展速度，即

$$\frac{\mathrm{d}c}{\mathrm{d}N} = AK^n \tag{6-75}$$

式中 $\dfrac{\mathrm{d}c}{\mathrm{d}N}$——每个交通循环荷载作用下裂缝发展速度；

K——应力集中因子；

A、n——与筋材和面层材料相关的试验拟合参数。

[例 6-6] 某铺装道路面层裂缝严重，拟采用摊铺 100mm 沥青混凝土进行翻新，该路段当量交通量 100000 次/年。假设综合考虑新铺装路面层、现有路面层和基层材料特性，设计应力集中因子 K 为 $10\mathrm{N/mm}^{1.5}$，常数 A 和 n 分别为 1.0×10^{-8} 和 4.3。试计算新铺装路面层裂缝年增长速度及裂缝穿透路面层对应的当量交通量 N。

解：由式（6-75）可知，路面裂缝发展速度为

$$\frac{\mathrm{d}c}{\mathrm{d}N} = AK^n = (1 \times 10^{-8} \times 10^{4.3}) \mathrm{mm/次} = 0.0002 \mathrm{mm/次} = 2 \times 10^{-4} \mathrm{mm/次}$$

由于新铺装路面层厚度为 100mm，则裂缝穿透整个路面层所对应的当量交通量 N 为

$$N = \frac{100}{\dfrac{\mathrm{d}c}{\mathrm{d}N}} = \frac{100}{0.0002} \mathrm{次} = 500000 \text{ 次或 5 年}$$

当采用新铺装路面层加筋时，采用不同加筋材料时的效果见表 6-7。

表 6-7　考虑筋材类型时裂缝增长率及路面寿命期

筋材类型	裂缝增长率/（mm/次）	寿命期
未加筋	2.0×10^{-4}	500000 次或 5 年
土工织物	1.0×10^{-4}	1000000 次或 10 年
PP 土工格栅	0.7×10^{-4}	1400000 次或 14 年
PET 土工格栅	6.6×10^{-5}	1500000 次或 15 年
玻璃纤维土工格栅	5.0×10^{-5}	2000000 次或 20 年

6.9　加筋土结构的施工

在进行加筋土结构设计时，必须考虑施工工艺，因为不同的施工工艺和施工程序对加筋

土结构的性能有很大的影响。土工合成材料加筋土结构形式多样,各类加筋土结构及同类加筋土结构的不同结构形式的施工技术均有其独特之处。以加筋土挡土墙为例,预制混凝土面板加筋土挡土墙、包裹式墙面加筋土挡土墙、整体现浇混凝土墙面加筋土挡土墙的施工工艺及流程就有一定的区别。

6.9.1　土工合成材料的铺设

加筋用土工合成材料须布置在土体的拉伸变形区域,如能沿拉伸主应变方向布设最好。由于筋材与土的界面摩擦角小于土的摩擦角,若沿压应变或滑动面方向布设,甚至会起到反作用。理论分析和模型试验都表明,挡土墙后填土的主拉应变方向是基本水平的,而加筋土边坡的拉伸主应变方向如图 6-64 所示,在加筋土边坡的坡面附近,主拉应变斜向翘起。为了施工方便,土工合成材料一般都是沿水平方向布置,这样,在加筋土边坡坡面附近,水平铺设土工合成材料筋材的加筋作用较弱,因此加筋土边坡的坡面防护设计及施工也就非常重要。

水平铺设土工合成材料筋材的方向也非常关键。单向土工格栅和土工织物等加筋材料有方向性差别,铺设时应保证其强度大的方向与主要受力方向一致。对于加筋土挡墙及加筋土边坡,筋材强度大的方向应垂直于墙面或坡面;对于加筋垫层和条形基础下加筋地基,筋材强度大的方向应垂直于路堤或条形基础轴线方向;加筋道路一般用双向或多向土工格栅,其强度的方向性不明显。

土工合成材料筋材铺设前,应对地基或压实填土表面进行处理,清除地基或压实填土表面的障碍物和凸出尖锐物,保证表面平整,筋材层水平。土工织物及土工格栅筋材铺设时需要人工进行拉紧和调直,应平铺,不得重叠,不得卷曲、扭结;筋材应采用插钉或木楔子固定于地基或填土表面,不得因填土而移动。沿受力方向相邻两幅筋材需采用具备足够强度的连接方法进行连接。对于土工格栅,应使用连接棒机械连接,如图 6-65 所示;对于土工织物,应采用缝合方法等"加强"连接。垂直于受力方向的相邻两幅筋材之间可采用"搭接"连接,搭接长度不得小于 5cm。

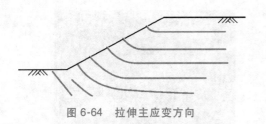

图 6-64　拉伸主应变方向

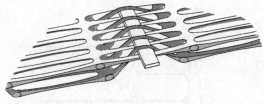

图 6-65　土工格栅连接棒连接

6.9.2　填土材料的铺设与压实

用机械或人工将填土堆放在拉紧后的土工合成材料上面,车辆与施工机械等不得直接碾压土工合成材料,以免筋材损坏。填土铺设时带尖锐棱角块体不应与土工合成材料直接接触,填土中最大粒径一般不应大于 15cm,且不宜大于单层填土压实厚度的 1/3。采用碾压机械碾压时,填土厚度一般为 150~350mm。填土压实时,第一遍先轻压,碾压时从筋材中部逐步压向尾部,轻压后再全面碾压。碾压前应进行试验施工,根据碾压机械和填土性质确定碾压遍数以指导施工。

加筋土挡土墙或加筋土边坡施工时，接近面板或坡面处填土的压实需额外小心。接近面板或坡面处，填土在迎坡面的横向约束很小，大型机械压实会造成很大的坡面位移，也容易造成土工合成材料与面板连接的破坏。因此，大型机械设备应与墙面或坡面保持至少 2m 的距离，距面板 2m 范围内填土应采用轻型机械压实。

在填土压实过程中，必须进行填土压实质量检测，检测的频率必须满足相关技术规范或标准的要求。此外，应做好墙顶和墙背或坡面和坡内的排水施工。其中排水体可采用土工织物包裹卵碎石的排水盲沟，或土工复合排水网和塑料排水带等，详见 6.3、6.4 节相关内容。

6.9.3 墙面和陡坡坡面的施工

作为永久构筑物的加筋土挡墙一般设置墙面板。墙面板的作用是防止填土从相邻层筋材间挤出，使土工合成材料筋材、填土及墙面板构成一个受力整体。因此墙面板的选择和安装质量很大程度上决定了加筋土挡土墙的正常使用功能与稳定。

当使用预制混凝土模块面板时，一般在预制模块时，在模块内沿板面方向布置有孔洞，装配时插入销钉，加强其整体性，也可用夹具将面板临时夹固在一起。第一层面板是控制全墙基线的基准，因此放线应准确。安装前首先将条形基础清理干净并找平。相邻上下层间垂直安装缝应错开。模块与筋材可借助销钉、板背面的预留钢筋连接，也可直接将筋材固定于砌筑用的榫口中，分段预制板可将较短的筋材按设计间距预制在板内钢筋上，板面架设后，逐层接长筋材。

当使用土工格栅包裹式墙面时，每层土工格栅长度为设计长度、相邻两层格栅间距及返包长度之和。返包格栅长度为 1.5~2.0m，如图 6-66a 所示。将充填土的编织袋按设计坡线码放成墙面，土袋一个紧靠一个横向码放，相邻土袋间咬合 150mm 左右，如图 6-66b 所示。为了增强墙体的整体性及稳定性可在包裹式加筋土挡土墙施工过程中预埋钢筋锚杆，待墙体施工完成，在锚杆上挂设钢筋网，然后现浇混凝土，施作整体现浇混凝土墙面。

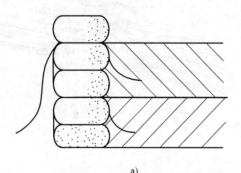

a)   b)

图 6-66　返包式加筋土挡土墙墙面的施工

在边坡坡面施工时，可借助土袋、模板或格宾进行。借助土袋进行坡面施工时，其施工顺序及要求与上述土工格栅包裹式墙面施工类似（图 6-66），完工后土袋即可作为坡面防护层。图 6-67 所示 L 形或条形混凝土板，既可作为施工模板，也可作为坡面的保护层，它还具有面板与坡面紧密接触的优点。格宾也可以作为陡边坡的坡面防护层。预先安装好的加筋格宾单元应放置在选定位置，相邻加筋格宾单元间应充分绞合以保证构成一个连续的整体结构。用于填充加筋格宾的石头应坚硬抗风化，石头尺寸应在 100~300mm。在填充格宾时，应每隔三分之一高度在前面板与后面板间加装绑缚钢丝，以增强牢固性。当石头被填充并基本平整且空隙率降到最低后，折叠加筋格宾盖板并将各面板拉近。盖板边端钢丝应与侧面板边端钢丝绑扎在一起，且加筋格宾应紧紧与侧面板、后面板及隔板紧紧绞合。相邻加筋格宾盖板应同时绞合，且剩余的边端钢丝应折入已完成的加筋格宾内部。

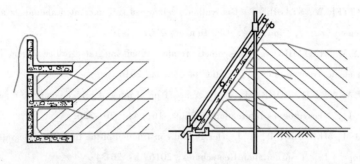

图 6-67　兼作施工模板的面板

习　题

［6-1］　写出筋-土界面强度表达式，并分析拉拔试验适于模拟加筋挡土墙什么部位的界面特性？

［6-2］　筋-土界面的峰值前的应力-应变关系可用双曲线模型来模拟，试写出剪应力 τ 与剪切位移 δ 的双曲线关系表达式，并解释模型中试验常数的意义。

［6-3］　试述加筋材料在土中的正确布置方法，并用摩尔-库仑强度理论说明加筋土抗剪强度提高的原因。

［6-4］　有一种描述砂土加筋机理的拟黏聚力理论，设水平限制应力的增量 $\Delta\sigma_3 = T/h$，该理论认为相当于使砂土得到一个黏聚力 $c_R = T\sqrt{K_\rho}/(2h)$，式中，$T$ 是抗拉强度，h 为加筋层间距，$K_\rho = \tan^2\left(45° + \dfrac{\varphi}{2}\right)$，试用极限平衡理论证明之。

［6-5］　推导出土工格栅加筋土挡土墙确定间距和长度的设计公式，假设墙背垂直、墙顶填土面水平，不计超载和水平附加荷载作用。

［6-6］　例［6-1］中，将土工格栅换成土工带，带宽 5cm，水平和垂直间距均为 0.6m，允许抗拉强度为 15kN，试校核其强度要求，并确定其铺设长度。

［6-7］　例［6-1］中，挡土墙的地基土 $c = 8$kPa，$\varphi = 20°$，$\gamma = 16.5$kN/m³，试校核加筋土体沿基础底面滑动的稳定性和地基的承载力。如达不到设计要求，应将土工格栅长度增至多大？（由 $\varphi = 20°$ 查得 $N_c = 14.83$，$N_\gamma = 5.39$）

［6-8］　在硬基土上修建一座高 12m，坡角 70°的陡坡，填土的黏聚力 $c = 0$，$\varphi = 34°$，$\gamma = 18$kN/m³，加筋用土工格栅的抗拉强度为 80kN/m，强度总折减系数为 3，要求在坡面翻卷，分别采用加筋土挡土墙及加筋土边坡的分析方法确定筋材的层距和各层长度。

［6-9］　详细解释未铺装道路加筋和铺装道路加筋时筋材起到的主要作用。

［6-10］　某无铺装运输道路需要满足的当量交通量为 $N = 2000$，单轮轮胎承受的车轴压力和与路面的

接触压应力分别为 40kN 和 0.6MPa，路基材料 CBR 为 1.5，路面底基层材料 CBR 为 20，道路允许车辙为 75 mm，采用 $J = 0.32\text{m} \cdot \text{kN/°}$ 的土工格栅进行加筋设计，试采用 Giroud-Han 方法计算有、无格栅加筋时未铺装道路路面基层厚度 h？（有加筋层时 $h = 0.3\text{m}$；无加筋层时 $h = 0.57\text{m}$）

参 考 文 献

[1] ELLIS Z. Geosynthetic reinforced soil integrated bridge system interim implementation guide：FHWA-HRT-11-026 [S]. New York：FHWA, 2011.

[2] ADAMS M, SCHLATTER W, STABILE T. Geosynthetic reinforced soil integrated abutments at the Bowman Road Bridge in Defiance County, Ohio [C]. Geo-Denver, 2007：1-10.

[3] WADEY L, IDREES M. NADAHINI C. Geosynthetic reinforced soil integrated bridge system [C]. Conference and Exhibition of the Transportation Association of Canada, 2014.

[4] TATSUOKA F, HIRAKAWA D, NOJIRI M, et al. A new type of integral bridge comprising geosynthetic-reinforced soil walls [J]. Geosynthetics International, 2009, 16 (4)：301-326.

[5] LENART S, KRALJ M, MEDVED S P, et al. Design and construction of the first GRS integrated bridge with FHR facings in Europe [J]. Transportation Geotechnics, 2016, 8：26-34.

[6] ADAMS M, SCHLATTER W, STABILE T. Geosynthetic reinforced soil integrated bridge system [C]//Proceeding of 4th European Geosynthetics Conference. Edinburgh：[s. n.], 2008.

[7] ELLIS Z. Geosynthetic reinforced soil integrated bridge system synthesis report [R]. FHWA-HRT-11-027, 2011.

[8] TALEBI M, MEEHAN C, LESHCHINSKY D. Applied bearing pressure beneath a reinforced soil foundation used in a geosynthetic reinforced soil integrated bridge system [J]. Geotextiles and Geomembranes, 2017, 45 (6)：580-591.

[9] JONATHAN T H, WU T Q, MICHAEL T A. Composite behavior of geosynthetic reinforced soil mass [R]. FHWA-HRT-10-077, 2013.

[10] ZHENG Y, FOX P, MACARTNEY J. Numerical study of the compaction effect on the static behavior of a geosynthetic reinforced soil-integrated bridge system [C]// Proceeding of Geotechnical Frontiers 2017, Orlando：[s. n.], 2017：33-43.

[11] TALEBI M, MEEHAN L. Numerical simulation of a geosynthetic reinforced soil integrated bridge system during construction and operation using parametric studies [C]// Proceeding of IFCEE 2015, San Antonio：[s. n.], 2015：1493-1502.

[12] 中华人民共和国住房和城乡建设部. 复合地基技术规范：GB/T 50783—2012 [S]. 北京：中国建筑工业出版社, 2012.

[13] 中华人民共和国铁道部. 铁路工程地基处理技术规程：TB 10106—2010 [S]. 北京：中国铁道出版社, 2010.

[14] TERZAGHI K. Theoretical soil mechanics [M]. New York：J. Wiley and Sons, Inc., 1943.

[15] HEWLETT W J, RANDOLPH M A. Analysis of piled embankments [J]. Ground Engineering, 1988 (4)：12-18.

[16] British Standard Institute (BSI). British Standard 8006：Strengthened/reinforced soils and other fills [S]. London：British Standard Institute, 2010.

[17] VANEEKELEN S J M, BEZUIJEN A, LODDER H J, et al. Model experiments on piled embankments: Part I [J]. Geotextiles and Geomembranes, 2012, 32 (1): 69-81.

[18] XU C, SONG S, HAN J. Scaled model tests on influence factors of full geosynthetic-reinforced pile-supported embankments [J]. Geosynthetics International, 2016, 23 (2): 140-153.

[19] 浙江省交通规划设计研究院. 浙江省公路软土地基路堤设计要点 [M]. 北京: 人民交通出版社, 2009.

[20] German Geotechnical Society (DGGT). Recommendations for design and analysis of earth structures using geosynthetic reinforcements (EBGEO) [S]. German Geotechnical Society (DGGT), 2010.

[21] ZAESKE D, KEMPFERT H G. Berechnung und Wirkungsweise von unbewehr-ten und bewehrten mineralischen Tragschichten auf punkt-und linienf rmigen Trag-gliedern [C]. Bauingenieur Band : [s. n.], 2002.

[22] GIROUD JP, HAN J. Design method for geogrid-reinforced unpaved roads Ⅰ: Development of design method [J]. Journal of Geotechnical and Geoenvironmental Engineering, 2004, 130 (8): 775-786.

[23] GIROUD JP, HAN J. Design method for geogrid-reinforced unpaved roads Ⅱ: Calibration and application [J]. Journal of Geotechnical and Geoenvironmental Engineering, 2004, 130 (8): 787-797.

[24] KOERNER R M. Design with geosynthetics [M]. 6th ed. New Jersey: Prentice Hall, 2012.

[25] 王铁儒, 吴炎曦, 祁思明. 土工织物在一气柜软基上的应用 [C]//中国土工织物学术讨论会论文选集. 石家庄: 河北省水利学会, 1987.

[26] 王钊. 土工织物加筋土坡的设计与模型试验 [D]. 武汉水利电力大学, 1988.

[27] 王钊. 土工织物加筋土坡的分析和模型试验 [J]. 水利学报, 1990 (12): 62-68.

[28] 陆士强, 王钊, 刘祖德. 土工合成材料应用原理 [M]. 北京: 水利电力出版社, 1994.

[29] 林晓铃. 土工织物加筋垫层在建筑软基的应用 [J]. 工业建筑, 1994, 24 (3): 54-57.

[30] 周志刚, 张起森. 土工格栅碎石桩的承载力分析 [J]. 岩土工程学报, 1997, (1): 58-62.

[31] 王钊, 王协群. 土工合成材料加筋地基的设计 [J]. 岩土工程学报, 2000, (6): 731-733.

[32] 王钊. 国外土工合成材料应用研究 [M]. 香港: 现代知识出版社, 2002.

[33] 王协群. 土工合成材料加筋地基的极限平衡设计与加筋材料的研究 [D]. 武汉理工大学, 2003.

[34] 张建勋, 陈福全, 简洪钰. 桩承土工织物加筋地基的研究与工程应用综述 [J]. 福建工程学院学报, 2003, (9): 10-15.

[35] 费康, 刘汉龙, 高玉峰. 路堤下现浇薄壁管桩复合地基工作特性分析 [J]. 岩土力学, 2004, (9): 1390-1396.

[36] BROMS B B. Triaxial tests with fabric-reinforced soil [C]//Proc. of Int. Conf. on Use of Fabrics in Geotechnics, 1977. L'Ecole Nationale des Ponts et Chaussees, 1977, 3: 129-133.

[37] YAMAHOUCH T, GOTOH K. A proposed practical formula of bearing capacity for earthwork method on soft clay ground using a resinous mesh [R]. Technology Report of Kyushu University, 1979.

[38] ANDRAWES K Z, MCGOWN A. The finite element method of analysis applied to soil-geotextile systems [C]// Proc. of 2nd Int. Conf. On Geotextiles, 1982. Las Vegas: [s. n.], 1982, 695-700.

[39] COLIN J F P. Earth Reinforcement and soil structures [M]. Baltimore : Butter Worth CO. Ltd, 1985.

[40] LOVE J P, et al. Analytical and model studies of reinforcement of a layer of granular fill on a soft clay subgrade [J]. Canadian Geotechnical Journal, 1987, 24 (4): 611-622.

[41] BERG RR, et al. Mechanically stabilized earth walls and reinforced slopes design and construction guide-

181

lines：FHWA-NHI-10-024［S］. New York：FHWA, 2009.

[42] 介玉新, 李广信. 加筋土数值计算的等效附加应力法. 岩土工程学报, 1999, 21 (5)：614-616.

[43] 刘华北, 汪磊, 王春海, 张垭. 土工合成材料加筋土挡墙筋材内力分析, 工程力学, 2017, 34 (2)：
     1-11.

[44] LIU H, YANG G, LING H. Seismic response of multi-tiered reinforced soil retaining walls［J］. Soil Dy-
     namics and Earthquake Engineering, 2014, 61-62：1-12.

[45] 张孟喜, 马原, 邱成春. 加强节点布置方式对双向土工格栅拉拔特性的影响［J］, 上海交通大学学
     报, 2020, 54 (12)：1307-1315.

[46] GABR M. Cyclic plate loading tests on geogrid reinforced roads［R］. Research rep. to Tensar earth tech-
     nologies, inc., 2001.

[47] American Society for Testing and Materials (ASTM). Standard test method for determining the aperture sta-
     bility modulus of geogrids：D7864/D7864M-15［S］. Pennsylvania：ASTM, 2015.

第7章
隔离作用

7.1 概述

　　将土工合成材料如土工织物置于两种不同材料之间，使两种材料的整体性和功能都得到保持或改善，此时筋材的作用即隔离作用，如图 7-1 所示。当将碎石骨料直接铺于细颗粒料上方时，下方细料可能进入碎石空隙中或碎石在上方荷载的作用下侵入细料中，造成碎石骨料的排水性降低或强度降低。但通过在二者界面处铺设一层土工织物，则可有效地防止两类材料的直接接触，起到良好的隔离作用。目前，土工合成材料隔离作用在道路与铁路地基处理、埋地管道防护等方面得到了广泛应用。此外，土工织物的渗滤和土工膜的防渗也同时发挥了隔离作用。

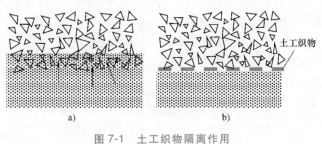

图 7-1　土工织物隔离作用

a）无土工织物　b）有土工织物

7.1.1　埋地管道防护中的隔离作用

　　埋地管道在城市给排水和油气输送系统中发挥着重要作用，直接影响着城市居民的生活质量。近年来，在城市道路系统的翻新和维修过程中，挖掘机等机械设备在施工过程中对管道产生强大的冲击作用，导致管道破裂而引发一系列重大事故。研究表明，当前国内外城市市政管道破坏的原因主要是外部影响、腐蚀、焊接和材料缺陷。在美国和欧洲的埋地管道事故中，外部影响占有主导地位。据最近统计，在欧洲因外部因素（如施工机械侵入等）对埋地管道造成损坏的事故率约为 0.2 次/（km·a）。在我国近年来的埋地管道事故中，外部影响也呈上升趋势，且因挖掘机挖断和工程施工不当等外部原因造成的管道损坏事故占全部事故的 62.7%。埋地管道一旦发生破坏，轻则造成城市油气和水等生命线物质供应紧缺，重则发生爆炸等事故，对周边人员与环境造成严重后果。

　　针对城市道路施工对埋地管道产生的安全隐患，可在埋地管道上方铺设土工格栅、土工织物和土工格室等土工合成材料对其进行防护，如图 7-2 所示。管道上方铺设土工合成材料不但减缓了机械荷载的冲击速度，还增大了荷载向管道传递过程中的扩散角，增大了应力分布范围和管道受压面积，从而减小了机械荷载对管道的冲击作用。虽然机械荷载使土工合成材料与土体发生相对错动，但一般情况下土工合成材料铺设区域大于埋地管道直径，管道顶部筋-土复合体的覆盖面积大于机械荷载的扰动区域。因此，土工合成材料与土体之间会产生较强的相互作用力，即使管道顶部土体受到较

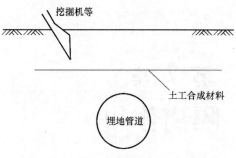

图 7-2　土工合成材料防护埋地管道

强的荷载冲击，筋材也不会从土体中完全抽出而失去对管道的防护作用。管道顶部铺设土工合成材料形成筋-土缓冲层，对外部机械荷载可以起到明显的隔离或阻止入侵作用，吸收了机械荷载对管道产生的部分冲击力，避免了施工过程中机械荷载直接或间接冲击管道，减小了管道变形，从而达到对埋地管道进行防护的目的。

7.1.2　道路结构中的隔离作用

土工合成材料的一些产品具有二维连续性，可对其两侧的材料起到隔离作用。例如，路堤地基中铺设土工合成材料不仅可以起到加筋作用，还对堤身填料和软土地基起到隔离作用。这里着重论述土工合成材料在道路工程中的隔离作用，其原理和设计计算方法可以供其他工程参照使用。

通常的道路就其结构来说可以分为路面和路基两大部分，如图 7-3 所示。路面又可以分为面层（直接与轮胎接触）、基层和底基层三部分，而路基是路面的基础。对填方道路，路基从上到下是路床（80cm 厚）和路堤，路基下面是天然地层；对挖方道路，路基就是天然地层。

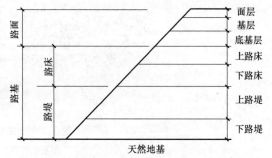

图 7-3　天然地基上的路基和路面结构

如果天然地层为软弱土层，在其上填筑粗粒材料（道路工程中常用的材料）时，由于自重和荷载的作用，粗粒材料可能陷入软土层中，破坏填筑层的结构，降低其强度及增加道路的变形。因此，通常应设置一层隔离层，如砂层，而现在则可以采用铺设一层土工合成材料来起到隔离软土层与粗粒材料的作用。当然，土工合成材料还同时起到加筋、渗滤和排水作用。类似的隔离作用也发生在路面碎石底基层和土质路基之间，没有隔离层的情况，路基细粒土吸入碎石间的空隙，使基层的透水性降低，或者碎石混入路基细粒土中降低了基层的强度，如图 7-1a 所示。此外，为了减少路面的开裂危害，在路面面层的底部或基层及底基层的底部也常铺设土工合成材料，以减少、减轻或推迟路面的开裂，从而延长路面使用期限或者减小面层的厚度。多年来，这方面的应用在国际上一直占据首位。

7.2　路基底部的隔离作用

当地基为饱和软土层，其上的填料又较粗时（如铁路碎石路基），就有这种隔离的需

要，它一方面能防止粗粒材料陷入软土层中，另一方面能阻止在动荷作用下软土挤入粗粒层。一般来说前者是主要的，这就要求土工合成材料是完整的，故常采用土工织物或土工织物与土工格栅复合产品。为了保证土工合成材料的整体性不被损害或破裂，在路基底部铺设土工合成材料时，一般需要注意和防止以下四种情况：

1）从上向下的刺破情况，粗粒填料的尖角有可能刺破土工合成材料。

2）从下而上的刺破情况，底部软土层未整平，留下尖角硬块或树根等，可能把土工合成材料顶破。这种现象可用施工措施避免，故不列入设计考虑的内容。

3）施工时粗粒填料从一定高度下落时有可能击穿土工合成材料。

4）施工过程中工程机械可能对土工合成材料造成不同程度的损伤。

7.2.1　土工合成材料在路基底部的隔离机理

1. 未铺路面道路路基的隔离机理

在世界各地交通系统中，有数万公里道路未铺设路面结构，修筑过程中直接将碎石或炉渣之类的废弃填料摊铺在地基土上面，这种道路在偏远地区较为常见。近年来随着交通量的迅速增加，这种简易道路在长期交通荷载作用下产生明显的不均匀沉降变形，表现为路面出现车辙病害，尤其是修筑在软土地基上的道路。通常采用增加碎石摊铺厚度的方法来减少不均匀沉降和车辙深度。这种方法虽然可提高道路的使用性能，但也增加了碎石用量和建设成本。因此，在节约成本和减少碎石用量的前提下，如何提高道路工程的使用性能是目前急需解决的问题。

碎石路基在长期车辆荷载作用下，不但会产生沉降变形，与地基土直接接触的碎石层还会刺入地基土中，尤其在软土地基更为严重。这种现象增加了道路的沉降变形，严重影响其使用寿命。为了防止碎石层底部碎石刺入地基土中，可在地基土表面铺设土工织物将碎石层隔离。在铺设土工织物前要先通过试验测试其刺破强度，使其满足工程需要，以防土工织物被碎石刺破而降低隔离效果。

图 7-4 给出了土工织物在地基土表面隔离碎石层的示意图。由图可知：

1）土工织物的铺设增加了轮胎荷载向地基土传递过程中的扩散角，增大了应力分布范围和地基土的受力面积，因而减小了轮胎荷载对地基土的附加应力，从而减小了地基土的沉降变形。

2）地基土与碎石层之间铺设土工织物有助于碎石层与地基土的协调变形，增强碎石路基与地基土的整体性，从而提高了道路的使用性能。

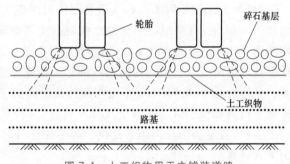

图 7-4　土工织物用于未铺装道路
基层粒料与路基土的隔离

3）在通常情况下，未铺设路面结构的碎石路基在车辆荷载作用下会发生严重的侧向变形，此过程可能会导致部分碎石滚落损失，而土工织物的铺设在一定程度上限制了碎石路基的侧向变形，并减少了碎石损失，增强了碎石路基的稳定性。

2. 铺设路面道路路基的隔离机理

通常情况下路面结构不能直接铺设在地基土上方，尤其是软土地基，否则在交通荷载作用下将会出现严重的沉降变形甚至路面结构开裂。为了增加道路的强度和刚度，需在路面与地基土之间设置路基，路基材料可根据现场取材条件进行选择。若以碎石作为基层，在摊铺碎石层过程中，碎石粒径一般随路基高度的增加而逐渐减小。

与未铺路面道路相似，采用混凝土或沥青材料作为路面结构，以碎石为基层，路面在长期交通荷载作用下不但会发生变形，严重时会破坏路面结构，影响车辆行驶，还会使碎石层的部分碎石刺入地基土中，影响地基土的均匀性。为了减小路基变形引起路面结构破损的程度，可在碎石路基底部铺设土工织物、土工格栅等土工合成材料，用于隔离基层碎石与路基土，减小碎石层对路基土的刺入破坏及其沉降变形。土工织物等土工合成材料隔离铺设路面道路路基的机理与未铺路面道路相似，如图 7-5 所示。

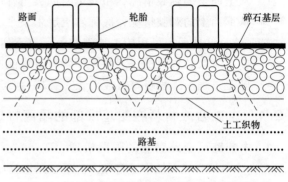

图 7-5　土工织物用于铺装道路基层与路基的隔离

7.2.2　穿刺和顶破分析

1. 荷载

1）路面和路基的自重可以按以下常用公式计算

$$p_1 = \sum_{i=1}^{n} \gamma_i h_i \tag{7-1}$$

式中　p_1——自重引起的垂直应力，kPa；

　　　γ_i——第 i 层材料的重度，kN/m^3；

　　　h_i——第 i 层材料的厚度，m。

2）路面上来往车辆的荷载或道路碾压时的施工机械荷载。目前，大部分国家选定的标准轴载为 100kN，我国现行《公路水泥混凝土路面设计规范》和《公路沥青路面设计规范》也均选用 100kN。绝大多数车辆的前轴为两个单轮组成的单轴，轴载约为车辆总重的 1/3，后轴由双轮组组成，轴载约为前轴的两倍。车轮与路面接触面上的单位压力大致与轮胎内压相等，一般为 0.4~0.7MPa。车轮与路面接触面的形状近似于椭圆。在路面设计中，当作用在轮胎上的荷载较小时（相对于其标准负载），接触面形状接近于圆。随着荷载增大（轮胎压力不变），接触面形状向矩形变化。为了便于计算，常以等面积的圆形来代替，圆直径 D 可用下式计算

$$D = 2\sqrt{\frac{P}{\pi p_t}} \tag{7-2}$$

式中　P——车轮承受的荷载，kN；

　　　p_t——轮胎压力，kPa。

我国现行路面设计规范中采用解放 CA-108 型与黄河 JN-150 型为标准车辆，它们的后轴每侧都是由两个单轮组成。两个单轮荷载假设用一个当量单圆承受均匀荷载来代替，当解放牌车其轮胎内压为 0.5MPa，当量圆直径为 0.357m；对黄河牌车其轮胎内压为 0.7MPa，当

量圆直径为 0.303m。道路的施工机械常用的有刚轮压路机和轮胎压路机等。压路机的刚性轮与地面呈线性接触，重型机械的单位长度直线压力可达 800N/cm，但由于是线性接触，接触面积小，应力扩散后传到底面的压力较小，轮胎碾的胎压可按 0.6MPa 考虑。由于该类机械常是多个轮胎并排，因而其接地面积的形状应按当量长方形来考虑，即 $B×L$，B 为多个并排轮胎的两个最边沿轮胎外侧边之间的距离，L 为单轮接地长度，即与 B 边垂直的长度，如图 7-6 所示，B_1 和 L 可按下列两式计算

$$B_1 = \sqrt{1.414P_1/p_t} \tag{7-3}$$

$$L = 0.5B_1 \tag{7-4}$$

式中　B_1——单轮接地宽度，m；

　　　L——单轮接地长度，m；

　　　P_1——单轮承受的荷载，kN。

2. 力的传播

已知荷载后，可以根据几何位置求得作用在土工合成材料表面的压力。

路面和路基自重可按式（7-1）计算。车辆荷载先按道路设计规范选定，然后可采用土力学中弹性理论以及颗粒体力学求得较精确的应力分布数值，但在实际计算中常用简化的等应力分布的方法进行，如图 7-7 所示。

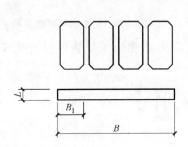

图 7-6　多个轮胎的接地当量面积

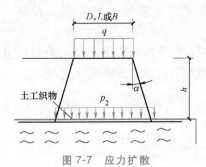

图 7-7　应力扩散

荷载面积形状为圆形时

$$p_2 = \frac{qD^2}{(D+2h\tan\alpha)^2} \tag{7-5}$$

荷载面积为矩形时

$$p_2 = \frac{qBL}{(B+2h\tan\alpha)(L+2h\tan\alpha)} \tag{7-6}$$

式中　p_2——土工合成材料表面承受扩散后的活荷载的压力，kPa；

　　　q——路面荷载在当量圆或矩形荷载面的平均压力，kPa；

　　　D——当量圆的直径，m；

　　　h——路面到土工合成材料的垂直距离，m；

　　　B——路堤表面荷载的宽度，m；

　　　L——路堤表面荷载的长度，m；

　　　α——应力传播的扩散角，一般可取 $\alpha = 31°$，即 $\tan\alpha = 0.6$。

自重压力 p_1 加上 p_2 则为土工合成材料表面承受的连续分布压力 p，即

$$p = p_1 + p_2 \tag{7-7}$$

3. 实际的接触压力

上述的压力值是按连续分布考虑的，实际上压力是通过与土工织物接触的土粒传递的。传递压力的实际面积要比假想为均匀连续分布的面积小得多。接触面积的大小与土工织物下面的地基土的强度和变形特性及上覆压力有关。目前计算中把按一定级配分布的粗粒简化为平均粒径 d_a（$d_a = d_{50}$）的等效圆粒进行分析，即圆粒陷下一定深度，陷下部分截面的最大直径为 d_c（图 7-8），d_c 的大小按以下两式计算

尖角粒 $\qquad\qquad\qquad d_c = d_{50}/4 \tag{7-8}$

圆角粒 $\qquad\qquad\qquad d_c = d_{50}/2 \tag{7-9}$

土粒按最疏松的正方形排列考虑，p 是均匀连续分布的，这样每一个粗粒的受力为

$$F = p d_{50}^2 \tag{7-10}$$

4. 破坏分析

计算中假定各粗粒受力相同，并且互相不产生影响。从图 7-8 中可以看到，土工织物在粗粒的作用下可能产生两种类型的破坏：一种是在 AB 圆周上拉破，类似于 CBR 试验或圆球顶破试验；另一种是 BC 球面上承受土的反力在 E 点上拉破，类似于胀破试验。

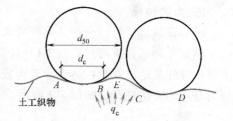

图 7-8　土工织物顶破分析

粗粒传下来的荷载 F 要由地基的极限承载力 R（合力）和土工织物的拉力 T 来承担。单个粗粒下面地基的极限承载力可按下式计算

$$R = \left[q_c N_q (1 + \tan\varphi) + c N_c \left(1 + \frac{N_q}{N_c} \right) \right] \frac{\pi d_c^2}{4} \tag{7-11}$$

式中　　R——单个粗粒地基的极限承载力，kN；

$\qquad q_c$——旁侧荷载，kPa；

$\quad c$、φ——土的黏聚力，kPa；内摩擦角，(°)；

N_q、N_c——承载力系数，由土力学专著中查得。

q_c 在分析中不是指通常理解的旁侧土层的自重应力，而是图 7-8 所示 BC 段织物拉力对地基土的镇压作用，利用下列经验公式计算

尖角 $\qquad\qquad\qquad q_c = \dfrac{1.33T}{d_{50}} \tag{7-12}$

圆角 $\qquad\qquad\qquad q_c = \dfrac{2T}{d_{50}} \tag{7-13}$

[例 7-1]　尖角粗粒土的平均粒径为 20mm，其下铺设土工织物与地基土隔离，土工织物抗拉强度为 10kN/m。求在土粒周围土工织物可以产生的旁侧荷载 q_c。

解：按式（7-12）计算

$$q_c = \frac{1.33 \times 10}{0.02} \text{kPa} = 655 \text{kPa}$$

从上例中可以看到，虽然土工织物的抗拉强度是较低的，但仍可以产生很大的土抗力。

在 AB 圆周上作用着土工织物的拉力 T，其方向为 AB 圆周上的切线方向，与水平线成 θ 角。其垂直向分量为 $T\sin\theta$，$\sin\theta$ 按下式求得

$$\sin\theta = \frac{d_c}{d_{50}} \tag{7-14}$$

土工织物抗顶破的安全系数由下式计算

$$F_s = \frac{R + T\sin\theta\pi d_c}{F} \tag{7-15}$$

式中　F——每一个粗粒的受力，按式（7-15）计算。

一般要求 F_s 等于或大于 3。

[例 7-2]　路堤填土高度为 5m。填土底部为小尖角碎石，$d_{50} = 20\text{mm}$，重度为 20kN/m^3。采用土工织物为隔离材料，其抗拉强度为 20kN/m。土工织物下面地基土的黏聚力为 20kPa，内摩擦角为 $10°$。计算土工织物被顶破的安全系数是否满足要求。

解：由于填土高度较大，只考虑自重作用，不考虑活荷的影响。

由内摩擦角查土力学著作得 $N_q = 2.47$，$N_c = 8.34$。根据式（7-11）得

$$R = \left[1330 \times 2.47 \times (1 + 0.176) + 20 \times 8.34 \times \left(1 + \frac{2.47}{8.34}\right) \right] \times \frac{\pi}{4} \times \left(\frac{0.02}{4}\right)^2 \text{kN}$$

$$= 0.08\text{kN}$$

$$F_s = \frac{0.08 + 0.079}{0.04} = 3.98 > 3 \quad （满足要求）$$

现场试验表明，在砂层或软土上铺设土工织物，然后在其上堆放碎石，并施加垂直压力 400kPa。其后挖出土工织物没有任何刺破的现象。

车辆行走时对土工织物表面产生垂直压力，土工织物不但会发生沉降变形，还会在水平方向上与粗粒之间产生相对滑动趋势或错动，使得粗粒在土工织物表面产生磨蚀作用，最终撕破土工织物。但这种危险只发生在无路面且路基厚度小于 25cm 的场合。

针对大石块在施工中的冲击刺破危害，最有效的防护措施是在土工织物表面铺一层厚度不大的砂层或较小的碎石层来缓解石块的冲击力。

土工织物在起到隔离作用时，也起着加筋、排水和渗滤作用，其原理和设计方法可参阅本书有关章节。

7.2.3　其他底部隔离作用

这里简要介绍土工织物在路基中的其他两种隔离作用的应用，主要是利用土工织物的排水渗滤功能而起作用的。

当地基土是饱和强度不大的低塑性黏性土时，在动荷载的反复作用下，地基中土的孔隙水压力可能逐步升高到足以引起液化的状态。孔隙水压力的增加导致土的强度降低，在水力坡降引起的渗透力作用下软土可以挤入粗粒土层，称为粗粒土的污染现象，严重时可以在粗粒层的表面冒出，称为翻浆现象。这些现象的出现将大大降低路基的稳定性和增加道路的变形。根据国内外的经验，土工织物除了应满足渗滤要求外，还应在其上下面铺设一薄层砂，

如 10cm 厚，这样可以得到更为满意的效果。

寒冷地区道路地基的冻融危害严重阻碍车辆的正常运行，常用砂或砾石层作为隔离层以截断下部土层中水分向冷冻土层的补给。现在可以采用土工织物来代替这些透水层，土工织物的作用同样是切断毛细管作用，使得下部土中水分不能供给其上部的非饱和土层。这种隔离作用的机理是，一方面土工织物具有较大的孔隙，其渗透系数与粗中砂相当，如不被淤堵可以保持良好隔断毛细水的作用；另一方面土工合成材料的亲水性比土的亲水性差，因而可以减少毛细管上升的高度。

7.3 路面处的隔离作用

道路的路面常产生开裂，它是路面严重损坏的前兆。因为裂缝的逐渐延伸和扩大将大大削弱路面的整体性，雨水沿裂缝下渗，又使得路基的工作状况恶化和变形加大，这些都促使路面加速损坏，必须进行维修，才能保证道路的正常使用。

1970 年在美国首次使用聚丙烯（PP）针刺无纺织物解决沥青路面的开裂问题，开创了土工织物的一个新的应用领域。现在采用土工织物已成为解决路面开裂问题的重要措施之一，作为沥青路面的垫层也是有效和有益的。20 世纪 80 年代 Tensar（坦萨）公司生产出土工格栅并迅速在路面结构中得到运用，1984 年 3 月英国的 S. F. Brown 教授和加拿大的 R. Haas 教授等在伦敦召开的聚合物格栅加筋专题国际会议上，介绍了土工格栅在沥青路面中的应用。其后，法国 Bay Mill 公司的玻纤格栅应用于沥青混凝土的加筋，大量路面应用的效果表明，土工合成材料对防止反射裂纹和减少车辙有明显作用。但目前对土工合成材料工作机理的认识和采用的设计理论等有待深化和完善。

7.3.1 路面开裂的机理

1. 路面开裂的原因

路面开裂可以发生在面层或基层，开裂的原因是多方面的，可以简单地归纳为以下四类：

1）地基和路基的不均匀变形。地基各土层情况很复杂，土层的力学性能差别大，分布范围变化大，厚薄不均等情况，都会使路面局部变形过大，导致路面出现纵、横向裂缝。

2）设计和施工的缺陷和不周。最常遇到的情况是原按较低的交通荷载设计和施工的道路，后因交通的迅速发展，荷载强度增加，原有路基的压实度不足，路面厚度不够等原因会使路面开裂，并以纵向缝为主。

3）温度变化。道路建成后地表裸露，昼夜和季节之间的温差都会引起路面在水平方向的收缩和膨胀变形，最终可能产生温度裂缝，一般以横缝形式出现。沥青长期暴露在外，材料的老化（脆化）也容易造成开裂。

4）裂纹反射。路面严重开裂后，必须维修才能继续正常使用。维修的办法有两类：一类是把道路的开裂部位全部挖除，针对问题所在采取工程措施后重新铺设路面。这类方法的好处是治理开裂较彻底、可靠，但费用大，工期长，并会严重地影响道路通行。另一类是只对开裂的路面进行清理填补，然后在其上铺设新的路面（Overlay，即"罩面"）。这类办法的优点是费用省、工期短，对行车没有大的影响。但工程实践发现，新铺设的路面往往很快地会又出现裂缝，开裂的平面部位与旧路面的开裂部位相同，故称为反射裂缝（reflective cracking）。

2. 开裂机理

在研究开裂机理时，对常见的三种路面要分别对待。

1）刚性路面，即混凝土路面。

2）柔性路面，即建在土质路基表面上的沥青路面。

3）半刚性路面，即路基面上浇筑一层混凝土或石灰混凝土基层，它们具有一定的刚性，但强度不大，然后在其上铺设沥青面层。

从上述四类开裂的原因可以看出，路面的开裂有一个发展过程，是应力和应变逐渐积累的结果。后三类原因是由反复荷载作用下的疲劳应力决定的。

前三类开裂原因的工作机理在图 7-9 中给出了示意图，比较容易理解。下面着重说明反射性裂缝的开裂机理。反射性裂缝不仅反映在旧路面的开裂对新路面的反射影响上，同时对半刚性路面，由于其刚性层强度不大，较易开裂，其裂缝也会同样地"反射"到沥青表层中，同样属于反射性裂缝。

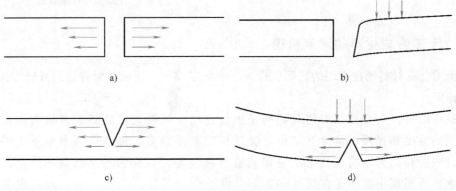

图 7-9　不同原因引起的路面开裂
a）温缩　b）荷载　c）老化　d）变形

目前对于形成反射性裂缝的机理，一般解释为路面的面层和基层是黏结在一起的，当基层由于种种原因在与面层黏结之前或其后产生了贯穿该层厚度的裂缝，那么在基层断裂处的端部（面层底部的 D 点，图 7-10）在每次车辆驶过时都经受三次高的应力脉冲（图中的弯曲应力 B、轮胎来临前的剪应力峰值 A 及轮胎过后的反向剪应力峰值 C）。在拉剪高应力反复作用下，D 点处有可能开始断裂，裂缝尖端的应力集中促进了裂缝的发展。与此同时，温度变化引起的收缩和膨胀很自然地在底层断裂处表现为变形变化幅度最大的地方。

图 7-11a 表示直线形裂缝的发展过程。由于设想两层是黏结在一起的，所以裂缝端部处（面层底部的 D 点）将承受较其他部位更大的反复拉应力，成为最可能开裂的地方，或拉伸应变累积到一定程度后发生断裂。另外，当气温下降时基层表面的温度低于其底部温度，使基层有向上卷起的趋势，这将加剧面层 D 点处的拉应力，促进面层裂缝的发展。

图 7-11b 表示折线形裂缝的发展过程。当基层裂缝端部对应的面层 D 点的抗断裂能力较大不易产生断裂时，由于面层和基层的位移（收缩和膨胀）不一致，在其黏结的接触面上将承受剪应力，在剪应力的反复作用下基层的裂缝会转向，即沿接触面水平向发展，原来的

黏结作用消失。在水平裂缝上面的面层由于约束条件的改变，其变形能力大于仍黏结在一起的面层处的变形能力。此时，离开基层垂直裂缝一定距离的两种不同连接条件分界处将产生应力集中，在面层底部产生新的开裂。

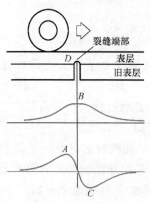

图 7-10　交通荷载在面层底部引起的应力

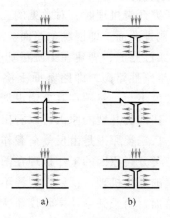

图 7-11　两种裂缝发展过程
a）直线形　b）折线形

7.3.2　土工合成材料的隔离机理

将土工合成材料铺在面层的底部，作为一个垫层或一个接触界面将起到减轻或推迟面层开裂的作用。

早期应用时，认为土工织物起到的是加筋作用。目前大多数研究者认为，由于所用土工织物的强度和弹性模量比上层和下层材料的要小得多，加筋作用是谈不上的。现在有特种高强度和高弹性模量的土工格栅或玻纤格栅型可以作为加筋材料的产品，其布置位置应在沥青面层中而不是在其底部之下，设计得当可以限制裂缝的出现。也有认为土工织物起到的是隔水作用，不让地下水通过原有裂隙进入新的面层，也不让雨水流入原有的裂缝，避免恶化其状况导致面层的开裂。但后一种说法并没有接触到问题的实质，诚然土工织物浸渍沥青后可以成为一层不易透水的土工膜，但它不能解释在干旱地区地下水位很低、降雨不多、面层又完整时土工织物也能推迟裂缝出现的机理。另一种观点认为土工织物起到一种吸收应力作用，如当半刚性路面面层与基层黏结在一起的条件下，基层的裂缝发展到两层的界面时，裂缝尖端的高应力区容易引起面层的开裂。但若有一层土工织物的缓冲层，该层不易开裂，这样基层裂缝端部的高应力就影响不到表层，起到一个应力吸收的作用。但在新旧路面的反射性裂缝的生成上这种解释就不适用了，近年来提出的应变松弛机理能较好地解释其工作机理。

实际使用时，土工织物不能简单地铺在路面基层的表面，而是在土工织物内部及上下表面都浸透热沥青，形成一过渡薄层而与路面的基层和面层黏结在一起。如不黏结在一起，较薄的面层有被掀起的危险。这一过渡层相对来说柔性较大，不易断裂。如果没有这一过渡层，当旧路面的自由水平位移大于面层的自由水平位移时，黏结在一起的两层的位移差将转化为拉应力作用在面层底部。有了这个过渡层，因其具有一定的厚度，在保持上下表面与面层和基层黏结时，在过渡层中可以产生一定剪应变，从而大大减少基层水平位移对面层的影响，并降低上述拉伸应力，也就是拉伸应变通过过渡层的作用得到了缓冲或"松弛"，同时拉应力也就减少了或被"吸收"了。

综合以上分析，土工合成材料隔离层适用于路基土强度较低的情况，如不排水强度<90kPa（CBR<3）。土工合成材料对路面结构层的改善作用主要有以下几方面：

1）隔离不同粒径材料，维持结构层厚度。

2）通过加筋作用增强路面刚度，承担剪应力，减薄路面厚度，减少车辙。

3）隔离层增强了路面结构的整体性，并增加了路面面层与基层变形的协调性。

4）吸收裂缝尖端应力集中，防治反射裂缝。

5）防水和保温作用。

与传统路面相比，加筋路面具有良好的经济性。考虑到最终使用寿命内的养护、修补等花费，优势更加明显。

与机理分析相适应的是土工合成材料产品的开发，从单一的无纺织物到塑料土工格栅，进一步到高模量玻纤格栅。目前已应用无纺织物和土工格栅的复合材料，具有加筋、防渗、应力缓冲和吸收作用。

7.3.3　土工织物隔离层设计

国内外对各种路面都有成熟的设计理论和方法，但对在沥青面层下加一层土工织物为主体的过渡层技术，目前尚缺乏完整成熟的设计方法。前文给出的式（7-15）计算路基底部土工织物抗顶破的安全系数，如果忽略路基的自重［式（7-1）］也可用于路面的设计。这里再介绍美国 R. M. Koerner 在专著 *Designing with Geosynthetics* 中关于隔离层土工织物的强度要求。

1. 胀破强度

如果基层材料颗粒间存在孔隙，在行车荷载作用下，土基应力就会将土工织物压入颗粒间的孔隙，如图 7-12 所示。土工织物所需的胀破拉力可按美国 Giroud 教授提出的均布荷载下的窄长缝上薄膜来计算，公式如下

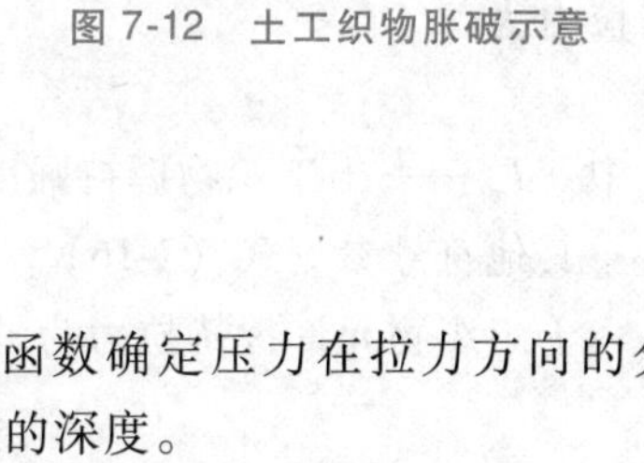

$$T_r = 0.5 p' d_v f(\varepsilon) \qquad (7\text{-}16)$$

图 7-12　土工织物胀破示意

式中　T_r——土工织物要求的胀破拉力，kN/m；

p'——土工织物表面压力（≤轮胎压力），kPa；

d_v——最大孔隙直径，m，$d_v \approx 0.33 d_a$；

d_a——粒料平均粒径，m；

$f(\varepsilon)$——土工织物应变 ε 的函数，可从表 7-1 查得，该函数确定压力在拉力方向的分力，$f(\varepsilon)$ 的值取决于孔隙直径和织物突入空隙的深度。

表 7-1　ε 和对应的 $f(\varepsilon)$ 值

$\varepsilon(\%)$	$f(\varepsilon)$	$\varepsilon(\%)$	$f(\varepsilon)$	$\varepsilon(\%)$	$f(\varepsilon)$
0	∞	10	0.73	40	0.51
2	1.47	15	0.64	50~70	0.50
4	1.08	20	0.58	75	0.51
6	0.90	30	0.53	100	0.53

193

胀破试验可以得到土工织物的胀破拉力。如应用式（7-16）可得

$$T_u = 0.5 p_b d_b f(\varepsilon)$$

式中　d_b——试验装置直径，m，取 0.0305m；

　　　T_u——土工织物胀破拉力，kN/m；

　　　p_b——胀破强度，kPa。

土工织物允许胀破拉力为

$$T_a = T_u / RF$$

式中　T_a——土工织物允许胀破拉力，kN/m；

　　　RF——总折减系数，参见式（3-37）（因织物在颗粒空隙中的蠕变受到限制，蠕变折减系数接近 1，故总折减系数可取 1.5～2.5）。

土工织物抗胀破安全系数为

$$F_s = \frac{T_a}{T_r} = \frac{p_b d_b}{RF p' d_v} \tag{7-17}$$

2. 握持强度

土工织物被粒料夹紧时，在表面压力作用下还将产生握持张拉力。从图 7-13 可以得到土工织物的最大应变为

$$\varepsilon = \frac{l_f - l_0}{l_0} = \frac{\left[d + 2\dfrac{d}{2}\right] - 3\dfrac{d}{2}}{3\dfrac{d}{2}} = 33\%$$

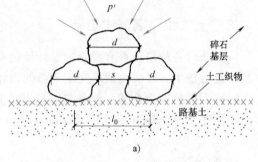

式中　$l_f - l_0$——土工织物的最大拉伸变形；

　　　l_0——两土粒中心距离，$l_0 = d + s$，

　　　s 约为 $\dfrac{d}{2}$。

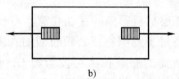

图 7-13　织物握持强度

从上式可知，土工织物的最大应变与粒径无关，最大可达 33%。荷载作用下土工织物的张拉力为

$$T_{gr} = p'(d_v)^2 f(\varepsilon) \tag{7-18}$$

式中　T_{gr}——土工织物握持强度要求的张拉力，kN；

　　　其他符号参见式（7-16）。

土工织物允许握持拉力为

$$T_{ga} = T_{gu} / RF$$

式中　T_{ga}——土工织物允许握持拉力，kN；

　　　T_{gu}——土工织物握持强度，kN；

　　　RF——总折减系数，可取 1.5～2.5。

土工织物抗握持破坏安全系数为

$$F_s = \frac{T_{ga}}{T_{gr}} = \frac{T_{gu}}{RF p'(d_v)^2 f(\varepsilon)} \tag{7-19}$$

3. 刺破强度

土工织物在施工、使用过程中可能被刺破，作用在织物上的竖向刺破力为

$$F_p = p' d_a^2 S_1 S_2 S_3 \tag{7-20}$$

式中　F_p——土工织物需要抵抗的刺破力，N/m；

d_a——穿透物平均直径，m；

S_1——凸出系数，$S_1 = h_h / d_a$；

h_h——凸出高度，m，可取（0.3~0.4）d_a；

S_2——刺破试验顶杆直径 d_{tp} 与穿透物平均直径之比，$S_2 = d_{tp} / d_a$；

S_3——形状系数，砂约为 0.2，河卵石为 0.3，碎石 0.6，尖锐碎石 0.7。

土工织物抗刺破安全系数为

$$F_s = \frac{T_{pu}}{RF F_p} = \frac{T_{pu}}{RF p' d_a^2 S_1 S_2 S_3} \tag{7-21}$$

式中　RF——总折减系数，可取 1.5~2.5。

[例 7-3]　公路基层粒料为平均粒径 50mm 的碎石，轮胎压力的设计值为 700kPa，其下隔离用土工织物的胀破强度 1800kPa，握持强度 450N，刺破强度 180N，试校核织物抗胀破、握持破坏和刺破的安全系数。

解：土工织物表面压力取轮胎压力，$p' = 700$kPa，最大孔隙直径 $d_v = 0.33 d_a = 0.33 \times 0.05$m $= 0.015$m，$f(\varepsilon)$ 取土工织物应变 $\varepsilon = 33\%$ 对应值，从表 7-1 得 $f(\varepsilon) = 0.52$，总折减系数 $RF = 2.0$，$S_1 = 0.35$，$S_2 = 0.008/0.05 = 0.16$，$S_3 = 0.6$。

由式（7-17），土工织物抗胀破安全系数为

$$F_s = \frac{T_a}{T_r} = \frac{p_d d_d}{RF p' d_v} = \frac{1800 \times 0.031}{2.0 \times 700 \times 0.015} = 2.65$$

由式（7-18），土工织物抗握持破坏安全系数为

$$F_s = \frac{T_{ga}}{T_{gr}} = \frac{T_{gu}}{RF p' (d_v)^2 f(\varepsilon)} = \frac{450 \times 0.001}{2.0 \times 700 \times 0.015^2 \times 0.52} = 2.74$$

由式（7-20），土工织物抗刺破安全系数为

$$F_s = \frac{T_{pu}}{RF F_p} = \frac{T_{pu}}{RF p' d_a^2 S_1 S_2 S_3} = \frac{180 \times 0.001}{2.0 \times 700 \times 0.05^2 \times 0.35 \times 0.16 \times 0.6} = 1.53$$

一般认为上述三个安全系数不小于 1.5 可满足设计要求，故本例选择的土工织物满足隔离的抗胀破、抗握持破坏和抗刺破的要求。

7.3.4　土工合成材料防治反射裂缝

如前所述，路面结构的裂缝大致可以分为两种：温度和湿度变化产生的温度收缩裂缝和重复荷载作用下的疲劳裂缝。通常的维修方法是在原来裂缝路面上加铺沥青罩面层，但是使用一段时间后，原有的裂缝会反射到新铺的沥青面层上，且这一过程比预期要快。为了防止裂缝较快的反射，一种方法是采用较厚的沥青面层，另一种方法是用土工合成材料防治路面

反射裂缝，其目的是为了延长沥青罩面层的寿命。

土工合成材料可以延缓反射裂缝发生 2~4 年，尤其是裂缝宽度在 0.76~1.78mm 时效果很好。但裂缝宽度较大时，如不针对原因处理，效果往往不明显。起到应变松弛作用的土工织物仅能推迟开裂时间，减轻开裂的危害程度，把裂缝宽度变小，但裂缝条数会有所增加。

影响土工合成材料使用效果的因素主要有以下几种：

（1）现有路面结构强度、损坏情况 柔性路面（包括路基）常用弯沉值说明结构的强度。弯沉是指标准车作用下，路基或路面表面轮隙位置产生的总垂直变形值（总弯沉）或垂直回弹变形值（回弹弯沉）。表面回弹弯沉大于 0.64mm，表明基层或路基已经破坏，应先对道路进行修复。土工织物对<3mm 疲劳裂缝的防治效果很好，具体措施是将织物条用热沥青搭接在裂缝的两侧，对>6mm 的裂缝应事先填塞。对于刚性路面，接缝的竖向位移必须在 0.05~0.2mm，由温度引起的水平位移必须小于 1.3mm，当不满足上述条件时可采用下封层先行处理。

（2）沥青罩面厚度 厚度增加，土工织物防治反射裂缝效果增强。即使是较薄的沥青罩面厚度（4cm），土工织物也能有效地防治裂缝反射。试验表明，加铺土工织物相当于 3cm 的沥青层厚度。对较薄的沥青罩面，玻纤格栅加筋效果较好。但有些运行后的检测资料表明，玻纤格栅易发生断裂。

（3）气候条件 土工合成材料防治温度型裂缝效果较差，应避免在大雨和冻融地区使用。

（4）土工合成材料种类 土工织物和土工格栅要满足一定的强度要求，土工织物的孔隙应能保证沥青浸入。土工合成材料的熔点必须高于热沥青的摊铺温度。以常用的 AH-90 石油沥青为例，施工时加热温度为 130~170℃，出厂在 130~160℃，正常施工摊铺在 110~165℃，碾压在 110~140℃，不低于 100℃。聚乙烯的熔点为 125~135℃，聚丙烯为 165~173℃，聚酯为 220~230℃。聚氯乙烯、尼龙和维尼纶的熔点均高于 200℃。

当前，采用路面结构中铺设土工格栅的加筋技术延迟和减小路面反射裂缝已成为土工合成材料在工程应用中的研究热点之一。Molenaar 和 Nods 通过试验研究了土工格栅加筋路面的裂纹开展情况，并根据试验结果给出了路面裂纹开展速率的计算公式，即式（7-22）。根据式（7-22）还可预测路面破坏前交通荷载通行次数，见式（7-23）。

$$\frac{\mathrm{d}c}{\mathrm{d}N} = AK^n \tag{7-22}$$

$$N_n = \frac{T}{\dfrac{\mathrm{d}c}{\mathrm{d}N}} \tag{7-23}$$

式中 $\dfrac{\mathrm{d}c}{\mathrm{d}N}$ ——裂纹扩展速率；

K ——应力强度因子；

A、n ——根据试验确定的相关参数，与土工格栅材质、型号和路面结构组成有关；

T ——路面厚度，mm；

N_n ——路面破坏前交通荷载通行次数。

[例 7-4]　在开裂严重的水泥基层上面铺设 100mm 厚的土工织物加筋沥青路面，路面设计交通荷载振动频率为 100000 次/年，土工织物加筋沥青路面和水泥基层组成复合体的应力强度因子 K 是 10N/mm，参数 A 和 n 分别是 $5×10^{-7}$ 和 4.3。试求路面的开裂速率和使用寿命。

解：根据式（7-21）可得路面的开裂速率为

$$\frac{dc}{dN} = AK^n = 5×10^{-7}×(10)^{4.3} \text{mm/次} = 0.0001\text{mm/次}$$

根据式（7-22）得交通荷载通行量

$$N_n = \frac{T}{\frac{dc}{dN}} = 100/0.0001 \text{次} = 1000000 \text{次}$$

由上述分析可知，该路面在破坏前可通行 1000000 次交通荷载，使用年限约 10 年。

若加筋路面结构中使用的土工合成材料不同，对应的参数 A 和路面使用年限也在改变，表 7-2 给出了未加筋和几种土工合成材料加筋情况下的参数 A 值与路面在破坏时的交通荷载通过量和使用年限。由表 7-2 可知，与未加筋路面相比，加筋路面的使用年限明显较长，并且破坏前的交通荷载通行量也明显较多，说明在路面结构中铺设土工合成材料可以显著延长路面的使用寿命。

表 7-2　A 值与路面使用年限表

筋材类型	A	开裂速率 /（mm/次）	交通荷载通行量 /次	使用年限 /年
未加筋	$1.0 × 10^{-8}$	$2.0×10^{-4}$	500000	5
土工织物	$5.0 × 10^{-7}$	$1.0×10^{-4}$	1000000	10
PP 土工格栅	$3.5 × 10^{-7}$	$2.0×10^{-4}$	1400000	14
PEG 土工格栅	$3.3 × 10^{-7}$	$2.0×10^{-4}$	1500000	15
FG 土工格栅	$2.5 × 10^{-7}$	$2.0×10^{-4}$	2000000	20

7.4　土工合成材料路面应用的现场试验

为了检验比较不同土工合成材料路面加筋在减小车辙、防治裂缝方面的应用效果，2001 和 2002 年在晋中分局辖区和顺、昔阳、榆社、榆次等地铺设了两组加筋试验路段（Wang 等，2004）。试验路段铺筑中采用了多种土工合成材料作为加筋材料，并对试验路段的试验状况进行了跟踪观测。试验道路等级分别为二、三级，试验路段多为超龄油路，最长的路龄达到 23 年（昔阳 G207）。由于超龄使用，并且由于来往车辆均为运煤超载车辆，道路龟裂、网裂严重（最严重的裂缝率达到 58.6%）。各试验段道路的基本状况见表 7-3。

表 7-3 加筋试验路段概况

试验路段	使用年限	道路等级	原路面结构	交通量/(次/d)	裂缝率	路况评价
榆次 S216	6	三级	3.5cm 沥青碎石+18cm 碎石灰土	3500	45.8%	次
昔阳 G207	23	二级	3cm 沥青碎石+20cm 碎石灰土	2982	43.14%	次
和顺 G207	16	二级	6cm 沥青碎石+20cm 碎石灰土	3600	57.2%	次
榆社 S319	20	三级	3cm 沥青表处+20cm 碎石灰土	2000	58.6%	次

7.4.1 试验方案

根据试验目的，试验路段的加筋方案分为两个：一是在路面强度补强层中铺设土工合成材料作为加筋层，目的是检验加筋对路面结构整体刚度、强度的改善，同时兼顾加筋材料对基层收缩裂缝的防治效果；二是在原有裂缝路面上铺设土工合成材料加筋罩面层，目的是检验它对反射裂缝的防治效果。

（1）路面补强层加筋方案（方案1） 这一方案的试验路段选在榆次 S216 段，路面宽度 12m。2001 年 10 月进行翻修，去除表面沥青层，加铺补强层，目的是提高道路承载力。路面补强层的结构形式为 20cm 碎石灰土基层+4cm 粗粒式沥青碎石+2.5cm 细粒式沥青混凝土。土工合成材料分别铺设在沥青层和基层之间的界面或两层沥青层之间。加筋材料包括玻纤格栅、塑料格栅两类，共 5 个厂家（编号 1~5）的产品，见表 7-4。其中，Tensar ARG 为土工格栅与无纺织物复合产品，由于现场的厂家技术指导强调必须在气温较高条件下才能保证热沥青黏合，因此改在 2002 年 8 月与土工织物一起另行铺设。试验路段铺设时，加筋和不加筋路段间隔布置，每段长 50m，目的是在进行弯沉逐段检测时，以加筋段两侧不加筋段的平均弯沉值为标准与加筋段弯沉值进行比较。

表 7-4 土工合成材料种类

材料	厂家	型号	抗拉强度/(kN/m)		伸长率(%)		网孔/mm	幅宽/m	耐温/℃	单价/(元/m²)	备注
			径向	纬向	径向	纬向					
塑料格栅	1	Tensar AR1	20	20	11	11	65×65	3.8	160	20.8	
		Tensar ARG	20	20	11	11	65×65	3.8	160	24.8	复合
	2	TGSG20	20	20	13	16			160	11.0	
玻纤格栅	3	GGA2021	60	60	4	4	20×20	1.5~4.0	280	17.0	自黏
	4	TGG-8080	80	80	3	3	18×18		280	17.5	
	5	LB2000Ⅱ	56.9	50.7	3.5	3.8	20×20	1.5~2.0	280	14.0	

（2）防治裂缝加筋罩面层方案（方案2） 加筋沥青罩面层试验段分布在和顺、昔阳、榆社三个公路管理段范围（表 7-3）。罩面形式为玻纤格栅+1~2cm 细粒式沥青碎石表面处治，采用的加筋材料为 LB2000Ⅱ玻纤格栅、Tensar ARG 复合格栅和两种土工织物。土工织物的技术指标见表 7-5。

表 7-5　罩面层土工织物技术指标

厂家	种类	抗拉强度/(kN/m)	伸长率（%）	厚度/mm	单位面积质量/(g/m²)	沥青保有量/(L/m²)
1	针刺无纺	4	50	0.8	135	0.9
2	热黏无纺	6	30~70	0.6	150	—

7.4.2　试验路段铺设

1. 方案 1 试验段

施工顺序为：碎石灰土基层施工完成后，对场地进行清理，保证基层顶面无积水，扫除浮土和松散粒料，喷洒乳化沥青。然后按以下步骤施工：

1）土工格栅展开、张拉、固定，见图 7-14。

2）沥青层摊铺碾压。沥青混合料的摊铺和碾压都应沿平行路中线的方向进行。施工车辆速度不应超过 5km/h，避免急停、掉头，或是拖拉筋材。

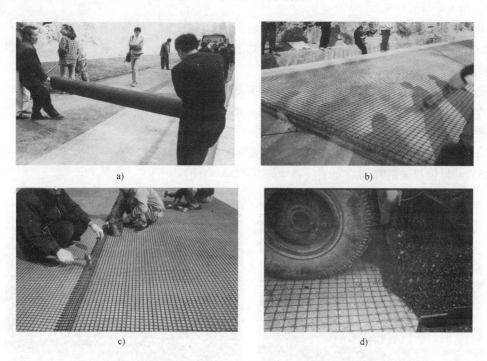

a)

b)

c)

d)

图 7-14　土工格栅展开、张拉、固定和沥青混合料摊铺

a）土工格栅展开　b）土工格栅张拉　c）土工格栅固定　d）沥青混合料摊铺

2. 方案 2 试验段

在罩面防治裂缝反射试验路段的铺设中，玻纤土工格栅和土工织物的铺设方法略有不同，玻纤土工格栅罩面层施工按照下面步骤进行。

1）路面清理。

2）玻纤格栅的铺设。

3）喷洒第一层热沥青，撒布第一层碎石。热沥青喷洒于格栅之上，由于为人工喷洒，喷洒量依靠施工员经验。随后撒布第一层碎石，粒径 1.2~1.5cm，用轻型压路机碾压（图 7-15）。

图 7-15 喷洒第一层热沥青和撒布第一层碎石

4）喷洒第二层热沥青，撒布第二层碎石。碾压完成后喷洒第二层热沥青，撒布第二层 0.3~0.5cm 的石屑并碾压。

土工织物铺设前也要进行路面清理工作，随后的施工按以下步骤进行：

1）喷洒沥青黏合剂。应厂家要求，采用热沥青作为黏合剂。黏合剂用量为 $0.8~1.2L/m^2$，主要根据施工人员的经验来控制。

2）织物（包括 Tensar ARG）的铺设。铺设土工织物随后立即沿路线方向行进，用扫帚使织物与原地面黏结，避免出现褶皱和折叠（图 7-16a）。接头搭接 25~75mm，搭接处刷上热沥青黏合剂。

3）铺设沥青层。沥青混合料的推铺应在织物铺完毕后尽快进行。混合料温度最大不超过 165℃。摊铺机械的移动应小心，避免损坏织物（图 7-16b）。

a)   b)

图 7-16 铺设土工织物和沥青混合料

a) 土工织物铺设 b) 铺设沥青层

7.4.3 试验路段跟踪观测

观测内容包括路面弯沉检测、裂缝出现位置及养护修补情况，并对比不同加筋材料的使用效果。

1. 弯沉检测

（1）方案 1 的弯沉检测　表 7-6 给出了方案 1 加筋、不加筋试验路段弯沉检测结果的分段统计，从中可以更好地对比不同路段的加筋效果（加筋位于基层与沥青层之间）。

表 7-6　加筋位于基层与沥青层之间试验段弯沉对比统计

桩号	加筋材料	左车道弯沉/0.01mm				右车道弯沉/0.01mm			
		2001.10		2002.4		2001.10		2002.4	
		平均值	标准差	平均值	标准差	平均值	标准差	平均值	标准差
K64+860~900	无	5.6	2.3	5.4	1.4	5.8	1.3	4.0	1.7
K64+900~950	LB2000Ⅱ	9.8	5.5	5.1	1.2	6.6	3.1	4.5	1.3
K64+950~65+000	无	5.8	1.5	11.6	10.4	7.4	3.2	8.3	2.7
K65+000~033.25	Tensar AR1	11	8.2	22.3	3.5	6	2.6	11.7	2.1
K65+033.25~160	无	7.8	4.0	7.2	2.8	6.1	3.0	9.1	3.8
K65+160~208	GGA2021	9	3.3	13.1	1.6	6.2	3.2	11	6.6
K65+208~260	无	8.4	2.6	9.7	2.3	6.6	3.8	8.2	5.7
K65+260~333	TGG-8080	9.1	4.2	7.9	1.0	10	3.8	4.2	1.9
K65+333~500	无	6.7	3.7	14.3	5.8	7.8	2.4	—	—

在施工完成后，加筋、不加筋路段的弯沉值总体上差别不大，显示了比较均匀的路面整体强度。经过一段时间的行车后，第二年春天（2002 年 4 月）再次进行弯沉检测，各个路段的差别就逐渐显示出来。

LB2000Ⅱ 和 TGG-8080 两种玻纤格栅加筋段和临近的不加筋段弯沉平均值相比，表现出了较小的弯沉值和弯沉值差异。

GGA2021 和 Tensar AR1 加筋段均表现出了较最初铺设时大的弯沉，原因在于二者地基强度的不同。依据是间隔布置的不加筋段的弯沉值也呈增大趋势，显示了春融对道路强度的影响。

无论是左、右车道的弯沉检测，Tensar AR1 格栅加筋段的使用效果均不尽人意。左车道出现了较大面积的唧泥、网裂（图 7-17），表明相当严重的春融影响。此外，塑料格栅较大的伸长率、相对较小的强度，以及施工中多处被挂起等因素也是造成 Tensar AR1 格栅加筋路段品质下降的原因。此段最终进行了挖补修复，修复后情况如图 7-18 所示。

图 7-17　Tensar AR1 加筋段唧泥、网裂

图 7-18　Tensar AR1 加筋段挖补修复

　　两层沥青层之间加筋的试验路段，使用了一种玻纤格栅（LB2000 Ⅱ）。加筋、不加筋的分段弯沉统计结果见表 7-7。

表 7-7　两层沥青层之间加筋的弯沉对比统计

桩号	加筋材料	弯沉/0.01mm			
		2001.10		2002.4	
		平均值	标准差	平均值	标准差
K73+730~810	无	6.6	2.6	33.7	2.4
K73+810~860	LB2000 Ⅱ	4.9	2.5	12	—

　　从弯沉统计结果可以看出，加筋路段在开放交通的初期，加筋的效果并没有完全体现出来。加筋、不加筋段的弯沉值相差不大。经过了一段时间的行车作用后，不加筋段的弯沉值增加很快（这其中有春融的影响）。由于春融调查时玻纤格栅加筋的 K73+810~860 段内只包含了一个弯沉测点，如果这一点弯沉值具有代表性的话，则加筋段表现出了扩大荷载分布、减小路面弯沉值的良好效果。

　　从加筋材料位于两层沥青之间的弯沉检测结果中，似乎可以认为加筋位置上具有较好的加筋效果。但是随着时间的进一步推移，此段试验路却出现大面积的上层沥青滑动、松散现象，最终露出了加筋。这表明加筋材料在提高路面整体抗弯性的同时，也减小了沥青面层间的结合强度。为了防止面层破坏，实际应用时应兼顾减小弯沉和层间结合强度两个方面，将加筋布置在剪应力影响并不强烈的深度，或是采用额外的黏合措施，以增强加筋材料与路面结构层的黏结强度。

　　（2）方案 2 的弯沉检测　罩面前后试验段弯沉统计见表 7-8。

表 7-8　罩面前后试验段弯沉统计

桩号	加筋材料	弯沉/0.01mm			
		2001.8		2002.4	
		平均值	标准差	平均值	标准差
K981+450~K982+000	LB2000 Ⅱ	50.4	19.9	56.4	19.9
K1021+400~700	LB2000 Ⅱ	53.1	2.2	64	29.6

　　这两段试验道路均为裂缝较为严重的超龄道路。从弯沉检测结果来看，罩面前两段均具有较大的路表弯沉和弯沉波动性，显示出路面强度较弱，整体强度不均匀。对比罩面前后的弯沉结果可以发现，加筋并未体现出改善弯沉的效果。这表明土工合成材料+1~2cm 沥青碎石表面处治并不具有提高路面整体强度的能力。

　　2. 裂缝及路况跟踪观测

　　（1）方案 1 试验段　从 2001 年 10 月施工完成后直到 2002 年 4 月的跟踪观测均显示了较好道路使用状况，除了有限的几条基层干缩裂缝之外，路面平整、无病害。

　　2002 年 4 月春季路况调查时发现，基层顶面加筋的路段出现较多的春融现象，路面形成网状裂缝，并出现泥浆沿裂缝唧出（图 7-17）。沥青层间加筋的路段部分面积出现了沥青混合料跑散的现象。

　　随着时间进一步推移，上述两段的破坏越来越严重。最终分别进行了去除加筋层、重新铺设上层沥青处理（2002 年 5 月）和挖补处理（图 7-18）（2002 年 9 月）。

　　路面综合破损率是反映路面裂缝、坑槽、修补等因素的路况指标。表 7-9 是榆次 S216 线试验段路面综合破损率的变化情况。从它的逐渐变化过程可以看出，加筋位于基层顶面时，除 Tensar AR1 塑料格栅加筋段外，加筋段都表现出了较好路况改善效果。其中以 LB2000 Ⅱ 和 TGG-8080 两种格栅的效果最好，这一点与弯沉检测时两段表现出的良好效果一致。Tensar AR1 塑料格栅加筋段的综合破损率从 2002 年 4 月后迅速增大，显示春融对路面破坏有显著影响。2002 年 9 月进行挖补修复后，由于挖补面积较大，因此其综合破损率依然显示了较高的水平。加筋位于两层沥青层之间的路段，修复使得进一步跟踪观测失去意义，路况调查也随即终止。

表 7-9　榆次 S216 线试验段路面综合破损率（%）

桩号	2002 年	2 月	3 月	4 月	5 月	6 月	7 月	8 月	10 月	12 月
	温度/℃	1.8	7.9	12.6	18.1	21.9	24.3	22.8	16.4	10.2
K64+860~900	—	0	0	0	0.2	0.31	0.5	1.9	3.6	4.2
K64+900~950	LB2000 Ⅱ	0	0	0	0	0	0.09	0.07	0	0.06
K64+950~65+000	—	0	0	0	0.17	0.26	0.4	0.4	0.32	0.4
K65+000~033.25	Tensar AR1	1.2	2.63	3.57	21.8	49.2	67.56	69.12	73.97	80.65
K65+033.25~160	—	0.88	0.5	0.24	1.8	2.11	3.49	6.1	8.9	9.56
K65+160~208	GGA2021	0.13	0.33	0.52	0.87	1.21	1.73	2.81	4.02	7.97
K65+208~260	—	0.13	0.08	0	0.31	0.66	0.85	1.95	2.19	2.52
K65+260~333	TGG-8080	0	0	0	0.55	0.77	0.86	0.86	0.87
K65+333~500	—	0.21	0.23	0.32	0.54	0.67	0.89	1	1.19	1.89
K73+700~K73+810	—	0	0	0	0.2	0.37	0.46	0.52	—	0.33
K73+810~K73+850	LB2000 Ⅱ	0	0	0	0	0	0	0	0	0

　　现场路况调查时发现，路面裂缝绝大多数为贯穿路幅的横向裂缝（图 7-19），并且裂缝宽度较大（2~6mm），这多是由于路面结构层中半刚性基层收缩引起。这种裂缝在加筋段和不加筋段均有发生，但是加筋段总体上数量要少。这一方面表明加筋在减少裂缝方面具有一定的效果，另一方面表明土工合成材料加筋不能杜绝裂缝的产生。

　　（2）方案 2 试验路段　分析裂缝观测数据可以发现，2001 年 8 月完成罩面后的头几个月内，并未观测到裂缝的出现。但是随着气温逐渐降低，裂缝也渐渐地出现，并不断地发展。昔阳段的观测结果显示，温度回升后，裂缝数量、裂缝宽度又表现出逐渐减小的趋势。这不但显示了温度变化对路面裂缝的影响，也表明格栅罩面层在防治因温度变化引起的裂缝方面作用不大。

　　榆社 S319 线试验段的原路面路况在所有试验段中是最差的，路面网裂、龟裂严重，裂缝率达 58.6%，路表平均弯沉更是达到 1.52mm。2001 年 8 月完成加筋罩面层施工后，同年 9 月就观测到了较多的反射裂缝，到了 10 月份，裂缝几乎和未处理前一样多，也使得进一步的跟踪观测失去了意义。到 2002 年 4 月，榆社 S319 试验段的原有路面裂缝完全穿透罩面层，并且罩面层沥青碎石大部分已被行车所磨耗。玻纤格栅加筋层不但显露出来，而且在裂缝处被拉断（图 7-20）。

图 7-19　榆次 S216 线试验段路面横向裂缝　　　　图 7-20　榆社 S319 线试验段裂缝情况

分析 S319 线试验段裂缝防治效果差的主要原因有以下几点：

1）原有道路老化、裂缝严重。原有道路使用年限已经达到 20 年，原有沥青面层龟裂严重，已经形成 8~15cm 的块状，并且裂缝宽度较大。

2）道路强度严重不足。罩面施工前弯沉平均值为 1.13mm，表明道路承载力不足，这是造成路面严重裂缝的主要原因之一，而较薄罩面层并没有从根本上提高路面承载力的能力，因此不能指望土工合成材料加筋就能提高路面承载力。路面强度不足导致较大的弯沉变形，玻纤格栅由于刚度较大，过大的变形将导致玻纤被拉断。现场也观测到了玻纤格栅在裂缝处被拉断的情况。

3）施工工艺影响。加筋沥青罩面层施工前，原有路面裂缝并没有进行填塞、灌缝处理，裂缝的活性没有被减低。

土工织物和复合土工合成材料试验段选在 G207 线昔阳 K972+600~K972+750 段，罩面层为 2.5cm 沥青碎石，2002 年 8 月完成铺设。施工完成后第二个月热黏无纺段就出现了一条裂缝，随后各个使用土工合成材料的路段均开始出现裂缝、推移甚至破损现象。截至 2002 年 12 月，加筋段的裂缝防治效果与邻近不加筋段相比要差许多。原因主要在于加筋层减小了面层间的结合力，造成了薄面层的滑动。土工织物较大的伸长率使得加筋位置成了滑动夹层，在行车荷载作用下，罩面层沥青推移、滑动致使路面破坏。Tensar ARG 格栅为土工格栅与土工织物复合产品，格栅的肋条限制了部分滑移，但是与织物接触部分依然滑动，于是路面裂缝依照格栅网格尺寸形成（图 7-21）。铺设土工织物的试验段则表现出整体滑动趋势（图 7-22）。破损严重的另一原因是施工当天下起了暴雨，织物饱水，影响了与其上热沥青的黏合。

图 7-21　Tensar ARG 格栅段的推移　　　　　　图 7-22　土工织物整体推移产生裂缝

7.4.4　试验结论

方案 1 的试验路段在最初的弯沉检测中并未显示出加筋效果，加筋段与间隔布置的不加筋段弯沉几乎相同。但开放交通一段时间后，各加筋段表现出较好的效果。方案 2 的弯沉检测表明加筋罩面层并没有显示出结构性提高路面强度的效果。总结两个方案试验段的弯沉检测结果，可以得出以下几点结论：

1）路面结构层采用土工格栅加筋来提高刚度，并不是立即就能取得加筋效果，需要一定时间的行车荷载作用之后才能体现出来。改善效果与加筋材料的伸长率、刚度、强度有关。刚度、强度高、伸长率低的玻纤格栅效果良好。塑料格栅效果较差，并且由于塑料格栅伸长率较大，在沥青面层施工中易被挂起。

2）基层强度影响加筋材料使用的效果。GGA2021 和 LB2000Ⅱ两种加筋材料具有相近的性能，但是体现出不同的使用效果。原因在于 GGA2021 段路基强度在春融期下降过多使得路面弯沉增大，Tensar AR1 加筋路段更是出现了唧泥、裂缝等病害。因此，稳定基层和土基的含水率、及时排除多余的水分、防止其软化路面结构层是保证加筋发挥效果的必要条件。

3）与基层顶面加筋相比，加筋材料位于两层沥青之间似乎表现出了改善路面弯沉的较好效果。但是由于加筋层的存在减小了沥青层间的结合强度，使得沥青面层在行车作用下损坏。因此除非采取保证沥青与格栅结合的必要措施，加筋材料应布置于受剪应力影响较小的结构层（铺在面层与基层之间或保证筋材上沥青层厚度大于 5cm）。

4）玻纤格栅+薄层沥青表面处治，没有表现出改善路面弯沉的效果，表明这种措施并不具备结构性的功能。

7.5　土工合成材料隔离层的施工

尽管土工合成材料施工简便，但是如果铺设不当还是会影响使用效果。例如，土工合成材料在铺设过程中被刺破、融化和铺设时表面褶皱，都起不到隔离应发挥的作用。

土工合成材料和沥青面料的施工步骤如下：

1）场地清理，除去不合适的土，按设计平整坡度，保证排水条件，并碾压到要求的压实度。

2）将土工织物或土工格栅铺开，对塑料格栅和不带自黏剂的玻纤格栅应施加 1.0% ~ 1.5% 的预拉应变并用钉和垫片固定在基层上，以防铺沥青时被摊铺机带离基层；铺土工织物前先洒 0.3~0.4kg/m² 热沥青黏层油，铺后洒 0.4~0.6kg/m² 热沥青。

3）在接头处应搭接一定的宽度。对土工格栅可用 U 形钉将其固定，保证平整贴地。

土工织物防治反射裂缝的罩面施工步骤如下：

1）平整场地，应先修复原有路面的破坏，6mm 以下裂缝可用液体裂缝填充物填充，大于 6mm 的裂缝用沥青混合料填充，并清扫表面，保持干燥。

2）喷洒沥青黏合剂，刮除过多的黏合剂，气温过低或路面潮湿不要洒布沥青黏合剂。

3）沥青黏合剂应根据温度不同在 0.5~4 小时内喷洒完成，土工织物的铺设应在其后立即进行，用较硬的扫帚使织物与原地面黏结。出现褶皱和折叠应剪开放平。接头搭接 25~

75mm，搭接处应刷上黏合剂。透过土工织物的多余黏合剂可用撒一些砂子并扫除的方法吸走。

4）沥青混合料的摊铺应在织物铺完毕后尽快进行。混合料温度约为 150℃，最大不超过 165℃。摊铺机械的移动应小心，避免挂起和损坏织物。

习 题

[7-1]　总结土工合成材料在道路工程中的隔离作用和作用原理。

[7-2]　车辆后轴每边有两个单轮，标准轴载为 100kN，轮胎压力为 500kPa。试计算每边两个单轮等面积圆直径。

[7-3]　某公路面层由沥青混凝土与沥青碎石层组成，厚度为 16cm，平均重度 $20.5kN/m^3$，基层为二灰碎石，厚度 28cm，重度 $21kN/m^3$，底基层为二灰土，厚 20cm，重度 $19.8kN/m^3$，隔离用土工织物位于路基的顶面。试求习题 7-2 中轴载和筑路材料自重在土工织物上产生的压力。

[7-4]　习题 7-3 中土质路基的高度为 2.8m，重度为 $17.8kN/m^3$，其下布置无纺织物和天然地基隔离，在织物上铺设了一层平均粒径为 20mm 的圆角碎石，其下铺设土工织物与地基土隔离，土工织物抗拉强度为 18kN/m。土工织物下面地基土的黏聚力为 30kPa，内摩擦角为 10°。试校核土工织物抗顶破的安全性。

[7-5]　习题 7-3 中沥青碎石的平均粒径为 40mm，轮胎压力的设计值为 500kPa，其下隔离用土工织物的胀破强度 1600kPa，握持强度 420N，刺破强度 160N。试校核织物抗胀破、握持破坏和刺破的安全系数。

[7-6]　在洒布乳化沥青的基层顶面布置有一层玻纤格栅，其上为沥青面层，试简述其施工步骤。如用无纺织物代替玻纤格栅，施工步骤有何变化？

参 考 文 献

[1]　林绣贤. 柔性路面结构设计方法 [M]. 北京：人民交通出版社，1988.

[2]　陆士强，王钊，刘祖德. 土工合成材料应用原理 [M]. 北京：水利电力出版社，1994.

[3]　中华人民共和国交通运输部. 公路路基设计规范：JTG D30—2015 [S]. 北京：人民交通出版社，2015.

[4]　中华人民共和国交通运输部. 公路土工合成材料应用技术规范：JTG/T D32—2012 [S]. 北京：人民交通出版社. 2012.

[5]　周志刚，郑健龙. 公路土工合成材料设计原理及工程应用 [M]. 北京：人民交通出版社，2001.

[6]　王陶. 土工合成材料加筋路面机理研究与性能分析 [D]. 武汉：武汉大学，2002.

[7]　AASHTO. Geotextile specification for highway application, standard specification for transportation materials and method of sampling and testing：M288-97 [S]. New York：AASHTO, 1998.

[8]　AUSTIN R A, GILCHRIST A J T. Enhanced performance of asphalt pavements using geocomposites [J]. Geotextils and Geomembrances, 1996, 14 (3)：175-186.

[9]　BEUVING E, Selection of geosynthetics and relected products for asphalt reinforcement [C]//5th Int. Conf. On Geotextiles, Geomembranes and Relected Products, 1994. Singapare：[s. n.], 1994：85-90.

[10]　CHANDAN G, MADHAR M R, Reinforced granular fill-soft soil system membrane effect [J]. Geotextiles and Geomembrances, 1994, 13：743-759.

[11]　DAVE T T C, WANG W J, WANG Y H. Laboratory standy of the dynamic test system on geogrid reinforced subgrand soil [C]// 6th Int. Conf. on Geoynthetics, 1998. Atlanta：[s. n.], 1998：967-970.

[12]　DONDI G. Three dimensional finite element analysis of a reinforced paved road [C]//5th Int. Conf. On

Geotextiles Geomembranes and Related Products, 1994. Singapare：[s. n.]，1994：95-100.

［13］ KOERNER R M. Designing with Geosynthetics ［M］. 5th ed. New Jersey：Prentice-Hall, Inc.，2005.

［14］ MOLENAAR A A A，NODS M. Design Method for Plain and Geogrid Reinforced Overlays on Cracked Pavements ［C］//Proceeding of the 3rd International RILEM Conference, 1996.［s. l：s. n.］，1996：311-320.

［15］ RODRIGUES R M. Performance prediction model for asphalt overlays with geotextile Interlayers on cracked pavement ［C］// 6th Int. Conf. On Geosynthetics, 1998. Atlanta：[s. n.]，1998：25-29.

［16］ WANG Z，ZOU W L，WANG T，et al. A case history of installation of geosynthetics in asphalt pavement ［C］//Proc. Of the 3rd Asian Regional Conf. on Geosynthetics, 2004. Seoul：[s. n.]，2004：431-438.

［17］ 王钊. 土工合成材料 ［M］. 北京：机械工业出版社，2005.

第 8 章

防护与防汛作用

8.1 概述

广义而言，凡是为了消除或减轻自然营力、环境作用或人类活动所带来的危害而采用的各种防范、加固措施都属于防护的范畴。如为了减轻地震、海啸、风暴等自然灾害造成的破坏，防止滑坡崩塌、土地侵蚀、地下水位变动带来的危害，减轻高温、冰冻、辐射等的负面作用，消除因人类活动诱发的威胁工程安全和人类健康的各种影响，人们往往采用一定的工程措施来趋利避害，这些工程措施统称"防护工程"。可见，防护的内涵非常广泛。但在土木工程领域，防护主要是针对水、风的侵蚀及地下水迁移引起的病害而采取的干预和保护措施。

传统的侵蚀控制措施主要有：针对人工或自然边坡，根据坡率、土质和气候条件等采用植被、混凝土格构、浆砌块石等进行防护；采用块石、石笼、混凝土块、混凝土板和护岸桩防护河岸，在坐弯迎流的岸坡修建丁坝和矶头降低水流侵蚀力，在河底用柴排配以块石压重，或用柴石捆等进行护底。这些防护措施对控制边坡和河岸侵蚀发挥了很好的作用，一些措施沿用至今。但这些传统的防护措施也存在一些缺陷：防护材料无法标准化，防护工程质量难以保证；防护层，特别是用块石、混凝土块和板等，与被保护土之间滤层缺失或难以施作，常常出现防护层下被掏空造成防护失效，不得不年年维修。

土工合成材料作为一类新型的工厂化工程材料，功能独特，适应性广，在减灾防灾、工程防护和防汛抢险领域发挥着越来越重要的作用。事实上，土工合成材料最早的应用也是在防护工程中。荷兰在 1957 年以有纺织物制成砂包用于 Pluimopot 堤防的堵口，美国于 1958年在佛罗里达州海岸的护岸工程中用聚氯乙烯有纺织物代替传统的砂砾料滤层。我国于1974 年在江苏省江都市嘶马段长江护岸工程中成功地运用了聚丙烯织物软体排，1998 年在长江、黄河、海河、松花江等堤防整治工程中成功地应用了多种形式的土工合成材料防护措施——以土工织物制成的软体排作岸坡和河底防护，土工模袋充填砂浆或混凝土形成刚性护坡，土工织物与压重结合，覆盖于背水坡可有效地防止管涌或散浸的发生。国内外的工程实践表明，土工合成材料以其质量轻、强度高、耐腐蚀、适应变形能力强和施工方便等特点，以及具有过滤、排水、隔离等多种功能，可以取代传统防护措施，有效地适应各种防护工程的需求。

进入 21 世纪，随着土工合成材料的不断进步和工程技术的发展，土工合成材料的防护作用已被人们所熟知，新产品不断涌现，应用领域不断拓展。可以用土工网、土工网垫、土工格室进行常规的边坡护坡，或土工织物植生袋与格构结合、挂网与植被相结合进行岩质边坡防护。我国发明的充填砂浆或混凝土土工织物模袋、格宾笼、土工包等用于岸坡防护，各种土工织物软体排，配以砂条、块体压重进行护岸护底和深水航道治理等。在海岸带治理、水利工程建设和海岸防护中，用土工管袋、土工包等筑堤和围堰，设置潜堤和丁坝等。在防洪抢险中，土工织物滤垫防止管涌和大堤渗透变形；土工膜堵漏；土工织物防汛袋堵缺口；用土工管袋形成临时子堤等，土工合成材料大有用武之地。

本章根据工程应用的特点，论述土工合成材料在边坡防护、岸坡防护、海岸防护及在防汛抢险中应用，给出各种应用中使用的土工合成材料、工程设计方法，并介绍相关的典型案例。在寒区岸坡防护中进行冰上沉排，是我国科技人员研发的独特技术，也将在本章进行系统的介绍。

8.2　边坡防护

8.2.1　概述

自然形成或由岩土修筑成的边坡暴露在自然界中，长期承受各种自然因素（如雨、雪、日晒、冲刷等）的作用，在这种不利的水、温条件下，边坡土体的物理力学性质会发生较大变化。边坡浸水后土体含水率增大、强度降低，边坡表面在温差作用下经历胀缩循环。经干湿循环后会导致边坡土体强度降低；雨水冲刷和地下水浸入，使边坡浸水和表层失稳，易造成和加剧边坡水毁病害。

边坡防护是保证边坡稳定性的重要措施之一，是在稳定的边坡上，为防止边坡坡面发生溜坍等病害所采取的防护加固措施。边坡防护应结合边坡的岩土性质、气候环境、边坡方位、边坡坡率和高度等采用土工合成材料或与其他工程材料、工程措施相结合的综合防护措施。

土工合成材料应用于坡面防护时，应根据土质条件、当地气候环境及景观要求等，采用土工网、土工网垫、植生袋、生态袋、土工格室等防护措施，当坡面浅层稳定性较差时，可采用边坡加筋或其他加固技术进行补强。

8.2.2　土工网、土工网垫防护

（1）适用范围　土工网、土工网垫等材料可用于适宜植物生长的土质边坡防护，土质贫瘠时应结合客土植草灌植物防护，边坡较高或坡率较陡时土工网、土工网垫可与骨架、框架梁等防护组合使用。对岩石边坡、喷锚边坡及挡墙、护墙墙面等，景观需要时，可采用土工网在坡面上固定，结合常绿爬藤植物进行绿化防护，土工网应选用抗老化、强度较高的类型，有防火要求时应选用阻燃型材料。

（2）结构组成　土工网、土工网垫边坡防护结构组成：在坡面上铺设土工网、土工网垫，种植灌木和草，必要时辅以横向排水槽，如图 8-1 所示。

（3）材料要求

1）塑料平面土工网应使用高密度聚乙烯（HDPE）树脂原生料颗粒，塑料三维土工网应使用聚乙烯或聚丙烯树脂原生料颗粒。

2）在边坡植物未长成之前，土工网、土工网垫等材料会受到阳光照射，为保证在植物

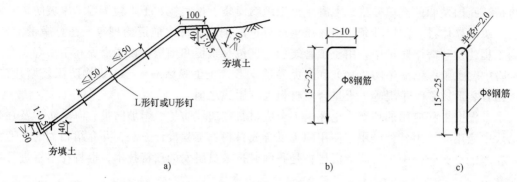

图 8-1　土工网、土工网垫边坡防护设计（单位：cm）

a）剖面图　b）L 形钉大样图　c）U 形钉大样图

防护完全发挥作用之前不至于失效，要求土工合成材料在暴露状态下的使用寿命应不小于 5 年。

3）在植物成活之前，土工网垫可以保护坡面免遭风雨的侵蚀，要求其水土保持能力系数（在相同降水量条件下设防护与不设防护水土保持时间之比）不小于 5。

4）土工网垫在运输和施工中不可避免地会被压扁，为了保证其三维结构，要求 30min 时的回弹恢复率不低于 80%。

5）土工网纵、横向抗拉屈服强度不小于 3.5kN/m、土工网垫纵、横向抗拉强度不应小于 1.6kN/m。

（4）主要施工技术要求

1）土工网、土工网垫顺坡面铺设。为保证土工网、土工网垫与坡面紧密结合，采用人工细致整平坡面，清除石块、碎泥块、植物地上部分和其他可能引起网层在地面被顶起的障碍物。铺设时，应让网尽量与坡面贴附紧实，防止悬空，应使网保持平整，不产生褶皱，网之间要重叠搭接。土工网搭接宽度不应小于 10cm，土工网垫搭接宽度不应小于 5cm。每间隔不大于 1.5m 用不短于 15cm 的 L 形或 U 形钉垂直坡面固定；搭接处每间隔不大于 1.5m 设置 U 形钉固定。

2）在边坡坡顶外 1.0m 及坡脚处设三角形封闭槽，槽深不小于 0.4m，土工网垫埋入封闭槽底，回转长度不小于 0.3m，槽内回填土应夯填密实。

3）草籽播种后，表土覆盖深度应以盖住土工网垫为佳，客土厚度不小于 20cm。

4）灌木的种植宜采用插枝、点播等对三维网垫破坏较小的植物种植方式。

8.2.3　植生袋、生态袋防护

（1）适用范围

1）当砂类土、碎石类土、软质岩、硬质岩等不适宜植物生长的边坡位于风景区或景观要求高区域时，可采用植生袋或生态袋进行边坡防护。

2）边坡较高或坡率较陡时植生袋或生态袋可与骨架、框架梁等防护组合使用。

3）填方边坡需要收坡且有景观要求时，可采用以生态袋作为面板的加筋土挡墙或加筋陡坡，加筋土挡墙拉筋的长度、间距等应通过计算单独设计。

4）植生袋或生态袋防护也可用于流速不大于 1.8m/s，水流方向与边坡近于平行，不受各种洪水主流冲刷、季节性浸水地段边坡防护。

（2）植生袋边坡防护结构组成　坡面叠铺或平铺植生袋，袋内充填种植土、有机肥及草种、灌木种等，必要时可在坡面上设锚杆、外罩钢丝网（图 8-2、图 8-3）。

（3）生态袋边坡防护结构组成　坡面码砌、叠铺生态袋，可采用连接扣或钢丝网固定，袋内填充种植土及有机肥等（图 8-4）。

（4）植生袋材料要求

1）植生袋植草绿化时，植生袋内填充种植土、有机肥等，为植物提供基材，同时在早期对坡面起到雨水冲刷防护等功能，坡面植物成型后，袋体材料可降解。

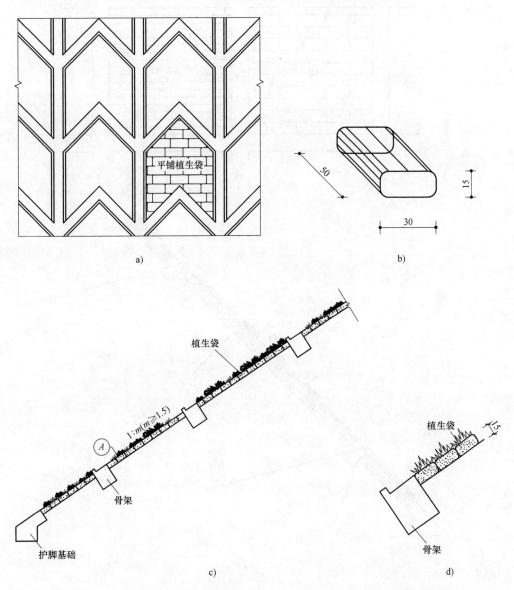

图 8-2　缓坡植生袋与框架梁组合防护设计图（单位：cm）

a）立面图　b）植生袋成形尺寸　c）剖面图　d）节点 A 大样图

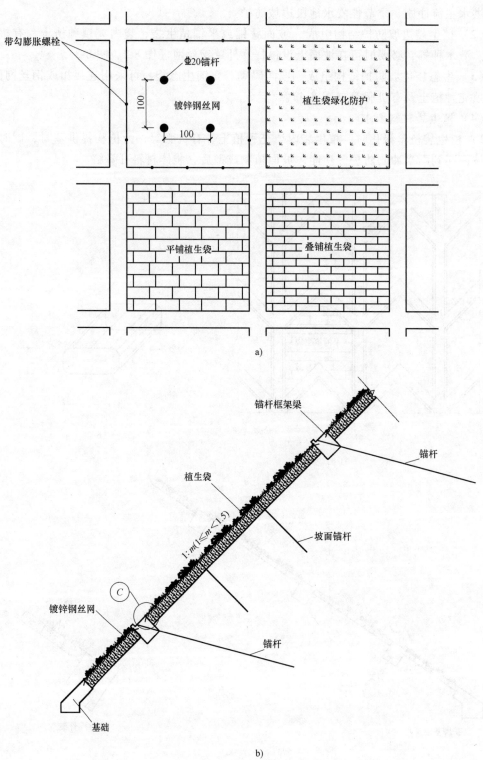

图 8-3　陡坡植生袋与骨架组合防护设计图（单位：cm）

a）立面图　b）剖面图

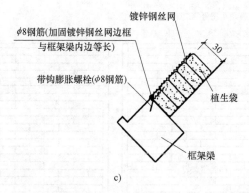

图 8-3 陡坡植生袋与骨架组合防护设计图（单位：cm）（续）

c）节点 C 大样图

2）植生袋袋体以聚丙烯或聚酯等为主要原料，一般为四层，最外层为高强度强降解纤维网，第二层为能在短期内可自动降解的无纺棉纤维布（或纸浆层），第三层为植物种子，第四层为无纺土工布。

3）植生袋袋体材料单位面积质量 $\geq 150 \mathrm{g/m^2}$，纵、横向极限抗拉强度 $\geq 2.5 \mathrm{kN}$，纵横向断裂伸长率 $40\% \sim 60\%$；CBR 顶破强力 $\geq 0.3 \mathrm{kN}$，纵横向撕破强力 $\geq 0.08 \mathrm{kN}$。

4）植生袋应透水保土，同时满足植物根茎自由穿透袋体生长，在使用 $3 \sim 5$ 年后逐步降解。

5）装袋后袋体尺寸不小于 $50 \mathrm{cm} \times 30 \mathrm{cm} \times 15 \mathrm{cm}$。

（5）生态袋材料要求

1）生态袋袋体以聚丙烯、聚酯等为主要原料，采用无纺针刺工艺制成，具有抗紫外线辐射、抗酸碱盐、抗微生物侵蚀等功能，对植物友善，透水保土，有利于植物生长，且植物根茎能自由穿透袋体。

2）生态袋材料单位面积质量 $\geq 150 \mathrm{g/m^2}$，纵、横向极限抗拉强度 $\geq 7.5 \mathrm{kN}$，纵、横向断裂伸长率 $40\% \sim 60\%$，CBR 顶破强力 $\geq 1.4 \mathrm{kN}$，纵横向撕破强力 $\geq 0.21 \mathrm{kN}$，等效孔径 O_{95} 为 $0.12 \sim 0.20 \mathrm{mm}$，紫外线光照 $500 \mathrm{h}$ 抗拉强度保持率不低于 85%。

3）生态袋装袋后袋体尺寸不小于 $55 \mathrm{cm} \times 30 \mathrm{cm} \times 15 \mathrm{cm}$，生态袋袋口采用自锁式扎口袋或缝袋线，自锁式扎口袋、缝袋线应具有同样抗老化能力。

（6）主要施工技术要求

1）植生袋、生态袋装填物为种植土，建议每袋掺入有机肥 $0.5 \mathrm{kg}$ 左右，种植土应拌和均匀，严禁采用风化岩石等材料代替种植土。植物种子应选择适应当地气候特征、土壤条件、适宜生长的常用灌木籽和草籽。为保证生态袋内混合料的保水功能，每袋混合料添加适量保水剂。

2）植生袋、生态袋在骨架或框架梁内采用平铺，当边坡坡率较陡时，可采用叠铺。

3）设置植生袋、生态袋地段的框架梁外露不小于 $25 \mathrm{cm}$。植生袋、生态袋在边坡骨架内平铺时应保证自身的稳定，不溜塌和鼓出，坡面应平整，坡面平整度允许偏差不超过 $30 \mathrm{mm/3m}$。在铺设后，应检查自然沉降密实情况，若发现骨架顶部植生袋出现沉降缺口，应及时填补植生袋使其密实，不足一袋时，应根据现场实际情况填装相应大小的植生袋。

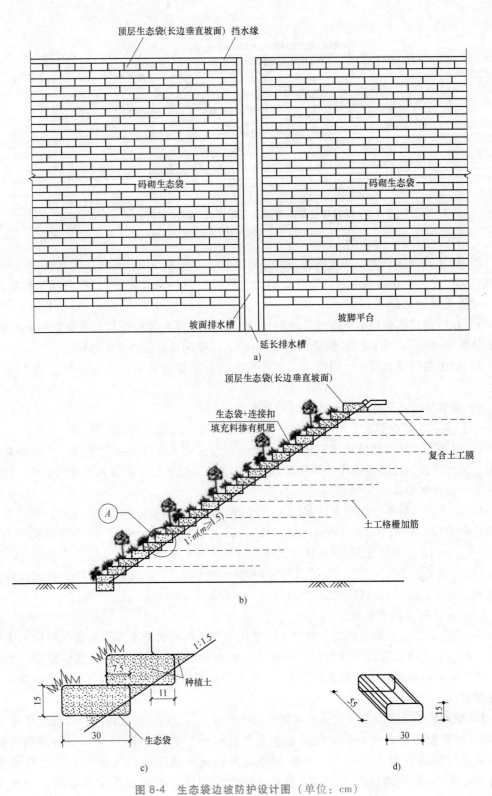

图 8-4 生态袋边坡防护设计图（单位：cm）

a）立面图 b）剖面图 c）节点 A 大样图 d）植生袋成形尺寸

214

4）当与框架梁联合使用时，一个框架梁内应设置不少于 4 根锚杆，钢筋外漏部分需采用外涂防锈漆防锈处理。锚杆采用 HRB400φ20 钢筋，间距 1~2m，锚杆长度不小于 2.5m，锚孔直径为 49mm，孔深比设计锚固深度深 5cm。镀锌钢丝网采用热镀锌机编钢丝网，钢丝直径不小于 2.5mm，网孔 5cm×5cm 左右，严紧采用焊接钢丝网。

8.2.4 土工格室防护

（1）适用范围 土工格室可用于适宜植物生长的土质边坡防护，土质贫瘠时应在格室内培种植土植草灌植物防护；也可用于岩石坡面防护。

（2）土工格室边坡防护结构组成 在坡面上铺设土工格室，在格室内培土，种植灌木和草，如图 8-5 所示。

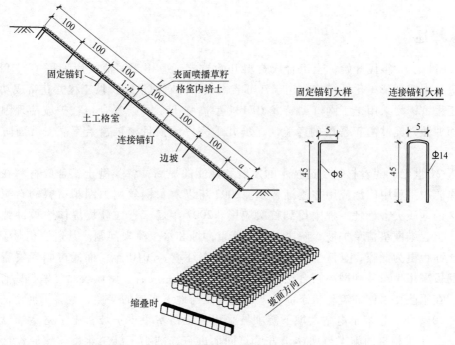

图 8-5 土工格室土质边坡防护设计图（单位：cm）

（3）土工格室材料要求

1）土工格室的原材料为高密度聚乙烯（HDPE）原生树脂，格式片的拉伸屈服强度≥20MPa，焊接处抗拉强度≥100N/cm，格室片边缘连接处抗拉强度 200N/cm，格室片中间连接处抗拉强度≥120N/cm，焊接距离为 330mm≤A≤800mm，偏差±15mm，格室片厚度标称值≥1.1mm。

2）土工格室网格尺寸 25cm×25cm，格式高度 100mm，展开尺寸 4m×12.5m（整幅为单根筋带制作）。

3）土工格室在铺设时应充分展开，格室内的培土要填实充满，并经过压实，表层人工覆根耕植或植草，并高出格室 2~3cm，培土厚度 20~25cm，格室不得外露。

4）土工格室在连接带和边缘处采用连接锚钉连接，在同一格室内部采用固定锚钉。固定锚钉弯钩应按垂直坡面朝上布置。

（4）主要施工技术要求

1）施工前，应按设计要求平整坡面，并采用人工修坡，清除坡面浮石、危石。

2）铺设时，应先在坡顶用固定钉或锚杆进行固定，然后用同样方法固定坡脚。

3）根据边坡坡度的不同应采用不同单元组合形式。连接时，将未展开的土工格室组件并齐，插入连接锚钉，然后展开。

4）用于岩质边坡坡面防护时，应在坡面上按设计的锚杆位置放样，采用钻杆进行钻孔，按要求进行冲孔，并在钻孔内灌注砂浆。根据岩石坡面破碎状况，锚杆长度一般为200～300cm。锚杆应按设计要求弯制，并除锈、涂防锈油漆。

8.3　岸坡防护

8.3.1　概述

自19世纪50年代开始，土工合成材料开始被尝试应用于河流护岸工程中。1983年交通部引进日本蝶理公司化纤模袋，用于江苏省泰兴市南官河航道护坡工程并获得成功；1995年三峡工程古树岭采用土工网（耐特龙CE131型高强土工网）复合植被护坡治理因雨季造成的坡面冲蚀，经过两年暴雨的考验，岸坡几乎完好无损且植被覆盖率高，坡面防护效果明显。

进入21世纪，随着材料制造技术的发展和性能的提高，各类型土工合成材料在众多河道、海岸防护工程中广泛应用并逐渐普及。2003年以六角钢丝网为网箱材料的石笼护坡在三峡库区的地质灾害治理工程中得到首次应用。2007年辽宁省在砂堤堤体边坡冲蚀严重堤段应用土工三维网垫植草护坡，解决了堤坡严重冲蚀和水土流失问题。其造价相对于浆砌石和混凝土面板更为低廉，且恢复了砂堤岸坡的生态环境。2010年，邵武市同青溪流域同青溪山口河段采用生态袋和网箱结合型生态袋护岸，施工完成后，岸坡表面糙率与原有天然岸坡相似，在不改变水体的流动状态前提下促进河流与地下水层的交换，改善了河道的水生生态环境。2011年，松塔水电站大坝下游坝坡采用土工格室草皮护坡，土工格室铺设面积约4.5万 m^2，土工格室的施工与坝体土方填筑同期进行，减小了施工难度，比原设计的预制混凝土块护坡节约400万元左右的投资。2016年，在上海金泽生态水库建设中，选用生态石笼护坡、连锁块护坡和绿化混凝土护坡三种常用生态护坡方案进行比选，发现生态石笼护坡具有生态性好、抗冲刷能力较强、适应地基变形能力强等优点，虽然造价略高，但维护成本较其余两种护坡低。目前，土工合成材料越来越广泛地应用于各种岸坡防护工程中，尤其是与植物景观相结合形成生态护岸将是未来工程应用发展趋势。

按照防护对象及作用分类，土工合成材料岸坡防护分为岸坡坡面防护和护滩、护底等。

（1）坡面防护　是为了避免河道、海岸岸坡受到水、温度、风等自然因素反复作用而发生剥落、碎落、冲刷或表层滑动等破坏而对坡面加以保护的措施。相对于传统的混凝土、浆砌块石等硬质坡面防护材料，土工合成材料以轻质、高强、耐腐、柔性、透水、透气等特点，使防护材料与被保护土体相互作用，既达到预期的工程安全要求，又能减少环境影响，并有利于促进环境的恢复。

（2）护滩、护底　是天然河道中防护水流冲刷的重要措施，护底旨在防止枯水位以下的河床冲刷，护滩旨在防止河道内成型淤积滩体的冲刷。护底、护滩以软体排为主要结构形式。排体由土工织物制作的排垫和压载物两大部分构成，起隔离防护作用的主要是排垫，压载物的作用包括增加排体载重、使排体能沉放入水并覆盖在床面上，以及在浅水区或出露的沙滩使用时用于隔离阳光、防止紫外线辐射造成土工织物老化等。除软体排外，土工织物用于护底的还有沙枕、多功能土工垫、网兜石、格宾网等。

8.3.2　岸坡防护材料

用于岸坡防护的土工合成材料及其构件包括土工网（垫）、格宾石笼、土工模袋、生态袋、软体排等。

1. 土工网（垫）

土工网（垫）从结构上有二维和三维两种形式，其材质有聚乙烯、聚丙烯、聚氨酯、聚酰胺等。将土工网垫平铺在岸坡上，再将草籽和有机土撒布在网的空腔内，网垫的存在可有效保护草籽和有机土不被雨水冲蚀，并保存一定水分，有利于草的生长。典型土工网垫如图 8-6 所示，土工网垫植草护坡如图 8-7 所示。

图 8-6　土工网垫

图 8-7　土工网垫植草护坡

2. 格宾石笼

格宾石笼护坡如图 8-8 所示。石笼中装入块石等填充料后连接成一体，其体积大、重量大、稳定性好，可作为堤坝、岸坡、海漫等的防冲刷结构。格宾石笼具有柔性、不需或少需维护、对地基适应性强等特点，尤其适用于环境恶劣的深水急流处的护坡、护底等工程。利用网中填充物的缝隙还能生长植物，绿化环境，很好地解决了传统的刚性护砌护坡存在较多生态环境及不能适应变形等方面的缺陷。

石笼网箱结构如图 8-9 所示，一般采用箱形设计，是将网丝由机器编织扭绕成六边形的网，再组合成箱体，使用时在网箱内填满适当大小的毛石或卵石。石笼网丝是在镀锌铝的六角钢线外包裹一层高抗腐蚀树脂膜。原材料以钢材及涂高分子聚合物，经过数道复合程序加工，其有防锈、防静电、抗老化、耐腐蚀、抗压、抗剪等性能，增加了在高度污染环境中的保护作用，适用于河流、海洋和高污地区。

用于石笼护坡的网箱材料规格如下：

1）孔径一般有 60mm×80mm、80mm×100mm、80×120mm、100×120mm、120×150mm等，可以根据工程实际情况组合成不同规格，其中双线绞合部分的长度不得小于 50mm，以保证绞合部分钢丝的金属镀层和 PVC 镀层不受破坏。

图 8-8　格宾石笼护坡

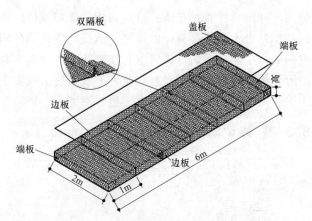

图 8-9　石笼网箱结构（单位：m）

2）丝径。石笼网分三种丝径，即网丝、边丝、绑丝。网丝的范围在 2~4mm；边丝一般大于网丝，比网丝粗 0.5~1mm；绑丝一般小于网丝，常见的以 2.2mm 居多。网丝表面处理采用热镀锌或锌铝合金，PVC 包塑，包塑厚度一般约为 1.0mm，如，2.7mm 的网丝包塑后为 3.7mm。

3）隔断。在石笼网的长的方向上每一米加上一个隔断。

3. 土工模袋

土工模袋是以有纺土工织物制成的双层织物袋，袋中充填混凝土或水泥砂浆，凝固后可形成大面积、高强度的坡面护层，也可以用于水下衬砌和水下护底。土工模袋护面结构具有适应性好、抗冻性强等优点，可以水下施工，无需作围堰或断流。土工模袋护面板块刚度大，无法像软体排一样适应地基掏蚀产生的局部沉降变形工况。

土工模袋有多种类型，按充填材料的不同可分为充填砂浆型和充填混凝土型两种主要类型，而实践中也有充填淤沙、河沙的模袋，从而使模袋具有刚性或半刚性，图 8-10 所示是土工模袋的几种基本形式和用于筑坝的实例。按模袋是否设置滤水点（排水点）又可分为无滤水点模袋和带滤水点模袋，后者是将上下两层织物在一定间距的格点处直接缝合起来，并使缝合处可以透水，从而有效地增加其稳定性。

按刚性程度的不同，土工模袋又可划分为完全刚性或半刚性，后者是将上、下两层织物在一定间距的格线处缝合起来，将整体模袋分成多块单元，如图 8-10c 所示。充填物硬结后形成相互连接的独立块体，块体之间设置了铰链，有一定的相对转动能力，以适应基土的少量不均匀沉降。如图 8-10d 框格式模袋所示，混凝土或砂浆仅浇筑在缝制的框格中，形成方格形肋梁，在方格处的模袋上可填放卵砾石或碎石，也可种草植被。

4. 生态袋

生态袋是由聚丙烯纤维或聚酯纤维等土工织物缝制成的袋体，内部装有填充物，具有高强度、耐腐蚀、不降解、抗紫外、抗老化、无毒、裂口不延伸、稳固性好等特点。生态袋材料规格尺寸一般为 850mm×350mm×200mm（长×宽×高），可根据设计需要适当调整，过大的生态袋装土量过多、施工不便并易破损撕裂，过小的生态袋会造成袋体数量的浪费。

生态袋护坡如图 8-11 所示，具有透水保土的功能，既能防止填充物（土壤和营养成分混合物）流失，又能减小岸坡的静水压力，实现水分在土壤中的正常交流。植物生长所需的水分得到了有效的保持和及时的补充，对植物非常友善，使植物穿过袋体自由生长。

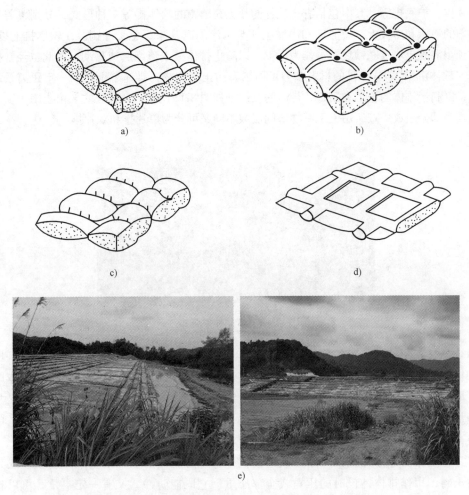

a)　　　　　　　　　　　　b)

c)　　　　　　　　　　　　d)

e)

图 8-10　土工模袋的基本形式及用于筑坝的实例

a) 无滤水点模袋　b) 带滤水点模袋　c) 铰链块式模袋　d) 框格式模袋　e) 工程实例

图 8-11　生态袋及生态袋河道护坡

5. 软体排

软体排是防水流冲刷结构中最常用、最有效的构件之一。按形式的不同，软体排可分为单片排、双片排、护底排等，其中包括有充填物的和无充填物的软体排等多种形式，分别覆盖于可能发生冲刷的河床和岸坡上，使河床和岸坡土体与水流隔离开来，免受冲刷。在软体排上以抛石、砂肋、预制混凝土块或联锁块体等作为压重，以防止排体被水流漂起或移动，因此也经常把软体排称为"软体沉排"。软体排的材料多为聚丙烯有纺土工织物，排体之上每隔一定距离系以聚乙烯筋绳，以利于排体的施工和固定，带砂肋软体排如图8-12所示。软体排主要由土工织物垫和其上的压重两部分组成，按所用土工织物垫的层数不同又可分为单片排和双片排。

图 8-12 带砂肋软体排

单片排是利用有纺土工织物缝合而成的单片大面积排体，宽度一般不小于10m，长度可根据保护区的范围、施工机具、土工织物原产品的幅宽和周围的环境条件确定。排体周边缝制一道尼龙绳，在宽度方向上每隔0.4~0.6m缝一道套筒，并穿一根尼龙绳，这些尼龙绳的作用是加固和牵引锚固排体，也可在软体排上下两侧各布设一片绳网，周边系压重。单片排重量轻，施工简便，需随沉排压重，一般用于小型防护工程。

双片排是由两片单片垫以一定方式连接起来，双片之间形成一定空腔可以填砂或其他透水性的土料，用作排体铺设时的压重或全部压重。它既能防冲，又有一定自重，可以省去或减少外加的压重。该土工织物垫应具有一定的过滤能力，使充填物中的水可以排出，但软体排中的土料不允许流失。双片排多用于重要防护工程，两片织物垫之间可以有不同的连接方式，图8-13为其中的两种连接方式。

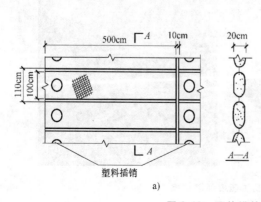

a)

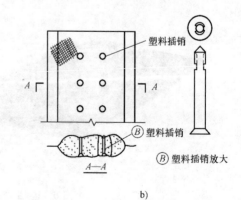

b)

图 8-13 双片排的构成（单位：cm）

8.4　防护结构的设计

上述防护结构主要用于河岸、河底的冲蚀保护，海岸、海底的保护，以及坡面的保护，在设计之前，应对侵蚀机理有个初步了解。

8.4.1　侵蚀机理

1. 表面侵蚀

降雨和径流是表面侵蚀的主要因素。降雨时，水滴冲击土壤表面，使其局部松动，使土颗粒有较小的位移。由于流水作用，土颗粒被分离和运移。

降雨的侵蚀是以持续时间短和降雨强度高为特征的。在这种状况下，土壤有确定的最大渗透能力，超过了它，土壤就不会再吸收更多的水，因而在土壤表面形成流水层。故影响侵蚀的主要参数为：

1）降雨强度。当降雨强度大于土壤的最大渗透能力时，产生径流。

2）雨滴大小。雨滴降到土壤表面产生的冲击使土颗粒离开了原位置，为运移提供了条件；降雨带来的另一个作用是使土壤表面 1~2mm 的土层压实，使土壤的渗透系数减小 2~3 个数量级，这样会使径流增加，使侵蚀作用加强。雨滴直径越大，这两个作用越强。

3）动能。它反映了降雨强度和雨滴直径两者的影响，参见表 8-1。

表 8-1　降雨强度、雨滴直径和动能

降雨形式	降雨强度 /(mm/h)	雨滴直径 /mm	动能 /[J/(m²·h)]
濛濛细雨	<1	0.9	2
小雨	1	1.2	10
中雨	4	1.6	50
大雨	15	2.1	350
暴雨	40	2.4	1000
大暴雨	100	2.9	3000
大暴雨	100	4.0	4000
大暴雨	100	6.0	4500

由表 8-1 可见，动能 E_k 在三个数量级内变化，E_k 和雨滴的质量成正比，和速度的平方成正比，而雨滴的质量 m 和雨滴的直径 d 的立方成正比，雨滴的速度 v 和直径 d 之间有下面关系

$$v = kd^{1/2} \tag{8-1}$$

式中　k——某一常数。

最终，动能只是雨滴直径的函数，$E_k = f(d)$。

4）坡角和坡长。侵蚀的严重程度随着坡角和坡长的增加而增加。值得注意的是，当流水产生以后，降雨的影响并不十分重要了，当流水的状态为紊流时，侵蚀更加严重。

2. 循环荷载作用下的侵蚀

波浪、潮汐等形成的动力荷载是一种循环的作用。当波浪、潮汐到来时，土壤特别是渗透能力差的土壤在短期内形成很高的孔隙水压力，并且孔隙水压消散得很慢；当波浪、潮汐退去时，土壤颗粒上浮，当上浮力大于土颗粒重量时，表层颗粒会被带出。此外，沿岸坡向下的渗透力，也起到搬运的作用。这样往复下去，侵蚀日益加深。

3. 河床、河岸的侵蚀机理

水流对河底或岸坡的土骨架产生剪应力，剪应力随流速的增大而增大，当流速达到某个临界值 v_{cr} 时，水流产生的剪应力超过砂粒间的摩擦咬合力，砂粒便产生运移现象。特别是弯曲的河道和河床高低不平整的地方易受到侵蚀。砂粒运移的临界流速可用希尔兹（Shields）公式确定，即

$$v_{cr} = \sqrt{\psi_s G_s g d_{50}} \tag{8-2}$$

$$\tau_{cr} = \rho_w v_{cr}^2 \tag{8-3}$$

式中　v_{cr}——砂粒起始运移时的切向水流速度，m/s；

　　　τ_{cr}——砂粒起始运移时的剪应力，Pa；

　　　ψ_s——希尔兹参数，参见图8-14；

　　　ρ_w——水的密度，kg/m³；

　　　G_s——砂的相对密度，$G_s = (\rho_s - \rho_w)/\rho_w$，$\rho_s$ 为砂粒的密度，kg/m³；

　　　g——重力加速度，m/s²，取 9.81m/s²；

　　d_{50}——砂粒的平均粒径，m，即小于该粒径的砂粒重占整个砂粒重量的50%。

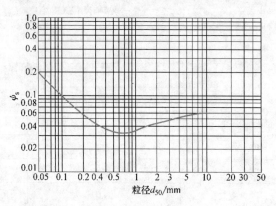

图 8-14　希尔兹曲线

当流速超过临界流速 v_{cr} 时，就必须设置防护结构。也可用剪应力公式（8-3）进行判断。河床或渠道底部砂粒的最大剪应力

$$\tau_{max} = \gamma_w h i \tag{8-4}$$

式中　τ_{max}——砂粒所受最大剪应力，Pa；

　　　γ_w——水的重度，N/m³；

　　　h——最大水深，m；

　　　i——水底纵坡。

当最大剪应力 $\tau_{max} \geqslant \tau_{cr}$ 时，需要设置防护结构，如土工织物滤层和块石压重。

8.4.2　河岸与河底防护

在块石护层中，主流方向是和土工织物表面平行的，但受块石阻挡，将产生局部绕流，出现与织物平面垂直的流速分量，水流穿过织物进入底土，受织物渗透性能的限制，在底土与织物间的水流速度将大大减小。另外，即使该流速仍大于临界流速，要将底土托起进入块石层还要受到土工织物的挡土作用。因此，设置防护结构后可经受很大的水流速度。

1. 滤层的挡土准则

在土工织物滤层中，同一位置的流速方向可以从块石流向底土，也可由底土流向块石，即水流是双向的，这样在织物附近的底土内就不能形成天然的滤层，故要求织物的孔径必须小于单向流动的情况。表 4-14～表 4-16 列出了荷兰、德国和法国一些研究单位关于双向流动的挡土准则，可用作土工织物滤层的选择参头。

[例 8-1]　三种无纺织物和一种有纺织物的特征孔径列于表 8-2，河岸基土为密实状态的不均匀土，不均匀系数 $C_u = 8.1$，特征粒径附于表 8-3。试根据美国、荷南、德国和法国的准则判断哪些织物满足河岸防护的挡土准则？

表 8-2　织物的特征孔径

织物	孔径/mm				
	O_{50}	O_{90}	O_{95}	O_{98}	D_w
A（无纺）	0.14	0.22	0.26	0.30	0.17
B（无纺）	0.11	0.15	0.18	0.26	0.11
C（无纺）	0.09	0.13	0.13	0.16	0.07
D（有纺）	0.40	0.47	0.52	0.54	0.41

表 8-3　基土的特征粒径

特征值	d_{90}	d_{85}	d_{50}	d_{40}	d_{15}
粒径/mm	0.29	0.21	0.08	0.07	0.02

解：

1）美国准则 [式 (4-53)]：要求 $O_{95} \leq nd_{85}$，对双向水流取 $n = 0.5$，故要求 $O_{95} \leq 0.5d_{85}$。

$0.5d_{85} = 0.5 \times 0.21mm = 0.105mm$

没有一种织物可以满足。

2）荷兰准则（表 4-14）：假设不布置粗粒滤层，要求 $O_{98} \leq 1.5d_{15}$。

$1.5d_{15} = 1.5 \times 0.02mm = 0.03mm$

没有一种织物可以满足。

3）德国准则（表 4-15）。因 $d_{40} = 0.07mm > 0.06mm$，故要求 $D_w < d_{90}$

$d_{90} = 0.29mm$

A、B、C 三种无纺织物均满足。

4）法国准则（表 4-16）。对不均匀的密实土要求 $O_f \leq 0.75d_{85}$

$0.75d_{85} = 0.75 \times 0.21mm = 0.16mm$

取 $O_f = 0.7O_{95}$，故织物 B 和 C 满足。

2. 滤层的透水准则

土工织物的透水性要求同样缺少统一的准则。根据西德水道工程研究院（BAW）的建议要求：

$$\begin{cases} 砂土 \quad K_g \geqslant 10K_s \\ 黏性土 \quad K_g \geqslant 100K_s \end{cases} \tag{8-5}$$

式中　K_g——沿土工织物法向的渗透系数，cm/s；

　　　K_s——被保护土的渗透系数，cm/s。

如果透水性要求不满足，或长期运行后织物被严重淤堵，则在土工织物下方产生过大的水压，有可能使织物与底土局部失去接触，并引起底土在织物下面的运移，出现凹凸不平的土面，逐渐破坏保护层。过大的扬压力甚至能抬起织物和压重。

3. 滤层及压重的抗浮验算

如图 8-15 所示，取一个 ΔL 长段进行分析。分析时忽略土工织物重量，验算织物底部所受法向扬压力 F_u 是否小于压重层的法向有效压力 F_e？

$$F_u = \gamma_w \Delta h \Delta l$$
$$F_e = \gamma'_\rho \delta \Delta l \cos\beta$$

由 $F_u \leqslant F_e$ 得

$$\Delta h \leqslant \frac{\gamma'_\rho}{\gamma_w} \delta \cos\beta \tag{8-6}$$

式中　Δh——扬压力（土工织物两侧水头差），m；

　　　γ'_ρ——压重层有效重度，kN/m³；

　　　γ_w——水的重度，kN/m³；

　　　δ——压重层厚度，m；

　　　β——坡角，(°)。

4. 岸坡保护层的抗滑验算

1）块石沿土工织物的滑动。当坡度为 1:2（垂直:水平）甚至更陡时，块石（或混凝土块）可能向下滑动，而织物留在原有位置。块石不沿织物下滑的条件，是下滑力小于摩擦力，故得

$$\tan\beta \leqslant f_{sg} \tag{8-7}$$

式中　f_{sg}——块石（或混凝土块）与织物的摩擦系数，由实验确定。

2）土工织物沿基土面的抗滑验算。如图 8-16 所示，要求

$$F_d \leqslant F_r \tag{8-8}$$

式中　F_d——下滑力，$F_d = \gamma'_\rho \delta \Delta l \sin\beta$；

　　　F_r——抗滑力，$F_r = (\gamma'_\rho \delta \Delta l \cos\beta - \gamma_w \Delta h \Delta l) f_{sg}$；

　　　f_{sg}——土工织物与基土间的摩擦系数，由实验确定。

5. 抗波浪冲击稳定性

岸坡上的织物及压重（块或混凝土块）受波浪的冲击，产生向上的冲刷力和向下的滑动力，同时水进入滤层产生扬压力。设计护层时，在护层高度方面，应比最大浪高高出 1m，

在护层厚度方面，通常用稳定数来判断厚度的合理性

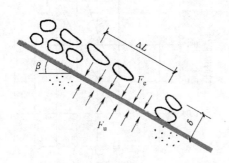

图 8-15　岸坡保护层的上抬

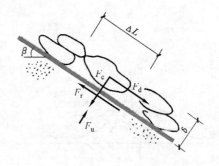

图 8-16　岸坡保护层的抗滑稳定

$$S_N = \frac{H\gamma_w}{\gamma'_\rho \delta} \qquad (8-9)$$

式中　S_N——稳定数；

　　　H——波浪高度，m；

其余符号与式（8-6）相同。

表 8-4 列出了各种护层类型要求的稳定数，稳定数越高，护层厚度可以越薄。要说明的是，表中所要求的稳定数是在假设织物的渗透系数大于土的渗透系数情况下确定的，如两者渗透系数相同，则表中要求的稳定数都应适当减小，如都减小 40%，但最小不得低于 2。

表 8-4　各种护层类型所要求的稳定数

护层类型	乱抛或干砌块石	沥青灌注散抛块石	冲砂排体	铰交混凝土块	浆砌铰接块
稳定数	<2	<4.3	<5	<5.7	<8

6. 排体叠合部分的稳定性

在水下的排体，如充砂织物排，铺放时，重叠部分上层的边缘应对着下游侧，否则将受到水流的冲击，并产生上托力，如图 8-17 所示。排体叠合部分被抬起的流速称为临界流速，由下式计算

$$v_c = \lambda_s \sqrt{\frac{\gamma'_\rho}{\gamma_w}\delta g} \qquad (8-10)$$

式中　g——重力加速度，m/s^2；

　　　λ_s——取决于边缘形状和流动条件的系数，取 1.4~2.0；

其余符号同式（8-6）。

λ_s 取值情况如下：如果上面的排垫边缘直接放置在下面的排垫上，且流动非紊流，取 $\lambda_s = 2.0$；当应用式（8-10）分析一层排的边缘是否会抬离基土时，取 $\lambda_s = 1.4$。也可直接将临界流速和排的厚度关系绘成图 8-18，图中曲线 1 为排的孔隙充满空气的情况，如不透水膜制成的排；曲线 2 为孔隙充满水的情况，如透水织物制成的排。

7. 水中排体的抗冲稳定性

流水中排体主要受动水压力的作用，该动水压力按下式计算

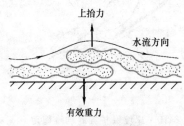

图 8-17 排体叠合边缘所受的上抬力

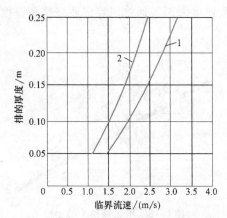

图 8-18 防止排边上抬的排厚-临界流速曲线

$$F = K \frac{\gamma_w v^2}{2g} A \qquad (8-11)$$

式中 F——动水压力，kN；

K——水流力系数，主要取决于排体前水深及波长；

v——水流流速，m/s；

A——与水流方向垂直的阻水面积，m^2。

考虑动水压力和抗滑力可验算水中排体的稳定性。也可以通过模型试验分析得流速与压重之间的关系，南京水利科学研究院的测试结果如图 8-19 所示。从图可见，当流速不大于 3m/s 时，采用 $1.0kN/m^2$ 压重即可。

对于散块压重，不仅要知道对滤层单位面积的压力大小，还应对块体大小提出要求，如对石块来说，建议用图 8-20 选择块石的重量，然后用下式计算块石的平均粒径

$$d_{50} = \sqrt[3]{0.0699W} \qquad (8-12)$$

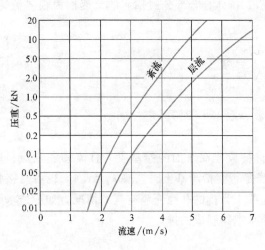

图 8-19 流速与单位面积压重

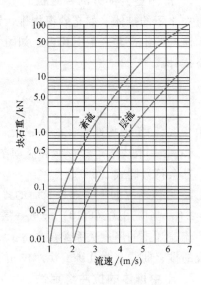

图 8-20 流速与块石的重量

式中　d_{50}——块石的平均粒径，m；

　　　W——块石的重量，kN。

块石护层的最小厚度一般取 $2d_{50}$。这个设计方法引自 John（1987）。

[例 8-2]　为防止水流对桥墩基础的冲刷，拟选择单层有纺织物软体排。已知水流速度为 2.8m/s，流动属紊流。试设计块石保护层。

解：根据流速为 2.8m/s，查图 8-20 得要求的块石重量约为 1.3kN，代入式（8-12）得

$$d_{50} = \sqrt[3]{0.0699 \times 1.3} \, \text{m} = 0.45 \text{m}$$

块石层厚度 $= 2d_{50} = 2 \times 0.45 \text{m} = 0.90 \text{m}$

运用这一例子可以比较按图 8-20 和图 8-19 设计的差别。从图 8-20 设计得块石层最小厚度为 0.90m，散抛块石的重度取 22kN/m³，则压重为 19.8kN/m²。按流速 2.8m/s；从图 8-19 可查得压重为 0.5kN/m²。可见不计及块石的大小，比在图 8-20 中查得的所需材料要少得多。

对用土工网等材料制成的碎石笼排，由于笼的约束作用，所需的厚度可以减小，可参考表 8-5 选择碎石笼的厚度。

表 8-5　碎石笼的厚度

流速 v/(m/s)	$v < 2.2$	$2.2 \leq v < 3.2$	$3.2 \leq v < 4.2$
厚度/mm	170	230	300

长江口深水航道的治理需修建 100km 的双导堤和一系列丁坝。由于长江口地区石料缺乏，经多方案比较决定，导堤结构采用土工织物软体排护底、土工长管袋（袋装砂）筑堤心和模袋混凝土护面等多种结构形式。长江口水深浪大，导堤堤线又长，为确保导堤在不同施工阶段的安全，必须考虑堤心袋体之间和堤身整体的稳定性，以及袋装砂被掏空的问题。完成的试验表明，土工袋的织物与反滤层、垫层间的摩擦系数在 0.27～0.37，模袋织物与反滤层的摩擦系数为 0.276；袋装砂抗波浪的能力为，在 2m 浪高时使用 20d，3m 浪高时使用 10d。铺设的软体排尺寸为长 140m、宽 40m，包括混凝土联锁块软体排和砂肋软体排。这种软体排和堤身结构形式已在其他港湾治理工程中成功应用。

8.4.3　海岸的保护

海岸的防护结构与河岸的基本相同，故以上设计准则和方法均可应用。主要的区别在于，海岸受到比河床更大的波浪力作用，同时潮汐产生的水位差也较大，特别是伴随风暴时，常给沿海地带造成巨大损失。因此，应注意护层的高度和范围。此外，防浪的块石应有更大的块重。但太大的石块可能使织物陷入底土造成撕裂，这时要加粒径 50～300mm 的碎石垫层。如当单块石重超过 18kN 时，应加一层垫层；当超过 50kN 时，应加两种粒径的垫层。三层块石的海岸防护如图 8-21 所示。

防浪块石的重量可由 Hudson 公式确定

$$W = \frac{\gamma_s H^3 \tan\beta}{\lambda_D (G_s - 1)^3} \tag{8-13}$$

式中　H——波浪高度，m；

γ_s——石块重度，kN/m^3；

β——坡角，(°)；

λ_D——破坏系数；

G_s——块石的相对密度。

当没有破坏和没有漫顶时，取 $\lambda_D = 3.2$，$\gamma_s = 27.3 kN/m^3$，$G_s = 2.73$，按式（8-13）可制成图 8-22。同样，可根据式（8-12）确定块石的平均直径 d_{50}，并取保护层最小厚度为 $2d_{50}$。

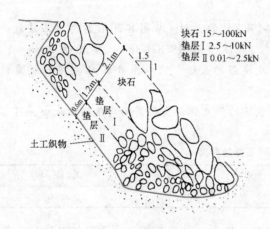

块石 15～100kN
垫层Ⅰ 2.5～10kN
垫层Ⅱ 0.01～2.5kN

图 8-21　三层块石的海岸防护

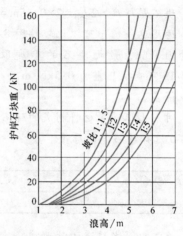

图 8-22　典型的护岸石块重

对太重的石块，在织物与石块之间应铺碎石垫层，碎石粒径由下式确定

$$d_{100F} < 0.5 d_{50L} \tag{8-14}$$

式中　d_{100F}——较细垫层的 d_{100}，m；

d_{50L}——大尺寸石块的 d_{50}，m。

垫层的最小厚度也取 $2d_{50F}$，并再根据式（8-14）选择第二层垫层（更细的垫层）。

[例 8-3]　确定海岸护岸石块和垫层的厚度，岸坡为 1∶1.5，浪高 2.5m。

解：岸坡 1∶1.5，浪高 2.5m，查图 8-22 可知石块重为 20.5kN，据式（8-12），石块平均粒径为

$$d_{50} = \sqrt[3]{0.0699W} = \sqrt[3]{0.0699 \times 20.5}\,m = 1.13m$$

最小厚度 $= 2d_{50} = 2 \times 1.13m = 2.26mm$。

因块石重量小于 50kN，仅需铺一层垫层，据式（8-14）有

$$d_{100F} < 0.5 d_{50L} = 0.5 \times 1.13m = 0.57m$$

最小厚度取 $2d_{50F}$，因缺少细粒的级配曲线，可取最小厚度略大于 d_{100F}，如 0.70m。

8.4.4　土坡的冲蚀控制

土工垫加筋草皮可应用于陡坡的护面、渠坡和土坝的溢洪道防冲等。

　　草皮的抗冲蚀作用表现为，直立的草茎阻碍水流，降低流速，同时给地面提供一个保护层，尤其是当草被水流拖倒时。此外，草根伸入基土起锚固加筋作用。

　　草皮护坡的最大允许流速和水流持续的时间有关，持续时间越长允许流速越小。1984 年英国建筑工业研究和信息协会（CIRIA）为植草防护的溢洪道编写抗冲蚀指南，推荐的抗冲蚀极限流速如图 8-23 所示。可见土工垫加筋草皮的极限流速是一般草皮的两倍，短期可承受 6m/s 的流速，如水流持续时间为两昼夜，可允许 4m/s 的流速。

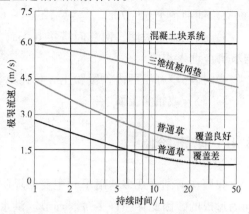

图 8-23　推荐的抗冲蚀极限流速

　　SL/T 225—1998《水利水电工程土工合成材料应用技术规范》给出了植被防护的设计与施工要点：

　　（1）判别植被护坡的必要性　对处于水位以上的土坡可按坡土的类别（土粒组成）和降雨强度决定是否需要保护（图 8-24）；处于水位以下的土坡按坡土的类别和水流流速决定（图 8-25）。三维植被网起保护草粒生长和提高草皮成长前的抗冲蚀能力。三维植被网可沿坡面满铺，当坡前有水流时，可铺至最低水位下沿坡长 1m 处。

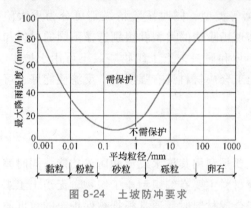

图 8-24　土坡防冲要求

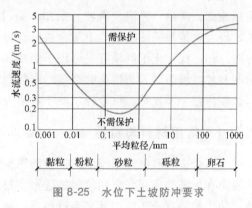

图 8-25　水位下土坡防冲要求

　　（2）草种选择　草种应根据当地气温、降水和土质条件优选，必要时进行试种。对草种的一般要求为：①对环境和土质适应性强，如耐寒、耐旱、耐涝、耐盐碱；②生长快，根系长而发育，绿期长；③价格低廉。在缺乏当地经验的情况下，可参考表 8-6 初选草种。

表 8-6　草种选用参考

地区	草种
华北、东北、西北	野牛草、无芒雀麦、冰草、高羊茅
华中、华东	狗牙根、高羊茅、黑麦草、香根草
西南	高穗牛鞭草、园草芦、黑麦草、香根草
华南	雀稗、假硷草、两耳草、香根草
青藏高原	老芒麦、垂穗披碱草
新疆	无芒雀麦、老芒麦

（3）施工要点　修建植被护坡时应避开寒冷和高温多雨季节。施工注意事项如下：

1）整平坡面。

2）铺种植土 50~70cm，整平。

3）铺三维植被网，网片间搭接 0.1m，以防滑钉固定于坡面，钉距约 1.5m，网在坡顶与坡脚应埋入沟内。

4）播种草籽于网内，覆粉土，再播草籽。

5）轻压或拍实土面。

8.5　防汛抢险

我国江河湖泊众多，雨季时主要靠堤防抗洪。由于堤防工程历史悠久，是历年逐渐加高加固形成的，因此存在许多薄弱环节。洪水来临时，水位提高，险情也就加剧。而受灾严重的地区正是人口密集、经济较发达的平原地区，故每年的防洪抢险是十分重要的任务。为了提高防洪排涝的标准，必须对堤防和其他水利工程投入大量的人力、财力和物力。

如前所述，土工合成材料在护底、护坡、防冲刷等工程中起到了反滤、加筋、保护等作用，在堤防抢险中也可以根据不同的工程险情，采用多种形式，同样也具有一定的优越性。

堤防的险情大致可以分为漏洞、管涌（泡泉、翻砂鼓水）、渗水（散浸）、穿堤建筑物接触冲刷、漫溢、风浪、滑坡、崩岸、裂缝和跌窝等类型，同时按险情级别可分为重大险情、较大险情和一般险情。土工合成材料可以根据现场险情的类型和级别选择不同的材料和方法。如土枕、土工网块石笼可用于堵口和抢修丁坝和矶头，土工织物袋装土可用于护岸、堵漏和加高堤防等。与传统的草袋、麻包相比，土工合成材料具有强度高、反滤性能好、可以长期保存、不发霉、重量轻、便于抢运等优点。

8.5.1　常用材料与特性

土工合成材料的类型很多，但在防汛抢险中主要是利用其排水反滤和防渗功能，同时兼具隔离和加筋等作用。应用较多的透水、排水反滤材料主要有编织型土工织物、无纺土工织物，防渗材料有土工膜或其复合材料等。选用土工合成材料时，通常根据被保护土的粒度与级配，结合排水反滤准则和防渗要求来确定。此外，由于这些材料虽然一般不承受多大的附加荷载，却不可避免地要经受施工应力作用，故应具有适当的强度，如抗拉强度或顶破、撕破强度等。

防汛用土工合成材料的物理力学性能指标应符合水利部行业标准 SL 297—2004《防汛储备物资验收标准》的规定。

（1）防汛编织袋　防汛编织袋的材质为全新聚丙烯树脂，主要用于防汛抢险临时筑堤、填压等，具备摩擦系数大、透水性能好、防老化和顶破强力高等性能，见表8-7。

表8-7　防汛编织袋物理力学性能指标

序号	项目	指标
1	经向断裂强度/（kN/m）	≥18
2	纬向断裂强度/（kN/m）	≥16

（续）

序号	项目	指标
3	经纬向断裂伸长率（%）	≥15
4	缝向断裂强度/(kN/m)	≥7
5	等效孔径 O_{95}/mm	0.1～0.5
6	摩擦系数	≥0.3
7	顶破强力/kN	≥1.2
8	垂直渗透系数/(cm/s)	$10^{-3} \sim 10^{-2}$

（2）防汛土工织物　防汛土工织物主要用于防汛抢险时排水、过滤、隔离、防护等，规格涵盖塑料编织土工织物、长丝机织土工织物及非织造针刺土工织物，幅宽均为 4.0～8.0m。塑料编织土工织物材质为聚丙烯或聚乙烯树脂；长丝机织土工织物材质为丙纶或涤纶长丝；非织造针刺土工织物材质为涤纶。

（3）防汛复合土工膜　防汛复合土工膜以土工织物为基材，以聚乙烯、聚丙烯、聚氯乙烯等土工膜为膜材复合而成，主要用于防汛抢险时防渗、防护、隔离、加强等。幅宽为 8.0m，膜厚为 0.2～0.5mm，彩条塑料编织布基材厚度大于 0.1mm。

（4）防汛针刺复合土工织物　防汛针刺复合土工织物（普通型或防老化型）包括编织针刺复合土工织物和机织针刺复合土工织物。编织针刺复合土工织物以编织土工织物与短纤针刺无纺土工织物或长丝纺黏无纺土工织物针刺复合而成。机织针刺复合土工织物以长丝机织土工织物与短纤针刺非织造织物或长丝纺黏无纺土工织物经针刺复合而成。

防汛抢险时主要发挥反滤、排水、隔离等功能，特别适用于泥沙颗粒小的抢险现场排水反滤。

（5）其他防汛抢险土工合成材料

1）防汛土工滤垫。防汛土工滤垫是抢护堤坝管涌的主要措施之一，其作用原理为"保土排水，即防止土颗粒流失，排除渗水，消减全部或大部水压力，以保护土体结构不发生变化，达到稳定险情的目的"。防汛土工滤垫由土工席垫和特制土工织物组合而成，利用土工席垫降低挟砂水流的部分流速水头，控制水势及保护土工织物的特性不发生变化；利用特制土工织物过滤，保护土颗粒不随水流流失，使管涌险情稳定，抢护不同透水砂层地基的管涌破坏将采用不同规格的土工织物。

防汛土工滤垫由两层土工席垫和一层特制滤层组合而成。土工席垫（黑色、绿色、黄色三种）以全新聚乙烯和聚丙烯二者以固定比例混合为原料生产，尺寸为 1.0m×1.0m×0.1m（长×宽×厚）；特制滤层（白色）以涤纶和丙纶为原料，尺寸为 1.4m×1.4m（长×宽），滤层四周比土工席垫四周均宽出 0.2m，作为滤垫之间的搭接。

2）三维复合滤垫。堤防在汛期高水位作用下，背水坡容易产生渗水险情。对堤坝渗水的抢护，应以"临水截渗、背水导渗"为原则，从而减少水体入渗、降低浸润线、稳定堤身。目前，"临水截渗"主要是在临水坡采用透水性小的黏性土抛筑前戗，也可用篷布、土工膜隔渗，以阻止或减少水体向堤内渗透；而"背水导渗"主要采用透水性大的砂、石或柴草覆盖形成反滤层，使堤内水流出，且不带走土粒，从而起到降低浸润线、稳定堤身的作用，简称"上截下排"。但传统的抢险方法因速度慢、劳动强度大等缺陷不利于防汛抢险。

231

三维复合滤垫由滤层材料和三维网垫等三层构成，其特征是：上下两层为滤层，均采用满足土体渗透性要求的过滤材料（如短纤针刺无纺土工布和长丝针刺无纺土工布等），中间为特殊结构的三维网垫滤芯，三层材料复合为一整体。中间的三维网垫由结晶热塑性材料制成，具有特殊的三维结构，使其具有很好的抗拉和抗压性能，保证其上覆盖沙袋等盖重时不发生变形，同时，由于具有良好的过水通道，其平面导水性能非常好，排水通畅，能够及时排除由滤层材料渗进的水体。它具有抢险速度快、劳动强度低、效果显著和可重复利用等优点。同时，它还能有效抑制和保护堤坝背水坡冲刷险情。

3）泄洪防护垫。汛期，洪水漫溢险情时有发生，紧急险情下，要建立临时溢洪道主动泄洪，降低溃坝风险。泄洪防护垫专门用于防止临时泄洪时背水坡泄洪段的冲刷破坏，其结构分为三层，外层为高强防护布，中间层为特殊结构网状体，底层为高摩擦抗滑防渗体。宽幅最大6.0m，单体长度30m。具有抢险速度快、连接方便、抗滑稳定性好和能重复利用等优点。

8.5.2　采用土工合成材料的优势

堤坝抢险采用土工合成材料的优势，根据土工合成材料特性和各地应用经验，以土工合成材料软体排为例具有以下突出优点：

（1）整体性强　用土工合成材料加工的软体排的保护面积一般可达 $100 \sim 150m^2$，且根据险情，现场可以拼接可大可小，保护严密，不易发生局部冲刷。

（2）抢险速度快　一块长12m、宽10m的土工合成材料软体排，从放排到加好压载仅需1h。

（3）适应性强　土工合成材料软体排沉放后，能与不同地形的河岸（堤坡）较好地贴合，并能随河床断面经淘刷变化而自行调整其位置，紧贴岸坡，发挥防冲护岸作用；同时，它又可用作背水坡出现管涌等险情时的良好反滤层。

（4）储运方便　由于土工合成材料是由涤纶、维纶、聚丙烯、聚乙烯等高分子材料加工而成，故可工厂化制造软体排、土枕等器材，既便于拼接，又可以折叠，质量轻、体积小，运输与储存都十分方便。可举以下的例子说明：

1）一块长12m、宽10m的软体排，总重量一般不足30kg。抢护长度300m坍岸的全部材料，用一辆卡车就可运到抢险工地。

2）一个草袋重约1kg，而一个编织袋却只重0.1kg。以5万个计，运草袋要用10辆5t的卡车，而运编织袋只需一辆。另外，在抢险时，5万个袋子若装同样重量的土，搬运者则要多搬草袋本身的重量4.5t。再者编织袋强度高得多，需要时还可制成大体积的尺寸，形成装更多土的大土枕。

（5）造价低　铺放一块长12m、宽10m的软体排，可保护面积 $100m^2$，只需500元左右的投资。

（6）经久耐用　汛期的装土草袋在抢险部位堆填，汛后要求一律拆除翻筑。由于在保护下防汛编织袋等土工合成材料在数年内不易腐烂，其堆筑部位常可以保留成为堤防的组成部分，某种程度上可减少汛后堤段整修时间或工程量。

习　　题

[8-1]　运河的设计纵坡为 1:20000，最大水深3m，底土的土粒密度 $\rho_s = 2700kg/m^3$，平均粒径 $d_{50} =$

0.09mm，是否要对河岸和河床设置防冲保护？

[8-2] 岸坡底土的特征粒径见表 8-8，土粒的不均匀系数 $C_u = 6.5$，可选用的四种织物孔径参见例 8-1，它们的 O_{95} 值分别为 0.28mm、0.23mm、0.15mm、0.51mm，试用美国和德国准则进行岸坡滤层的选择。对同样的底土，如要求满足单向流条件，可选择哪些织物？

表 8-8 岸坡底土的特征粒径

特征粒径	d_{90}	d_{85}	d_{50}	d_{40}	d_{15}	d_{10}
粒径/mm	0.23	0.19	0.07	0.04	0.03	0.02

[8-3] 码头附近的最大流速为 3m/s，流动属层流，采用单层有纺织物防护岸坡，试根据图 8-19 设计织物上的块石保护层。

参 考 文 献

[1] 中华人民共和国住房与城乡建设部. 土工合成材料应用技术规范：GB/T 50290—2014 [S]. 北京：中国计划出版社，2015.

[2] 陆士强，王钊，刘祖德，土工合成材料应用原理 [M]. 北京：中国水利电力出版社，1994.

[3] 包承纲，韩曾萃. 江河海岸的淤积、冲刷及其防护 [C]//第一届全国环境岩土工程与土工合成材料技术研讨会论文集. 杭州：浙江大学出版社，2002.

[4] 王钊. 国外土工合成材料的应用研究 [M]. 香港：现代知识出版社，2002.

[5] 朱剑飞，周发林，尹应军，等. 长江口深水航道治理工程中土工织物应用的新技术 [C]//全国第六届土工合成材料学术会论文集. 香港：现代知识出版社，2004.

[6] JOHN N W M. Geotextiles [M]. Blackie，1987.

[7] CARROLL R G，THEISEN M S. Turf reinforcement for soft armour erosion protection [C]// Proc. 4th Int. Conf. On Geotextiles，Geomembranes and Related Products. Hague：[s. n.]，1990：133-145.

[8] CANCELLI A，MONTI R，RIMOLDI P. Comparative study of geosynthetics for erosion control [C]// Proc. 4th Int. Conf. on Geotextiles，Geomembranes and Related Products. Hague：[s. n.]，1990：403-408.

[9] EPA. Solid Waste Disposal Facility Criteria [M]. EPA Technical Manual，1993.

[10] KOERNER R M. Designing with geosynthetics [M]. 4th ed. New Jersey：Prentice Hall，1998.

[11] 黑龙江省质量技术监督局. 水利堤（岸）坡防护工程格宾与雷诺护垫施工技术规范：DB23/T 150—2013 [S]. 黑龙江省科学技术出版社，2013.

[12] 中华人民共和国水利部. 防汛储备物资验收标准：SL 297—2004 [S]. 北京：中国水利水电出版社，2005.

[13] 《土工合成材料工程应用手册》编写委员会. 土工合成材料工程应用手册 [M]. 2版. 北京：中国建筑工业出版社，2000.

[14] 王钊. 土工合成材料 [M]. 北京：机械工业出版社，2005.

[15] 董哲仁. 堤防抢险实用技术 [M]. 北京：中国水利水电出版社，1999.

[16] 包承纲. 堤防工程土工合成材料应用技术 [M]. 北京：中国水利水电出版社，1999.

[17] 束一鸣，陆忠民，侯晋芳，等. 土工合成材料防渗排水防护设计施工指南 [M]. 北京：中国水利水电出版社，2020.

[18] 周大纲. 土工合成材料制造技术及性能 [M]. 2版. 北京：中国轻工业出版社，2019.

第9章
固废填埋场中的污染阻隔作用

9.1 概述

9.1.1 固体废弃物填埋场

固体废物是指在生产、生活和其他活动中产生的丧失原有利用价值或虽未丧失利用价值但被抛弃或放弃的固态、半固态和置于容器中的气态的物品、物质以及法律、行政法规规定纳入固体废物管理的物品、物质。固体废弃物来源于生活、工业生产、建筑等行业的各个环节，包括生活垃圾、建筑垃圾、工业固体废弃物、危险废弃物等。随着经济的迅速发展，工业化步伐的加速，我国的固体废弃物总量急剧增长。根据《中国统计年鉴》的相关数据（表9-1和表9-2），城市生活垃圾总清运量以每年大约6%的速率增长，由2009年的1.57亿t增至2018年的2.28亿t，一般工业固体废物产生总量近些年一直维持在32亿t左右，危险废物产生量从2014年以来大幅增加，到2017年年产量达到6937万t。

表9-1 城市生活垃圾处理和清运情况　　　　　　　　　　（单位：万t）

年份		2009	2010	2011	2012	2013	2014	2015	2016	2017	2018
生活垃圾清运总量		15733	15805	16395	17081	17239	17860	19142	20362	21521	22802
按无害化处理方法统计	卫生填埋	8899	9598	10064	10513	10493	10744	11483	11866	12038	11706
	焚烧	2022	2318	2599	3584	4634	5330	6176	7378	8463	10185
	其他	179	181	427	393	268	320	354	429	533	674
	总计	11100	12097	13090	14490	15395	16394	18013	19673	21034	22565

表9-2 一般工业固体废物和危险废物利用处理情况　　　　　　（单位：万t）

年份		2011	2012	2013	2014	2015	2016	2017
一般工业固体废弃物	产生总量	322772	329044	327702	325620	327079	309210	331592
	综合利用量	195214	202462	205916	204330	198807	184096	181187
	处置量	70465	70745	82969	80388	73034	65522	79798
	贮存量	60377	59786	42634	45033	58365	62599	78397
	倾倒丢弃量	433	144	129	59	56	32	73
危险废物	产生总量	3431	3465	3157	3634	3976	5347	6937
	综合利用量	1773	2005	1700	2062	2050	2824	4043
	处置量	916	698	701	929	1174	1606	2552
	贮存量	824	847	811	691	810	1158	871

表 9-3 列举了 2008—2017 年我国对于工业污染治理的投资情况。全国工业污染治理完成投资总额在经历 2013 年的增速高峰后，开始下降。各项污染物治理中，用于治理固体废物的投资始终排在第三位。

表 9-3　工业污染治理投资情况　　　　　　　　　　　　　　　　（单位：亿元）

年份	2008	2009	2010	2011	2012	2013	2014	2015	2016	2017
治理废水	194.6	149.5	129.6	157.7	140.3	124.9	115.2	118.4	108.2	76.4
治理废气	265.7	232.5	188.2	211.7	257.7	640.9	789.4	521.8	561.5	446.3
治理固体废物	19.7	21.9	14.3	31.4	24.7	14.0	15.1	16.1	46.7	12.7
治理噪声	2.8	1.4	1.4	2.2	1.2	1.8	1.1	2.8	0.6	1.3
治理其他	59.8	37.4	62.0	41.4	76.5	68.1	76.9	114.5	102.0	144.9
总计	542.6	442.7	395.5	444.4	500.4	849.7	997.7	773.6	819.0	681.6

固体废物填埋场是利用填埋方式消纳固体废物和保护环境的处置场地，主要由固体废物填埋作业、渗滤液收集与导排、填埋气收集与导排、衬垫、覆盖、渗滤液与填埋气处理、安全与环境监测等设施组成。因为其成本较低、工艺简单，可全天候运行，在国内各城市固体废物处置中发挥兜底保障作用。根据《中国统计年鉴》的相关数据，我国城市生活垃圾无害化处置比例由 2009 年的 71% 升至 2018 年 99%，其中卫生填埋是当前我国城市固废无害化处理的主要方法之一。

垃圾在填埋场的堆放和填埋过程中必然会产生渗滤液和填埋气，防止渗滤液的渗漏和填埋气的扩散是垃圾填埋场的关键环保问题之一。垃圾渗滤液是垃圾在堆放和填埋过程中由于压缩、发酵等生物化学降解作用，同时在降水和地下水的渗流作用下产生的一种高浓度的有机和无机成分混合存在的液体。填埋场渗滤液水质复杂，含有多种有毒有害的无机物和有机物，通过对多个填埋场渗滤液成分浓度的统计并参考 GB 16889—2008《生活垃圾填埋场污染控制标准》中污染物的排放控制要求，主要污染物成分及其排放控制要求见表 9-4。其中 COD_{Cr} 与 BOD_5 含量高，最高分别可达 45000mg/L 和 30000mg/L；氨氮含量高，占据了总氮的 30%~40%；重金属含量高，多项重金属浓度远超排放浓度限值。渗滤液的危害体现在多个方面，它可使地面水体缺氧、水质恶化、富营养化，威胁饮用水和工农业用水水源，使地下水丧失利用价值。相比生活垃圾填埋场的渗滤液，危险废物填埋场渗滤液中普遍含有更多的重金属和不可降解的有机物，同时医疗危险废物等特殊危险废物的存在使渗滤液中出现新兴污物，这种渗滤液带来的环境风险要远大于生活垃圾填埋场的渗滤液，其防渗阻隔要求也是所有填埋场中最高的。

235

表 9-4　生活垃圾常见污染物成分及其排放控制要求　　　　　　（单位：mg/L）

控制污染物	浓度范围	排放浓度限值
化学需氧量（COD_{Cr}）	3000~45000	100
生化需氧量（BOD_5）	2000~30000	30
悬浮物	200~1000	30
总氮	1000~2400	40
氨氮	540~830	25

（续）

控制污染物	浓度范围	排放浓度限值
总磷	10~70	3
总汞	0~0.032	0.001
总镉	0~0.13	0.01
总铬	0~1.6	0.1
总砷	0.1~0.5	0.1
总铅	0~0.3	0.1

填埋气是垃圾经过填埋处理后，在填埋场内被微生物分解产生的以甲烷和二氧化碳为主要成分的混合气体。常见填埋气的成分见表9-5，主要可分为3类：①甲烷和二氧化碳为主要成分的温室气体，其中甲烷体积分数为42.8%~66.8%，二氧化碳体积分数为20.8%~45.9%；②硫化氢和氨气等成分组成的臭气，体积分数之和小于2%；③有毒气体，其体积分数之和小于1%。后两者的体积分数虽然小，但污染风险更高。填埋气是一种对人类、动植物及大气环境都有危害的气体，主要表现在：①填埋气的无组织排放会污染和破坏大气环境，作为主要成分的甲烷产生的温室效应能达到二氧化碳的20倍甚至更大；②臭气扰民；③存在着燃烧、爆炸等安全隐患，填埋气的主要成分甲烷是一种易燃易爆气体，当其在空气中的体积分数达到5%~15%时，就可能发生燃烧或爆炸。

由于渗滤液和填埋气存在扩散的风险，使得固体废弃填埋场中的防渗系统和覆盖系统的设计显得尤为重要，同时根据相关标准要求，这些设施需大量使用多种类型的土工合成材料。

表9-5　填埋气主要成分

气体分类	成分	体积分数
温室气体	甲烷	42.8%~66.8%
	二氧化碳	20.8%~45.9%
臭气	氨气、硫化氢、甲硫醇、甲硫醚、其他硫化物及卤代化合物等	0.1%~2.0%
有毒气体	一氧化碳、苯类、烃类等	0.002%~0.2%

根据GB 50869—2013《生活垃圾卫生填埋处理技术规范》，填埋场污染控制系统主要包括衬垫系统、覆盖系统、渗滤液收集与导排系统，填埋气体收集与导排系统等。

（1）衬垫系统　衬垫系统是填埋场底部和侧面布置的防渗阻隔层，是阻隔填埋场污染物扩散的重要结构，目的是避免填埋场内产生的渗滤液渗漏污染地下水和土壤，并控制填埋气体的横向迁移。根据《生活垃圾卫生填埋处理技术规范》，当天然基础层饱和渗透系数小于1.0×10^{-7} cm/s，且场底及四壁衬里厚度不小于2m时，可采用天然黏土类衬里结构，其他情况下都需要使用土工合成材料。填埋场的渗滤液通常具有污染性和腐蚀性，常需要多种用于防渗和阻隔材料配合使用，不能单一使用黏土层或单一土工膜。目前用于底部衬垫系统的复合衬垫系统，由土工膜（GM）、土工合成材料黏土垫（GCL）、压实黏土或天然黏土层等组合而成。对于危险废物填埋场及渗滤液水头超标的垃圾填埋场，一般要求采用双层衬垫控制渗漏，在两层衬垫之间设置导排层，用于收集和检测上层衬垫的渗漏量，达到控制下层衬垫上渗滤液水头的目的。

（2）覆盖系统 填埋场覆盖层系统包括日覆盖、中间覆盖和终场覆盖，以便在抑制填埋气释放的同时减少降水渗入填埋场内部。日覆盖指填埋场每天垃圾填埋结束后进行的覆盖。中间覆盖指垃圾填埋场短期不进行垃圾填埋时设置的暂时性覆盖。两者早期都采用土进行覆盖，后来逐渐转用土工布代替土质覆盖，目前主要采用土工膜进行覆盖。终场封场覆盖系统是填埋场达到填埋设计高度不再进行垃圾填埋后进行的覆盖，GB 51220—2017《生活垃圾卫生填埋场封场技术规范》中建议采用的封场覆盖系统的结构由多层组成，自下而上依次为排气层、防渗层、排水层与植被层。防渗层采用高密度聚乙烯（HDPE）土工膜或线性低密度聚乙烯（LLDPE）土工膜，膜上应敷设无纺土工织物，膜下应敷设保护层。

（3）渗滤液收集与导排系统 渗滤液收集与导排系统是在填埋库区防渗系统上部用于将渗滤液汇集和导出的设施体系，包括碎石和导排管等部分。根据《生活垃圾卫生填埋处理技术规范》，填埋场必须设置有效的渗滤液收集系统，采取有效的渗滤液处理措施，严防渗滤液污染环境。渗滤液收集和处理系统中常用某些土工合成材料，诸如：导排层与垃圾层之间应铺设反滤层，反滤层可采用土工滤网；导排层内应设置收集导排管网，导排层下可增设土工复合排水网强化渗滤液导流，边坡导排层宜采用土工复合排水网铺设。

（4）填埋气体收集与导排系统 填埋气体收集与导排系统是在填埋库区用于将填埋气汇集和导出的设施体系，包括碎石颗粒材料和集气管等部分，作用是减少填埋气体向大气的排放量、控制填埋气体的无组织迁移，并为填埋气体的回收利用做准备。根据《生活垃圾卫生填埋处理技术规范》，填埋场必须设置有效的填埋气体导排设施，严防填埋气体自然聚集、迁移引起的火灾和爆炸。填埋气体导排设施宜采用导气井和水平集气井，导气井的孔管和收集管道应采用高密度聚乙烯管材，排气层可使用土工织物（GT）和土工网（GN）等。

9.1.2 矿山堆浸场

堆浸是用浸出液喷淋矿堆将其中有用成分浸出并回收利用的方法。矿山堆浸场是对矿堆实施堆浸工艺的场所。堆浸工艺于 18 世纪最先用于湿法冶铜，20 世纪 50 年代开始用于铀矿提取，70 年代用于金矿提金，2000 年后逐渐扩展到镍矿、钴矿、银矿、钒矿、稀土等领域。全世界约有 25% 的铜是采用堆浸方法生产的，美国 80% 的金矿采用此法，我国目前的生产规模达 10 万 t/年，堆浸的总回收率达 80% 以上。

典型矿山堆浸场的设施组成包括衬垫设施、筑堆设施、布液设施和贵液处理设施 4 个部分，堆浸过程如图 9-1 所示，包括使浸出液通过布液系统渗滤到有控制的低品位破碎、制粒或原矿矿石堆内，将贵金属或贱金属溶解；浸出富液靠重力汇集贵液池内，以便处理和回收目标金属（铜、金、银）；贫液再加入化学药剂并补充水后又循环淋到矿堆上，整个过程处在一个封闭且有利于保护环境的系统里。

矿山堆浸场中的主要污染源来自于堆浸过程中产生的浸出液。堆浸液的选择需要根据回收目标金属的性质来配置，铜矿的堆浸液可选择稀硫酸，铀矿则需根据矿石的矿物组成和脉石性质选择酸浸或碱浸，金银矿石的堆浸液可选择稀氰化物溶液。金银矿石堆浸过程需要大量使用质量分数为 0.025%~0.1% 的氰化钠溶液对金矿进行喷淋，产生含有氰化物、悬浮物、铜、铅、锌、镉、砷、硫、硫化物、六价铬和汞为主要成分的浸出液。金银矿石浸出液中的氰化物毒性大，严重危害地表水、地下水和土壤环境质量，而且浸出液中的过量重金属

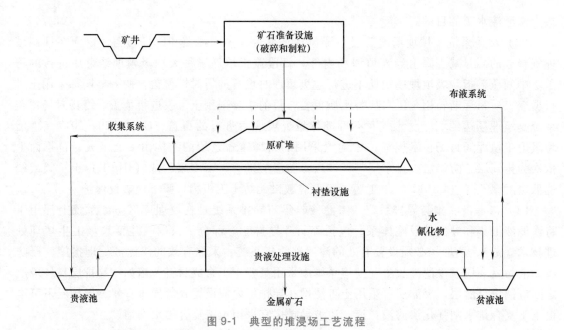

图 9-1　典型的堆浸场工艺流程

的聚集，会引起严重的环境污染，并且可能在一定的物理化学条件下通过土壤-农作物系统的食物链而进入人体。

衬垫设施是防止浸出液渗漏的关键设施，它的作用是将浸出液与外界隔离，防止浸出液渗漏、污染地下水、地表水及周围土壤，阻止场外地表水、地下水进入池内，也减少了目标金属损失。矿山堆浸场防渗系统的设计应符合下列要求：堆浸场防渗层设置应根据矿石性质、场地基础层渗透系数等因素综合确定，应设置基础层和保护层，覆盖堆浸场场底和四周边坡形成完整的防渗屏障。矿山堆浸场中衬垫设施的防渗结构主要为单层土工合成材料防渗层、复合土工合成材料防渗层和双层人工材料防渗层，其结构如图 9-2（加拿大设计公司Vector 公司在蒙古国设计的 Boroo 金矿堆浸场）和图 9-3（摘自 *Design and operation of heap leach pads*）所示。图 9-2 中堆浸场基层为性能良好的黏土，采用单层复合防渗，主防渗为1.5mm 线性低密度聚乙烯土工膜；次防渗为压实黏土，压实黏土渗透系数 $k<10^{-7}$cm/s；防渗层上为 40cm 细砾石（矿石粉碎）保护层。防渗系统应根据防渗层上水头大小、堆浸矿石及浸出液性质及上覆荷载和铺设条件确定土工合成材料的种类，常采用高密度聚乙烯土工膜、土工布、钠基膨润土防水毯等。图 9-3 中的堆浸场为了增强防渗效果，采用双层防渗系统，在两层土工膜间设置导排层，用于收集和检测上层衬垫的渗漏量。矿山堆浸场中的浸出液收集系统中的收集层可采用土工复合排水网，盲沟应由土工布包裹，浸出液收集系统的上部宜铺设反滤材料，浸出液收集管道宜选用高密度聚乙烯管。

9.1.3　渗滤液储存池

渗滤液储存池是在渗滤液处理系统前设置的具有均化、调蓄功能或兼有渗滤液预处理功能的构筑物，是填埋场渗滤液收集-处理系统的重要组成部分之一。

渗滤液储存池的污染阻隔的设计和施工十分关键。渗滤液储存池的防渗系统包括池底部及四周的渗滤液防渗屏障，主要类型有"钢筋混凝土结构"和"土工膜防渗结构"两种，

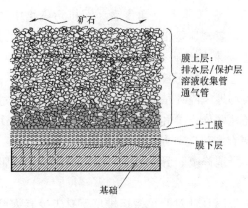

图 9-2　典型的单层防渗系统

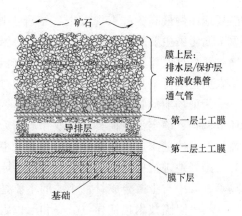

图 9-3　典型的双层防渗系统

出于经济性的考虑，土工膜防渗结构更为常见，它的结构设计与固体废弃填埋场中的衬垫系统类似。根据渗滤液组分的不同，可针对其中最难控制的污染物选择具有特定性能的土工膜进行施工，常使用高密度聚乙烯膜进行施工。

　　膜覆盖系统的作用是防止雨水入渗，避免臭气外逸，其设计时应考虑覆盖膜顶面的雨水导排、膜下的沼气导排及池底污泥的清理等问题。膜覆盖系统包括液面覆盖膜、气体收集排放设施、重力压管及周边锚固等，如图 9-4 所示。调节池尺寸较小时，可直接使用土工膜进行固定覆盖；尺寸较大时，需考虑风力和雨水压力的影响，可使用柔性覆盖系统，即在调节池顶面覆盖一层高密度聚乙烯土工膜，漂浮在渗滤液水面上与储存池形成一个腔壳体。此时池体内产生的填埋气可通过集气管收集后集中排放、处理，同时在覆盖膜上安装重力压管来防止填埋场区内大风吹过使储存池表面形成负压把膜吸起。《生活垃圾卫生填埋处理技术规范》建议调节池覆盖膜采用高密度聚乙烯膜，气体收集管采用高密度聚乙烯管。

图 9-4　膜覆盖系统实景

9.1.4　污染场地

　　潜在污染场地指因从事生产、经营、处理、储存有毒有害物质，堆放或处理处置潜在危险废物，以及从事矿山开采等活动造成污染，且对人体健康或生态环境构成潜在风险的场地。我国土壤污染的主要原因是工农业的粗放式发展，没有及时重视其污染物排放的监管和治理，从而使得土壤污染日益严重。据估算，我国污染场地数量超过 100 万块，其中工业污

239

染场地比例最高，占 45%以上。结合土壤污染类型，从工业污染角度看，无机污染物中的重金属污染主要来自选矿厂、冶炼厂、铅蓄电池厂、氯碱厂等工厂的排放，非金属砷和硒污染主要来自农药和电子工业等行业，有机污染物主要来自石油石化、煤化工、农药等行业；从农业土壤污染角度看，化肥和农药的过度使用是造成土壤污染的主要原因。

污染场地的管理主要包括场地环境调查、污染场地风险评估和污染场地土壤修复。通过环境调查，确定污染种类、程度和范围后，评估场地污染土壤和浅层地下水通过不同暴露途径，对人体健康产生危害的概率，最后根据场地调查和风险评估，确定修复方案进行修复。对污染场地进行修复的总体思路，包括原地修复、异地修复、异地处置、自然修复、污染阻隔等，其中与土工合成材料相关的主要是污染阻隔技术。

污染阻隔技术包括异位阻隔和原位阻隔。异位阻隔是针对开挖搬运堆填至有害废弃物填埋场的污染土的隔离，适用于污染物埋深较浅或污染成分复杂的场地。异位阻隔中的衬垫系统和覆盖系统等设施都广泛使用土工合成材料。原位阻隔包括主动阻隔系统和被动阻隔系统。主动阻隔系统通过设置抽水井或排水沟收集被污染的地下水，该法简单易行，可防止大面积的污染物质迁移，但很难将污染物质降低到要求的浓度。主动阻隔系统中常使用土工网和土工排水管等土工合成材料。被动阻隔系统通过增加竖向阻隔和在污染场地周边进行加盖封顶等措施将污染源阻隔，阻止土中污染物质环境影响与渗透污染的风险。竖向阻隔屏障技术是控制地下水和土中污染物迁移、提高风险管控能力的原位被动阻隔措施，既能够作为工业污染场地的永久性处治措施，也能够作为临时性处治措施与地下水曝气等原位修复技术联合应用。污染场地的竖向阻隔屏障可使用土工膜竖向阻隔墙和土工合成材料黏土垫竖向阻隔墙等。加盖封顶可采用高密度聚乙烯土工膜或线性低密度聚乙烯土工膜等。

9.2 阻隔材料

本节主要围绕固体废物填埋场中用于起阻隔作用的土工合成材料展开。土工合成材料的类型和技术指标均应严格按照相应的国际或国家标准执行，目前国际上比较广泛执行的标准主要源于国际标准化组织（ISO）、美国材料与试验协会（ASTM）以及欧洲标准化委员会（CEN）等。我国主要执行的国家标准为 GB/T 50290—2014《土工合成材料应用技术规范》。

典型的固体废物填埋场断面示意图如图 9-5 所示，涉及的土工合成材料主要包括土工膜、土工合成材料黏土垫、土工织物和土工复合排水网等，相关材料测试指标主要包括物理性能指标、力学性能指标、水力性能指标和耐久性指标。这些指标在前面相关章节都有涉及，因此本节主要补充介绍与填埋场有关的土工合成材料黏土垫性质。

9.2.1 土工膜（GM）

1. 概述

垃圾填埋场主要采用高密度聚乙烯土工膜，分为光面土工膜（膜的两面均具有光洁、平整外观的土工膜）和糙面土工膜（经特定的工艺手段生产的单面或双面具有均匀的毛糙外观的土工膜）。目前主要使用 GB/T 17643—2011 规定的 GH-I 型土工膜、GH-II 型绿色环保土工膜，以及 CJ/T 234—2006《垃圾填埋场用高密度聚乙烯土工膜》规定的土

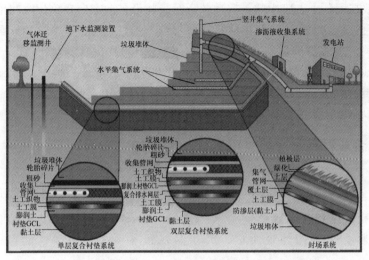

图 9-5　固体废物填埋场断面示意

工膜。

2. 土工膜的性能指标及测试方法

如无特别说明，本节中涉及的测试方法均参考第 3 章相关内容。

（1）物理性能指标　土工膜的物理性能指标主要包括单位面积质量和厚度。垃圾填埋场中高密度聚乙烯膜的单位面积质量通常不得小于 $600g/m^2$。土工膜的厚度是一个非常重要的指标，一般土工膜的厚度越厚，其一系列力学性能指标越高。垃圾填埋场防渗阻隔系统中，底部防渗应选用厚度大于 1.5mm 的土工膜，临时覆盖可选用厚度大于 0.5mm 的土工膜，终场覆盖可选用厚度大于 1.0mm 的土工膜。

（2）力学性能指标　土工膜的力学性能指标是反映土工膜质量的最基本标准，主要包含拉伸性能、直角撕裂强度和刺破强度等。在垃圾填埋场设计中，土工膜的拉伸性能主要包含屈服强度和伸长率，是衬垫工程设计的主要依据，《垃圾填埋场用高密度聚乙烯土工膜》规定，其屈服强度和屈服伸长率的技术指标分别取 11~44N/mm 和 12%。同时，依据不同产品规格，土工膜直角撕裂强度取 93~374N，刺破强度取 240~960N。实际工程设计中土工膜与其他材料界面的摩擦特性可以参考 CJJ 176—2012《生活垃圾卫生填埋场岩土工程技术规范》，或通过相关标准规定的直剪试验或拉拔试验确定。

（3）水力性能指标　土工膜水蒸气渗透系数按 GB/T 1037—2021《塑料薄膜和薄片水蒸气透过性能测定　杯式增重与减重法》规定的方法测定，具体技术指标要求水蒸气渗透系数 $\leqslant 1.0\times10^{-13}g\cdot cm/(cm^2\cdot s\cdot Pa)$。

（4）耐久性能指标　土工膜的原材料是高分子聚合物，其对氧化（老化）十分敏感，容易发生降解反应和交换反应，进而导致材料性能衰变。土工膜的耐久性能主要通过耐环境应力开裂、炭黑含量、氧化诱导时间（OIT）、85℃烘箱老化（最小平均值）、抗紫外线强度、-70℃低温冲击脆化性能等表征，破坏程度常以材料的某物理力学量的变化率，如材料抗拉强度的损失或伸长率的变化等来反映。

（5）土工膜的分配系数和扩散系数　土工膜中的分配系数指污染物在土工膜与邻界流体中浓度的比值，反映了污染物与土工膜亲和的难易程度，污染物与土工膜分子结构越相似，其分配系数越大。土工膜中的扩散系数指污染物沿扩散方向在单位时间单位浓度梯度的条件下，垂直通过单位面积土工膜的质量或摩尔数。土工膜的扩散系数和分配系数和其本身的性质密切相关，疏水性有机物的分配系数（10～300）大于亲水性有机物的分配系数（0.01～0.2），远大于无机物成分的分配系数（0.0001～0.001）。此外，美国规范规定的标准复合衬垫，当污染物在土工膜中的扩散系数达到 $1.0\times10^{-13}\,\mathrm{m^2/s}$，同时分配系数达到 50 时，基本上可以忽略土工膜作为有机污染物扩散屏障的作用。

9.2.2　土工合成材料黏土垫（GCL）

1. 概述

在 CJJ 112—2007《生活垃圾卫生填埋场封场技术规程》、CJJ 113—2007《生活垃圾卫生填埋场防渗系统工程技术规范》和 JG/T 193—2006《钠基膨润土防水毯》等规范中，对土工合成材料黏土垫的外观质量、尺寸偏差和各项物理力学性能都进行了详细的规定。

2. 土工合成材料黏土垫的性能指标及测试方法

如无特别说明，本节中涉及的测试方法均参考第 3 章相关内容。

（1）物理性能指标

1）厚度。土工合成材料黏土垫厚度受其自身含水率、测试压力和膨润土粒径三个因素的影响。《生活垃圾卫生填埋场封场技术规程》规定，土工合成材料黏土垫的厚度值不应小于 6mm。

2）单位面积质量。将土工合成材料黏土垫试样烘干至恒重后的质量与试样初始面积的比值称为单位面积质量。《生活垃圾卫生填埋场防渗系统工程技术规范》规定，土工合成材料黏土垫的单位面积质量应不小于 $4800\mathrm{g/m^2}$。

3）膨润土膨胀指数。膨胀指数是 2g 膨润土在水中膨胀 24h 后的体积。具体试验方法由《钠基膨润土防水毯》规定，其数值应不小于 24mL/2g。

4）膨润土吸蓝量。吸蓝量为 100g 膨润土在水中饱和吸附无水亚甲基蓝的克数，以单位 g/100g 表示。土工合成材料黏土垫的膨润土吸蓝量按 GB/T 20973—2020《膨润土》的规定测试，其数值应不小于 30g/100g。

5）膨润土滤失量。滤失量是对悬浮液进行压滤试验时，通过过滤介质并形成泥饼的滤液体积。悬浮液的滤失量越小，表明越易形成低渗透的、薄而致密的泥饼。土工合成材料黏土垫是测定所用膨润土的滤失量。测定试验之前先进行膨润土悬浮液的配制，将定量的膨润土与定量的蒸馏水或去离子水混合搅拌均匀，再用配制好的膨润土悬浮液进行滤失量测定试验。一般要求土工合成材料黏土垫中膨润土的滤失量不大于 18mL。

（2）力学性能指标　土工合成材料黏土垫的力学性能指标可分为抗拉强度、最大负荷下伸长率、剥离强度和界面摩擦系数。

《生活垃圾卫生填埋场防渗系统工程技术规范》要求土工合成材料黏土垫的宽条抗拉强度不低于 800N/100mm。《钠基膨润土防水毯》规定针刺法防渗衬垫和针刺覆膜法防渗衬垫的最大负荷下伸长率不低于 10%，胶黏法防渗衬垫的最大负荷下伸长率不低于 8%。《生活垃圾卫生填埋场防渗系统工程技术规范》规定土工合成材料黏土垫的剥离强度不小于 65N/100mm。当土工合成材料黏土垫用于有坡度的工程时，它与构筑物之间的摩擦性能对防渗系统的稳定有着十分重要的影响。可用界面摩擦系数来衡量土工合成材料黏土垫与构筑物界面之间的摩擦性能，界面摩擦系数可以通过界面直剪试验测定。

由于膨润土水化后，抗剪强度急剧下降，其面层和底层间容易产生相对滑动。特别是当土工合成材料黏土垫铺在斜坡上时，抗剪强度极低，容易形成潜在滑动面。可用直剪试验将剪切面对准膨润土层测量土工合成材料黏土垫的内部抗剪强度。武汉大学王钊教授曾用 100mm×100 mm 的剪切盒、应变速率为 1.0mm/min 和正应力为 0.7~140kPa 完成了大量试验，并总结出以下几点：

1）土工合成材料黏土垫在干态时抗剪强度最高，在湿态自由膨胀条件下最低，湿态正应力限制下的抗剪强度介于中间。

2）水化液的类型对土工合成材料黏土垫的内部抗剪强度有影响，但是比其他因素的影响小。用蒸馏水水化后的土工合成材料黏土垫的内部抗剪强度最低。

3）在任何情况下，针刺明显地提高了土工合成材料黏土垫的抗剪强度，并且当其达到极限抗剪强度时，针刺的土工合成材料黏土垫比未加筋的产生的位移大。

4）膨润土水化、膨润土挤入无纺织物孔隙或挤出有纺织物间隙都会使土工合成材料黏土垫的表面和土或与其他土工合成材料的界面抗剪强度下降。因此，界面强度应根据现场条件测量。

（3）水力性能指标　土工合成材料黏土垫的水力性能指标包括渗透系数、耐静水压。

1）渗透系数。土工合成材料黏土垫的渗透系数测定按《钠基膨润土防水毯》的附录 A 执行，针刺法防渗衬垫的渗透系数不大于 $5.0×10^{-11}$m/s，针刺覆膜法防渗衬垫的渗透系数不大于 $5.0×10^{-12}$m/s，胶黏法防渗衬垫的渗透系数不大于 $1.0×10^{-12}$m/s。

2）耐静水压。实际工程中土工合成材料黏土垫的耐静水压值不应小于 0.4MPa。

（4）耐久性　耐久性是材料抵抗自身和自然环境双重因素长期破坏作用的能力。土工合成材料黏土垫的主要功能是防渗，该功能是通过膨润土被液体激活以后，其透水性大幅度减小来实现的。膨润土和液体环境是判断土工合成材料黏土垫耐久性需要考虑的两个主要因素。膨润土作为黏土，其长期稳定性一般是有保证的。液体环境的改变可能会对土工合成材料黏土垫的耐久性能有影响，主要表现为化学相容性、冻融循环和干湿循环。

《钠基膨润土防水毯》中建议用膨润土在 0.1% $CaCl_2$ 溶液中静置 168h 后的膨胀指数来评价土工合成材料黏土垫的耐久性能。一般要求土工合成材料黏土垫的膨胀指数不小于 20mL/2g。

一些学者进行了相关试验，研究膨润土中液体的冻融循环和干湿循环对土工合成材料黏土垫耐久性能的具体影响。实验发现，在冻融循环中，膨润土中的水冻结后会导致土体结构破坏，但冰融化后膨润土会很快愈合，恢复到原先的状态。大多数的土工合成材料黏土垫都被土工织物和土工膜包裹着，在膨胀周期中一些不稳定的土粒不会侵入到膨润土结构中；在干湿循环试验中，土工合成材料黏土垫的渗透系数无实质性变化。可见土工合成材料黏土垫的耐久性受液体冻融循环和干湿循环的影响不明显。

此外，与土工膜相比，土工合成材料黏土垫中的膨润土还有很强的吸附性，可以吸附污染物，延缓污染物的扩散速度。

9.2.3 土工织物（GT）

1. 概述

根据 CJ/T 430—2013《垃圾填埋场用非织造土工布》定义，垃圾填埋场用非织造土工布指定向或随机取向的纤维通过摩擦和（或）抱合（或）黏合形成的薄片状、纤网状或絮垫状的土工布，也称无纺土工布。按纤维类别分为聚酯纤维（涤纶）和聚丙烯纤维（丙纶），按纤维长度分为短丝和长丝。短丝无纺布是以高强力的短纤维涤纶或丙纶为原材料经过开包、开松和轧辊后铺网，接着经过预刺、倒刺和主刺三道针刺固结，然后切边成型。长丝无纺布是通过高温熔融塑化冲丝成网，然后针刺固结而成。

2. 土工织物的性能指标及测试方法

如无特别说明，本节中涉及的测试方法均参考第3章相关内容。

（1）物理性能指标

1）单位面积质量。依据不同产品规格，垃圾填埋场用非织造土工布规格在 200～1000g/m², 其短丝和长丝单位面积质量偏差率分别小于±6%和±5%。

2）厚度。垃圾填埋场用土工织物厚度一般为 2.0～6.5mm。

（2）力学性能指标 针对土工织物在设计和施工中所受荷载性质不同，CJ/T 430—2013规定的关键检测力学性能指标包括断裂强度和断裂伸长率、撕破强力和顶破强力。依据不同产品规格，垃圾填埋场用土工织物的断裂强度分别≥6.5～25kN/m，断裂伸长率为40%～80%，撕破强力分别≥0.28～1.25kN，顶破强力分别≥2.1～9.4kN。

（3）水力性能指标 土工布的排水和过滤功能主要是检测土工布的平行透水性和垂直透水性，其最重要的水力性能指标为等效孔径和垂直渗透系数。依据不同产品规格，垃圾填埋场用土工织物的等效孔径应为 0.05～0.2mm，垂直渗透系数的技术指标为 $K \times (10^{-3} \sim 10^{-1})$，其中 $K = 1.0 \sim 9.9$。在工程使用中，目前常用保土准则和透水准则来选择土工织物的等效孔径和渗透系数，即将土工织物的等效孔径和土的特征粒径建立关系式，同时将织物的渗透系数与土的渗透系数建立关系式，以求达到既保土又排水的目的。保土准则和透水准则由实验获得，因此，其准则随实验控制条件的不同而存在差异，详见第4章相关内容。

（4）耐久性能指标 垃圾填埋场用土工织物要求人工气候老化断裂强度保留率≥70%，人工气候老化伸长率保留率≥70%。

9.2.4 土工复合排水网

1. 概述

根据 CJ/T 452—2014《垃圾填埋场用土工排水网》，土工复合排水网是指"采用热黏工艺在土工排水网的一面或者两面复合具有反滤作用的土工布而形成的土工排水材料"，分为两肋结构和三肋结构。两肋结构由两层各自平行的肋条按一定角度连接，形成具有排水通道的双层结构。三肋结构（又称三维土工复合排水网）是由三层各自平行的肋条按一定角度连接，形成具有排水通道的立体网状结构。三维土工复合排水网的中间筋条刚性大，纵向排列，形成排水通道，上下交叉排列的筋条形成支撑防止土工布嵌入排水通道，双面黏接渗水土工布复合使用，具有"反滤-排水-透气-保护"的综合性能，是目前比较理想的排水材料。

在垃圾填埋场中，要控制垫衬系统渗漏，渗滤液导排系统必须具有可靠的排水性能以排出衬垫系统收集的渗滤液，保证衬垫渗滤液饱和水头小于 30cm。传统的砂砾石等天然排水材料用于垃圾填埋场的渗滤液收集导排，会占用很大的填埋空间。对于斜坡渗滤液导排，使用砂砾石将很难堆放。而使用土工复合排水网，基本上不受边坡坡度的限制。同时，砾石作为渗滤液收集导排层，会对防渗土工膜造成破坏，但三维土工复合排水网用于渗滤液收集导排层时，由于其特殊的三维空间立体导排结构及高渗透性能土工布的共同作用，能够及时排出防渗膜上的渗滤液，使得水头小于土工排水材料的厚度，减少由于水头过大造成的衬垫渗漏。此外，复合排水网还可替代传统的砾石层，用于地下水导排层、渗漏检测层、封场气体导排收集层及封场地表水收集导排等。

2. 土工复合排水网的性能指标及测试方法

如无特别说明，本节中涉及的测试方法均参考第 3 章相关内容。

（1）物理性能指标　依据不同产品规格，垃圾填埋场用土工复合排水网宽度和厚度的具体技术指标为宽度不应小于 2000mm，幅宽偏差 ≥ −0.5%，厚度为 5.0 ~ 8.0mm，厚度偏差 ≥ 0，且所用土工布单位面积质量 ≥ 200g/m²。

（2）力学性能指标　土工复合排水网的力学性能指标主要包括纵向抗拉强度和剥离强度。垃圾填埋场用土工复合排水网的纵向抗拉强度应 ≥ 16.0kN/m，剥离强度 ≥ 0.17kN/m。

（3）水力性能指标　垃圾填埋场用土工复合排水网的具体技术指标要求纵向导水率 ≥ $3.0 \times 10^{-4} \mathrm{m}^2/\mathrm{s}$。

9.3　污染阻隔原理

污染阻隔作用是采用天然土、土工合成材料等组成的物理-化学阻隔系统，隔离场地中污染物或腐蚀性流体，控制污染物渗流量，延迟污染物扩散过程，实现场地周边环境二次污染的防控目标。污染阻隔作用主要涉及渗漏控制、扩散延迟、吸附阻滞等过程。固体废弃物填埋场地或污染场地的阻隔工程应进行系统化设计，以达到长期安全服役的目标。

9.3.1　渗漏控制

固体废物填埋场、渗滤液储存池、污染场地等均需采取防渗措施控制渗滤液及污染物的渗漏，以保护地下水土环境。常用的防渗措施包括位于场地底部和四周衬垫系统、位于场地顶部的覆盖系统、围封场地的竖向阻隔墙等。常用的防渗材料包括黏土、膨润土、土工膜、土工合成材料黏土垫（GCL）、沥青等。这些材料组成单层、复合或双层防污结构，用于不同类型或不同环保要求的场地。图 9-6 是我国垃圾填埋场常用的衬垫系统结构，包括单一天然或压实黏土层、单层土工膜、土工膜与压实黏土或 GCL 组成的复合衬垫、土工膜、压实黏土及中间导排层组成的双层衬垫。这些不同衬垫结构的渗漏控制机理及效果是存在差异的。

对于单一黏土衬垫，主要通过控制黏土层的渗透系数和水力梯度来控制渗漏。对于垃圾填埋场，渗透系数要求低于 $1.0 \times 10^{-7} \mathrm{cm/s}$，黏土层厚度不少于 2m，还需控制衬垫上渗滤液水头低于 30cm，这种情况下渗流携带污染物达黏土衬垫底部的时间为 17.6 年。对于单层土工膜衬垫，由于土工膜材料渗透系数极低，其渗漏只能通过土工膜漏洞发生，渗漏量主要

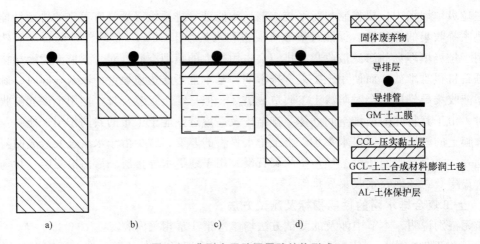

图 9-6 典型水平防污屏障结构形式

a) 2mCCL b) GM+0.75mCCL c) GM+13.8mm GCL+0.75mAL d) GM+0.3mCCL+0.3m渗漏检测层+GM+0.75mCCL

取决于漏洞数量、尺寸及衬垫上水头。图 9-7 显示了国内外填埋场土工膜施工后检测到的漏洞数量情况，欧美国家施工质量好的填埋场的土工膜漏洞数量平均值为 3 个/hm²，我国施工质量不好的填埋场土工漏洞数量平均值为 38 个/hm²，而且漏洞的尺寸比较大。图 9-8 显示了漏洞数量及水头高度对衬垫渗漏量的影响，漏洞数量 38 个/hm² 对应渗漏量比漏洞数量 3 个/hm² 的高约一个数量级，水头高度为 10m 对应渗漏量比 0.3m 的高约 2 个数量级。可见，施工质量对土工膜衬垫的渗漏控制效果是至关重要的。对于垃圾填埋场，我国规范要求土工膜铺设过程中应检测焊缝质量，铺设完成后上面应设置土工织物或细粒土保护层，上覆的碎石导排层铺设后应对土工膜衬垫的漏洞进行检测，所有检测到的漏洞应修补后才能填埋垃圾。以上两种单层衬垫可用于地下水位低、天然土层防污性能好及环境敏感度低的场地。

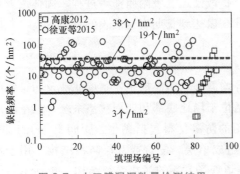

图 9-7 土工膜漏洞数量检测结果

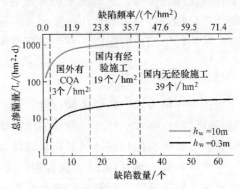

图 9-8 复合衬垫土工膜渗漏量与
缺陷数量及水头的关系

对于土工膜和压实黏土或 GCL 组成的复合衬垫，其渗漏控制效果显著优于单层土工膜或单一黏土层。污染物通过该复合衬垫的渗漏-扩散存在三种模式，如图 9-9 所示：当土工膜没有漏洞时，污染物只能以扩散方式迁移，主要取决于污染物种类及其在阻隔材料中的扩散系数；当土工膜存在漏洞时，渗漏量主要取决于下卧层渗透性及土工膜与下卧层界面的导水率，而界面导水率主要取决于两层界面处接触条件，界面接触条件主要取决于土工膜平顺度及下卧层表面平顺度。由于早晚温差导致热胀冷缩的原因，土工膜铺设后不可避免会产生褶皱（图 9-10a），这种褶皱发育程度与土工膜铺设时气温高低、上覆导排层铺设是否及时等有关。如果褶皱在导排层铺设前无法消除，它将在土工膜和下卧层之间形成一条缝隙，而且相互交叉褶皱形成的缝隙可能相互连通，最终形成水力连通的缝隙网络（图 9-10b）。当正好有漏洞落在其中一条褶皱上时（图 9-9c），从漏洞渗漏的液体会很快扩展到缝隙网络覆盖的范围，此时的渗漏量与相互连通的缝隙网络总长度成正比，该渗漏量比漏洞位于土工膜平顺处的工况（图 9-9b）大得多。如前所述，界面接触条件还取决于下卧层表面平顺度，一般来说，用 GCL 作为下卧层时平顺度显著优于压实黏土层，压实黏土层表面往往留有压实机械的车辙。理论计算和现场实测均表明：土工膜/GCL 复合衬垫的渗漏控制效果明显优于土工膜/压实黏土复合衬垫，如图 9-11 所示。采用 GCL 作为下卧层时，土工膜出现漏洞的概率低一些。这是因为 GCL 不存在尖锐物品，而压实黏土上或多或少存在坚硬的石子。另外，从土工膜漏洞渗下来的渗滤液会导致 GCL 中膨润土水化膨胀，对界面导水通道起到封闭作用。

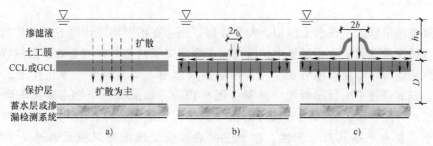

图 9-9　复合衬垫的渗漏-扩散模式

a）土工膜完整　b）漏洞在平顺处　c）漏洞在褶皱处

图 9-10　土工膜褶皱对渗漏放大效应

a）高密度聚乙烯土工膜铺设后褶　b）高密度聚乙烯土工膜褶皱下面形成的水力通道

对于危险废物填埋场及渗滤液水头超标的垃圾填埋场，一般要求采用双层衬垫控制渗漏。双层衬垫结构由两层衬垫和它们之间的中间导排层组成，中间导排层又称为渗漏检测层，用于收集和检测上层衬垫的渗漏量，达到控制下层衬垫上渗滤液水头的目的。工程实践经验表明，垃圾填埋场衬垫上面碎石导排层在运行过程中易发生淤堵，淤堵原因包括渗滤液携带的细颗粒导致物理淤堵、无机盐化学沉淀（如 $CaCO_3$）、生物膜产生等，淤堵发展速率与渗滤液通量成正比。导排层一旦淤堵后，衬垫上的渗滤液水头会显著升高，导致渗漏量增大。特别是对于我国生活垃圾填埋场，填埋垃圾含水率高，渗滤液产量大，有机污染负荷高，导排层淤堵问题更为突出。导排层淤堵和衬垫渗漏控制是一个耦合难题，采用双层衬垫结构能较好地解决这个耦合难题：通过上层衬垫控制渗滤液渗漏量，使得中间导排层中渗滤液通量很少，淤堵发展缓慢，能长期保持正常运行，有效控制下层衬垫上渗滤液水头低于国家标准规定的 30cm，从而实现控制渗漏量的目标。该双层结构中上层衬垫由土工膜与 GCL 或压实黏土组成，下层衬垫一般由较厚土工膜（如 2mm）与压实黏土组成，以形成可靠的兜底屏障。

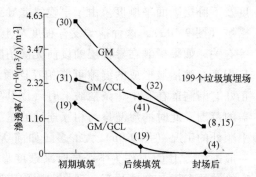

图 9-11 美国 199 个填埋场双层衬垫监测得到的渗漏量（引自 *Waste Containment Facilities*, 2007）

9.3.2 扩散延迟

　　渗滤液中污染物除了在水头作用下发生渗漏，还会在浓度梯度作用下发生扩散，包括分子扩散和机械弥散。污染物在衬垫中扩散速率主要取决于衬垫材料的有效扩散系数和污染物的浓度梯度，还与污染物类型有关。无机污染物（如重金属、氯离子等）在土工膜中扩散系数极低，只能通过土工膜漏洞发生渗漏（图 9-12a），渗漏的污染物主要靠下卧压实黏土或天然土层来延迟扩散。疏水性有机污染物（如苯、二氯甲烷等）在土工膜中扩散系数比较大，由于其与土工膜具有亲和性，在土工膜表面会出现浓度累积及通过土工膜的扩散（图 9-12b）。因此，单一土工膜难以阻止有机污染物的扩散，主要靠下卧压实黏土或天然土层来延迟其扩散过程，这也是垃圾填埋场常用复合衬垫的原因之一。污染物在压实黏土或天然土层中的有效扩散系数主要取决于土体中孔隙通道的弯曲因子。土体颗粒越细，密实度越大，其弯曲因子越大，有效扩散系数越低。压实黏土的有效扩散系数一般很低，为 $10^{-10} \sim 10^{-9} \, \mathrm{m^2/s}$，GCL 中膨润土的有效扩散系数更低，为 $10^{-11} \sim 10^{-10} \, \mathrm{m^2/s}$，它们铺设在土工膜下面形成复合衬垫能有效延迟污染物扩散击穿过程。

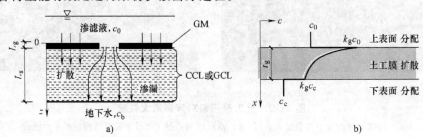

图 9-12 无机和有机污染物在复合衬垫中渗漏-扩散途径
a) 渗滤液通过复合衬垫渗漏扩散途径　b) 污染物在土工膜中的分配

9.3.3 吸附阻滞

　　由于静电引力、化学反应等作用，在土体中迁移的污染物会被土颗粒吸附，导致孔隙水中污染物浓度及其梯度降低，扩散速率变慢，这就是土体对污染物的吸附阻滞作用。土体吸附阻滞作用大小可用阻滞因子 R_d 来衡量，$R_d = 1 + K_d \rho_d / n$，其中 K_d 是污染物在土颗粒与孔隙水之间分配系数，它等于单位质量干土吸附的污染物质量与孔隙水中污染物浓度的比值，ρ_d 为土的干密度，n 为土体的孔隙率。阻滞因子 R_d 的大小与土颗粒矿物成分、污染物性质、孔隙水性质等有关。一般情况下，土体中黏粒含量和有机质含量越高，阻滞因子越大；极性强的污染物被吸附阻滞的概率越大。对于重金属污染物，细粒土的阻滞因子变化范围比较大，为 3~40；对于有机污染物，细粒土的阻滞因子为 3~20。

土体吸附对污染物迁移的阻滞作用是不容忽视的，特别是对于黏性土。图 9-13 显示了 2m 厚压实黏土衬垫对污染物吸附阻滞作用：在 30cm 渗滤液水头作用下，如果仅考虑渗流作用，渗滤液中污染物随渗流击穿 2m 厚黏土衬垫的时间为 17.6 年；如果在渗流基础上考虑分子扩散作用，击穿时间缩短为 5.5 年；如果再考虑机械弥散作用，击穿时间为 4.75 年；在此基础上如果考虑黏土对污染物的吸附阻滞作用，当阻滞因子 R_d 取 10 时，击穿时间则延长至 48 年。可见，吸附阻滞作用能显著延迟污染物的迁移。因此，在阻隔工程实践中，可通过对阻隔材料改性，提高其阻滞因子，达到更长时间的阻隔作用。我国四种常用衬垫被 Cd^{2+} 和苯击穿的时间见表 9-6。

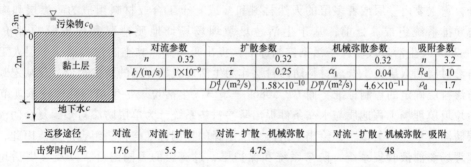

对流参数		扩散参数		机械弥散参数		吸附参数	
n	0.32	n	0.32	n	0.32	n	3.2
k/(m/s)	1×10^{-9}	τ	0.25	α_l	0.04	R_d	10
		D_0^d/(m²/s)	1.58×10^{-10}	D_0^m/(m²/s)	4.6×10^{-11}	ρ_d	1.7

运移途径	对流	对流-扩散	对流-扩散-机械弥散	对流-扩散-机械弥散-吸附
击穿时间/年	17.6	5.5	4.75	48

图 9-13　吸附阻滞作用对 2m 厚压实黏土衬垫击穿时间的影响

表 9-6　我国四种常用衬垫被 Cd^{2+} 和苯击穿的时间

衬垫类型	击穿时间/年			
	重金属 Cd^{2+}		有机污染物苯	
	$h_w = 0.3m$	$h_w = 10m$	$h_w = 0.3m$	$h_w = 10m$
GM+0.75m CCL	57.4	19.8	35.0	25.50
GM+0.75m AL	10.7	3.5	8.70	6.70
GM+GCL	77.1	72.6	0.37	0.37
2m CCL	31.1	13.6	52.0	17.50

9.3.4　阻隔工程系统化设计原理

固废填埋场阻隔结构服役年限要求长达数十年甚至上百年，为了提升污染阻隔工程的长期服役性能，系统化设计是发展趋势。阻隔工程往往由多个子系统组成，各个子系统又由若干构件组成，通过各个子系统或构件间相互作用分析和系统化设计，可实现阻隔工程整体服役性能优于各个子系统或构件单独贡献的叠加。以生活垃圾填埋场为例，其污染阻隔控制系统主要包括封顶覆盖、填埋作业、渗滤液导排、场底复合衬垫等子系统，其中复合衬垫子系统由土工膜和压实黏土层组成。封顶覆盖的实施或其性能提升将减少雨水入渗，使得填埋场渗滤液产量和渗滤液水头高度降低；采取先进的填埋作业方式（如生物反应器填埋场）加速垃圾中有机质降解稳定化过程，使得污染物产出的持续时间缩短；长期有效的渗滤液导排系统将控制衬垫上渗滤液水头。上述三个子系统的服役性能决定了场底复合衬垫上污染负荷的大小和持续时间。复合衬垫本身性能受土工膜和下卧压实黏土层相互作用的影响。如前所述，压实黏土层的渗透系数及其与土工膜的接触条件决定了土工膜漏洞处的渗漏量，渗漏液体会通过化学侵蚀等作用改变压实黏土的长期渗透系数。对上述各个子系统或构件服役性能的评估，特别是各个子系统或构件相互作用对系统整体服役性能影响的量化分析，将指导整个阻隔工程系统化设计，实现整体服役性能优于各个子系统或构件单独贡献叠加的效果。

9.4　衬垫系统

设置于生活垃圾填埋场底部和四周侧面的衬垫系统，是填埋场或污染场地中最重要的组成部分，它主要由一层或者多层的天然材料和（或）土工合成材料组成的防渗层和渗滤液收集与导排系统组成。目前，基于生活垃圾填埋场场址地质情况和环境影响评价，GB 16889—2008《生活垃圾填埋场污染控制标准》提出采用天然黏土防渗衬层、单层人工合成材料防渗衬层和双层人工合成材料防渗衬层作为生活垃圾填埋区的防渗衬层，仅从宏观上提出了防渗衬层确定的控制标准，而 GB 50869—2013《生活垃圾卫生填埋处理技术规范》根据生活垃圾填埋场工程地质与水文条件提出防渗衬垫系统分为单层防渗衬垫、复合防渗衬垫和双层防渗衬垫三种类型，并给出了防渗系统选择的控制标准与衬垫组合形式。因此，根据垃圾填埋场渗滤液收集系统、防渗系统和保护层、过滤层的不同组合，以及《生活垃圾卫生填埋处理技术规范》的防渗系统设计，将衬垫系统分为单层衬层防渗系统、复合衬层防渗系统和双层衬层防渗系统。

9.4.1　单层衬垫

垃圾填埋场单层衬垫系统主要由天然黏土类衬层、人工合成衬层或达到天然黏土衬层等效防渗性能要求的其他材料衬防渗层组成，防渗层上方设置渗滤液收集系统和保护层。生活垃圾填埋场填埋区基础层底部应与地下水年最高水位保持 1m 以上的距离，当不足 1m 时，需建设地下水导排系统。《生活垃圾卫生填埋处理技术规范》规定：当天然基础层饱和渗透系数小于 1.0×10^{-7} cm/s，且厚度不小于 2m 时，可采用天然黏土类衬垫结构；当天然基础层饱和渗透系数小于 1.0×10^{-5} cm/s，且厚度不小于 2m，可采用单层人工合成材料防渗衬层。人工合成材料衬层下应有厚度不小于 0.75m 的天然黏土防渗衬层，其压实后的饱和渗透系数小于 1.0×10^{-7} cm/s。另外，位于地下水贫乏地区的人工合成衬层防渗系统可采用单层衬垫系统，目前主要包括单层压实黏土衬垫系统和单层土工膜衬垫系统两种。

单层压实黏土衬垫系统主要由渗滤液导排层和压实黏土衬垫组成，如图 9-14 所示。广泛应用的压实黏土通常要求其饱和渗透系数应小于或等于 1.0×10^{-7} cm/s。与一般压实黏土相比，用于填埋场防渗衬垫系统的黏土还应具有抗干裂和强度高的特点，且应考虑土体冻融、温度梯度等因素对压实黏土的透水性的影响，以及抵抗化学侵蚀和抗不均匀沉降变形等性能。所用土料的含水率宜略高于最优含水率，且不应含有石块或大土块。施工时经压实后的每层土层厚度不宜大于 15cm，土层之间应密切结合。

单层土工膜衬垫系统主要由渗滤液导排层和高密度聚乙烯（HDPE）土工膜等组成，如图 9-15 所示。用于防渗的土工膜又称为柔性膜衬垫，是一种以高分子聚合物为基础原料生产的防水阻隔型材料，通常土工膜的渗透系数变化范围

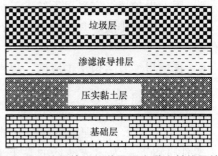

图 9-14　垃圾填埋场单层压实黏土衬垫系统

为 $0.5 \times (10^{-13} \sim 10^{-10})$ cm/s，具有优异的不透水和不透气性。因此，在垃圾填埋场建设中土工膜被广泛用于水和气的隔离层。当前，应用到填埋场中的土工膜类型主要有 HDPE 土工膜、线型低密度聚乙烯（LLDPE）土工膜、HDPE 土工膜和 LLDPE 土工膜共压土工膜、柔性聚丙烯（fPP）土工膜和聚氯乙烯（PVC）土工膜，其中 HDPE 土工膜因具有耐化学腐蚀性能强、低渗透性、制造工艺成熟和易于现场焊接等优点，是垃圾填埋场防渗衬垫中应用最广的土工膜。考虑到用于填埋场的部位不同，实际应用时一般在填埋场底部的衬垫采用光面膜，场地四周边坡，特别是陡峭边坡应采用糙面膜，旨在增大界面摩擦，使覆盖在衬垫上的土体不易滑动，从而提高边坡稳定性。

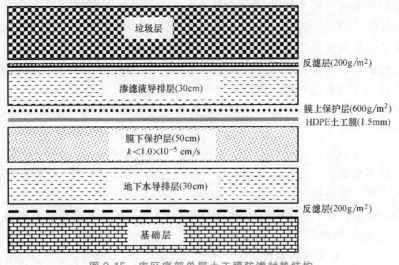

图 9-15　库区底部单层土工膜防渗衬垫结构

对于库区底部单层土工膜衬垫系统，《生活垃圾填埋场处理技术规范》进行了相关规定：

1）基础层。土压实度不应小于 93%。

2）反滤层（可选择层）。宜采用土工滤网，规格不宜小于 200g/m²。

3）地下水导排层（可选择层）。宜采用卵（砾）石等石料，厚度不应小于 30cm，石料上应铺设无纺土工织物，规格不宜小于 200g/m²。

4）膜下保护层。黏土渗透系数不应大于 1.0×10^{-5} cm/s，厚度不宜小于 50cm。

5）膜防渗层。应采用 HDPE 土工膜，厚度不应小于 1.5mm。

6）膜上保护层。宜采用无纺土工织物，规格不宜小于 $600g/m^2$。

7）渗滤液导排层。宜采用卵石等石料，厚度不应小于 30cm，边坡上可用土工复合排水网代替。

8）反滤层。宜采用土工滤网，规格不宜小于 $200g/m^2$。

9.4.2　复合衬垫

如图 9-16 所示，填埋场防渗复合衬垫是由两种防渗材料上下组合形成的防渗层，以上层为柔性膜和下层为渗透性低的黏土矿物层或其他同等防渗性能材料层的组合为主，如 HDPE 土工膜+黏土或 HDPE 土工膜+GCL。与单层衬垫系统相似，复合防渗层的上方为渗滤液收集系统，下方为地下水收集系统。HDPE 土工膜具有抗化学腐蚀能力强和防渗性能优异的特点，而压实黏土或 GCL 防渗性能好，尤其 GCL 即使在其表面土工织物覆盖层刺破时，利用内部膨润土的水合作用对刺破处具有自动愈合功能，从而保持低透水性。因此，复合衬垫系统综合利用两种材料优异的物理和水力特性，使填埋场具有较好的防渗阻隔效果。

如图 9-16a 所示，对于 HDPE 土工膜+压实黏土的复合衬垫，《生活垃圾填埋场处理技术规范》明确规定：

1）膜下防渗层。黏土渗透系数不应大于 $1.0×10^{-7}cm/s$，厚度不宜小于 75cm。

2）膜防渗层。应采用 HDPE 土工膜，厚度不应小于 1.5mm。

对于其他层的要求与图 9-15 中库区底部单层土工膜衬垫系统相同。

HDPE 土工膜+GCL 组成的复合衬垫是在压实黏土衬垫（CCL）的基础上发展而来，并有逐步取代衬垫系统和覆盖系统中的低透水压实黏土衬垫的趋势。由于 GCL 具有较低的渗透系数、膨胀性能好、对有害物质的吸附能力强、耐久性好、工业化程度高等优点，比 CCL 更具优势，在防渗工程中得到广泛应用。与 CCL 相比，GCL 具有以下优点：①厚度小，节省填埋空间；②施工方便快捷；③不受当地是否有黏土资源的限制；④实现工业化生产，保证材料的连续性和均匀性；⑤抵抗不均匀变形的能力比 CCL 强，易修补。同时，GCL 也可以一定程度上弥补 HDPE 土工膜的不足：①HDPE 土工膜会有老化问题；②HDPE 土工膜的施工对设备及技术要求比较高；③地基不均匀沉降可能导致 HDPE 土工膜的破裂；④HDPE 土工膜属塑料产品，不能抵抗冻融循环。

如图 9-16b 所示，对于复合衬垫结构（HDPE 土工膜+土工合成材料黏土垫 GCL），《生活垃圾填埋场处理技术规范》明确规定：

1）膜下保护层。黏土渗透系数不宜大于 $1.0×10^{-5}cm/s$，厚度不宜小于 30cm。

2）GCL 防渗层。渗透系数不应大于 $5.0×10^{-9}cm/s$，规格不应小于 $4800g/m^2$。

3）膜防渗层。应采用 HDPE 土工膜，厚度不应小于 1.5mm。

其他层的要求与图 9-16a 中 HDPE 土工膜+压实黏土的复合衬垫相同。

复合衬垫可有效地应对单层土工膜衬垫可能存在的破洞、接缝等缺陷带来的问题。对比单层衬垫和复合衬垫系统的渗流模式，当单层土工膜出现缺陷时，如果下层土体的渗水性很强，渗滤液很容易经由破损处向下流出，进而在整个衬垫面上发生渗流。对于复合衬垫，若土工膜发生破损时，下方压实黏土垫层的透水性低，可显著减少泄漏量，经过压实黏土层的流动面积也会相应地减少，进而降低了渗滤液的流动速率。此外，实践中对于 HDPE 土工膜+压实黏土的复合衬垫，为避免柔性膜的缺陷会引起沿两者结合面的移动，关键是使柔性

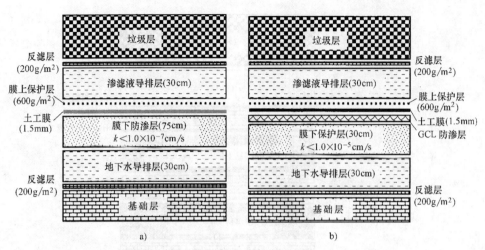

图 9-16　复合衬垫结构示意

a）HDPE 土工膜+压实黏土衬垫　b）HDPE 土工膜+GCL

膜与黏土矿物层紧密接触，两部分之间的结合质量是控制衬垫渗透率的关键因素，也决定了湿化区半径。为了最大程度发挥复合衬垫的防渗性能，土工膜的铺设必须和压实黏土衬垫形成紧密的水力接合，控制渗流在一定范围内，防止液体从土工膜和压实黏土衬垫界面的侧边绕过。通常不能在土工膜和土质衬垫中间加入高透水性材料，低渗透性黏土层要充分密实且上表面要光滑，铺设土工膜时应尽量减少破损和折皱。

9.4.3　双层衬垫

双层衬垫系统是由两层衬垫和它们之间的中间导排层组成的防渗衬垫，上层衬垫由土工膜与 GCL 或压实黏土组成，下层衬垫一般由较厚土工膜与压实黏土组成，以形成可靠的兜底屏障。通过上层衬垫控制渗滤渗漏量，从而减少两层之间的导排层中渗滤液通量，减缓淤堵发展。导排层又称为渗漏检测层，用于收集和检测上层衬垫的渗漏液，同时可实现对下层衬垫渗滤液的水头控制要求。

目前，典型的填埋场双层衬垫系统主要包括双层土工膜衬垫系统、带有土工聚合黏土衬垫的双层复合衬垫和带有两层（土工膜+GCL）复合衬垫的双层复合衬垫。双层土工膜衬垫系统是由两层 HDPE 土工膜衬垫组成的复合衬垫，如图 9-17 所示。带有土工聚合黏土衬垫的双层复合衬垫是用 GCL 代替双层土工膜衬垫中的上层压实黏土衬垫的双层复合结构，从而减少衬垫系统的总厚度，增加填埋量。

当 GCL 上的土工膜有缺陷时，渗滤液穿过膜上缺陷，然后渗过 GCL，渗透机理和渗透量计算公式可用 Giroud 和 Bonaparte 的公式估算通过缺陷和 GCL 的渗漏量，即当膜上缺陷为宽为 b 的裂缝时，通过单位长度裂缝和 GCL 的渗漏量可用式（9-1）计算；当膜上缺陷为直径 d 的孔洞时，通过孔洞和 GCL 的渗漏量用式（9-2）计算。有争议的是如果膜下紧贴的是 GCL 的无纺织物，透过膜上缺陷的水将在无纺织物层扩散一个较大范围，是否会增大透过 GCL 的水量。

$$q = \frac{\pi k_g (h_w + \delta)}{\ln(2\delta/b)}$$

（9-1）

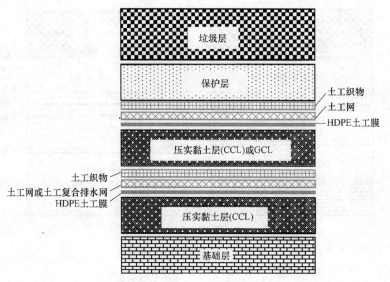

图 9-17　双层衬垫结构示意（以双层土工膜衬垫系统为例）

$$q = \frac{\pi k_g (h_w + \delta) d}{(1 - 0.5 d / \delta)} \qquad (9\text{-}2)$$

式中　q——通过单位长度裂缝或孔洞和 GCL 复合衬垫的渗漏量，$\mathrm{m^3/s}$；

k_g——GCL 的渗透系数，$\mathrm{m/s}$；

δ——GCL 的厚度，m；

h_w——复合衬垫上渗滤液深度，m，一般取 0.3m；

b——膜上裂缝缺陷的宽度，m；

d——膜上孔洞缺陷的直径，m。

根据 GB 16889—2008《生活垃圾填埋场污染控制标准》规定：如果天然基础层的饱和渗透系数不小于 $1.0 \times 10^{-5} \mathrm{cm/s}$，或者虽然天然基础层的饱和渗透系数不小于 $1.0 \times 10^{-5} \mathrm{cm/s}$，但是厚度小于 2m，应采用双层复合衬垫。下层 HDPE 膜防渗衬垫下应具有厚度不小于 0.75m，且其被压实后饱和水力渗透系数小于 $1.0 \times 10^{-7} \mathrm{cm/s}$ 的黏土防渗衬垫或具有同等以上隔水材料的其他材料衬垫；两层人工合成材料衬垫之间应布设渗漏检测层和导排层。

对于危险废物柔性填埋场，GB 18598—2019《危险废物填埋污染控制标准》明确要求采用双人工复合衬层作为防渗层，如图 9-18 所示。双人工复合衬层中的防渗 HDPE 土工膜应满足 CJ/T 234 规定的技术指标，并且厚度不小于 2.0mm，双人工复合衬层中黏土衬层应满足下列条件：

1）主衬层（上衬层）应具有厚度不小于 0.3m 的黏土衬层，且其被压实、人工改性等措施后的饱和渗透系数小于 $1.0 \times 10^{-7} \mathrm{cm/s}$。

2）次衬层（下衬层）应具有厚度不小于 0.5m 的黏土衬层，且其被压实、人工改性等措施后的饱和渗透系数小于 $1.0 \times 10^{-7} \mathrm{cm/s}$。

柔性填埋场应设置两层人工复合衬层之间的渗漏检测层，检测层渗透系数应大于 0.1cm/s，它包括双人工复合衬层之间的导排介质、集排水管道和集水井，并应分区设置。

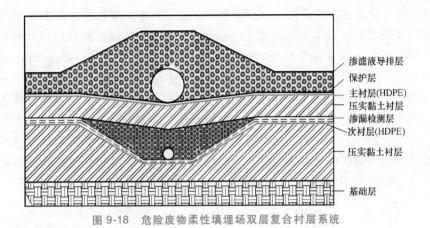

图 9-18　危险废物柔性填埋场双层复合衬层系统

图中标注（从上到下）：渗滤液导排层、保护层、主衬层(HDPE)、压实黏土衬层、渗漏检测层、次衬层(HDPE)、压实黏土衬层、基础层

9.5　覆盖系统

填埋场覆盖系统包括日覆盖、中间覆盖和终场覆盖。覆盖系统的作用是在抑制填埋气释放的同时减少降水渗入填埋场内部。

9.5.1　日覆盖和中间覆盖

填埋场日覆盖是指填埋场每天垃圾填埋结束后而进行的覆盖。日覆盖早期采用土进行覆盖，CJJ 17—2004《生活垃圾卫生填埋技术规范》规定，每一单元作业完成后进行的覆盖土质覆盖层的厚度宜为 20~25cm。由于土是临时覆盖，日覆盖区域第二天还要继续填埋垃圾，同时土的成本较高，操作烦琐，后期逐渐转用土工布代替土质覆盖。土工布虽然成本较低，操作方便，但其孔隙度较大，对填埋气的释放不能起到较好的阻隔作用。目前采用土工膜进行填埋场垃圾的日覆盖。土工膜的渗透性极低，因此填埋气很难通过土工膜进入大气中。同时，降水也很难透过土工膜进入垃圾体中，减少了渗滤液的产生量。但值得注意的是，一旦土工膜产生缺陷，如漏洞、撕裂等，就容易产生填埋气释放的优势流，导致漏洞处填埋气的释放速率较大。因此需采用 0.5mm 以上且不易产生缺陷的土工膜。土工膜覆盖使得填埋气的竖向运移得到抑制，侧向运移却因为膜下浓度聚集而增强，因此需要注意日覆盖中填埋气的侧向泄漏。

中间覆盖是指垃圾填埋场短期（通常为一年及更长时间内）不进行垃圾填埋而进行的暂时性覆盖。与日覆盖相同，早期的中间覆盖也是采用土质覆盖，《生活垃圾卫生填埋技术规范》规定，填埋场中间覆盖若采取土质覆盖，其厚度宜大于 30cm。由于使用土质中间覆盖成本较大，同时使用土质覆盖占用大量库存，残留在堆体中易形成低渗透性层，不利于渗滤液导排。后期采用渗透性较低的土工膜代替土质覆盖进行中间覆盖。但一些研究表明，挥发性有机物可通过扩散通过土工膜释放到大气中。因此目前采用厚 1mm 以上的 HDPE 土工膜进行中间覆盖，并在膜下铺设保护层和水平集气管。

9.5.2　终场覆盖

终场覆盖层随着固废堆场的出现而出现，迄今已有 40 多年的发展历史（图 9-19）

255

（Benson，1999）。从最初的简易覆土→压实黏土覆盖层→土工膜和压实黏土组成的复合覆盖层→在防渗层上设置砂砾排水层→利用土工膜和土工合成材料黏土垫替代压实黏土，利用土工排水网代替砂砾排水层→基于水分储存-释放的原理的土质覆盖层（alternative earthen final covers，AEFCs）。《生活垃圾卫生填埋技术规范》中建议采用的覆盖层属于第三—四个发展阶段。填埋场土质覆盖系统的主要作用是阻止和减少雨水的入渗，抑制填埋气释放到大气中污染空气。当雨水进入垃圾体时，填埋场渗滤液增加，可能使垃圾堆体失稳，也增加了底部衬垫的水头压力，加速污染物通过底部衬垫渗漏与扩散。为了有效地抑制填埋气释放到大气中，覆盖层下铺设气体扩散层和集气管，将填埋气收集起来，并进行处理和回收利用，减少对大气的污染，同时利用填埋气产生能量。

图9-19　北美地区覆盖层的发展史（Benson，1999）

最初的封场覆盖系统简单地采用一层压实土层。希望利用压实黏土层的低渗透性减少降水入渗，但是当黏土层在含水量较低，以及经历干湿循环和冻融循环后，会产生裂隙，防渗性能不能满足要求。之后发展到在压实黏土层上铺设一层土工膜或土工合成材料黏土垫。

GB 51220—2017《生活垃圾卫生填埋场封场技术规范》和CJJ 176—2012《生活垃圾卫生填埋场岩土工程技术规范》中建议采用的封场覆盖系统的结构形式如图9-20所示，由垃圾堆体表面至顶表面应依次分为排气层、防渗层、排水层、绿化土层。

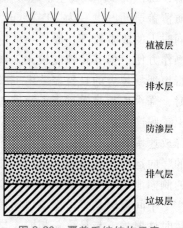

图9-20　覆盖系统结构示意
（引自 GB 51220—2017）

9.5.3　排液和排气的设施

1. 排液、检测系统

汇集于集液层的沥滤液需定时排除，检漏层的渗液需定时检查。为此要设置必要的设施，一般要求为：

1）检测系统必须设在垃圾堆积区的最低高程处，要装置测渗计和竖管。

2）为防止集液层中集液管被铁质、碳酸盐或结垢物质所堵塞，最好设置清洗管，如图9-21所示，采用高压水冲，有时加入一些弱盐酸。

3）集液管等的尺寸应根据水量平衡计算确定。

4）防渗衬垫上的沥滤液壅高水头不得大于30cm。

5）集液管材料要耐化学和生物破坏，管外包以反滤材料，如土工织物。

从集液层排出沥滤液一般要设置竖管，从集液层向上延伸穿过封盖达于地面，如图9-22

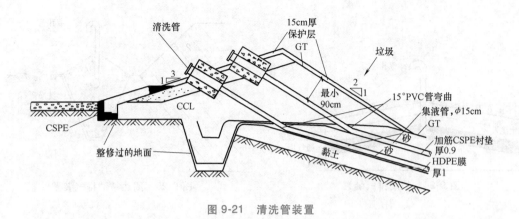

图 9-21　清洗管装置

所示。在设置竖管或竖井时要注意一个问题，由于垃圾压缩沉降量大，对管或井表面产生向下的负摩擦力。为大幅度消除该附加荷载，可在井、管外包以低摩阻材料，也可以铺设斜管来解决这一问题，如图 9-23 所示。

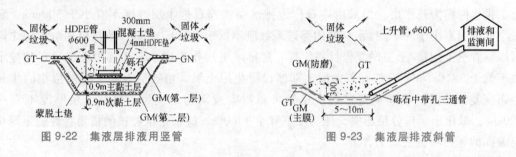

图 9-22　集液层排液用竖管　　　　　　图 9-23　集液层排液斜管

　　从双层衬垫间的检漏层排出和检验沥滤液也是需要的。通常用的是直径为 100～150mm 的斜管，位于两层土工膜之间并延伸到小集液坑中。靠置于管内的小泵提取沥滤液。

　　测量集液深度有多种方法，如直接测集液坑内液体深度，或竖管、斜管内的液体高程。所取液样供必要的化学分析，既可判别主土工膜有无渗漏，又可了解沥滤液所含成分。

　　2. 排气设施

　　由废料坑产生的甲烷如不正确处置，会引起爆炸和其他事故。美国环境保护局（EPA）对空气中的甲烷含量规定了起爆限度（explosion limit），认为当空气中的甲烷体积分数为 5%～15% 时会引起爆炸，前者为爆炸下限（LEL），后者为爆炸上限（UEL）。当其体积分数超过 15%，虽然不会起爆，但会引起火灾和令人窒息。故排气设施应能测定甲烷含量是否超过了起爆下限。排出的甲烷还可作为能源，用于发电、照明、燃烧锅炉等。

　　排气系统可分为被动排气和主动排气。

　　1）被动排气装置是利用垃圾坑中产生气体的浓度和梯度驱动气体流动，如图 9-24 所示。它利用沟槽、排气井或带孔管，周围填以粗粒料，将产生的气体从通气层引到封盖之上。通气层也可用土工复合排水网。排气孔的典型间距为 30～45m。如果地质条件不妨碍气体的横向移动，则可以采用周边排气，如图 9-25 所示。其典型间距可为 15m。被动装置容易遇到的问题是通气管中易于积垢，堵塞通道，也会有生物破坏。

　　2）主动排气装置用于被动装置难以奏效的场合。它依靠机械设备产出正压或负压，迫使气体运动，可以是竖向的或是横向的。机械设备的真空泵或鼓风机连接于排气管的出口端。

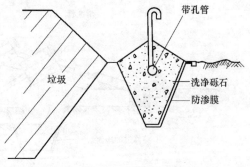

图 9-24　被动排气装置　　　　　图 9-25　周边被动排气装置

9.5.4　对排水层、排气层和防渗层的要求

1. 排水层

应选用导水性能好的材料，垃圾堆体顶部宜选用碎石作为排水层，堆体边坡宜选用复合土工排水网作为排水层。当采用碎石作为排水层，碎石排水层厚度不宜小于 300mm，底部最小坡度应不小于 4%，排水材料的渗透系数应不低于 1×10^{-2} cm/s。植被层和防渗层之间也可以设置土工织物/土工网复合材料代替天然排水土层作为排水层，其中土工材料的导水系数不低于 3×10^{-5} m^2/s。应在覆盖层上部铺设绿化用土层，植被层有助于天然植物的生长和生态恢复，以保护填埋场覆盖系统免受风霜雨雪或动物的侵害。植被土层厚度不宜小于 500mm。绿化土层应分层压实，压实度不宜小于 80%。应根据拟种植的植物特性确定绿化土层表面的施肥和翻根施工方法。

2. 排气层

对于排气层，未用土覆盖的垃圾堆体宜选择连续排气层，全场已覆盖土层的垃圾堆体可以选择排气盲沟。排气层和排气盲沟应与垂直导气井连接。排气层可采用碎石等颗粒材料或导气性较好的土工网状材料。垃圾堆体边坡宜采用土工网状材料作为排气层。排气层如采用碎石等颗粒材料，其厚度不宜小于 300mm，粒径宜为 20~40mm，且在碎石上面应铺设规格不小于 300g/m^2 的土工滤网。同时，在碎石与其下垃圾之间应铺一层孔径小于碎石最小粒径的土工滤网，规格宜为 200g/m^2。当排气层采用土工网状材料时，其厚度不宜小于 5mm，网状材料上下应铺设土工滤网，防止颗粒物进入排气层。排气层设置在防渗层下，用来汇集垃圾堆体表面散发的气体，以减少垃圾堆体封闭后产生的填埋气体对防渗层的顶托，有效地将填埋气体通过收集管路导出，同时给封场覆盖系统提供稳定的工作面和支撑面，使得防渗层可以在其上铺设。

3. 防渗层

防渗层是填埋场复合覆盖层系统的关键部分。防渗层可以通过直接的阻挡降水入渗和间接地提高上覆土层的排水或储水能力来最大限度地防止地表水渗入。此外，防渗层还能阻止填埋场产生的填埋气释放到大气中。GB 51220—2017《生活垃圾卫生填埋场封场技术规范》的规定，防渗层可选用人工合成防渗材料或天然黏土。土工膜作为主要的防渗层，首先应具有良好的抗拉强度或不均匀沉降能力，其渗透系数应小于 1×10^{-12} cm/s。其次应具有良好的抗老化性能，使用寿命应大于 30 年。可选用高密度聚乙烯或线性低密度聚乙烯土工膜，厚度宜为 1~1.5mm。土工膜上下部应设置保护层，防止土工膜遭到破坏，上下保护层可以选择压实黏土，压实黏土的厚度不宜小于 300mm，压实度不宜小于 85%，渗透系数不宜大于 1×10^{-5}cm/s。上保护层可选择土工复合排水网，复合土工排水网厚度不宜小于 5mm，网格孔径应小于上部排水层碎石的最小粒径。边坡上宜采用双糙面土工膜，并应在边坡平台上设土工膜锚固沟。压实黏土作为主防渗层时，其厚度不宜小于 300mm，应进行分层压实，顶部压实度不宜小于 90%，边坡压实度不宜小于 85%。黏土层的渗透系数应小于 1×10^{-7}cm/s，同时黏土层表面应平整、光滑。

近年来的填埋场终场覆盖中，GCL 常被用来代替防渗层中的压实黏土层。相比传统的压实黏土层，GCL 的优势在于其较薄的厚度，能够承受较大程度的沉降，易于安装和成本低。同时对于干缩裂缝，GCL 具有很好的自我愈合能力。当 GCL 的含水量在 10%~150% 时，氧气通过 GCL 的扩散系数范围为 $1\times(10^{-6}\sim10^{-11})$ m^2/s。在同样含水率情况下，其气体渗透系数的范围为 $9\times10^{-7}\sim1\times10^{-13}$m/s。

Xie 等（2016）通过解析解模型对比了不同结构的防渗层对于填埋场中挥发性有机物释放的抑制作用，结果表明复覆盖层对挥发性有机物释放的抑制作用比单层黏土层的效果要好。相比 1.5mm 土工膜+20cm 压实黏土，1.5mm 土工膜+GCL 对于挥发性有机物释放的抑制作用最好。

除了上述提到的复合终场覆盖系统，国内外学者提出了基于水分储存-释放型的毛细阻滞型土质覆盖系统（Stormont 和 Morris，1998；Ng 等，2015）。毛细阻滞覆盖层是利用粗、细土层之间的毛细阻滞作用，提高覆盖层的储水能力或侧向导排能力，从而减少底部渗漏和填埋气逸散的封场覆盖结构。当降水量较小时，覆盖系统比较干燥，下部粗粒土的渗透性小于上部细粒土，入渗的雨水将不会流入下部粗粒土中，而会存储在上部细粒土中。降水结束后，储存的水分通过顶部蒸发或者蒸腾作用排出覆盖系统。细粒土层与粗粒土层之间存在毛细阻滞作用，上覆细粒土含水量的提高会导致填埋气的运移通道减少，进而降低填埋气的排放量。

干旱及半干旱地区的毛细阻滞覆盖层从上至下依次应为：植被层，其厚度应不小于 15cm；储水层，应采用性能良好的粉土、粉质黏土、细砂或再生细粒料等，其压实度应不低于 85%，厚度宜为 50~150cm；导气层，应采用导气性良好的粗砂、碎石或再生骨料，厚度宜为 20~30cm。储水层与导气层之间应铺设一层无纺土工织物，对细粒土和粗粒土起到隔离作用。

湿润气候区的毛细阻滞型覆盖层结构由于在导排层下加设了低渗透层，当水分突破储水层底部的毛细阻滞作用进入导排层时，大多数水分会沿着导排层向坡底运动，而较少进入低渗透性层中，从而使得进入垃圾体的水分大大减小，在湿润地区也能实现良好的防渗功能。湿润地区采用的毛细阻滞覆盖层结构从上到下依次为：植被层，厚度不小于 15cm；储水层，应采用储水性能良好的粉土、粉质黏土或再生细粒料等，压实度应不低于 90%，厚度应不小于 60cm；导排层，应采用导水性能良好的粗砂、碎石或再生粗骨料等，厚度宜为 20~40cm；低渗透性层，应采用渗透性能较低的压实黏土，压实度应不低于 90%，渗透系数应小于 1×10^{-7}m/s；导气层，应采用导气性能良好的粗砂、碎石等，厚度宜为 20~30cm。储水层与导排层、低渗透压实黏土层与导气层之间应铺设无纺土工织物。

9.6　土工合成材料在垃圾填埋场的应用设计

本节以美国环保局的规范为例，对有害或无害固体垃圾给出填埋场的一些设计方法。垃圾填埋场的设计全面地应用了土工合成材料排水反滤、加筋和防渗的知识并有所补充和发展。

9.6.1　场址选择

各个城市所处地理位置和环境不同，场址各异，一般城市可以利用郊区山谷或洼地填埋，沿海城市则借洼地或在围垦区处置。

场址选择由许多因素决定，主要有环境因素、经济因素和社会因素三个方面。社会因素包括当地居民是否接受，地下是否埋藏有文物古迹等。工程地质和水文地质条件应属于环境因素。如果地基中有岩溶、落水洞和孔穴或其他的不稳定土或基岩，它们会导致渗滤液处理系统的破坏，不可选定为场址。可选做场址的条件如下：

1）当地的地形、地质和地下水条件适合于设计、建造和运行废料场，建废料场对环境影响最小。

2）地基土和岩石中地下水的流动规律与变化都十分清楚，如果废料坑发生泄漏时，污染物的运动规律可以掌握。

3）便于设置观测点，保证可以检测污染液，出现事故时可以了解污染液的动态。

4）如果出现事故，污染液有地方容纳，并能及时采取补救措施。

由上述条件可以看出，从工程角度选址主要着眼于当地地形地质能保证渗滤液安全封存，有可靠的检测系统掌握设施的工作状态，以及系统如果遭破坏，有可靠的应急补救措施。此外，选址还应考虑：①地下水深度，希望坑底距地下水位较远；②降水条件，以雨水较少的地方为佳，做好地面排水，尽量减少入渗；③当地地震烈度，应考虑地震对系统的影响；④有害与放射性废料，应考虑对周围环境的影响和有无有效防护条件等。

9.6.2　坑底坡度和垃圾堆填方式

无论是集液层或检漏层均有排液和取液样的要求，必须让渗滤液汇集于废料场坑底，故坑底应建成一定坡度，以便废液在重力下能汇流至最低处排除。否则，渗滤液将留于其他局部坑洼处，使防渗层（多为土工膜）上长期有高水头液体作用，甚至超过 EPA 规定的 30cm，最终有可能渗过防渗层，污染地下水。

一般场地，垃圾坑坑底沉降稳定后的坑底坡度应不缓于 2%。如果场地很大，要求单一的底坡，可能要损失填埋空间，可以考虑其他的形式。如将坑底整成枝杈形的地形，各支管的沥滤液汇流至主管，主管汇集到最低点的集液井。集液井与排液管（一般竖直方向穿过填埋垃圾直达地面）连接，即可将渗滤液排除或取样。

垃圾一般采取分格堆放。格室大小取决于垃圾来量，通常要求每天堆完后在表面填约 15cm 薄土层并压实，目的在于防止废纸飞扬，减少排气和防止地面水入渗。堆放坡度约 1∶3（垂直∶水平），每层填放厚度约 0.6m，以便于压实。底层废料中应剔除巨粒料和带棱角的物质，以防破坏下卧的防渗衬垫。如果相邻格室连成了整片，且有可能要外露一个月以上，在这样的层面上应该铺上 30cm 的土并压实，目的是防冲。注意坑底也应该做成一定坡度。

9.6.3　衬垫材料

垃圾场采用的衬垫材料主要有土工合成材料的土工膜和土工合成材料黏土垫及传统的压实黏土层。

9.6.4　填埋场设计

以下主要介绍几种简化但仍精确的设计方法，包括美国 EPA HELP 模型分析、填埋场侧面排水、填埋场排气、坡体稳定、GT 过滤设计、通过复合隔离层的渗漏、土工膜保护等。这些设计方法和更新可从美国 Advanced Geotech Systems 公司创办的网站（www. Landfilldesign. com）上查找。

1. 垃圾场的沉降估算

沉降的原因：垃圾场松散体在自重、渗流、振动和封盖系统重量下压缩；在较高温度、高含水量、压实差和高有机物含量等条件下，垃圾场因生物分解和化学作用发生体积变化；部分物质溶解；坑底软土沉降等。

严格讲，为细粒土建立的计算方法并不适用于垃圾堆的沉降计算，因为从垃圾堆中采取试样做室内压缩试验，取得计算指标相当困难，应该通过现场观测，研究适用于垃圾场的计算模型。但为了初步估算，仍采用传统方法。计算指标应由现场试验，或由长期观测的统计值提供。

（1）固结沉降　垃圾自重引起的沉降按下式计算

$$S_c = m_v \sigma_v H \tag{9-3}$$

或

$$S_c = \frac{C_c}{1+e_0} H \lg\left(\frac{p_2}{p_1}\right) \tag{9-4}$$

式中　m_v——垃圾的体积压缩系数，kPa^{-1}；

$\quad\quad C_c$——垃圾的体积压缩指数，C_c 值的变化范围大致在 0.17~0.36；

$\quad\quad H$——垃圾厚度，m；

$\quad\quad e_0$——初始孔隙比；

$\quad\quad \sigma_v$——垃圾重引起的平均压力，取 $\sigma_v = 1/2\gamma_L H$，kPa；

$\quad\quad \gamma_L$——垃圾重度，应现场实测，kN/m^3；

p_1、p_2——最终压力和初始压力，kPa。

（2）长期沉降（次固结）　根据垃圾坑现场观测资料，在其完成主固结（实际称为主压缩，因一般垃圾并不饱和）后，长期沉降曲线（时间为对数坐标）一般是沉降随时间近似为直线，形状相似于饱和土的次压缩，故长期沉降可用类似于次压缩沉降公式计算

$$S_c = \frac{C_a}{1+e_0} H \lg\left(\frac{t}{t_c}\right) \tag{9-5}$$

式中　C_a——次压缩指数，即一个对数时间周期内孔隙比的变化；

t_c、t——完成主固结和计算次压缩的时间。

C_a 平均值可取 0.2（变化值为 0.32~0.13）。有资料认为，在大约 10 年时间后，C_a 将接近一个常量，为 0.01~0.02。

2. 稳定性评估

垃圾坑的稳定性分析要求对各系统进行安全评估，通常包括坑边坡稳定性、衬垫系统稳定性、垃圾堆积体稳定性。

（1）坑边坡稳定性 指垃圾坑天然土坡的稳定性。按极限平衡原理，采用传统的圆弧滑动和楔体滑动法分析，分析中采用天然土的抗剪强度指标。

（2）衬垫系统稳定性 衬垫系统不论是单层的或双层的土工膜，当其延伸至地面时，都要求在坡顶挖沟锚固，锚沟用土回填，一般不用混凝土，故土工膜沿坡面滑动的情况较少出现。衬垫土工膜的失稳可能因强度不足被拉断，或因拉力过大被拔出的形式出现。

（3）垃圾堆积体稳定性 堆积体在自重下有可能引起失稳。失稳的可能形式如图 9-26 所示。内部破坏是堆积体本身强度不足导致的。据报道，曾有多处垃圾场发生过此类破坏。衬垫以上楔体破坏是在多层衬垫系统中各材料界面上摩擦强度不足，在土工膜以上某层面发生滑移的结果。如垃圾与土工膜、土工膜与击实黏土，或土工膜与土工网之间的剪切破坏。如果破坏发生在土工膜的下面，则涉及土工膜本身的破坏问题，可能情况有土工膜被拔出（图 9-26c），或土工膜被拉断（图 9-26d）。

采用滑楔法来分析图 9-26d 所示的情况。滑动体形式如图 9-27 所示。图中两楔块原为一体，为分析方便，将其脱离。右图为主动块，其上作用力系有：自重 W_1；土工膜拉力 T_L，$T_L = \sigma_y t$，其中 σ_y 为土工膜屈服拉应力（HDPE 膜 $\sigma_y \approx 19.3\text{MPa}$），$t$ 为膜厚度；以上二者均为已知。反力 F_1 方向已知（δ_1 为土工膜与土的界面摩擦角），大小未知；垂直面上的内力 E_1 假设其作用方向平行于垃圾面，大小未知。左图为被动楔，作用力 W_2 已知；反力 F_2 方向已知，大小未知；内力 E_2 与主动楔上的 E_1 大小相等，方向相反。

验算时，可以先绘制被动楔的力多边形，确定出 E_2，由于 $E_1 = -E_2$，将其作于主动楔，

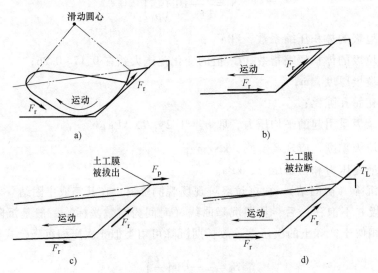

图 9-26 堆积体可能的失稳形式

a）内部破坏 b）衬垫以上楔体破坏 c）土工膜被拔出 d）土工膜被拉断

同样绘制力多边形图。如该图闭合，表明土工膜的强度安全系数 $F_s=1$。如不闭合，则可假设一个安全系数 F_{s1}，令 $\delta_1'=\delta_1/F_{s1}$ 和 $\delta_2'=\delta_2/F_{s1}$，重复上述步骤，看主动楔的力多边形是否闭合，如仍不闭合，则再假设该一个 F_{s2}，直至闭合为止。最后能使力多边形闭合的安全系数即土工膜的安全系数。

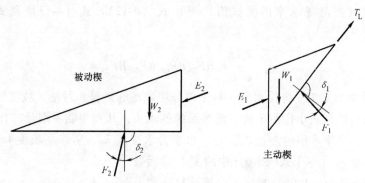

图 9-27　垃圾堆积体稳定分析法说明

3. 填埋场排水系统设计

现代填埋场中的排水系统必须发挥以下一种或几种作用：

1）降低作用于其下防渗层的水头。最低要求是作用于衬垫层中第一层膜的最大压力水头小于 30cm。

2）确保坡体稳定。特别是入渗雨水或沥滤液均可在排水层中无压横向排泄，不在其上封盖土层或底部垫层中产生向坡下的渗流，要避免渗透力作用。

土工合成材料排水设计，可以使用的公式为式（4-12）~式（4-14），其中土工网和土工复合排水网的折减系数参见表 4-2 和表 4-3。

（1）封盖层边坡土工复合排水网　填埋场的封盖层目前普遍采用 3：1 或 4：1（水平：垂直）的顶面坡度，排水层的目的是将封盖土中的降雨渗水导走，避免在封盖土层中产生向下的渗流，减小作用在其下防渗系统上的孔隙水压力，以提高封盖土层的稳定。

设计时应考虑植被土层饱和，不计表面径流层厚度。在饱和状态下，进入土工复合排水网的渗透水流量比较容易确定，水在向下单位水力梯度下流动，其渗流速度等于植被层的水力渗透系数，如图 9-28 所示。

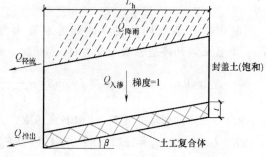

图 9-28　填埋场封盖中水的渗流和复合土工合成材料

应用达西定律，渗入复合排水体的流量为

$$q_{in} = k_s i A = k_s \cdot 1 \cdot L_h \cdot 1 = k_s L_h \quad (9\text{-}6)$$

从坡趾处排出复合排水体的水量为

$$q_{out} = k_g \cdot i_g \cdot A = k_g \cdot \sin\beta \cdot t \cdot 1 = \theta_r \sin\beta \quad (9\text{-}7)$$

式中　k_s、k_g——土、土工复合排水网的渗透系数，m／s；

L_{h}——土工复合排水网排水方向的水平距离，m。

令进入复合排水体的流量等于排出的流量，可求得土工复合体所需的导水率为

$$\theta_{\mathrm{r}} = \frac{k_{\mathrm{s}} L_{\mathrm{h}}}{\sin\beta} \tag{9-8}$$

极限导水率（产品导水率的测试值）可由式（4-12）、式（4-13）和式（9-8）计算得到

$$\theta_{\mathrm{u}} = \frac{k_{\mathrm{s}} L_{\mathrm{h}}}{\sin\beta} F_{\mathrm{s}} RF_{\mathrm{IN}} RF_{\mathrm{CR}} RF_{\mathrm{CC}} RF_{\mathrm{BC}} \tag{9-9}$$

（2）缓边坡中的土工复合排水网 对于部分填埋场的封盖和衬垫，坡度为 5%~8% 的缓坡，排水设计的目的是减小作用于其下防渗系统的水头，从而限制渗漏量。作用于防渗系统上的最大水头 $t_{\max}$ 是排水层的渗透系数 k_{g}、水平排水距离 L_{h}、防渗层坡度 $\tan\beta$ 和进入横向排水层垂直入渗量 q_{h} ［等于式（9-6）中的 k_{s}］的函数。

Giroud 和 Houlihan（1995）提出 $t_{\max}$ 简化算法如下

$$t_{\max} = j \frac{\sqrt{\tan^2\beta + 4q_{\mathrm{h}}/k_{\mathrm{g}}} - \tan\beta}{2\cos\beta} L_{\mathrm{h}} \tag{9-10}$$

式中 j——修正系数（变化范围为 0.88~1.00），其定义如下

$$j = 1 - 0.12\exp\left\{ -\left[\lg\left(\frac{8q_{\mathrm{h}}/k_{\mathrm{g}}}{5\tan^2\beta} \right)^{5/8} \right]^2 \right\} \tag{9-11}$$

对于土工网，$t_{\max}$ 变得很小，且可简化为下式

$$t_{\max} = \frac{q_{\mathrm{h}} L_{\mathrm{h}}}{k_{\mathrm{g}} \sin\beta} \tag{9-12}$$

将 $q_{\mathrm{h}} = k_{\mathrm{s}}$ 代入上式，根据导水率定义有 $\theta_{\mathrm{r}} = k_{\mathrm{g}} t_{\max}$，可见式（9-12）和式（9-8）相同。土工复合排水网的极限导水率仍由式（4-12）和式（4-13）结合安全系数和折减系数获得。

[例 9-1] 某垃圾填埋场的封盖层坡比为 4:1（水平:垂直），坡面的水平长度为 65m，封盖土层的渗透系数为 $2.5\times10^{-6}\mathrm{cm/s}$。试求防渗层上土工复合排水网的极限导水率。

解：复合排水体的水力梯度 $i = \sin\beta = \dfrac{1}{\sqrt{1^2 + 4^2}} = 0.24$

取 $F_{\mathrm{s}} = 2.5$，根据表 4-2，选取折减系数

$RE_{\mathrm{IN}} = 1.1$，$RF_{\mathrm{CR}} = 1.25$，$RF_{\mathrm{CC}} = 1.1$，$RF_{\mathrm{BC}} = 1.35$

代入式（9-9）得

$$\theta_{\mathrm{u}} = \frac{2.5\times10^{-8}\times65}{0.24} \times 2.5\times1.1\times1.25\times1.1\times1.35\mathrm{m^2/s} = 3.4\times10^{-5}\mathrm{m^2/s}$$

从土工复合排水网的产品样本可计算出不同压力下排水体的厚度和不同水力梯度下的导水率，参见表 9-7。根据计算得到的 θ_{u}，再考虑排水体的水力梯度 $i = \sin\beta$ 和实际上覆压力选用。

表 9-7　某排水网复合体不同压力下的厚度和不同水力梯度下的导水率

上覆压力 p /kPa	厚度 t /mm	导水率 $\theta/(10^{-3}\mathrm{m^2/s})$		
		$i=1.0$	$i=0.5$	$i=0.1$
20	7.5	1.9	1.3	0.5
200	7.0	1.7	1.0	0.4
500	6.0	1.3	0.8	0.3

4. 通过复合衬垫的渗漏量

复合衬垫是由两部分组成的系统，上部分为土工膜，下部分为 CCL 或 GCL，复合衬垫利用了两种合成材料的优点，土工膜作为第一隔离层，CCL 或 GCL 用来封闭土工膜或接缝的孔洞。由美国 EPA 资助的双层衬垫填埋场渗漏量现场评价工作表明，GM/GCL 复合衬垫优于 GM/CCL 衬垫（Othman 等，1998）。与通过土工膜上孔洞的渗漏量相比，通过复合衬垫土工膜本身的渗透量可以忽略，此时只考虑通过孔洞的渗漏量。

如果土工膜上有孔洞，液体首先通过孔洞，继之在土工膜和低透水土之间的缝隙中分散流动一定距离，最后透过低渗透土，如图 9-29 所示，在 GM 和低渗透土之间的流动称为界面流，由界面流覆盖的区域称为湿化区（Giroud，1997）。

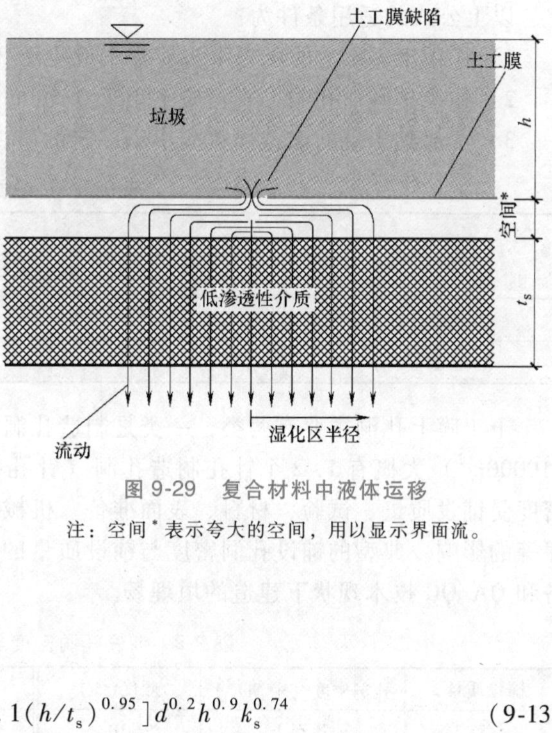

通过复合衬垫的流量与两种材料之间的接触质量有很大关系。接触良好指土工膜铺设得皱折尽可能少，其下低渗透土层充分压实且表面光滑；接触不良指土工膜铺设得有大量皱折，且（或）置于其下的低渗透土未很好压实，并且表面不光滑。

复合衬垫上土工膜孔洞形状不同时，通过的渗漏量计算公式如下

图 9-29　复合材料中液体运移

注：空间*表示夸大的空间，用以显示界面流。

1）直径为 d 的圆形孔洞

$$\frac{Q}{A}=0.976nC_{q0}\left[1+0.1(h/t_s)^{0.95}\right]d^{0.2}h^{0.9}k_s^{0.74} \tag{9-13}$$

2）边长为 b 的正方形孔洞

$$\frac{Q}{A}=nC_{q0}\left[1+0.1(h/t_s)^{0.95}\right]b^{0.2}h^{0.9}k_s^{0.74} \tag{9-14}$$

3）宽为 b，长度不定的孔洞

$$\frac{Q}{A}=nC_{q0}\left[1+0.2(h/t_s)^{0.95}\right]b^{0.1}h^{0.45}k_s^{0.87} \tag{9-15}$$

4）宽为 b，长为 B 的矩形孔洞

$$\frac{Q}{A} = nC_{q0}\left[1+0.1\left(h/t_s\right)^{0.95}\right]b^{0.2}h^{0.9}k_s^{0.74} + \tag{9-16}$$

$$nC_{qw}\left[1+0.2\left(h/t_s\right)^{0.95}\right]\left(B-b\right)^{0.1}h^{0.45}k_s^{0.87}$$

式中　Q——渗漏量，m^3/s；

A——考虑的土工膜面积，m^2；

n——土工膜上孔洞数；

C_{q0}、C_{qw}——接触质量系数，由表 9-8 确定；

k_s——复合衬垫中低渗透土的渗透系数，cm/s；

t_s——复合衬垫中低渗透土的厚度，m；

h——作用于土工膜上的水头，m；

d——圆形孔洞直径，m；

b——孔洞宽度，m；

B——矩形孔洞长度，m。

以上公式的适用条件为：

1）作用于 GM 上的压力水头应等于或小于 3m。

2）如果是圆形孔洞，直径应不小于 0.5mm 且不大于 25mm。

3）下部黏土层的渗透导数应小于一定的值，如小于 10^{-4} cm/s。

表 9-8　接触质量系数

接触情况	接触质量系数	
	C_{q0}（圆形、方形、矩形）	C_{qw}（长度不定）
接触良好	0.21	0.52
接触不良	1.15	1.22

土工膜上孔洞主要有两类，一类是制造孔洞，另一是铺设孔洞。代表性的土工膜每公顷（10000m^2）大概有 1~2 个针孔制造孔洞（针孔指直径等于或小于膜厚的孔洞）。铺设孔洞密度受铺设质量、试验、材料、表面准备、机械装备和 QA/QC（质量保证和质量控制）程序等的影响。典型的铺设孔洞密度与铺设质量的关系列于表 9-9，适用于目前材料、机械装备和 QA/QC 技术现状下建造的填埋场。

表 9-9　铺设孔洞密度与铺设质量的关系

铺设质量	孔洞密度/（个/hm^2）	频度（%）	铺设质量	孔洞密度/（个/hm^2）	频度（%）
优	达到 1	10	一般	4~10	40
好	1~4	40	差	10~20[①]	10

① 高密度孔洞的报道见于过去填埋场缺乏铺设经验和材料较差时，现已比较少见。

Giroud 和 Bonaparte（1989）研究指出，在严格的建造质量保证下铺设土工膜衬垫，每英亩（4000m^2）只有 1~2 个直径 2mm 的代表性孔洞（孔洞面积为 $3.14×10^{-6}m^2$）；对代表性衬垫性能评价，每公顷范围考虑面积为 0.1cm^2（相当于直径为 3.5mm）的一个孔洞，保守设计时，考虑面积为 1cm^2（相当于直径为 11mm）的一个孔洞（Giroud 等，1994）。

5. 填埋场封盖坡体稳定

在封盖系统中（图 9-30），常将集液层或保护层置于 GM、GCL 或 CCL 层上，因此倾斜的封盖系统存在稳定的问题。同样，衬垫系统（图 9-28）也存在稳定的问题。如集液层由于重力向下的分力大于界面上的剪切阻力时，则衬垫（封盖）失稳下滑，甚至拉断土工合成材料或从锚沟中拉出等。

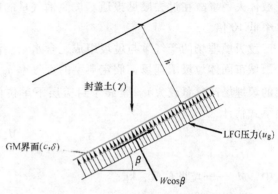

因为土工合成材料和封盖土的抗剪强度往往小于土的抗剪强度，故系统极限平衡安全系数 F_s 的校核主要发生在交界面上。如果所得 $F_s<1.0$ 或不满足设计要求，则要考虑加筋措施，常用 GG 或高强 GT 作为筋材，独立锚固于 GM 上。关于 F_s，

图 9-30　衍生气体压力作用下坡体的稳定

如果是填埋场垫层集液层土体，由于固体垃圾在坡脚提供一定的反压效应，故可选择较小的值；如果是封盖土体，由于要维持填埋场长达几十年的使用期限，则应选择较大的值。

对于多层衬垫系统，通过适当地选择土工合成材料可使界面之间保持稳定。如有纹理的 GM 和无纺针刺 GT 之间的摩擦角超过 20°，将复合排水体的 GN 通过热黏法与 GT 结合也能在较陡的坡面下保持稳定。那么关键的界面就只有上界面（和顶部土）和下界面（和黏土垫层），计算固定滑动面上的抗滑力和滑动力即可得到 F_s。比较复杂的情况有两种，一是孔隙水压力对隔水层上界面稳定的影响，二是垃圾产生的气体压力对隔气层下界面稳定的影响，孔隙水压和气压均使界面有效应力减小，从而减小了封盖的滑动稳定性。

（1）渗透压力和孔隙水压力的影响　封盖土饱和并有沿坡面向下的渗流时，作用于封盖土层上的渗透力为

$$F_{seep} = \gamma_w h \sin\beta \tag{9-17}$$

式中　β——坡角，（°）；

h——封盖土铅直方向的厚度，m；

γ_w——水的重度，kN/m³。

则坡体稳定安全系数为

$$F_s = \frac{\gamma' h \cos\beta \tan\delta}{\gamma' h \sin\beta + \gamma_w h \sin\beta} = \frac{\gamma' \tan\delta}{\gamma_{sat} \tan\beta} = 0.5 \frac{\tan\delta}{\tan\beta} \tag{9-18}$$

式中　δ——土工复合排水网与土或与下面 GM 之间界面摩擦角的较小值；

γ'、γ_{sat}——坡面土体的浮重度和饱和重度，一般 γ' 近似等于 $0.5\gamma_{sat}$。

当土工复合排水网有足够排水能力时，沿坡面的渗透力可忽略，则安全系数 F_s 变为

$$F_s = \frac{\tan\delta}{\tan\beta} \tag{9-19}$$

对一般 4∶1（水平∶垂直）的边坡，如取 $F_s = 1.5$，在忽略渗透力时，计算得 δ 为 20.5°，这是容易达到的，如考虑渗透力，计算得 δ 为 36.9°，这就很难达到，这就说明了提高和维护复合排水体排水能力的重要性。

（2）气体压力对封盖稳定性的影响　部分垃圾在生物降解过程会产生衍生气体。封盖系统衬垫下的气压减小了衬垫之下的有效法向应力，可能在土工膜和其下补充防渗层界面上产生滑动，或者当气压大于封盖土层自重压力时，封盖土层失稳。由排气层不足造成的封盖

267

层坡体失稳事故在过去屡见报道。按照输气量的内在渗透性理论，多孔介质中导气率约比导水率低 10 倍。

垃圾填埋场的产气量与垃圾组成、含水量、温度、时间等有关。对于没有循环沥滤液的分层城市固体垃圾填埋场，假定典型的产气率 q_{gas} 为 $6.24 \times 10^{-3} \mathrm{m^3/(kg \cdot 年)}$（有循环沥滤液的填埋场产气量较大）。紧靠于封盖层下单位面积的气体流量 Q_{gas} $[\mathrm{m^3/(m^2 \cdot 年)}]$ 可用下式估计

$$Q_{gas} = \frac{M_w q_{gas}}{A} \tag{9-20}$$

式中　M_w——垃圾总量，kg；

　　　　A——封盖层面积，$\mathrm{m^2}$。

假定流体为层流，符合达西定律。由此得片状集气层产生的最大气体压力 u_{max} 定义为

$$u_{max} = \frac{Q_{gas} \gamma_{gas}}{\theta_r} \frac{L^2}{8} \tag{9-21}$$

式中　γ_{gas}——衍生气体的重度，$\mathrm{N/m^3}$，可取 $12.8 \mathrm{N/m^3}$；

　　　　θ_r——导气率，$\mathrm{m^2/s}$；

　　　　L——集气层气体最大流径，m。

如果封盖隔离层下许可的最大气体压力已知，则所需导气率的计算就可得到简化。例如，典型填埋场边坡基于稳定考虑时隔离层下的气体压力要求在 100mm 压力水头以下，则所需的导气率 θ_r 为

$$\theta_r = \frac{Q_{gas} \gamma_{gas}}{u_{max}} \frac{L^2}{8} \tag{9-22}$$

尽管衍生气体的密度大于空气的密度（$1.2 \mathrm{kg/m^3}$），但气体的运移仍取决于气体压力梯度而非重力。则"L"既可以是垂直于土坡向上，也可以是沿坡体水平向。

土工复合体的输气能力可在实验室由气体流动试验确定，但能进行这些试验的实验室很少。相同传导介质的导气率和导水率的关系见式（9-23）。常见流体和气体的内在渗透性参数列于表 9-10

$$\theta = \frac{\mu_{LFG}}{\mu_w} \frac{\gamma_w}{\gamma_{LFG}} \theta_{LFG} \tag{9-23}$$

式中　θ——导水率，$\mathrm{m^2/s}$；

　　θ_{LFG}——衍生气体的导气率，$\mathrm{m^2/s}$；

　　μ_{LFG}——衍生气体的动力黏滞系数，$\mathrm{N \cdot s/m^2}$；

　　μ_w——水的动力黏滞系数，$\mathrm{N \cdot s/m^2}$；

　　γ_{LFG}——衍生气体的重度，$\mathrm{kN/m^3}$；

　　γ_w——水的重度，$\mathrm{kN/m^3}$。

衍生气体含 55% 的 CO_2 和 45% 的 CH_4。由图 9-30 可导出受衍生气体压力作用下封盖土层的稳定安全系数为

$$F_s = \frac{c + (h\gamma \cos\beta - u_g) \tan\delta}{h\gamma \sin\beta} \tag{9-24}$$

式中　u_g——衍生气体压力，kPa；

　　　δ——土工膜和其下补充防渗层界面摩擦角，（°）；

　　　c——表观黏着力，kPa；

　　　γ——土的重度，kN/m³；

　　　其余符号如图 9-30 所示。

表 9-10　常见流体和气体（20℃）的渗透性参数

物理量	密度 ρ/(kg/m³)	重度 γ/(N/m³)	动力黏滞系数 μ/(N·s/m²)	运动黏滞系数 ν/(m²/s)
水	1000	9800	1.01×10^{-3}	1.01×10^{-6}
空气	1.2	11.8	1.79×10^{-5}	1.48×10^{-5}
二氧化碳	1.83	17.9	1.50×10^{-5}	8.21×10^{-6}
甲烷	0.67	6.54	1.10×10^{-5}	1.65×10^{-5}
衍生气体	1.31	12.8	1.32×10^{-5}	1.01×10^{-5}

[例 9-2]　在坡角为 20° 的封盖隔离层上每 900m² 面积设一个排气孔，收集其下 7320t 固体垃圾的衍生气体，排气孔连接的排气土工复合体的最大排气距离为 16m，导气率为 0.6×10^{-4}m²/s，隔离层上封盖土层厚 90cm，重度为 18.6kN/m³，测得封盖土与隔离层的表观黏聚力为 4kPa，界面摩擦角为 16°。试校核在衍生气体压力作用下封盖土层的稳定性。

解：由式（9-20），封盖层下单位面积的气体流量为

$$Q_{gas}=\frac{M_w q_{gas}}{A}=\frac{7320\times1000\times6.24\times10^{-3}}{900}\ \text{m}^3/(\text{m}^2\cdot\text{年})=50.75\text{m}^3/(\text{m}^2\cdot\text{年})$$

由式（9-21），最大衍生气体压力为

$$u_{max}=\frac{Q_{gas}\gamma_{gas}}{\theta_r}\frac{L^2}{8}=\frac{50.75\times12.8\times10^{-3}\times16^2}{0.6\times10^{-4}\times8\times365\times24\times60\times60}\text{kPa}=1.1\times10^{-2}\text{kPa}$$

由式（9-24），稳定安全系数为

$$F_s=\frac{c+(h\gamma\cos\beta-u_g)\tan\delta}{h\gamma\sin\beta}$$

$$=\frac{4+(0.9\times18.6\times\cos20°-0.01)\times\tan16°}{0.9\times18.6\times\sin20°}$$

$$=1.49$$

在例 9-2 中，因按要求设计了排气土工复合体和排气孔，衍生气体的压力很小，对稳定几乎没有影响。工程中考虑到渗透力和衍生气体压力的影响，为了增加坡体的稳定，除改善排水和排气设施外，还可采用坡趾反压土、向坡顶逐渐减薄坡面填土、坡面加筋及常用的减小坡角增加坡长等措施。

1）坡趾反压土。在坡趾设反压土层常用于增加路堤、土坝和天然土质边坡的稳定性，但对于土工复合排水网上的薄封盖土，坡趾设反压不是增加坡面土体稳定的可行方法，实际上，上部封盖土是从坡趾反压土的顶部滑脱，只有当坡长较短时，F_s 才有轻微提高。

2）封盖土厚度由下而上逐渐减薄，形成锥形坡面，可以增加稳定性，但也要考虑其增

加填土的代价。

3）加筋。有两种情况，一种是有意识加筋，如增加填埋场坑壁的稳定；另一种是无意识加筋（如以下一些情况：①置于 GM 上的 GT 保护层；②GM 置于 GT 保护层上；③GM/GT 置于 CCL 或 GCL 上；④多层土工合成材料置于 CCL 或 GCL 上）。

（3）其他影响

1）在确定土工复合材料或多层材料的允许拉力时，不只是折减系数难以确定，而且如果要考虑应变协调也有许多不便，为求简化，往往假定各分界面两边的土工合成材料变形相等，将各材料拉应力-应变关系画在同一坐标系下，然后对应同一应变的拉应力值即各种材料发挥的拉力，求和后经折减系数折减后即允许拉应力。

2）封盖土体的稳定安全系数应按场地使用的特定情况和坡体破坏特点来考虑。Koerner（1998）推荐采用的最小稳定安全系数列于表 9-11，应注意工程判断和规范要求。

表 9-11　静力条件下推荐的封盖土体稳定安全系数

分级	有害垃圾	无害垃圾	废料堆	垃圾堆和沥滤衬垫
低	1.4	1.3	1.4	1.2
中	1.5	1.4	1.5	1.3
高	1.6	1.5	1.6	1.4

3）地震会对垃圾填埋场产生灾难性的后果，如堆填体失稳、滑移、隔水和排水等系统的损坏，导致地下水环境的污染，从而造成难以挽回的损失。由于土工合成材料界面强度在震动中下降也会产生滑移，为使分析问题简单，在地震稳定分析中通常不考虑土工合成材料的作用。但一些研究资料表明，考虑土工合成材料可以显著地改善动力反应，特别是当地基加速度大于 $0.2g$ 时。

4）封盖土也可能因施工机械的作用而失稳，应注意填土顺序为先坡下后坡上，在堆填一定厚度后才允许机械碾压等。

5）土工合成材料与自然材料排水的等效性问题：并非导水率相等，土工合成材料排水层（一般厚 6mm 左右）就能代替砂砾料排水层（一般厚 300mm 左右），这会导致选择的土工合成材料排水层的过流能力不够，从而危及垃圾填埋场的边坡稳定性。土工复合排水材料应能提供更大的导水率（如比砂砾料排水层的导水率大两倍）才能满足导水的要求。

9.7　竖向阻隔系统

竖向阻隔系统一般用于管控污染场地污染地下环境，控制污染场地的地下水位或流入污染场地的地下水量。防污功能竖向阻隔墙墙体设计应进行污染物迁移验算，阻隔墙材料的渗透系数应不大于 1×10^{-7} cm/s。防渗功能竖向阻隔墙墙体设计应进行地下水渗流量验算，阻隔墙材料的渗透系数宜不大于 1×10^{-6} cm/s。目前比较常见的竖向阻隔墙有土-膨润土墙、水泥-膨润土墙、土-水泥-膨润土墙、HDPE 土工膜复合墙、塑性混凝土墙、灌浆帷幕，各种阻隔的工程特性见表 9-12。在一些工程案例里，直接将 HDPE 膜震击进入土层形成单一竖向阻隔系统，这种阻隔形式无须开槽成墙，或者开槽下放 HDPE 膜之后回填母土，形成竖向阻隔系统。

表 9-12　不同类型垂直阻隔墙特点

类型	特点
土-膨润土墙	与水泥-膨润土阻隔墙相比,渗透性更低,通常不大于 $1×10^{-7}$cm/s,有时可低至 $5.0×10^{-9}$cm/s
水泥-膨润土墙	强度高,压缩性低,可用于斜坡场地,渗透性低,通常为 10^{-6}cm/s 级数量
土-水泥-膨润土墙	强度与水泥-膨润土相当,渗透性与土-膨润土相当
HDPE 土工膜复合墙	防渗性和耐久性较高,渗透性低,可达 10^{-8}cm/s
塑性混凝土墙	比水泥-膨润土刚度大、强度高,渗透系数一般不大于 $1×10^{-6}$cm/s,适合作为深垂直阻隔墙
灌浆帷幕	可填充孔洞或封闭裂隙

9.7.1　HDPE 膜-膨润土复合阻隔墙

1. 材料与结构

HDPE 膜-膨润土复合阻隔墙是以 HDPE 膜为主体阻隔材料,采用竖向开槽方式将柔性 HDPE 膜竖向插入到相对不透水层,通过连接锁扣与内置止水条实现多幅 HDPE 膜的互锁连接,同时利用灌浆密封材料对 HDPE 膜底端进行止水固结形成柔性竖向阻隔墙,达到阻隔污染物水平迁移的目的。土工膜竖向阻隔墙的典型结构如图 9-31 所示(以土-膨润土为例),HDPE 膜可根据实际场地情况设置在阻隔墙内侧、外侧或者中间。HDPE 膜设置在阻隔墙中间的施工难度相对于另外两种结构难度更大。HDPE 膜竖向阻隔墙所用材料主要有 HDPE 膜、土工膜连接构件及阻隔墙回填材料。

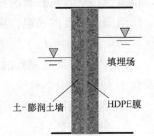

图 9-31　HDPE 膜-膨润土复合阻隔墙

(1)土工膜　HDPE 是土工膜竖向阻隔墙的防渗主材。HDPE 膜渗透系数达到 10^{-12}cm/s,所以采用 HDPE 膜的竖向阻隔墙渗透性极低。HDPE 膜还具备抗化学腐蚀性能和使用寿命长(≥100 年)等特点。

(2)土工膜的连接构件　由于土工膜阻隔墙主要采用单幅的 HDPE 膜连接而成,各幅 HDPE 膜连接形式通常采用一种"扣和栓"的结构类型,并且运用亲水填料或薄胶做密封胶。图 9-32 为各幅 HDPE 膜的两种常见连接锁扣类型,锁扣中安放有止水条,它们采用亲水填料制成且具备防渗透的能力。这种填料是聚氯丁橡胶族中的一种特殊组成,当其与水接触时发生膨胀,其膨胀量可为初始直径的 8 倍,且膨胀时产生一个密封压力,起到闭水作用。

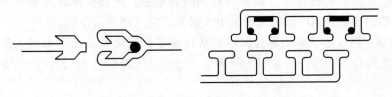

a)　　　　　　　　　　　　b)

图 9-32　连接锁扣

a)公母形　b)E 形

271

（3）回填材料 HDPE 膜可与土-膨润土墙或水泥-膨润土墙组成复合阻隔墙，此时其回填材料与传统的土-膨润土墙或水泥-膨润土墙一致。其中土-膨润土阻隔墙是将符合要求的母土和膨润土泥浆混合成回填料，再通过机械将其回填到沟槽内，形成竖向阻隔墙；水泥-膨润土阻隔墙的墙体材料由膨润土泥浆、水泥及一些添加剂配制而成，通过水泥和膨润土的相互作用使回填料填入沟槽后逐渐硬化，从而形成阻隔墙。

2. 设计要点

HDPE 膜-膨润土复合阻隔墙的设计主要考虑平面布置、阻隔墙墙体厚度及阻隔墙深度这三个因素。在进行阻隔墙平面布置时，应综合考虑场地地质构造、地下水流向与流速、地形、地下污染平面范围、场地红线与既有构筑物、场地地下管线等，宜采用围封形式围住整个填埋场。

阻隔墙墙体厚度的确定，应综合考虑场地水文地质条件、土层分布及渗透系数等，并满足以下要求：

1）墙体厚度宜不小于 0.6m，且不大于 1.2m。

2）确保污染物水平击穿阻隔墙时间不小于填埋场要求的污染防控时间。

3）当根据2）确定的厚度大于 1.2m 时，宜采用工程措施减小垂直阻隔墙两侧地下水水位差或在垂直阻隔墙两侧形成逆水头差，以防止设计厚度过大。

阻隔墙深度的确定，应综合考虑场地地质构造、土层分布、土层渗透系数、地基稳定性、污染深度、承压水层水头等，并满足以下要求：

1）嵌入连续且完整的隔水层，嵌入深度应不小于 1m，隔水层厚度不小于 3m，且渗透系数不大于 1×10^{-7}cm/s。

2）隔水层埋深大时，可采用悬挂式竖向阻隔墙，但必须计算和评估防污效果。

3. 施工工艺

HDPE 膜-膨润土复合阻隔墙施工一般采用液压抓斗成槽机成槽、泥浆护壁，在沟槽内插入 HDPE 土工膜后，进行墙体材料浇筑，最终形成一道地下连续阻隔墙。

（1）导墙制作 垂直阻隔墙采用沟槽开挖法施工时，宜根据场地条件修筑导墙，导墙的设计与施工参考国内相关规范的规定。

（2）抓斗开挖成槽 沟槽开挖施工过程中应在沟槽内注入膨润土泥浆，测量沟槽内膨润土泥浆黏度、密度、pH 值并满足规范要求，膨润土泥浆液面应保持高于地下水位 0.6m以上。当发生沟槽中膨润土泥浆大量损失时，应立即向沟槽内快速补充膨润土泥浆。

（3）清底 沟槽开挖完成后，应清除沟槽底部的沉积物。

（4）HDPE 膜下设 将 HDPE 膜制作裁剪成所需长度，在两端焊接连接锁扣，然后把膜平整地下设到已开挖好的槽孔中。当下设好 HDPE 膜后，把接头板放入槽孔中。接头板锁扣与已下入膜锁扣插好，即可起到保护 HDPE 膜和已完工槽孔的作用。

（5）灌注回填材料成墙 采用导管回填或从已形成的回填料斜面顶部滑入沟槽，不得将回填料从地表直接落入沟槽内的膨润土泥浆中。当地表气温低于 0℃时，应停止混合或回填材料。

（6）覆盖养护 土工膜竖向阻隔墙回填施工完成，顶部应铺设临时覆盖层防止回填料表面开裂。回填材料主要沉降完成后，应移除临时覆盖层，用相同回填料修补凹陷或沉降，并铺设永久覆盖层。

9.7.2　GCL 竖向阻隔墙

GCL 竖向阻隔墙是由 GCL 与低渗透性回填料组成的新型复合竖向阻隔技术。通过解决 GCL 竖向平直下放、材料搭接、拐角部位施工等一系列难题,将 GCL 引入垂直防渗领域,与低渗透性回填料组成复合防渗结构,筑成具有防渗阻隔功能的复合竖向阻隔墙。在低渗透性回填料一侧或两侧铺设 GCL。GCL 表层粗糙多孔,能够与墙体材料紧密结合成为一体。GCL 竖向阻隔墙防渗系数≤1×10^{-7}cm/s,符合环保防渗要求。

1. 材料与结构

（1）GCL 复合构件　GCL 复合构件是为实现 GCL 在沟槽内垂直铺设而对 GCL 进行的定制化生产。如图 9-33 所示,GCL 复合构件底部安装有支撑板、配重槽,顶部固定在钢制卷芯上,两侧标有搭接线。GCL 复合构件在放卷机械、测量绳、配重块及接头箱等机具和材料的配合下,使 GCL 能够平直、受控的竖向铺设。配重 U 形槽内填充有配重块,为 GCL 垂直铺设提供下坠力。配重块由黏土、膨润土、水配置而成,在向沟槽内灌注回填材料成墙后,配重块可在有限空间内吸水膨胀,封堵沟槽底部可能存在的孔隙,避免出现墙体底部绕渗的问题。

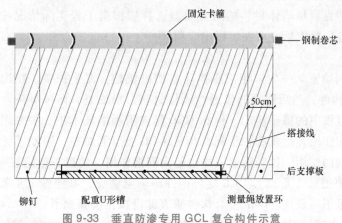

图 9-33　垂直防渗专用 GCL 复合构件示意

GCL 幅宽通常为 5~6m,常规连接方式为搭接。将 GCL 成熟的搭接连接方案移植到竖向施工领域,专门研发的施工工艺和施工机械能够有效保证连接效果,并且施工简单方便。GCL 复合构件上标有搭接线,搭接线离 GCL 边缘 50cm,施工人员能够清楚地知道搭接位置,确保搭接宽度不小于 45cm。为保证 GCL 复合构件的搭接效果,采用辅助连接的接头箱。一方面,特制接头箱能够有效阻挡回填材料及其他异物进入搭接区域,保证搭接连接效果;另一方面,下设接头箱可使已铺设的 GCL 复合构件紧贴槽壁。

（2）低渗透性回填材料　低渗透性回填材料可选择土-膨润土回填料、水泥-膨润土回填料、塑性混凝土回填料等常规墙体材料,还可以针对特定污染物设计成反应性回填料。

（3）复合阻隔结构　GCL 竖向复合阻隔墙为 "GCL 复合构件+低渗透性回填料" 的复合阻隔结构,工程应用中需根据工程要求和场地条件选择种类合适的 GCL 复合构件和低渗透性回填料进行组合,以满足设计对垂直防渗的要求。

2. 设计要点

（1）GCL 选择　根据场地污染情况和防渗等级要求选择 GCL 类型及铺设层数,如现场污染较轻，选用常规颗粒型 GCL 即可；如现场污染严重且防渗等级要求较高时，需选择防渗性能更好的粉末型 GCL 或覆膜型 GCL。此外，可根据需要在沟槽两侧都铺设 GCL，进一步提升整体防渗性能。在一些特殊场地条件下，可在沟槽内铺设功能性土工材料，如有机改性膨润土型 GCL、防重金属型 GCL 等，提升 GCL 竖向阻隔墙针对特定污染物的防扩散、吸附能力。

（2）低渗透性回填料选择　　根据墙体防渗性能和刚度需求，沟槽回填可以选择以下低渗透性回填材料：

1）土-膨润土回填料，适用于不要求承重，对墙体刚度要求小，对墙体防渗要求较高的垂直阻隔工程，用 GCL-SB 表示。

2）水泥-膨润土回填料，适用于防渗要求较高，对承重要求不高的垂直阻隔工程，用 GCL-CB 表示。

3）塑性混凝土回填料，兼顾承重与防渗，且适用于侧向位移较大的垂直阻隔工程，用 GCL-PC 表示。

4）防污反应回填料，根据现场污染物特点，在墙体材料中添加有针对性的吸附、反应物质，使墙体成为低渗透的防污反应墙，用 GCL-AR 表示。

GCL 与低渗透性回填墙体材料的组合类型选择应根据工程实际情况综合考虑，并经过试验室验证满足各项要求后方可在工程中应用。

3. 施工工艺

GCL 竖向阻隔墙施工一般采用液压抓斗成槽机成槽、泥浆护壁，在沟槽一侧或两侧贴壁铺设 GCL 复合构件，然后回填低渗透性墙体材料，形成复合阻隔屏障。护壁泥浆主要的功能是维持施工过程中的槽壁稳定，但在 GCL 竖向阻隔墙技术中，护壁泥浆还部分承担着密封剂、润滑剂的作用。优质的护壁泥浆填充 GCL 表层无纺布，阻断了无纺布的平面导排作用，起到密封剂的作用。护壁泥浆同样也起到润滑作用，使接头箱能够顺畅下放。

GCL 竖向阻隔墙施工重点为 GCL 复合构件的垂直铺设，其他施工步骤与常规垂直防渗墙基本相同，这里不再赘述。GCL 复合构件垂直铺设操作步骤如下：

1）成槽后，在铺设 GCL 复合构件前需检测成槽质量，确认沟槽的深度、宽度及槽壁平整度。

2）将 GCL 复合构件提前安装在铺设机具上，沟槽检测合格后，将铺设机具吊放到合适位置。

3）接通电源，将 GCL 复合构件展开约 80cm，以便在配重槽内放置配重块及在 O 形圈内放置测量绳。

4）起动并控制铺设机具的电动机转速，使 GCL 复合构件沿沟槽壁缓慢下放，测量绳记录 GCL 复合构件的下降深度。施工过程中，要求 GCL 复合构件搭接宽度≥45cm。

5）GCL 复合构件下放到设计深度后，在两端放置接头箱。在接头箱下放过程中（图 9-34），可在搭接区域涂抹以膨润土为主的密封剂，在提升搭接效果的同时可减小下设和拔起接头箱过程中与已铺设的 GCL 之间的摩擦，保护产品不被损伤。

6）接头箱下设完毕后，将 GCL 复合构件顶部固定后移走施工机具，准备低渗透性墙体材料的浇筑回填。

7）在浇筑回填的低渗透性墙体材料凝固或符合要求后，拔出接头箱，进行连接槽施工。

施工注意事项：

1）如果地下水环境质量现状较差，将对护壁泥浆产生一定的劣化作用，需实时监控回收的护壁泥浆的性能，满足指标要求方可重复使用，对劣化较严重或含砂量较高的泥浆需废弃处理。

2）拐角处 GCL 复合构件铺设施工需要采用特制的施工工具，且 GCL 复合构件需根据拐角部位实际情况进行再加工，以保证 GCL 复合构件与拐角沟槽墙体紧密贴合。拐角部位如采用起吊下放的方法施工，当施工深度较深时，为保证施工安全，GCL 复合构件垂直吊放施工应在无风或者微风天气下进行。

图 9-34　下放接头箱

9.8　工程实例（杭州天子岭垃圾填埋场）

1. 工程概况

天子岭垃圾填埋场位于杭州市北郊青龙坞山谷，由已经封场和生态复绿的第一垃圾填埋场（简称"一埋场"）和正在同步建设运行的第二垃圾填埋场（简称"二埋场"）组成。

一埋场占地面积 $48hm^2$，垃圾坝顶部标高 65m，填埋堆体整体坡度约为 1:4~1:3，堆体顶部最大标高至 165m，如图 9-35 所示，填埋库容量 600 万 m^3，总投资 1.52 亿元人民币，采用垂直灌浆帷幕防渗技术防止渗滤液对下游污染，于 1991 年投入使用，至 2007 年停止运行，累计填埋垃圾 900 多万 t，已封场并建成生态公园，一埋场被列入杭州市政府"七·五"重点工程项目，是全国首座符合国家建设部卫生填埋技术标准的山谷型填埋场。

二埋场位于一埋场下游，向西扩展 440m，库区地形整体表现为后缘边坡较长、面积较大，底部平缓区域较短、面积小的特点，库区后缘边坡中部大面积区域置于一埋场已填埋垃圾堆体之上。采用垂直帷幕和水平衬垫相结合的防渗阻隔技术，占地面积 $96hm^2$，垃圾挡坝顶部标高 52.5m，最大设计堆体标高 165m，总库容为 2202 万 m^3，按初期 1949t/d、终期 4000t/d、日均填埋量 2671t/d 的填埋规模，设计服务年限为 24.5 年，目前已填埋垃圾 1800 多万 t，安全等级定为一级。

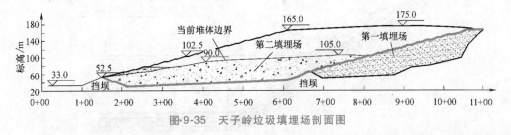

图 9-35　天子岭垃圾填埋场剖面图

二埋场库区设有防渗系统和排渗导气系统。防渗系统即整个库区底部和坡面铺设 HDPE 膜（高密度聚乙烯膜）和 GCL（膨润土垫），并在垃圾坝处设置帷幕灌浆的垂直防渗工程，防止垃圾污水渗漏后污染地表水和地下水。排渗导气系统即利用预先埋设和同步埋设的盲沟和沼气井收集垃圾渗滤液和填埋气体。垃圾渗滤液依次流入污水调蓄池和污水处理厂，处理达标后排放。填埋气体通过负压输送至沼气发电厂发电并入华东电网。

2. 填埋工艺及临时覆盖措施

该工程采用国际先进的"天子岭作业法"填埋工艺，主要特点是"一控制、二改善、四加强"。一控制：每天的垃圾作业面控制在一定面积内，作业完毕后做好垃圾表面用土工膜全覆盖，无垃圾暴露面。二改善：用钢板路基箱制作库区临时道路及垃圾倾卸平台，代替原有的土石路和石料平台，用 HDPE 膜替代原有土料对垃圾暴露面的覆盖，实现雨污分流，增加气体收集率，防止臭气外溢，平台和道路平整，减少垃圾附带。四加强：加强场区道路的冲洗，加强除臭药剂喷洒和灭蝇工作，加强科学监测，加强宣传沟通与理解。

3. 污染阻隔系统

该工程在渗滤液可能外泄的地下通道上采用构建防渗墙、帷幕灌浆等工程来防止渗滤液向下游扩散外泄。根据填埋场总平面设计，调节池设在垃圾坝下游的地下水总出口通道上，场区内地下水及渗入地下水的渗滤液都将汇入调节池，因此，可以利用帷幕灌浆截断调节池与下游地下水的水力联系，防止调节池中的渗滤液及其上游的地下水向下游排泄，防止污染调节池下游地下水。由于截污坝处两侧山体中地下水水力坡度较陡，截污坝下用较短的防渗帷幕，就可保证上游地下水和渗滤液得到有效拦截。

天子岭垃圾填埋场各个区域衬垫结构形式如下（图 9-36）：

1）底部水平区域采用一层 $600 g/m^2$ 的土工织物、砾石导排层、二层 $600 g/m^2$ 的土工织物、2mm 厚 HDPE 双光面土工膜、GCL、1mm 厚 HDPE 双光面土工膜、黏土地基。

2）斜坡区域高程 45~75m 范围内，采用单糙面的土工膜，具体形式为袋装土保护层、$600 g/m^2$ 的土工织物、HDPE 单糙面土工膜（糙面朝下）、GCL、基底。

3）斜坡区域高程 75m 以上，采用双糙面的土工膜，具体形式为袋装土保护层、$600 g/m^2$ 的土工织物、HDPE 双糙面土工膜、GCL、基底。

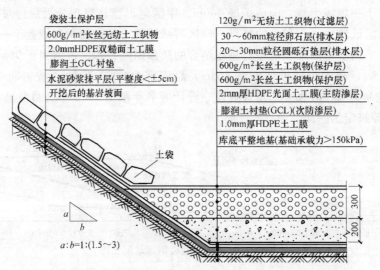

图 9-36　二埋场库底渗滤液导排和水平防渗结构示意

二埋场防渗衬垫铺设范围如图 9-37 所示，场底衬垫系统的铺设及水平导排盲沟施工分别如图 9-38、图 9-39 所示，液气联合抽排竖井布置如图 9-40 所示。

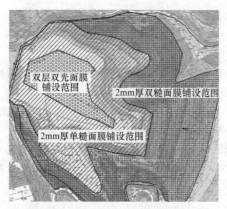

图 9-37 二埋场防渗衬垫铺设范围

图 9-38 场底衬垫系统的铺设

图 9-39 水平导排盲沟施工

图 9-40 液气联合抽排竖井布置

2010 年 3 月，在已封场的一埋场上方，建成了一个生态公园（图 9-41）。生态公园每天吸收二氧化碳约 7.6t，相当于减排了 8 万多人 1 天的二氧化碳产量；产生氧气 5.5t，可为 7 万多人提供 1 天的需氧量。

图 9-41 杭州天子岭生态公园

习　题

[9-1] 土工合成材料黏土垫层（GCL）中的黏土是什么土？化学成分的差异对渗透性有什么影响？

[9-2]　GCL 使用前预浸水有什么作用？为什么需检测其内部的抗剪强度？

[9-3]　在 TM/GCL 复合衬垫的土工膜上有一宽度 b 为 1mm、长 40cm 的裂缝，GCL 的厚度为 5mm，渗透系数为 $5×10^{-11}$ m/s，请用 Giroud 和 Bonaparte 的公式估算通过裂缝和 GCL 的渗漏量。

[9-4]　某垃圾填埋场的封盖层坡比为 5∶1（水平∶垂直），坡面的水平长度为 95m，封盖土层的渗透系数为 $1.5×10^{-6}$ cm/s，试求防渗层上土工复合排水网的极限导水率应为多大？

[9-5]　衬垫的土工膜下为 60cm 厚接触良好的黏性土，其渗透系数为 $1.2×10^{-5}$ cm/s，膜上渗滤液深度为 20cm，假设每公顷膜有两个直径为 0.6mm 的孔，试估算单位面积的渗漏量。

[9-6]　在坡角为 22°的覆盖层隔离层上每 $1500m^2$ 面积设一个排气孔，收集其下 12320t 固体垃圾的衍生气体，排气孔连接的排气土工复合体的最大排气距离为 22m，导气率为 $0.6×10^{-4}m^2/s$，隔离层上封盖土层厚 110cm，重度为 $18.6kN/m^3$，测得封盖土与隔离层的表观黏聚力为 4kPa，界面摩擦角为 16°，试校核在衍生气体压力作用下封盖土层的稳定性。

参 考 文 献

[1]　王钊. 土工合成材料 [M]. 北京：机械工业出版社，2005.

[2]　环境保护部. 生活垃圾填埋场污染控制标准：GB 16889—2008 [S]. 北京：中国环境科学出版社，2008.

[3]　中华人民共和国住房和城乡建设部. 生活垃圾卫生填埋处理技术规范：GB 50869—2013 [S]. 北京：中国计划出版社，2013.

[4]　中华人民共和国住房和城乡建设部. 生活垃圾卫生填埋场封场技术规范：GB 51220—2017 [S]. 北京：中国计划出版社，2017.

[5]　中华人民共和国住房和城乡建设部. 土工合成材料应用技术规范：GB/T 50290—2014. 北京：中国计划出版社，2014.

[6]　中华人民共和国国家质量监督检验检疫总局. 土工合成材料：聚乙烯土工膜：GB/T 17643—2011 [S]. 北京：中国质检出版社，2011.

[7]　中华人民共和国建设部. 垃圾填埋场用高密度聚乙烯土工膜：CJ/T 234—2006 [S]. 北京：中国标准出版社，2006.

[8]　中华人民共和国住房和城乡建设部. 生活垃圾卫生填埋场岩土工程技术规范：CJJ 176—2012 [S]. 北京：中国建筑工业出版社，2012.

[9]　中华人民共和国建设部. 生活垃圾卫生填埋场封场技术规程：CJJ 112—2007 [S]. 北京：中国建筑工业出版社，2007.

[10]　中华人民共和国建设部. 生活垃圾卫生填埋场防渗系统工程技术规范：CJJ 113—2007 [S]. 北京：中国建筑工业出版社，2007.

[11]　中华人民共和国住房和城乡建设部. 塑料薄膜和薄片水蒸气性透过性能测定：杯式增重与减重法：GB/T 1037—2021 [S]. 北京：中国建筑工业出版社，2021.

[12]　中华人民共和国建设部. 钠基膨润土防水毯：JG/T 193—2006 [S]. 北京：中国标准出版社，2006.

[13]　国家市场监督管理总局. 膨润土：GB/T 20973—2020 [S]. 北京：中国质检出版社，2020.

[14]　中华人民共和国住房和城乡建设部. 垃圾填埋场用非织造土工布：CJ/T 430—2013 [S]. 北京：中国质检出版社，2013.

[15]　中华人民共和国住房和城乡建设部. 垃圾填埋场用土工排水网：CJ/T 452—2014 [S]. 北京：中国质检出版社，2014.

[16]　ZHAN L T, CHEN C, BOUAZZA A, et al. Evaluating leakages through GMB/GCL composite liners considering random hole distributions in wrinkle networks [J]. Geotextiles and Geomembranes, 2018, 46

（2）：131-145.

[17]　陈云敏，环境土工基本理论及工程应用. 岩土工程学报，2014，36（1）：1-46［J］.

[18]　生态环境部. 危险废物填埋污染控制标准：GB 18598—2019［S］. 北京：中国环境出版社，2019.

[19]　中华人民共和国建设部. 生活垃圾卫生填埋技术规范：CJJ17—2004［S］. 北京：中国建筑工业出版社，2004.

[20]　BENSON C H. Final coves for waste containment systems：a north American perspective［C］//17th Conference of Geotechnics of Torino "Control and Management of Subsoil Pollutants"，1999. Torino：［s. n.］，1999：1-32.

[21]　XIE H，YAN H，THOMAS H R，et al. An analytical model for vapor-phase volatile organic compound diffusion through landfill composite covers［J］. International Journal for Numerical and Analytical Methods in Geomechanics，2016，40（13）：1827-1843.

[22]　STORMONT J C，MORRIS C E. Method to estimate water storage Capacity of capillary barriers［J］. Journal of Geotechnical and Geoenvironmental Engineering，1998，124（4）：297-302.

[23]　詹良通，贾官伟，邓林恒，等. 湿润气候区固废堆场封场土质覆盖层性状研究［J］. 岩土工程学报，2012，34（010）：1812-1818.

[24]　NG C W W，CHEN Z K，COO J L，et al. Gas breakthrough and emission through unsaturated compacted clay in landfill final cover［J］. Waste Management，2015（a），44：155-163.

[25]　ZHAN T，LI G，JIAO W，et al. Field measurements of water storage capacity in a loess/gravel capillary barrier cover using rainfall simulation tests［J］. Canadian Geotechnical Journal，2016，54（11）：1523-1536.

[26]　ZHAN L T，ZENG X，LI Y，et al. Analytical solution for one-dimensional diffusion of organic pollutants in a geomembrane-bentonite composite barrier and parametric analyses［J］. Journal of Environmental Engineering，2014，140（1）：57-68.

第 10 章

土工泡沫的减压作用

10.1 概述

10.1.1 土工泡沫的历史

土工泡沫（geofoam）这一术语可以作为所有用于岩土工程领域的泡沫塑料的总称。在工业上，泡沫塑料多以合成树脂为生产原料，按其软硬程度有软质和硬质之分。硬质泡沫塑料（rigid plastic foam，RPF）于 1950 年发明，20 世纪 60 年代早期挪威就将板材铺设于路面下以保温、防冻，1972 年又将其作为轻质填料用于路堤填筑，以减小沉降。其后，RPF 在岩土工程中得到广泛应用（图 10-1），但其直到 1992 年才被列入土工合成材料中，称为土工泡沫。土工泡沫按其结构的不同分为开孔和闭孔两类，前者透水透气，而后者隔水隔气；按基材树脂原料的不同进行分类，如聚苯乙烯泡沫塑料、聚氯乙烯泡沫塑料等。尽管已有许多材料用作土工泡沫，但有一种应用最广泛，即 EPS（expanded polystyrene，在日本称为

a)

b)

c)

d)

图 10-1　EPS 的工程应用示例

a）代替路基填土减沉　b）代替洞顶填土减载　c）用于挡墙背减小回填土压力　d）用于膨胀土渠坡保温减胀

expanded polystyrol）。与其他具有同样工程特性的土工泡沫相比，EPS 得到广泛应用有下列原因：相对比较便宜；未使用氟利昂或类似气体作为发泡剂，不消耗地球上空的臭氧层；不挥发甲醛。

10.1.2　ESP 的生产

土工泡沫是由发泡剂产生的蜂窝结构（图 10-2），可以在工厂生产，典型的是板材、棱柱体、花生米大小的珠粒，或根据特定需要，在现场制成各种不规则的形状。聚苯乙烯塑料泡沫有两种生产方法。一种是由模室法生产，产品简写为 EPS（expanded polystyrene）。模室法是在模室内填充预发泡的塑料颗粒，通过蒸汽加热直至聚合物软化，以便胀满颗粒之间的空隙而结成整块，从而形成与模具形状相同的泡沫塑料制品，最后经水冷却定型；另一种是由挤出法生产，简写为 XPS（extruded polystyrene）。挤出法是在挤塑机中加热软化可发性聚合物珠粒，使其与发泡剂和成核剂充分熔化混合。混合物在压力下被挤出模口时处在常压下，但由于解除了所承受的挤出机料筒内的压力，由成核剂形成的气体会立即汽化膨胀，形成互不连通的泡孔核，熔解在树脂中的发泡剂就进入泡孔核内，使泡孔继续膨胀，经吹塑制成均匀而紧密的多孔性塑料泡沫。在工程和文献中，有时以 EPS 泛指两类聚苯乙烯塑料泡沫。

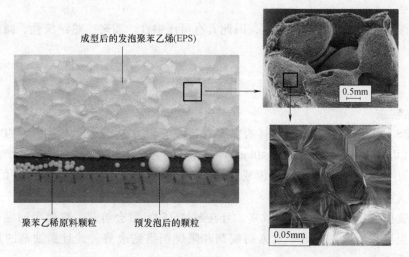

成型后的发泡聚苯乙烯(EPS)

0.5mm

聚苯乙稀原料颗粒　　预发泡后的颗粒

0.05mm

图 10-2　不同形态和尺度下的 EPS（引自 Negussey, 2007）

1. 棱柱体

EPS 棱柱体是由膨胀的聚苯乙烯树脂用模室法生产。聚苯乙烯树脂珠粒包括聚苯乙烯和溶解的戊烷（发泡剂），珠粒中也可加入一些防火添加剂，珠粒直径为 0.2～3mm，粒径不影响块体工程性质。珠粒无色，制成块材则为白色。也可在制造过程中染色作为产品识别标志和满足市场的需要。

在美国，最终切成的块材基本上是高 610～762mm、宽 1220mm、长 2440mm，参见文前彩图 11。然而，在轻质填料的应用上，对于长 4880mm 块材的需求日渐增加。各国的块材大小略有不同，但基本相似。风干后的块材也可切成薄板，供一些岩土工程使用，如作为热绝缘材料用于路面下、垃圾填埋场黏土衬垫层上或地下室边墙外侧。在这些应用中，EPS 板只需 25~100mm 厚，为了建筑上的需要，也可将其切成复杂的形状，工厂是用热金属丝切割，在工地上可用链锯切割。切割剩余的碎屑在工厂经粉碎和混合后用于生产新产品，在工业上称为"二次粉碎物料"，占块材的 10%~15%。这种二次粉碎物料的使用与经消费后的回收循环不同。

2. 其他产品

为满足特定需要，EPS 可以切制成各种形状。然而，有时直接做成所需形状比切割方法更经济。这就要求有特定形状的模具。比如，复杂形状的包装垫和用于岩土工程的薄板、热绝缘材料及复合排水体。还有一类专门用于岩土工程的 EPS，是将预膨胀球体置于开放结构的模具中，最终产品具有大的孔隙率和在多方传送流体的能力。这种产品典型的是 1220mm 见方、40mm 厚或更厚的板材，常将土工膜贴于其一边用作平面排水复合体，其特点是热绝缘能力和可压缩性好。

为了改善 EPS 的性能，生产时可以在原料中加入满足某些特定功能的添加剂，如加入化学剂防止白蚁，加入阻燃剂防止燃烧。这些添加剂有的会改变 EPS 的力学性质，但一般不会改变 EPS 的其他性质。

10.2 土工泡沫的基本性质

土工泡沫的泡孔中都充满着气体，因此具有可压缩性、质轻、热绝缘性、减振和隔声等特点。

10.2.1 一般性质

1. 产品密度

因为 EPS 材料的工程性质与材料的密度有很好的相关性。因此，密度是 EPS 最基本的特性指标。EPS 块材密度范围为 5~40kg/m^3，常见的为 12~30kg/m^3。其典型产品的密度增量为 5kg/m^3，对于大多数岩土工程领域（如作为轻质填料）可用 12~20kg/m^3 的材料。

2. 耐久性

EPS 能被白蚁和食木蚂蚁筑为蚁穴，且在超过 150℃时会熔化，这两个问题会影响 EPS 的耐久性，但可以通过在 EPS 中加入防蚁剂和阻燃剂得到改善，并且添加剂的加入不会影响 EPS 的工程性质。

聚苯乙烯本质上是憎水的，EPS 封闭的蜂窝结构可防止每一膨胀的多面体吸水。汽化水或液体可进入多面体的孔隙中，虽然这对材料力学性质无影响，也不会改变 EPS 的体积，然而液态水的存在会影响材料的热绝缘性。

暴露于紫外线（UV）一段时间后，EPS 表面会变黄，有一定程度的发脆。因此，同其他大多数土工合成材料一样，不要将 EPS 长期将其暴露于紫外线下。

有部分液体可以溶解 EPS，从岩土工程应用上看，主要是机动车油料（汽油或柴油）。在路堤的应用中，油料的泄漏是一问题，在 EPS 顶部可辅以土工膜或其他材料加以保护。

服役中的 EPS 曾多次被挖出以检验其耐久性。挪威的经验是，EPS 经历了 9~12 年的使用并未出现性能上的变化。美国也曾在 20 世纪 60 年代将作为隔热材料埋入路基中的泡沫塑料挖出检查，结果发现经历了 20 多年服役，EPS 没有产生任何腐蚀。所以泡沫塑料深埋在土中的耐久性是有保证的。

10.2.2　力学性质

1. 压缩性质

由于 EPS 在岩土工程中常常处于受压状态，因此 EPS 在压应力作用下的性质是 EPS 的主要力学指标。武汉大学采用三种密度（14kg/m³、16kg/m³、25kg/m³）的 EPS，分别制作成尺寸 50mm 的立方体试样和直径 79.8mm、高 20mm 的圆饼试样，进行了应变控制式无侧限轴向压缩试验（应变速率为 5%/min），并采用直径 79.8mm、高 20mm 的圆饼试样分别进行了有侧限压缩试验（应变速率为 2%）和无侧限压缩蠕变试验（竖向荷载分别为 12.5kPa、25kPa、37.5kPa）。试验室环境为的温度为 25℃，相对湿度为 50%。其压缩应力-应变曲线如图 10-3、图 10-4 所示，压缩蠕变曲线如图 10-5 所示。

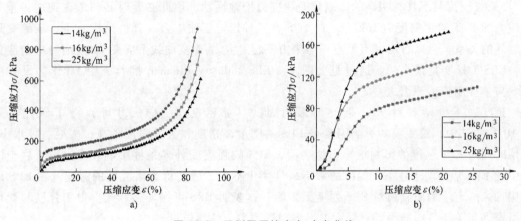

图 10-3　无侧限压缩应力-应变曲线

a）立方体试样　b）圆饼试样

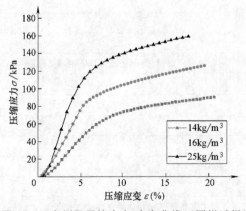

图 10-4　有侧限压缩应力-应变曲线（圆饼试样）

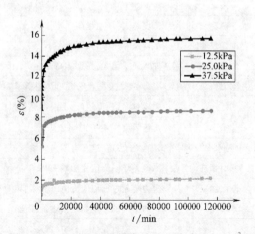

图 10-5　无侧限压缩蠕变试验（密度 16kg/m³）

可以看出：

1）当压缩应变为 1%~2% 时，EPS 应力-应变关系为线弹性。一般定义 1% 或 2% 应变所对应的应力作为弹性极限。美国 The EPS Industry Alliance 推荐采用 1% 应变所对应的应力作为弹性极限。弹性极限随 EPS 密度的增加而增加，初始加荷（线弹性阶段）时泊松比约为 0.1，与 EPS 的密度和围压有关。线弹性阶段的压缩模量为

$$E = 0.826\rho - 9.53 \qquad (10\text{-}1)$$

式中　E——EPS 的初始切线压缩模量，MPa；

　　　ρ——EPS 的密度，kg/m^3。

2）屈服发生在一个范围，而不是一个点，历经 5%~10% 的应变。可将应变水平为 5% 或 10% 时的应力定义为压缩强度，因为它比较接近产生初始屈服应力的应变值。压缩强度随 EPS 密度增加而增加。

3）应力-应变曲线在屈服后开始表现为线性，线性段的斜率为压缩模量，继续加载表现为加工硬化，即压力增大，压缩应变增加很少。

4）相同密度的 EPS，有侧限比无侧限条件下的压缩强度略高，但差别很小。

5）长期荷载下具有明显的压缩蠕变和应力松弛性状。因此必要时必须考虑到这一重要性质。图 10-5 给出密度为 $16kg/m^3$ 的 EPS 在三种恒定压缩应力（弹性阶段）下，压缩变形与时间的关系。可以看出，当恒定压缩应力不超过应力-应变曲线上应变 1% 处所对应的应力时，EPS 的蠕变是很小的。这也是美国 The EPS Industry Alliance 推荐采用 1% 作为设计中 EPS 应变控制值的原因之一。

近年来不少学者对 EPS 强度的影响因素（如密度、试样尺寸等）做了研究（见表 10-1）。其中，最主要的影响因素是 EPS 的密度，密度越大，强度越高；冻融、吸水率、使用时间对 EPS 强度的影响很小。这表明，EPS 的强度受外界条件影响较小。用于岩土工程中的 EPS 常常埋于地下，温度通常不高且变化不大，因此可忽略温度的影响。在 EPS 原料中加入一定量的回收料对 EPS 强度无影响，这表明 EPS 可循环再利用。由于强度和弹性模量密切相关，各影响因素对强度的影响同样适用于弹性模量。

表 10-1　EPS 强度的影响因素

因素	影　响
密度	密度越大,强度越高
试样尺寸	试样尺寸越大,强度越高
加载速率	加载速率越大,强度越高
应力历史	应力-应变关系表现出"记忆特征",当预压应力超过屈服应力时,预压会增加 EPS 的线弹性段
温度	温度越高,强度越低;低温不会使强度降低
	抗压强度在 44℃ 时明显降低
吸水率	是否吸水对强度没有明显影响
冻融循环	冻融循环不会明显影响 EPS 强度
侧向约束	应力不超过屈服应力时,侧向约束对压缩强度没有明显影响
位置	试样中部的强度高于两端的强度
蠕变	当蠕变应力在 $(0.25~0.35)\sigma10\%$ 以内时,蠕变不会引起抗压强度和初始弹性模量的降低
	当应力-应变关系处于非线性弹性段时,蠕变会使弹性模量增大
	蠕变后强度参数仍可用密度估算
存放时间	EPS 制造完成到使用前这段存放时间越长,EPS 强度越大,当存放时间超过 45d 时,强度明显增加
使用时间	在 100 年的使用寿命内,埋于地下的 EPS 强度不会出现衰减

当泡沫塑料作为土工塑料时，还要结合其受力的特点，增加一些必要的项目。如有在标准土工固结仪上进行侧限压缩试验，它的屈服应力是很明显的，并且在屈服后产生很大的应变值。也可将泡沫塑料板切割为直径 50mm、高 100mm 的圆柱体试样进行三轴试验，它们的特点是在屈服前围压对泡沫塑料的应力-应变关系没有什么影响，但一旦达到屈服时，围压则会影响屈服强度。在很小围压时屈服压力基本上不变，或略有增加，但围压超过 0.06MPa 时，屈服强度就明显地下降，这一点和土是不同的。土的围压越大，经过固结，土的结构越密实，因而强度越大。泡沫塑料是靠凝固硬化后各个独立的气泡承受，围压微小的增加，对泡沫塑料的密度影响不大，可以增加的屈服应力也很有限；但围压超过泡沫塑料的屈服强度后，一些泡体会遭受破坏，因而屈服应力反而明显地减少，并随着围压的增加，屈服应力继续减少。在使用时要注意到这一点。

EPS 在弹性阶段的泊松比较小（约 0.1），在塑性段甚至为负数，故在设计计算时可将其视为 0，即不考虑 EPS 泊松比变化带来的影响。

2. 流变特性

EPS 是高分子材料，存在明显的流变特性，主要表现为恒定荷载下的蠕变和恒定应变下的应力松弛。表 10-2 总结了影响 EPS 蠕变和应力松弛的因素。可见，EPS 的密度越大，在相同压力下的初始变形越小，蠕变就越小，但对应力松弛的影响不明显。这样，蠕变和应力松弛都受初始应变的影响。由于蠕变柔量（蠕变过程中应变与应力的比值）和松弛模量是相关联的，因此初始应力或初始应变对蠕变和应力松弛的影响是相同的。对于应用于岩土工程（如路堤、挡墙）中的 EPS，温度通常不高且变化不大，围压通常也较小，因此这两种因素的影响也可忽略。

表 10-2　EPS 蠕变和应力松弛的影响因素

因素	影　响
密度	密度越大，蠕变越小
	密度对应力松弛没有明显影响
试样尺寸	尺寸越小，蠕变越大；室内小尺寸试样蠕变高于现场实测蠕变
蠕变荷载	荷载越大，蠕变越大
	应力产生的瞬时应变在 0.5% 以下时，EPS 的蠕变是微小的；瞬时应变在 0.5% ~ 1% 之间时，EPS 的蠕变应变是可接受的
	应力水平达到屈服应力（抗压强度的 75%）时，蠕变显著
	应力小于 $0.3\sigma_{5\%}$ 或产生应变小于 1% 时，蠕变很小
	应力小于比例极限时，蠕变较小
围压	围压会使蠕变更加明显
温度	温度越高蠕变越大
松弛应变	松弛应变越大，应力松弛越显著

根据图 10-5 的试验结果，可以采用式（10-2）预测来预测 EPS 的长期蠕变。

$$\varepsilon = \varepsilon_i + a\lg t \tag{10-2}$$

式中　ε_i——瞬时应变；

　　a——反映蠕变速率的参数，与荷载和 EPS 密度相关；

t——时间。

然而，设计采用的参数为实验室小尺寸得到的结果，当大尺寸 EPS 块体应用于工程实际时，试验得到的蠕变和应力松弛会被高估（见表 10-2）。

3. 摩擦特性

虽然 EPS 是由聚苯乙烯颗粒组成，但 EPS 并不会出现类似于土的剪切破坏，通过三轴试验测得的 EPS 内摩擦角接近于 $0°$（$1.25° \sim 2.5°$）。因此，常常不考虑 EPS 的内摩擦特性，更多的是考虑 EPS 与其他材料的接触摩擦特性。

表 10-3 总结了影响 EPS 摩擦特性的因素（表中所说的 EPS 与接触物体之间的"黏聚力"，并非真实的黏聚力，可称为"表观黏聚力"）。EPS 和砂的摩擦系数 $f = 0.46 \sim 0.58$（干砂），或 $f = 0.25 \sim 0.52$（湿砂），其中大的数值适用于密砂；EPS 块间的摩擦系数 $f = 0.6 \sim 0.7$。

表 10-3　EPS 摩擦特性的影响因素

因素	影　响
EPS 密度	EPS-砂界面在法向荷载较大时才能表现出（测得）黏聚力，EPS 密度越大，EPS-砂界面表现出黏聚力的起始法向应力越大
	EPS 密度对 EPS-EPS、EPS-黄麻、EPS-土工格栅、EPS-粉煤灰界面的摩擦角和黏聚力影响不大
与 EPS 接触的材料	EPS 与光滑的聚乙烯、聚氯乙烯土工膜之间的摩擦小于 EPS-EPS 界面摩擦
	对于 EPS-砂界面，界面的抗剪强度随砂的平均粒径的减小而增加；砂的孔隙比不会明显影响界面的强度，界面的强度随砂颗粒棱角度的增加而增加
法向应力	EPS-砂界面的摩擦角在法向应力较小时等于砂的摩擦角；法向应力增加，界面的摩擦角减小
	法向应力对 EPS-EPS 界面摩擦影响不大；EPS-土工膜界面摩擦系数随法向应力增加而减小
试样尺寸	试样尺寸对 EPS-EPS 界面摩擦影响不大
水	水明显影响 EPS-EPS、EPS-粗糙混凝土界面剪应力；相对于干燥状态，有水存在时摩擦角减小，黏聚力增加；水对 EPS-光滑混凝土、EPS-粗砂界面影响较小
	水对 EPS-EPS 界面剪应力影响不明显，干燥状态的 EPS-EPS 界面剪应力略大于潮湿状态

4. 动力特性

对 EPS 施加一定频率的循环荷载，可以得到地震、车辆荷载等动荷载作用下 EPS 的动力特性，表 10-4 总结了目前的研究结果。动荷载作用下 EPS 的性质与静力压缩试验得到的规律（表 10-1）有类似之处，如密度越大动弹性模量越大，当荷载接近屈服应力时动弹性模量快速减小，侧限对变形影响很小等。

表 10-4　EPS 动力参数的影响因素

因素	影　响
密度	动剪切模量与动弹性模量随密度的增加而增大
	密度越大，EPS 在动荷载作用下的弹性模量衰减越快
	密度对阻尼系数影响不大

（续）

因素	影　响
荷载	当动荷载小于屈服应力时,动荷载下无塑性应变
	当动荷载接近屈服应力时,动弹性模量明显减小
	恒定的偏应力越小,动荷载下的弹性模量衰减越小
	恒定的偏应力对阻尼系数影响不大
应变	当应变在 0.1% 以下时,EPS 应力应变关系表现出线性,当应变超过 1% 时,表现出明显的非线性
	当动荷载引起的轴向应变不超过 0.87%~1% 时,EPS 表现出黏弹性,当超过这一界限时,表现出黏-弹-塑性;在 0.87%~1% 竖向应变范围内,阻尼系数随着竖向应变的增加呈对数减小
	阻尼系数在应变小于 0.1% 时很小(不超过 1%),当应变超过 1% 时,逐渐增加到 10%
频率	循环荷载频率不会明显影响弹性模量和剪切模量
	在相同循环次数下,更低的加载频率会导致更大的塑性轴向变形
试样尺寸	EPS 块体尺寸对动荷载下的变形没有明显影响
侧限	侧向约束对 EPS 在动荷载下的变形没有明显影响
围压	动弹性模量、剪切模量随着围压的增加而减小
	围压对阻尼系数影响不大

10.2.3　导热性

EPS 的热传导系数和密度、温度有关,一般小于 0.038 kcal/(m·h·℃),是土的热传导系数的 1/(20~40)。EPS 中长期含水率增量的保守估计为 3%~5%,造成热传导系数的增量变化在 15%~25%,设计时需考虑。

10.3　土工泡沫的应用

EPS 具有充气蜂窝结构,密度小、热传导系数低和缓冲性能好,也具有独特的压缩变形性质,有一定的强度,能够自立,而且施工速度快,施工方便。这些特性使其可用于其他土工合成材料无能为力的岩土工程领域。目前所知的 EPS 功能及应用范围如下所述。

10.3.1　作为热绝缘材料

1）用于地下室边墙的外侧和温室的底部,以减小能量消耗。

2）用于扩展基础周围,防止基底冻胀。

3）作为道路基层下或渠道的隔热材料,减小冻胀危害。如山东打渔庄灌区无保温措施的衬砌段冻胀量达 14.2cm,仅经过三年的冻融循环,预制板就出现多处坍陷,严重地影响了渠坡的稳定。在渠道衬砌下采用泡沫塑料板后,消除了冻胀危害,地温一直保持在 0℃ 以上,且其费用比其他方法省。

10.3.2　隔振隔声

1）用于动力基础和公路铁路周围,减小振动影响。EPS 可以在土工中起到减振作用。

日本研究了 EPS 的抗地震效果，结果是令人满意的。

2）作为交通沿线居民区的音障。

3）各种商品常采用 EPS 型材作为包装材料，以减少商品受到的损伤。

10.3.3 利用质轻特性减小土压力

在土工中采用轻质材料代替普通土料的目的是减少压力。

轻质材料有天然和人工的两大类，其密度的变化范围见表 10-5。

表 10-5　各种轻质材料的密度

	材料	密度/(kN/m³)		材料	密度/(kN/m³)
天然	树皮	10~11	人工	煤灰	5~12
	锯木	10		炉渣	13
	木材	3~11		泡沫塑料（EPS）	0.2~0.3
	草把	约 1.5		泡沫灰浆（掺气率 80%~90%）	2~3
	火山灰	12~16		泡沫粒掺沙（有时加一些水泥）	12~8
	泥炭	8~12			

从表 10-5 可见，EPS 是最轻的，且耐腐蚀，可用于永久性建筑。为了减小压力和压缩变形，EPS 上的外加压力和自重应力之和应小于其压缩强度。这时可用初始切线压缩模量估算压缩变形。

1）要求泡沫塑料的自重加上其上的荷载的总重不大于被挖去土层的重量。

2）泡沫塑料和上覆荷载所产生的压力不大于软土的地基承载力。

3）只要求减少沉降量，以控制沉降差。

以下介绍一些成功的实例和经验。

1）第一次使用 EPS 减压是在奥斯陆郊区的一公路桥台与引桥的接合处。桥台建筑在桩基上，沉降很小；而建筑在软土上的填土引堤已有 80cm 的沉降量，而且每年增加 7cm 的下沉量，是一事故多发段。处理的方法是将路面挖开，回填 1m 厚的 EPS，将路面抬高了 80cm，其荷载反而减少了 5kPa，13 年的观测证明这种措施是成功的，沉降接近于零。

2）挪威 154 号公路一段路基建筑在沼泽地上，其下有 7m 厚的泥炭层。路堤沉降量很大，每年遭受两次洪水泛滥淹没的危害。经过多年的下沉，路面已下陷 1.7m 并开裂。如以常规材料填补到洪水水位以上，势必引起更大的沉降，因而最后只在路堤上开挖 1m 深度，回填 1.2~2m 厚的 EPS，再铺路面。修复 5 年后路面只下沉了 0~80mm，而且沉降率是减少的。

3）在美国威斯康星州 Bayfield 县有一县级公路干线，其路堤跨过一条溪谷，地基为高塑性黏土和粉土组成的高含水率软土，厚约 50m。在约 45m 宽的断面上造成路堤的蠕变失稳，近 20 年来不断修补，直至决定采用 EPS 修复方案。探明滑动破坏面在路面下 6m 处，其上用 $\rho = 24kg/m^3$、10%应变时压缩强度为 103kPa 的 EPS 块材换填，断面如图 10-6 所示。工程于 1999 年夏完成，其后路堤运行状况良好。

4）浙江省交通规划设计研究院 1995 年在杭甬高速公路望童跨线桥桥头路堤首次采用

EPS 填筑，从施工到通车仅用三个月，通车后至今路面平整，使用良好。其后又成功应用于另外 7 个路堤的填筑（龚晓南，2004）。

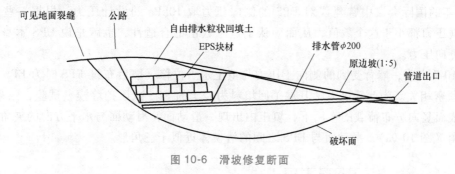

图 10-6 滑坡修复断面

10.3.4 利用压缩性减小土压力

过去采用天然材料（如锯末、树枝和草捆）来减小作用于结构上的土压力，但其缺点是不耐久。改用土工泡沫，就能很好地满足工程上的要求。因为 EPS 的压缩性可以使得刚性结构与填土之间产生一定的位移，这有利于土体自身抗剪强度的发挥，从而减小作用于结构上的土压力。一方面 EPS 的压缩应变可达 50% 以上，另一方面 EPS 是大规模工业化生产出来的材料，可以根据需要制成不同的规格，而且性能很稳定。EPS 减压小应用分为减小水平方向和竖直方向的土压力两个方面。

1. 水平方向

（1）减压机理 对于与填土不发生相对位移的刚性挡土结构（如地下室外墙、桥台、拱形挡土结构、嵌岩挡土结构等），作用于结构上的土压力按静止土压力计算。布设 EPS 缓冲层后，由于 EPS 在土压力的作用下侧向压缩，填土发生向墙背方向的侧向位移 δ。因此，即使在挡土结构无相对位移的情况下，也能使墙后填土的抗剪强度得到发挥，使墙后土压力由静止土压力 p_0 向主动土压力 p_a 过渡，甚至在填土侧向位移达到 δ_a 时降低到主动土压力 p_a，起到减载效果，如图 10-7 所示。在加筋土挡墙中，墙后填土向墙背产生大的水平位移对于调动筋材抗拉强度十分有效，图 10-8 所示为 EPS 在挡土墙后的应用，土工泡沫可以采用土工泡沫复合排水材料，将土工泡沫的压缩性和排水性能结合使用，效益更好。

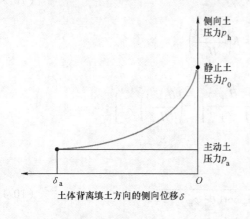

图 10-7 侧向土压力随侧向位移的变化关系

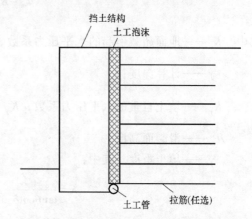

图 10-8 EPS 在挡土墙后的应用

289

（2）水平向土压力的计算　EPS 具有一定的强度，当荷载不超过其屈服强度时，EPS 有很好的自立性，即不需要侧向支持力或仅产生很小的侧向压力（当侧向变形受限制时）。在 1985 年的国际会议中曾建议对 EPS 的侧向压力取 10kPa 的设计压力。根据一些实测结果，侧向压力都小于这个数值，从而确认了这个数值的合适性，也就是说 EPS 本身只产生很小的侧向压力。

图 10-7 表明，墙背受到的侧向土压力与填土水平位移（墙后布设 EPS 时为 EPS 的压缩变形）紧密相关。为此武汉大学开展了回填料为砂土的 EPS 减压挡墙模型试验，结果表明，在填土表面竖向分布荷载的作用下，填土内出现一滑动面，滑动面与水平方向的夹角接近库仑滑裂角（图 10-9a），滑动面与 EPS 之间的滑楔体近似于三角形。

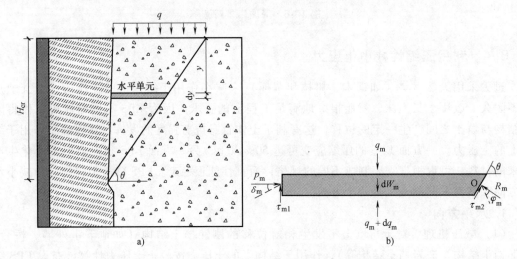

图 10-9　EPS 减压挡墙变形模式与受力分析模型

将墙后填土滑楔体分成多个水平单元，图 10-9b 给出了深度 y 处水平单元的受力状况。其顶面受到竖向应力 q_m，底面受到竖向应力 q_m+dq_m，左端受到 EPS 的压应力 p_m 和剪切应力 τ_{m1}，右端受到滑裂面上的压应力 R_m 和剪应力 τ_{m2}，还有该水平单元的自重 dW_m。根据该水平单元的力和力矩平衡，可推导出 p_m 的表达式为

$$p_m = K_q q + K_\gamma \gamma y \tag{10-3}$$

式中　K_q——地面超载引起的水平压力系数，$K_q = K\left(\dfrac{H_{cr}-y}{H_{cr}}\right)^{A}$；

$\quad\quad y$——计算深度；

$\quad\quad K_\gamma$——填土自重的水平压力系数，$K_\gamma = \dfrac{K}{A-1}\dfrac{H_{cr}-y}{y}\left[1-\left(\dfrac{H_{cr}-y}{H_{cr}}\right)^{A-1}\right]$；

$\quad\quad H_{cr}$——滑裂面高度；

$\quad\quad \gamma$——填土重度。其中：

$$K = \dfrac{1}{\tan\theta\cot\delta_m\left[\cot\delta_m\cot(\theta-\varphi_m)-1\right]} \tag{10-4}$$

$$A = 2K\tan\theta\sin\delta_m$$

式中　θ——滑裂面与水平面的夹角；

　　　δ_m——EPS 块体与填土之间的摩擦角；

　　　φ_m——填土的内摩擦角。

式（10-4）中 δ_m 与 φ_m 与填筑完成后由填土表面的超载所引起的 EPS 压缩变形量 S 相关（S 不大于填土达到主动状态时所需要的临界位移量 S_{cr}）。根据模型试验结果（Fang 和 Ishibashi，1986），可以得到 δ_m 与 φ_m 的表达式

$$\begin{cases} \tan\varphi_m = \tan\varphi_0 + K_d(\tan\varphi_f - \tan\varphi_0) \\ \tan\delta_m = \tan\delta_0 + K_d(\tan\delta_f - \tan\delta_0) \end{cases} \tag{10-5}$$

式中　φ_f——填土主动状态时的内摩擦角，可通过填土的剪切试验获取；

　　　φ_0——填土静止状态时的内摩擦角；

　　　δ_f——EPS 块体与填土界面发生相对滑动时的摩擦角，可通过剪切试验获取；

　　　δ_0——静止状态下 EPS 块体与填土之间的摩擦角，对于分层填筑的挡土墙，一般取 $\delta_0 = 1/2\varphi_f$。

式（10-5）中，K_d 的表达式为

$$K_d = \frac{4}{\pi}\arctan\frac{S}{S_{cr}} \tag{10-6}$$

由模型试验给出的不同密度砂土达到 S_{cr} 的经验公式（Sherif 等，1982）为

$$S_{cr} = H_{cr}(7.0 - 0.13\varphi) \times 10^{-4} \tag{10-7}$$

φ_0 可采用修正的库仑土压力系数公式（Chang，1977）求得

$$\left(\frac{1}{\cos\varphi_0} + \sqrt{\tan^2\varphi_0 + \tan\varphi_0\tan\delta_0}\right)^2 = \frac{1}{K_0} \tag{10-8}$$

式中　K_0——静止土压力系数。

基于大量试验给出的砂土静止土压力系数 K_0 的经验公式（蔡正银，2021）为

$$K_0 = \sin\varphi_f - 0.16 \tag{10-9}$$

联立式（10-8）和式（10-9）即可得到 φ_0 与 φ_f 的关系。

库仑滑动角 θ 表示为

$$\theta = \arctan\left(\tan\varphi_f + \sqrt{\tan^2\varphi_f + \tan\varphi_f/\tan(\varphi_f + \delta_f)}\right) \tag{10-10}$$

式中，φ_f、δ_f 的含义同前。

由于工程中通常控制 EPS 的应变处于其压缩应力-应变曲线的弹性阶段，因此作用在 EPS 上的应力 p_m 还可表示为

$$p_m = \frac{S}{B}E_{EPS} + p_0 \tag{10-11}$$

式中　S——EPS 压缩量；

　　　B——EPS 的厚度；

　E_{EPS}——EPS 压缩应力-应变曲线弹性阶段的压缩模量；

　　　p_0——墙后填土填筑完成时作用在 EPS 上的土压力，$p_0 = \gamma y K_0$。

利用式（10-3）~式（10-11），通过试算的方法可以求得滑动面内作用在 EPS 上的应力 p_m 沿墙高的分布情况，这也就是墙背上沿墙高的水平压力分布。具体试算步骤为：

1）根据式（10-10）求出滑动面倾角 θ。

2）根据填土加载宽度和滑动面倾角计算滑动面高度 H_{cr}（$H_{cr} \approx B\tan\theta$）。

3）根据式（10-7）计算填土达到主动状态时所需要的临界位移量 S_{cr}。

4）根据式（10-8）和式（10-9），通过试验得到的 φ_f 求出 δ_0 和 φ_0。

5）给定深度 y 处 EPS 的压缩量 S，通过式（10-5）求出对应的 δ_m 与 φ_m。

6）将 δ_m 与 φ_m 代入式（10-3），求出 p_m 的值，并与由式（10-11）所求得的 p_m 值进行比较，如果两者相同，说明给定的 S 值是正确的，否则继续试算。其中当试算得到的压缩量 S 大于填土发生主动状态时所需的临界位移量 S_{cr} 时，此时直接将 δ_f 和 φ_f 代入式（10-3）求 p_m。

7）根据得到的 S 值求出深度 y 处的 p_m。当试算得到的土压力（$p_m\cos\delta_m$）小于静止土压力时，认为该处 EPS 未被压缩，即压缩量为 0，此时认为作用在 EPS 上的土压力为静止土压力产生的对 EPS 的挤压力。

8）重复 5）~7），从而求出滑动面高度范围内作用在 EPS 上的应力 p_m 沿墙高的分布。

对于滑动面以外，由于 EPS 没有被压缩，因此可以直接采用静止土压力公式进行计算。

在水平方向上，墙背受到的土压力和作用在 EPS 上的应力 p_m 相等，因此求得的 p_m 即作用在墙背上的水平土压力。

在初步设计阶段，可采用式（10-12）确定 EPS 缓冲层的最小厚度 B_{min}

$$B_{min} = \frac{E_{EPS}S_{cr}}{0.75K_a\cos\delta_0\gamma H} \tag{10-12}$$

式中　K_a——库仑主动土压力系数；

　　　H——挡墙高度。

填土达到主动状态时所需的临界位移量 S_{cr} 可通过式（10-7）确定，也可参考表 10-6 选取。

表 10-6　填土达到主动状态时所需的临界位移量 S_{cr}

土体类型	S_{cr}	土体类型	S_{cr}
密砂	$0.001H$	压实黏土	$0.01H$
中砂	$0.002H$	硅砂	$0.002H$
松砂	$0.004H$	硬黏土	$0.01H$
压实粉土	$0.002H$	软黏土	$0.02H$

注：H 为挡土墙高度。

2. 竖直方向

（1）管道埋设方式于受力特点　管涵结构广泛应用于公路、水利、铁路、矿山、军工和市政等部门。管道的埋设方式，大致分为沟埋式和上埋式两类（图 10-10a、b）。

1）沟埋式是先在天然场地中开挖沟槽至设计标高，放置涵管后，再用土回填沟槽至地面高程。分析这类埋管所受的竖直向土压力时，沟槽外原有的土体可以视为不再发生变形，而沟内管顶上回填的新土在自重及外荷载作用下要产生沉降变形。因此，槽壁将对新填土的下沉产生摩阻力，方向向上。这样，沟内回填土的一部分重量将被两旁沟壁的摩阻力所抵消，从而使得作用于管顶上的竖直土压力一般小于涵管之上沟内回填土柱的自重。这是沟埋式埋管上土压力的一个重要特点。

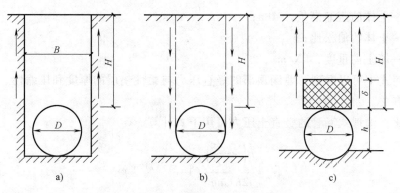

图 10-10 埋管及其受力分析
a）沟埋式 b）上埋式 c）拟沟法

2）上埋式是将管道直接敷设在天然地面或浅沟内，然后在上面回填土至设计地面。这时，作用在管顶上的土压力特点与沟埋式不同。上埋式涵管因两侧填土较涵管顶上的填土厚，其压缩变形大于涵管顶部土体的压缩变形，两侧填土对管顶填土产生下拉的剪应力，故涵管承受的竖直压力大于其上覆土自重，巨大的压力常使涵管开裂、破坏。这是上埋式土压力的重要特点。

3）为减小上埋式涵管的垂直压力，可在其顶部铺设压缩变形大的材料，使管顶回填土沉降大于两侧填土的沉降，产生沟埋式的减压效果，称为拟沟法（图 10-5c）。过去采用天然材料（如草或树枝），但是不耐久，现在可改用能产生很大变形的泡沫塑料，能很好地满足工程上的要求。这时要求泡沫塑料所受填土压力大于或接近它的压缩强度。

（2）埋管顶部竖直压力的计算 荷载的计算有两类方法。一类是数值计算方法，另一类是半经验的分析法。前者可以更周密地考虑各种因素，计算成果更为精确，但工作量较大，只宜用于大型工程；后者在计算时对各种条件做了简化后，可以得到计算地下建筑物顶部土压力的公式，使用时很方便。关于上埋式和沟埋式涵管竖直土压力的计算公式可从土力学专著中查得，下面列出沟埋式和上埋式涵管竖直土压力的计算公式［式（10-13）、式（10-14）］。关于拟沟法的分析，可以把有泡沫塑料柔性垫层的受荷计算看作半无限弹性体表面的刚性压板的下沉计算。按照弹性理论，可以推导出埋管顶部的平均竖直压力为

$$\sigma_v = \frac{\left(\dfrac{\beta h}{E_s}+1\right)}{\left(\dfrac{\beta \delta}{E_\rho}+1\right)} \gamma(H-\delta) \tag{10-13}$$

$$\beta = \frac{0.47 E_s}{D(1-\mu^2)} \tag{10-14}$$

式中 σ_v——有柔性垫层的埋涵顶部的平均竖直压力，kPa；

H——埋涵顶的埋深，m；

h——埋涵突出原地面的高度，m；

D——埋涵的宽度或直径，m；

δ——柔性垫层的厚度，m；

E_ρ——泡沫塑料的压缩模量，由压缩试验确定，MPa；

293

E_s——土体的压缩模量，MPa；

μ——土体的泊松比；

γ——填土的重度，kN/m^3。

从以上两式中可以看到，埋涵顶部的竖直压力与柔性垫层的厚度和压缩性、埋涵尺寸及填土的性质有关。

作为对比，沟埋式涵管的竖直土压力可用下式计算

$$\sigma_v = \frac{B\left(\gamma - \frac{2c}{B}\right)}{2K\tan\varphi}(1 - e^{-2K\frac{H}{B}\tan\varphi}) \tag{10-15}$$

上埋式涵管的竖直土压力可用下式计算

$$\sigma_v = \frac{D\left(\gamma + \frac{2c}{D}\right)}{2K\tan\varphi}(e^{2K\frac{H}{D}\tan\varphi} - 1) \tag{10-16}$$

式中　H——涵管顶的埋深，m；

　　　B——沟埋式埋涵的沟宽，m；

　　　γ——填土的重度，kN/m^3；

　　　K——土压力系数，一般取主动土压力系数。

　　　c——填土的黏聚力，kPa；

　　　φ——填土的内摩擦角，(°)。

应注意式（10-16）适用于 H 较小的情况。当填土厚度较大时，在地表下某一水平面的沉降不论管顶还是管侧都相等，该平面称为等沉面，只有等沉面以下土体才产生相对剪切位移，将等沉面至管顶距离记为 H_e，H_e 小于 H，用 H_e 代替式（10-16）中的 H 计算 σ_v。H_e 的计算公式如下

$$e^{2K\frac{H_e}{D}\tan\varphi} - 2K\frac{H_e}{D}\tan\varphi = 2K\tan\varphi\eta\xi + 1 \tag{10-17}$$

式中　η——沉降比，对土基上的刚性管，$\eta = 0.5 \sim 0.8$；

　　　ξ——突出比，$\xi = h/D$。

[例 10-1]　已知某输水渠道涵管，管子外径 $D = 1.0m$，采用沟埋式施工方法，槽宽 $B = 2.0m$，回填黏性土，$c = 12kPa$，$\varphi = 18°$，$\gamma = 19kN/m^3$。试求当管顶填土厚度为 $H = 3m$ 时，作用于管顶上的竖直土压力 σ_v，并和上覆土重的压力比较。

解：对沟埋式涵管，按式（10-15）计算竖直土压力

$K = K_a = \tan^2(45° - \varphi/2) = \tan^2 36° = 0.528$，$\tan\varphi = \tan 18° = 0.325$。

当 $H = 3m$ 时，由式（10-15）有

$$\sigma_v = \frac{2 \times \left(19 - \frac{2 \times 12}{2}\right)}{2 \times 0.528 \times 0.325} \times (1 - e^{-2 \times 0.528 \times \frac{3.0}{2.0} \times 0.325}) kPa = 16.4kPa$$

上覆土重的压力为 $\sigma_z = \gamma H = 19 \times 3kPa = 57kPa$，明显大于沟埋式的竖直土压力。

[例 10-2]　[例 10-1] 中的涵管如采用上埋式布设,并采用同样的埋深和回填同样的黏性土,求作用于管顶的竖直土压力。已知土体的压缩模量 $E_s = 10.2\text{MPa}$,泊松比 $\mu = 0.3$,如果在管顶填一层厚 0.3m、密度 $\rho = 7.5\text{kg/m}^3$ 的土工泡沫,与其上覆压力相应的压缩模量 $E_\rho = 0.2\text{MPa}$,求管顶的竖直土压力。

解:首先取 $\eta = 0.65$、$\xi = h/D = 1$,用式 (10-17) 试算得 $H_e = 1.75\text{m}$,根据式 (10-16) 计算上埋式涵管的竖直土压力时,用 H_e 代替 H 得

$$\sigma_v = \frac{D\left(\gamma + \dfrac{2c}{D}\right)}{2K\tan\varphi}\left(e^{2K\frac{H}{D}\tan\varphi} - 1\right) = \frac{1 \times \left(19 + \dfrac{2 \times 12}{1}\right)}{2 \times 0.528 \times 0.325} \times \left(e^{2 \times 0.528 \times \frac{1.75}{1} \times 0.325} - 1\right)\text{kPa} = 103.1\text{kPa}$$

可见上埋式涵管的管顶压力比上覆土重压力 $\sigma_z = 57\text{kPa}$ 大得多。

用式 (10-14) 和式 (10-13) 计算拟沟法的管顶土压力,即

$$\beta = \frac{0.47E_s}{D(1-\mu^2)} = \frac{0.47 \times 10.2}{1 \times (1-0.3^2)}\text{MN/m}^3 = 5.268\text{MN/m}^3$$

$$\sigma_v = \frac{\left(\dfrac{\beta h}{E_s} + 1\right)}{\left(\dfrac{\beta\delta}{E_\rho} + 1\right)}\gamma(H-\delta) = \frac{(5.268 \times 1/10.2 + 1)}{(5.268 \times 0.3/0.2 + 1)} \times 19 \times (3-0.3)\text{kPa} = 8.74\text{kPa}$$

可见加土工泡沫后管顶压力比上覆土重压力 $\sigma_z = 57\text{kPa}$ 小得多,且比相同条件下沟埋式涵管管顶承受的压力也要小。

3. 工程实例

(1) 运—三高速拱涵减载　在我国运 (城)—三 (门峡) 高速公路上桩号 K14+369 处有一拱涵,在不同试验段布设了土压力盒,对比研究 EPS 材料的密度 (7.5kg/m^3 和 15kg/m^3)、厚度 (30cm 和 60cm) 及布置范围等对竖直和横向土压力的影响 (Zhao Wang 等,2003)。该涵洞长度 108m,拱顶最厚填土约 22m,沿涵洞共分 8 个试验段。

以下重点介绍具有代表性的 2、3 试验段的测试成果。第 2 试验段:在拱顶、拱肩、边墙侧布置 3 只土压力盒 (图 10-11);第 3 试验段:土压力盒布置与第 2 段相同,只是在填土前,将拱顶用松砂找平,再铺 30cm 厚 7.5kg/m^3 的 EPS 板,宽度同拱顶外径 10m。边墙两侧外包相同的 EPS。

计算 2、3 试验段中土压力盒所在处的土压力理论值,并绘制实测压力和计算压力对比曲线,如图 10-12 和 10-13 所示。

钢筋混凝土拱　拱肩　土压力盒　边墙

图 10-11　拱涵处土压力盒的埋设
(第 2 试验段)

从图 10-12 可以看出,第 2 试验段土压力计算值与实测值基本吻合,拱顶和拱肩部位的计算压力略高于实测压力,由于施工超填,使得后期实测压力有所增加,最后基本稳定 (图 10-12a、b);水平侧压力计算值大于实测值,根据实测结果,可得土体的侧压力系数为 $0.4 \sim 0.5$,比土的静止侧压力系数公式 $K_0 = 1 - \sin\varphi' = 0.344$ 要大 (图 10-12c)。

第 3 试验段受 EPS 板减载的影响,拱顶最大土压力实测值约为计算值的 1/3,分别为

109kPa 和 367kPa（图 10-13a）；拱肩实测压力为计算压力的 2/3，最大值分别为 237kPa 和 392kPa（图 10-13b）；边墙实测水平侧压力远小于计算压力（图 10-13c）。

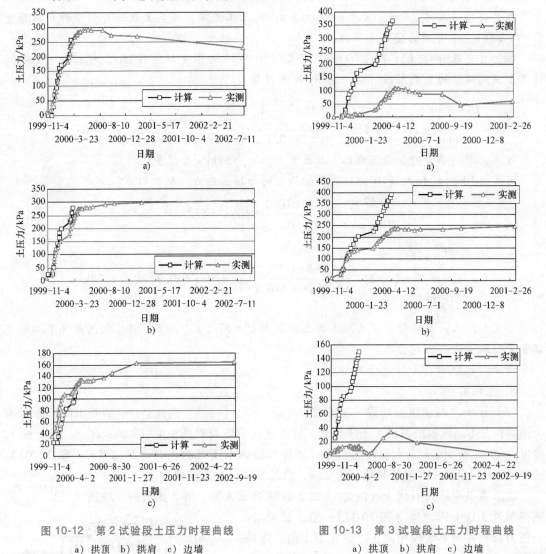

图 10-12　第2试验段土压力时程曲线
　　a）拱顶　b）拱肩　c）边墙

图 10-13　第3试验段土压力时程曲线
　　a）拱顶　b）拱肩　c）边墙

　　观测持续了约 35 个月，其他试验段的结果表明：同厚度密度较小的 EPS，开始填土阶段即表现出较强的减压效果，而密度大的材料起始表现并不显著，后期表现出一定的减压能力，但效果不及密度较小的材料；相同密度，不同厚度的 EPS，随厚度增大，拱顶中央压力减小，而拱肩的压力反而增大了。

　　后期监测表明，竣工后的路堤并没有由于铺设 EPS 材料而引起附加沉降，与正常填土的沉降数值及规律相同。

　　（2）公路滑坡修复加固板桩墙减载　某国道桩号 K2301+750～K2301+950 段路基边坡于发生滑坡（图 10-14）所示。滑体纵向长 72m，滑坡前缘宽约 38m，后缘宽约 110m，滑坡平面面积约 6188m^2。设计采用 EPS 减载板桩墙加固方案进行修复（图 10-15），即在桩间挡土板与墙后填土之间铺设 EPS，以减小膨胀性填土对桩间挡土板产生的土压力。

图 10-14　路基边坡滑坡现场

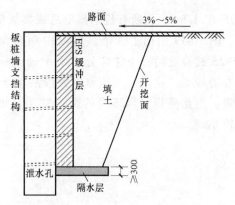

图 10-15　EPS 减载板桩墙加固方案

图 10-16 为路面结构、EPS 缓冲层、抗滑桩高程及墙后填土、原地层情况。板桩墙结构的抗滑桩长度约 15m，贯穿弱膨胀性土①、黏土②和强风化泥岩③，嵌入中风化泥岩中；路面结构总厚 1.0m，其下换填 1.0m 厚的砂土；EPS 缓冲层厚 0.3m，高 3m，其顶面与换填砂土层齐平。

共设置三个试验段（图 10-17）：一是密度 25kg/m³ 的 EPS 试验段（简称"EPS25 试验段"），长 12m；二是不铺设 EPS 的试验段（简称"无 EPS 试验段"），长 4m；三是密度 15kg/m³ 的 EPS 试验段（简称"EPS15 试验段"），长 32m。

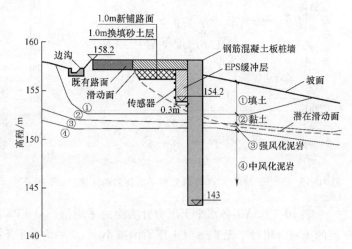

图 10-16　EPS-膨胀土-桩板墙支护结构的结构组成

土压力计和水分计的埋设如图 10-18 所示，均埋置在同一标高处。其中土压力计编号从下至上依次为 TY×-1，TY×-2，TY×-3，TY×-4，编号中"×"代表试验段编号（EPS15 段的编号为 1、无 EPS 段编号为 2、EPS25 段编号为 3）；水分计从下至上依次为 SF×-1，SF×-2，SF×-3（换填砂层范围内未埋设水分计）。土压力计和水分计距离 EPS 缓冲层顶面的距离分别为 2.75m、2.00m、1.25m、0.5m，距离路面设计标高的距离分别为 3.75m、3.00m、

EPS25试验段　　　无EPS试验段　　　EPS15试验段

图 10-17　试验段布置

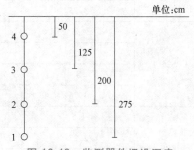

图 10-18　监测器件埋设深度

注：○代表土压力盒及水分传感器所在位置；
⊥代替土压力盒及传感器距地面距离。

2.25m、1.5m。将所有传感器由总线集成至采集传输箱,采用远程软件自动采集系统。

图 10-19 给出了三个试验段中距路面 3.75m 深度处土压力的变化。图 10-20 给出了 EPS25 试验段的三个深度处含水率随时间的变化。可见土压力和含水率在约一年的监测中波动较小。这是因为该修复路段的填土表面被路面结构覆盖,侧面又有板桩墙结构的阻隔,因此受到外界环境的影响较小,填土含水率变化不明显,因此相应的土压力变化也较小。

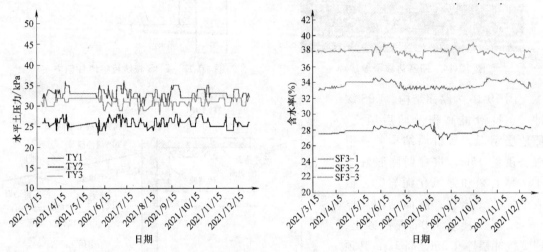

图 10-19　三个试验段 3.75m 深处水平土压力的变化　　图 10-20　EPS25 试验段三个深度处含水率的变化

表 10-7 总结了各水平土压力计实测的平均值,及 EPS 的减压率(指同一深度处铺设 EPS 后的土压力相对于无 EPS 时土压力的减小率)。平均水平土压力沿深度的分布如图 10-21 所示。图 10-21 中还给出了侧向静止土压力的理论计算值 p_0,$p_{0z} = k_0 \gamma z$,$k_0 = 1 - \sin\varphi'$ 进行计算(φ' 取 30°),土的重度 γ 取 19kN/m³。

表 10-7　土压力监测与计算结果汇总

EPS 类型	深度/m	压力传感器编号	实测土压力/kPa	减压率(%)
EPS15	1.5	TY1-4	10	80
	2.25	TY1-3	17	23
	3	TY1-2	20	17
	3.75	TY1-1	26	21
EPS25	1.5	TY3-4	30	40
	2.25	TY3-3	21	5
	3	TY3-2	25	-4
	3.75	TY3-1	31	6
无 EPS	1.5	TY2-4	50	—
	2.25	TY2-3	22	—
	3	TY2-2	24	—
	3.75	TY2-1	33	—

表 10-7 和图 10-21 表明：

1）在离路面深度 1.5m 处的换填土层中，实测侧向土压力较大，特别是在无 EPS 段和 EPS25 段，其侧向土压力远超过了静止土压力的理论值。这主要是因为换填土层施工过程中采用了重型压路机进行了压实，压实施工产生了较大的侧向土压力。但在换填土层以下的原土层中，实测侧向土压力都下降到静止土压力的理论值以下。

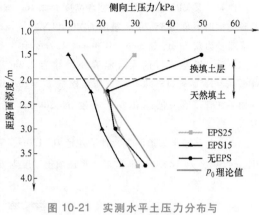

图 10-21　实测水平土压力分布与理论土压力分布的比较

2）设置有 EPS 缓冲层的挡土结构上实测侧向压力小于没有 EPS 缓冲层的实测侧向压力。在换填砂层中，距离路面深度 1.5m 处 EPS 缓冲层的减压率达到了 40%~80%，在更深的原填土中，EPS 缓冲层的减压率最高也达到 23%。

3）设置 EPS15 缓冲层的试验段所测得的侧向压力小于设置 EPS25 缓冲层的侧向压力。除换填砂层的试验结果外，EPS15 缓冲层的减压率为 23%，EPS25 缓冲层的减压率为 6%。这说明相同厚度时，EPS 缓冲层的密度和弹性模量越小，减压效果越明显。

10.3.5　其他方面的应用

（1）膨胀土地基　膨胀土的胀缩变化会对建于其上的结构造成损坏。为适应此类地基的变形特点，可在结构的基础与地基之间铺一层 EPS 板材。膨胀土的膨胀力指变形为零时的上抬力，如允许产生一定的膨胀，则上抬力大幅度下降（图 10-22）。例如，测得一膨胀土样的膨胀力为 150kPa，当产生 1.2% 膨胀变形时，测得的上抬力仅 50kPa。故同样可在膨胀土地区渠道的刚性衬砌下面铺一层 EPS 板材，防止胀缩裂缝。

（2）环境工程中的应用　土工泡沫可以消除垃圾填埋场黏土衬垫由干燥和冻融引起的裂缝，从而保持黏土衬垫的防渗性。利用土工泡沫

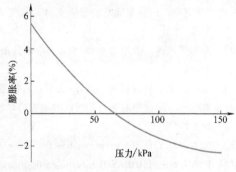

图 10-22　膨胀土的膨胀率与压力关系曲线

轻质填料的特点还可以把它做成封盖坡面，只产生微小的垂直应力和垃圾的附加沉降，封盖也没有滑动失稳之虞。

习　题

[10-1]　简述土工泡沫的生产过程和主要特性。

[10-2]　土工泡沫铺设于地下室外墙可能发挥哪些作用？

[10-3]　在与桥台相接的路堤处拟用密度为 20kg/m³ 的土工泡沫减小软土地基的压力，土工泡沫的总厚度为 6.5m，其上的设计均布荷载为 30kPa。试求土工泡沫下的基底压力和土工泡沫的压缩变形。

　　［10-4］　某 EPS 减压挡墙，挡墙高度为 2.4m，EPS 宽度为 0.4m，EPS 弹性模量为 1000kPa；填土为干砂，砂的内摩擦角为 35.20°，重度为 17.40kN/m³；EPS 与砂摩擦角为 18.40°。试求填土滑裂面滑动角度及 EPS 压缩量为 0.3mm、0.6mm、0.9mm、1.2mm 和主动状态下作用在 EPS 填土压力沿墙高的分布。

　　［10-5］　横穿路堤的人行涵洞外尺寸为 2.8m 高、3.6m 宽，其上路堤厚 6.8m，路堤回填土的 $c = 40$kPa，$\varphi = 18°$，$\gamma = 18.6$kN/m³，压缩模量 $E_s = 10.5$MPa，泊松比 $\mu = 0.3$，试计算作用于管顶的竖直土压力。如果在管顶填一层厚 0.5m、密度 $\rho = 20$kg/m³、压缩模量 $E_\rho = 0.3$MPa 的土工泡沫，求管顶的竖直土压力。

　　［10-6］　某输水渠道涵管，管子外径 $D = 1.0$m，采用沟埋式施工方法，槽宽 $B = 2.5$m，回填稍湿砂土，$c = 0$，$\varphi = 30°$，$\gamma = 18$kN/m³。试求当管顶填土厚度为 $H = 3.0$m 时，作用于管顶上的竖直土压力。

参 考 文 献

［1］　陈仲颐，周景星，王洪瑾. 土力学［M］. 北京：清华大学出版社，1994.

［2］　陆士强，王钊，刘祖德. 土工合成材料应用原理［M］. 北京：水利电力出版社，1994.

［3］　王钊. 国外土工合成材料的应用研究［M］. 香港：现代知识出版社，2002.

［4］　王俊奇. 聚苯乙烯塑料泡沫减小埋涵土压力的研究［D］. 武汉：武汉大学，2003.

［5］　龚晓南. 地基处理技术发展与展望［M］. 北京：中国水利水电出版社、知识产权出版社，2004.

［6］　AABOE R. Plastic foam in road embankment. ［J］. Ground Engineering，1986，7（5）：19-20.

［7］　SLADAN J A，OSWELL J M. The induced trench method-a critical review and case history［J］. Canadian Geotechnical Journal，1988，25（3）：541-549.

［8］　三木五三朗，等. 発泡スチロ-ルな用し太实物大道路盛土の挙动［J］. 土と基础，1989（2）：55-60.

［9］　滨田英治，山内羊聪. 轻量盛土材としての発泡スチロルの学的特性［J］. 土と基础，1989（2）：73-77.

［10］　早川清，等. 発泡スチロ-ルによる地盘振动の低减效果に关す为实验［J］. 土と基础，1990（6）：45-49.

［11］　王钊. 土工合成材料［M］. 北京：机械工业出版社，2005.

［12］　陈丛丛. 泡沫塑料板（EPS）的物理力学特性及其用于稳定膨胀土渠坡的研究［D］. 武汉：武汉大学，2012.

［13］　NEGUSSEY D. Design parameters for EPS geofoam［J］. Soils and Foundations，2007，47（1）：161-170.

［14］　FANG Y S，ISHIBASHI I. Static earth pressures with various wall movements［J］. Journal of Geotechnical Engineering，1986，112（3）：317-333.

［15］　SHERIF M A，ISHIBASHI I，LEE C D. Earth pressures against rigid retaining walls［J］. Journal of the Geotechnical Engineering Division，1982，108（5）：679-695.

［16］　CHANG M F. Lateral earth pressures behind rotating walls［J］. Canadian Geotechnical Journal，1997，34（4）：498-509.

［17］　蔡正银，朱洵，代志宇. 考虑密度影响的砂土静止土压力系数研究［J］. 岩石力学与工程学报，2021，40（8）：1664-1671.

［18］　FAN K，YAN J，ZOU W，et al. Active earth pressure on non-yielding retaining walls with geofoam blocks and granular backfills［J］. Transportation Geotechnics，2022，33：100712.

［19］　万梁龙. 聚苯乙烯泡沫（EPS）减小膨胀土挡墙侧压力的研究［D］. 武汉：武汉大学博士学位论文，2019.

第 11 章
其他应用

11.1 电动土工合成材料（EKG）

11.1.1 概述

对于含水率高、水力渗透性低的细粒土地基的预压排水加固处理，常用的方法是真空预压或堆载预压结合砂井或塑料排水带。这两种方法及在淤泥脱水中常用的机械压滤法，都是在水力梯度作用下的排水。对于水力渗透性很小的细粒土，依靠水力梯度排水固结很困难，速度很慢，利用电渗法却可以高效快速地实现排水固结。

岩土工程中的电渗方法是对需要处理的软土施加直流电场，使软土中的水分从阳极向阴极移动，通过在阴极设置的排水通道使水分排出土体的软土加固方法。电渗现象的发现已有200 多年的历史，因土的"电渗系数与土颗粒粒径无关"的特点，尤其适用于淤泥等细粒土的排水固结。然而，长期以来电渗法却未在实际工程中得到广泛应用，其中电极腐蚀和电渗能耗过高是两个主要的原因。

1. EKG 电极

为了解决电极腐蚀问题，英国 Newcastle 大学的 C. J. F. P. Jones 教授等于 1996 年提出了EKG（electro-kinetic geosynthetics）的概念，可以译为"电动土工合成材料"。EKG 是一类能够导电的土工合成材料，它将电渗技术和土工合成材料的功能结合起来，为电渗法提供耐腐蚀、具有良好的排水排气通道、性能优良的电极（简称 EKG 电极）。Newcastle 大学将这种新型的土工合成材料喻为"活性土工合成材料"（active geosynthetics）。

但在 1996 年以后的一段时间里，EKG 都还是一种停留在概念中的材料。进入 21 世纪以后，武汉大学在王钊教授的带领下，通过与企业联合，在 EKG 方面取得了突破性进展，研制出具有自主知识产权的电渗电极（庄艳峰，邹维列，王钊等，2012），并实现了量产，从而为电渗法在实际工程中的应用提供了材料基础和新的可能。

2. 电渗固结理论

1968 年 Esrig 提出了电渗固结理论，但之后一直没有根本性进展。Esrig 理论认为电势梯度引起的水流和水力梯度引起的反向水流相互叠加，当二者达到平衡时，电渗排水停止。Esrig 理论虽然被广泛接受，却具有明显的局限性。

1）Esrig 理论无法解释一些已被观察到的电渗现象。根据 Esrig 理论，当电极反向的时候，之前建立起来的水力梯度将和电场同向，这将显著提高电渗效果，然而实际上电极反向的效果有限。若是在电渗后期进行电极反向，电流并无明显提高；若在电渗前期就进行电极反向，电流虽有所提高，但很快会下降，且降到比正向时更低的水平。也就是说，这两种情况对电渗效果均无明显提高。为了在 Esrig 理论框架内解释各种观测到的电渗现象，学者们把一些物理量视为非线性量，但引入的非线性关系大多依赖于对试验数据的拟合，普适性差，因此相关理论也不具备普适性，难以指导工程实践。

2）Esrig 理论缺乏对电学参数的描述，无法估算电渗电流、确定电源功率。

因此，目前尚无一个很好的电渗排水固结设计方法。

目前电渗理论有了新的进展，以下介绍"电渗能级梯度理论"及依据该理论的电渗设计方法。

11.1.2　EKG 的导电性、耐久性与形式

为了解决电极腐蚀问题，EKG 可以由导电塑料制成。EKG 应该具有足够的导电性，以保证不会有大量的电能被消耗在电极上，而能够将电流分配到待加固土体的深部。

1. EKG 的导电性

理想情况下 EKG 的电阻为零，但这是不可能的，因为 EKG 的导电性没有金属材料的好。EKG 的优点是不会被腐蚀，不会像金属材料那样因为腐蚀而断开，或者使金属材料因为附着了氧化层而变得钝化（电极本身变得耗电）。提高 EKG 导电性的困难之处在于成本和材料的力学性能之间的矛盾，导电性越好的材料，价格越高，越容易发脆，不仅在工艺上难以成型，而且抗拉强度降低。

在 EKG 的电阻不能忽略的情况下，消耗在电极上的能量是一种损耗。这时电渗的电能效率可以写为

$$\eta = \frac{1}{1+\dfrac{\pi l^2}{2D\delta}\dfrac{\rho_{电极}}{\rho_{土体}}} \times 100\% \tag{11-1}$$

式中　η——电能效率，（%）；

$\rho_{电极}$——电极电阻率，$\Omega \cdot m$；

$\rho_{土体}$——土体电阻率，$\Omega \cdot m$；

l——电极长度，m；

δ——电极厚度，m；

D——阴阳极的间距，m。

考虑一个常见的软黏土排水固结工程问题，通常排水板的间距约为 1m，处理深度取 10~20m，电极厚度约为 2mm，土体电阻率依含水率、干密度、化学成分的不同，可在 10^1~$10^2\Omega \cdot m$ 数量级之间变化，则 EKG 的电阻率应不超过 $10^{-3}\Omega \cdot m$，才能保证电能效率不低于 80%。

目前已有满足电阻率不超过 $10^{-3}\Omega \cdot m$ 的 EKG 产品。大量试验（包括室内和现场试验）都表明 $10^{-3}\Omega \cdot m$ 是 EKG 导电性应该满足的最低要求，否则难以达到理想的电渗排水固结效果。

2. EKG 的耐久性

EKG 中含有碳元素，这是聚合物能够导电的主要元素。许多学者认为，在电渗过程中，EKG 中的碳元素会迁移到土体中，导致 EKG 电极的导电性下降，并把这种现象称为"导电塑料的腐蚀"。

试验表明，对于湖相淤泥的电渗排水固结，在 1~3 个月时间内，电渗之后的 EKG 电阻

率略有增大，但没有数量级上的变化；对于海相淤泥，由于含盐量高，电流很大，则会造成 EKG 电极的损坏和失效。

由于电渗排水固结的处理周期通常都在 3 个月以内，据此要求 EKG 的耐久性至少应为 3 个月，即在 3 个月时间内，EKG 的电阻率不会发生数量级上的变化。

3. EKG 的形式

目前 EKG 主要有两种形式，一种是板状（E-board），一种是管状（E-tube）。

（1）E-board　板状 EKG 如图 11-1 所示。E-board 与普通排水板的结构形式一样，只是它是由导电塑料制成的。E-board 的芯板宽度为 100mm、厚度为 0.8mm，两面均匀布设若干平行的排水凹槽，排水凹槽宽度为 3mm，凹槽壁厚 0.8mm。板内埋设两根铜丝，铜丝直径为 1mm，铜丝所在位置两面均有一个宽 6mm、厚 2.5mm 的弧面凸起。

图 11-1　板状 EKG（E-board）

（2）E-tube　管状 EKG 如图 11-2 所示。E-tube 与 E-board 一样，也是由导电塑料制成。导电管外径为 30~40mm，内径为 15~20mm，导电管内外壁上沿圆周均匀间隔设置 6 个轴向导水槽，导水槽宽度 3~5mm。导电管壁内设有 2 根直径 1mm 的铜丝，对称分布于导电管壁内并轴向贯穿整个导电管。导电管壁上在开槽处设置排水孔，排水孔孔径 3~5mm，轴向间距 10~20mm。

图 11-2　管状 EKG（E-tube）

11.1.3　电渗的能级梯度理论

能量守恒是自然界的基本原则之一，许多问题从能量的角度来看都是统一的。同样将这个思想应用到土体固结问题中，可以将土体的固结排水过程看作是一个能量消耗和吸收的过程。比如，工程中常用的几种固结排水方法实际上只是能量提供的方式不同：预压排水的能量由堆载的重力场提供，真空排水的能量由真空泵提供，电渗排水的能量则来自于外加电场，但均遵守能量守恒定律。

电渗的能级梯度理论正是从能量的角度建立电渗排水固结方程。

1. 土体的能级密度

如图 11-3 所示，考虑单位体积的土体在两种不同加荷过程中所消耗的能量：①先施加

p_1，稳定之后再施加 p_2；②直接施加 p_2。这两种情况消耗的能量是不同的：第一种情况消耗的能量可以用两个矩形面积：e_0e_1CA 和 e_1e_2DE 之和来表示；第二种情况消耗的能量可以用矩形面积：e_0e_2DB 来表示。这说明不同的加荷过程消耗的能量是不同的，最节省能量的路径是沿着 e-lg$p$ 曲线逐渐增大压力。这也说明为了使土体有效应力达到 p_2，至少需要 e-lg$p$ 曲线所包围的那部分面积的能量，低于这个能量值就无法使土体有效应力达到 p_2。矩形面积与 e-lg$p$ 曲线所包围面积之差是排水所消耗的能力。

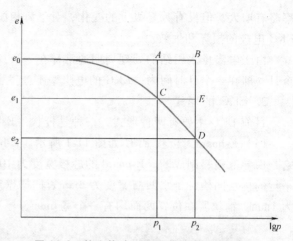

图 11-3　使土体达到不同有效应力值的能耗

因此，土体能级密度定义为：从有效应力为零的状态开始，使单位体积的土体达到某一有效应力值所需要施加的最小能量为与该有效应力值相对应的土体能级密度，记为 E_s。

2. 能级梯度理论的基本方程

黏土在排水固结过程中，排水流速和土体能级密度之间符合如下微分方程

$$\nabla q = k_E \frac{\partial E_s}{\partial t} \tag{11-2}$$

式中　q——排水流速矢量，m/s；

$\quad E_s$——土体的能级密度，J/m^3；

$\quad\quad t$——时间，s；

$\quad k_E$——能量系数，Pa^{-1}；

$\quad\quad \nabla$——哈密顿算子。

只有当外加能量场的能级密度大于土体当前的能级密度时才能产生进一步的排水固结作用，排水流速符合如下微分方程

$$q = k_{qx}\frac{\partial(E_f - E_s)}{\partial x}i + k_{qy}\frac{\partial(E_f - E_s)}{\partial y}j + k_{qz}\frac{\partial(E_f - E_s)}{\partial z}k \tag{11-3}$$

式中　　　E_f——外加能量场的能级密度，J/m^3；

k_{qx}、k_{qy}、k_{qz}——x、y、z 方向的流量系数，m^2/(Pa·s)；

$\quad i$、j、k——x、y、z 方向的单位矢量。

外加电场是土体电渗固结的驱动力，电场的能级梯度沿 3 个正交坐标轴方向可分别表达为

$$\frac{\partial E_f}{\partial z} = \frac{k_{ez}}{k_{qz}}\frac{\partial U}{\partial z} \tag{11-4}$$

$$\frac{\partial E_f}{\partial x} = \frac{k_{ex}}{k_{qx}}\frac{\partial U}{\partial x} \tag{11-5}$$

$$\frac{\partial E_f}{\partial y} = \frac{k_{ey}}{k_{qy}}\frac{\partial U}{\partial y} \tag{11-6}$$

式中　　　U——电势，V；

k_{ex}、k_{ey}、k_{ez}——x、y、z 方向的电渗系数，$m^2/(V \cdot s)$。

土体电导率与含水率的关系可表达为：

$$G = f_G(w) \tag{11-7}$$

式中　G——土体电导率；

　　　w——土体含水率；

　$f_G(w)$——以 w 为自变量的函数，需要通过试验确定。

电流与电场的关系可表达为

$$J = G \cdot \nabla U \tag{11-8}$$

式中　J——电流面密度矢量。

能级梯度理论的特点是通过能级密度来描述土体的电渗过程，但实际工程中真正关心的是含水率的变化，而且外加电场的分布情况也与土体含水率的分布情况密切相关，含水率和土体能级密度之间的关系可以表达为

$$w = w_0 - \frac{\gamma_w}{\gamma_{ds}} \int_0^t k_E \frac{\partial E_s}{\partial t} dt = w_0 - \frac{\gamma_w}{\gamma_{ds}} \int_{E_{s0}}^{E_{st}} k_E dE_s \tag{11-9}$$

式中　γ_w——水的重度，kN/m^3；

　　　γ_{ds}——土的干重度，kN/m^3；

　　　w_0——土体初始含水率。

综上，电渗能级梯度理论的基本方程如下

$$\begin{cases}
\nabla q = k_E \frac{\partial E_s}{\partial t} \\
q = k_{qx} \frac{\partial(E_f - E_s)}{\partial x} i + k_{qy} \frac{\partial(E_f - E_s)}{\partial y} j + k_{qz} \frac{\partial(E_f - E_s)}{\partial z} k \\
\nabla E_f = \frac{k_{ex}}{k_{qx}} \frac{\partial v}{\partial x} i + \frac{k_{ey}}{k_{qy}} \frac{\partial v}{\partial y} j + \frac{k_{ez}}{k_{qz}} \frac{\partial U}{\partial z} k \\
G = f_G(w) \\
J = G \cdot \nabla U \\
w = w_0 - \frac{\gamma_w}{\gamma_{ds}} \int_{E_{s0}}^{E_{st}} k_E dE_s
\end{cases}$$

3. 能级梯度理论的简化形式

土体能级密度可看作是一种广义的应力，量纲也是应力的量纲。最初土体能级密度是根据 e-$\lg p$ 曲线定义的，但对于电渗排水固结，有另外一种简化的形式：

电渗电流可以表达为时间的负指数函数

$$I = (I_0 - I_\infty) e^{-at} + I_\infty \tag{11-10}$$

式中　I——电渗电流，A；

　　　I_0——初始电流，A；

　　　I_∞——最终电流，A；

　　　t——时间，s；

　　　a——时间因子，s^{-1}。

土体能级密度可以表达为

$$E_s(t) = \frac{U(I_0 - I_\infty)}{aV}(1 - e^{-at})$$ (11-11)

式中　$E_s(t)$——t 时刻土体的能级密度，kPa；

V——土体体积，m^3；

U——电压，V。

则电渗排水流速可用下式计算

$$q = \frac{k_q U(I_0 - I_\infty)}{a\Delta x^2}\frac{1}{A}e^{-at}$$ (11-12)

式中　k_q——流量系数，$m^2/(Pa \cdot s)$；

Δx——阴极和阳极之间的距离，m；

U——电压，V；

A——电流通过的面积，m^2。

电渗累积排水量可用下式表示

$$Q = \frac{k_q U(I_0 - I_\infty)}{a^2 \Delta x^2}(1 - e^{-at})$$ (11-13)

式中符号的意义同前。

4. 能级梯度理论的关键参数

流量系数 k_q 和时间因子 a 是电渗能级梯度理论的两个关键参数。流量系数 k_q 反映了土体的透水性和能量在土体中累积的快慢，土体透水性越好或能量在土体中越不容易累积，则流量系数越大；时间因子 a 反映的是电渗过程中电流消减的快慢，a 值越小电渗持续时间越长，但最终电渗的效果也越好。

相对于预压方法，电渗法速度很快，因此在实际电渗排水固结中，时间长一点没关系，希望 a 值小一点，最终能有更好的处理效果。多次试验表明 a 值变化范围不大，不同土质、不同尺寸的场地，a 值基本上都在 $10^{-6} \sim 10^{-5} s^{-1}$ 范围内。参数 k_q 有较大变化范围，且存在模型尺寸效应，其值大概在 $10^{-15} \sim 10^{-12} m^2/(Pa \cdot s)$ 范围内。

11.1.4　电渗设计方法

EKG 与传统塑料排水板形式一样，其布置和施工方式也与传统预压排水固结类似，以下仅介绍电渗法区别于传统预压法的设计内容。

1. 参数 k_q 和 a 测定

通过室内模型试验确定电渗参数 k_q 和 a。模型尺寸可采用 $10cm \times 10cm \times 20cm$，电极在 $10cm \times 10cm$ 过流面积上满铺，电势梯度采用与实际工程中相同的电势梯度。根据用电安全性的要求，实际工程中采用的电压一般不超过 80V；电极板的间距一般为 $0.5 \sim 1m$，小于 $0.5m$ 间距时施工不方便，可能使电极在淤泥底部或表面碰在一起，因此模型试验中采用电势梯度在 $80 \sim 160V/m$。

模型试验通电后记录数据，绘制电流-时间曲线，可得到电流负指数消减函数，即式（11-10），因为参数 a 与模型尺寸关系不大，因此式（11-10）得到的参数 a 即实际的时间因子，实际工程中电渗电流将以类似的速率消减。

k_q 可以通过最终排水量 Q_∞ 来确定。将 $t = \infty$ 代入式（11-13）并整理得

$$k_q = \frac{Q_\infty \, a^2 \Delta x^2}{U(I_0 - I_\infty)} \tag{11-14}$$

通过式（11-14）即可计算出 k_q 值。如前所述，k_q 存在较明显的尺寸效应，主要原因有：一是小模型中得到的最终排水量偏小，因为在排水总量本来就不大的情况下，由电解、蒸发所占的水量比例就不可忽略；二是室内模型试验中的电流面密度偏大，而实际工程中电极不是满铺的，而且室内模型试验中多个回路之间会互相影响，即实际工程中电流面密度会比模型试验中的小。所以，模型试验得到的 k_q 值偏小。

为了更准确地计算排水量，从而预估电渗处理之后土体含水率的减小及沉降情况，可以通过扩大模型试验的尺寸获得更准确的 k_q 值，或者根据经验对小模型试验的 k_q 值进行修正。

2. 电渗电源功率设计

电渗用电源功率设计的关键是正确估计电渗电流。在上述测定电流-时间曲线的模型试验中，可以得到初始电流面密度，由此实际初始总电流可用下式估算

$$I_{0总} = N j_0 A \tag{11-15}$$

式中　j_0——初始电流面密度，$\mathrm{A/m^2}$；

　　　N——实际电流回路数；

　　　A——电流通过的面积，$\mathrm{m^2}$。

实际初始电流值一般都很大，$j_0 = 0.5 \sim 1 \mathrm{A/m^2}$，那么对于深 10m、面积 $1000\mathrm{m^2}$ 的吹填淤泥，电流将达到 $5000 \sim 10000\mathrm{A}$。这么大的电流，对于电源、电缆线的配备都是一个挑战，这也是限制电渗法大面积推广的一个重要因素。该问题的解决方案是：对整个场地进行轮询通电，这需要对电源进行重新设计，尤其是对程控部分的重新设计。目前已有能够进行轮询通电的电渗专用电源。

轮询通电与同时通电相比，延长了处理时间，因此在估算出场地所需要的总电流之后，应该根据工期和成本的要求，综合考虑所需要的电源功率。

3. 排水量计算

实际工程中，场地是由多个线路组成，因此电流也应该采用所有回路的总电流。根据现场对电流进行的监测，可以拟合出总电流表达式

$$I_{总} = (I_{0总} - I_{\infty总})\mathrm{e}^{-at} + I_{\infty总} \tag{11-16}$$

式中　$I_{总}$、$I_{0总}$、$I_{\infty总}$——场地的 t 时刻、初始和最终总电流，A。

因此电渗总排水量计算式为

$$Q = \frac{k_q U(I_{0总} - I_{\infty总})}{a^2 \Delta x^2}(1 - \mathrm{e}^{-at}) \tag{11-17}$$

排水量的多少直接反映了电渗的效果，但现场排水量却难以测量，因此有必要在土体中埋设 TDR 传感器对含水率的分布及随时间变化情况进行监测。通过含水率的监测一是可以评估电渗排水固结的效果，二是可以通过含水率的变化计算出排水量，与式（11-17）的计算结果进行对照。因为 k_q 存在较明显的模型尺寸效应，可以通过对照修正实验室测定的 k_q 值，更准确地计算最终排水量，预估电渗排水固结之后土体的含水率。

4. 固结停止时间和沉降

真空预压的停止时间通常是根据沉降是否稳定来判断，在电渗法中沉降也可以作为判断停止时间的一个指标。电渗法还有一个判断停止时间的指标，就是电流；当电流接近 $I_{\infty 总}$ 的时候，电渗不再有效，应该停止。

在没有上覆荷载的情况下，电渗排水的体积大于因沉降所减少的体积，土体处于非饱和状态，因此不建议用钢弦式孔压计测孔压。钢弦式孔压计用于饱和砂土真空预压下负孔隙水压力的测试是可以的，但对于非饱和黏性土孔隙水压力测试是不适用的。

试验表明，自重沉淀固结之后的吹填淤泥，经电渗处理后，沉降量可达淤泥层厚度的 $10\% \sim 20\%$。

5. 电渗法主要设计步骤

1）通过室内试验测定流量系数 k_q、时间因子 a 和初始电流面密度 j_0。

2）计算实际初始总电流，根据工期和成本的要求，确定电源功率和轮询通电方案（这一项是电渗设计的主要内容）。

3）根据电流-时间曲线，计算电渗完成所需的时间，加上轮询通电所耗费的时间，得出电渗排水固结的工期。

4）用修正后的 k_q 计算出电渗总排水量，估计电渗之后土体的平均含水率，并估算电渗之后土体可能发生的最大沉降。

11.1.5　工程实例

1. 场地概况

某待处理场地面积为 19m×15m，吹填有约 5.8m 深的湖相淤泥。电渗前土体的基本参数见表 11-1，土的粒径分布曲线如图 11-4 所示。

表 11-1　电渗前土体基本参数

比重	含水率 （%）	干密度/ （g/cm³）	渗透系数/ （cm/s）	液限 （%）	塑限 （%）
2.61	62	1.03	3.0×10^{-7}	50	22

2. 电极排布和电渗过程

EKG 电极正方形布置，电极间距 1m，EKG 电极沿窄边方向正负交替布置，整个场地分为 8 个回路。

通电时间分为两个阶段：

阶段一：290A 稳流模式下通电 233.57h（约 10d）；50V 稳压模式下通电 28.55h（约 1d）。

阶段二：80V 稳压模式下通电 215.02h（约 9d）。

阶段一和阶段二之间有 16d 的间歇时间。

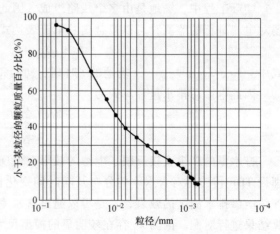

图 11-4　土的粒径分布曲线

3. 电渗排水固结效果及讨论

（1）含水率　电渗排水固结结束之后，钻孔取样进行土性分析，取样点布置如图 11-5 所示。取样测试表明，土体平均含水率从电渗之前的 62% 降低到 36%，钻孔取样测得的最小含水率为 24%。其中沿东西、南北两个中间断面的等含水率曲线分别如图 11-6、图 11-7 所示。从含水率分布情况来看，靠近西侧的含水率最高，靠近南侧的含水率最低。这个结果应该与现场的边界条件有关，靠近西侧的位置有一个水塘，而靠近南侧的位置是道路。

（2）承载力　现场十字板剪切试验得到 $c_u = 25\text{kPa}$。室内试验得到不同含水率试样的不固结不排水剪强度见表 11-2。静力触探结果表明电渗之后场地的承载力为 70kPa。

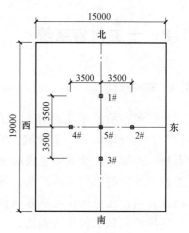

图 11-5　钻孔取样点布置

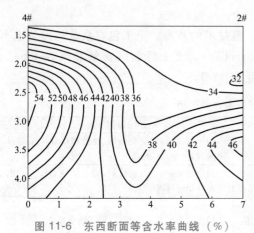

图 11-6　东西断面等含水率曲线（%）

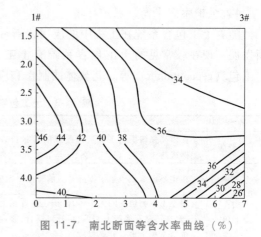

图 11-7　南北断面等含水率曲线（%）

表 11-2　不同含水率试样的 c_{uu} 值

含水率(%)	30	35	40	42	45
c_{uu}/kPa	17.4	13.3	9.2	7.0	5.0

（3）能耗和电源功率　电渗能耗为 $5.6\text{kW} \cdot \text{h/m}^3$，这个能耗不算高，但是所需的电源功率为 80kW，这个功率比真空预压所要求的功率高十多倍。

（4）与堆载预压对比　试验场地土体的固结系数 $C_v = 0.0029\text{cm}^2/\text{s}$，压缩指数 $C_c = 0.3611$，若采用堆载预压的方法，将土体含水率从 62% 降低到 36%，需要 132kPa 的堆载（相当于 6~7m 高的堆土），且达到 90% 的固结度需要 1139d（仅按未加排水板，一维单面排水固结计算）。

由此可见，电渗排水固结的速度比以水力梯度驱动的预压固结快很多，但为了达到快速固结的效果，电渗排水固结所需要的功率也比预压固结大很多。此外，电渗固结的体积压缩量不等于排水量，土体从最初的饱和状态逐渐变成非饱和状态，电渗固结的最终沉降量小于堆载预压固结。

11.2 土工包容系统

11.2.1 概述

土工包容系统是在原有土工合成材料的传统功能（排水、反滤、防渗、加筋、隔离和防护等）上开辟的又一新领域。它是以某些土工合成材料作为包裹物，将大（小）体积的土石料、混凝土、砂浆等包裹起来做成一定体积和一定形状的块体来满足工程结构的需要。土工包容系统的应用范围广阔，现已广泛应用于岸坡防冲、坡面防护、环境整治、解决大体积疏浚充填，还可用作堤坝修筑材料及与之类似的各类工程。

各项研究和工程实践表明，土工包容系统与传统的方法对比，具有许多优点，如：

1）减小土石方体积，施工进度快。

2）就地取材，费用低廉。

3）施工技术要求不高，可以充分利用当地简易设备。

4）维护生态平衡，保护环境。

随着土工包容系统在工程中的应用，新材料、新技术的开发，土工包容系统的种类也不断发展，现在较常见的土工包容系统有土工袋（geobag）、土工管袋或长管袋（geotube）、土工包（geocontainer）等。其具体的制作和应用见表 11-3。

表 11-3 土工包容系统的制作和应用

种类	制作	应用
土工管袋	在以高强编织土工织物缝制成的管状长袋中充填泥砂或疏浚淤泥，袋体直径 1m 至数米，长达数十米	用于岸边防冲、防止崩岸、建造围堤和人工岛及滞水滩地（图 11-8）等
土工袋	在主要由编织土工织物缝制成的袋体中填砂或土	用于建造岸坡、坡底防护、建造挡墙和作为防波堤堤身（图 11-9）
土工包	用土工织物包裹的大块体，体积达数百至上千立方米，常在特制开底船上冲填，将开口缝合，靠地球定位系统运至规定地点开底投放	用作水下大体积支撑体，用于抗洪抢险

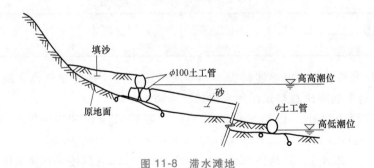

图 11-8 滞水滩地

11.2.2 土工管袋的应用

1. 土工管袋的设计

土工管袋（长管袋）由聚酯或聚丙烯织物制成，一般有两层，内层是提供反滤作用的

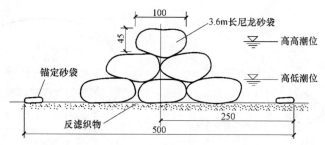

图 11-9　土工管袋填筑防波堤

无纺织物，外层是满足强度要求的有纺织物。为将浆体注入长管袋，需布置一定间隔的充填孔，孔袖一般长 1.5m、直径 0.3~0.5m。此外，为防止管中渗出的水冲刷下面的基土，需要在土工管袋和基土之间加一层土工织物垫层或防冲板。

（1）织物的选择

1）按照表观孔径（AOS）O_{95} 选择内层的无纺织物。土工织物既要保土又要透水，根据 AASHTO（美国国家公路与运输协会）的规定要求：

$$\begin{cases} \text{当 } F \leqslant 50\% \text{时}, O_{95} < 0.595\text{mm} \\ \text{当 } F > 50\% \text{时}, O_{95} < 0.297\text{mm} \end{cases} \tag{11-18}$$

式中　F——浆体颗粒小于 0.075mm 的质量百分比；

　　　O_{95}——表观孔径。

2）计算土工管袋结构的拉力，选择外层的有纺织物。抗拉强度是选择外层有纺织物的关键，它和土工管袋的几何形状有关。Sprague 等（1996）建议用图 11-10 进行设计。首先根据 H/S（或 B/S 或 A/HB 或 b/S）查图中相应的曲线得 $2T_r/(\gamma S^2)$，计算环向拉力 T_r（各符号的含义见图 11-11）。随着泥砂浆体的固结，织物环向拉力逐渐减小。

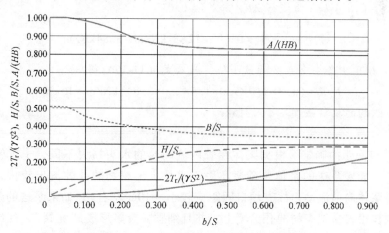

图 11-10　土工管袋的几何形状和环向拉力

计算出的拉力 T_r 只是土工管袋工作时的拉力，用于选择土工织物的抗拉强度 T 为

$$T = F_s T_r \tag{11-19}$$

安全系数 F_s 用分项安全系数表示为

$$F_s = F_{s\text{-}id} F_{s\text{-}cd} F_{s\text{-}bd} F_{s\text{-}cr} F_{s\text{-}ss} \tag{11-20}$$

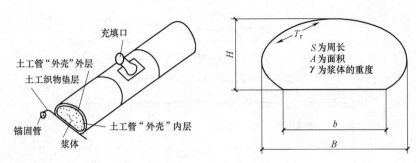

图 11-11　土工管截面

式中　$F_{s\text{-}id}$——施工安全系数，建议≥1.3；

$F_{s\text{-}cd}$——化学分解安全系数，建议≥1.0；

$F_{s\text{-}bd}$——生物分解安全系数，建议≥1.0；

$F_{s\text{-}cr}$——蠕变安全系数，建议≥1.5；

$F_{s\text{-}ss}$——接缝强度安全系数，建议≥2.0；

最后，按照 T 选择合适的外层有纺织物。

[例 11-1]　一长管袋周长为 8m，水力充填泥砂后高度为 1.12m，泥砂浆体的重度为 $12kN/m^3$，试确定长管袋有纺织物的抗拉强度。

解：由题意计算

$$\frac{H}{S} = \frac{1.12}{8} = 0.14$$

查图 11-8，由 H/S-b/S 曲线得 $b/S = 0.16$

进而由 $2T_r/(\gamma S^2)$-b/S 曲线得 $2T_r/(\gamma S^2) = 0.01$

$$T_r = \frac{0.01}{2}\gamma S^2 = 0.005 \times 12 \times 8^2 kN/m = 3.84kN/m$$

取式（11-20）中各安全系数的最小值，代入式（11-19）得

$$T = F_s T_r = (1.3 \times 1.0 \times 1.0 \times 1.5 \times 2.0 \times 3.84)kN/m = 15kN/m$$

要求有纺织物的抗拉强度不小于 15kN/m。

（2）充填口间距的确定　根据浆体在管内流动时的水头损失不同，土工管袋可有一个或多个充填口。如果泵送的浆体是砂浆，由于水从土工织物的孔隙流出较快，浆体固结较快，容易阻滞浆体向前流动，故充填口间距应较小（10m 左右）；如果泵送的浆体是黏土浆液，由于细颗粒很容易把织物的孔给堵上，并且细颗粒聚集形成"泥饼"，使织物渗透性大大降低。而黏土浆液的保水性好，适用于长距离运输，故充填口间距较大，有时可达到 150m。充填口间距可用下公式来估算

$$L = Q/(Wv_s) \tag{11-21}$$

式中　L——充填口间距，m；

Q——单位时间注浆的体积，m^3/s；

W——浆体的平均流宽，m，$W = (B+b)/2$；

v_s——浆体排水下沉的速度，m/s。

2. 土工管袋的施工

（1）场地准备　土工管袋施工前，先平整场地，去除大的石块和树根。有的工程（如港口防冲刷工程）需在水中构筑一个砂土平台，面积比土工织物垫层的面积大。

（2）确定土工管袋的放置位置　以事先预定的距离打标桩，作为土工管袋放置的标记。在土工管袋"外壳"铺放之后，用绳索把土工管袋固定在标桩上，以确保土工管的正确定位。

（3）铺设土工织物的防冲垫层　把土工织物防冲垫层铺设在平整的场地上，然后用浆体充灌锚固管，以提供压重。锚固管直径一般小于 0.6m，布置在垫层四周或受侵蚀侧。

（4）铺设土工管袋"外壳"　土工管袋"外壳"在工厂预制好后，成捆卷起来运至施工现场，按照预定的位置进行铺设。注意充填孔向上（沿着顶部中心线）。

（5）浆体的充灌　土工管袋浆体的充灌比锚固管充灌历时长，且复杂一些。浆体的充灌要有泵浆设备，要检查泵浆设备的可靠性。充灌采用水力和机械相结合的方法，在充灌时必须做到：

1）注浆管直径一般为 20~30cm，充填孔直径约 46cm。注浆管应伸入充填孔大约 1m 的位置，并且用绳子绑扎起来，以免在充灌时高的泵压使二者分离。

2）注浆管和充填孔在衔接部位应保持竖直。

3）对位于水面以上的土工管袋，在充灌任何浆体之前，先充灌预定高度 H 的水，再泵入浆体。这样做是使浆体的固体颗粒更均匀地分布在管内，随着浆体的逐渐增多，浆体的固体颗粒会逐渐取代管中水，土工管逐渐地被充填起来。

4）注浆快要结束时，采用活塞控制装置来减小充灌速度，以确保充灌均匀，固结排水后形成均一的截面。

5）当泵送的是 $F>50\%$ 的浆体时，往往不能一次性地使土工管达到预定高度 H，这时应进行二次或多次充灌，直到达到 H 为止。

（6）后续工作　当土工管袋被完全充填后，充填口必须固定，以免波浪作用时将充填口处撕裂。一般的作法是：把充填口先割掉一部分，剩下的一部分折叠起来和土工管表面平齐，用抗腐蚀的锁环或压紧式配件来稳固。接下来的一段时间是土工管的排水阶段，达到预期的高度或强度后，便可以把土工管掩埋，以防老化。

3. 土工管袋挡水围堰

（1）挡水围堰的构成、性能　挡水围堰由土工合成材料不透水管内充水而形成的结构体，这种结构体包括四个部分：

1）水，它提供结构体的重量，抵抗外部所受的水压力。

2）土工织物不透水内层，由 97% 的聚乙烯树脂加抗紫外线老化剂等组成。通常 100ft（30.48m）长，3ft（0.9144m）高的管能装水 14000~15000UKgal（52.99~56.775m³），共重 78000lb（35404.2kg）。

3）土工织物外层有较高的强度抵抗高的水压力，也有抗老化剂。

4）由同样土工织物材料做成的连接环，连接两个单元，用于延长围堰。

这些充填水的土工织物挡水围堰有 1ft（0.3048m）~18ft（5.4864m）高的单元；长度有 50ft（15.24m）、100ft（30.48m）、200ft（60.96m）的单元，按要求可做成直线形、弧形等。它不需要挖沟施工，适用各种地段，施工速度快，适合抗洪抢险，见文前彩图 29。

（2）土工织物挡水围堰设计　单个管不能提供一个稳定的结构体，因为当一边的水位升高时，侧压力增加会推动结构体运动（图 11-12a）；两个分开的管同样会被推动产生位移（图 11-12b）；如将两个充水管放在一个外套管里面，当水位升高时，一个管形成的结构体滚动，另一个管形成的结构体提供摩阻力，使其不能滚动，形成一个稳定结构（图 11-12c）。

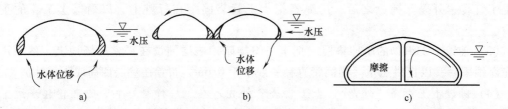

图 11-12　挡水围堰结构

对图 11-12c 所示的管进行设计，主要考虑两个方面：一是整体上抬，使之整体滚动；二是整体滑移。经研究发现，若结构体不发生整体滚动，须使宽度 $b>0.82H$；若不发生滑移，则要求抗滑摩擦系数 $\mu \geqslant H/2b$。设计中，对于建议的最大挡水水深及 H 和 b 值已确定的围堰，其抗整体滚动的安全系数和要求的抗滑摩擦系数均列于表 11-4 中。长管袋的抗滑摩擦系数可根据有纺织物和围堰地基土剪切试验确定，以检验是否达到要求的抗滑摩擦系数。

表 11-4　最大水位高度一定时抗滚动的安全系数和要求的抗滑摩擦系数

充水后高度 H/m	充水后宽度 b/m	建议最大挡水水深/m	安全系数	摩擦系数
0.3048	0.6096	0.2032	3.65	0.11
0.6096	1.1684	0.4572	3.11	0.15
0.9144	1.7272	0.7112	2.96	0.16
1.2192	3.048	0.9144	4.06	0.11
1.8288	3.7244	1.3716	4.20	0.11
2.1336	7.1628	1.8288	4.78	0.11

［例 11-2］　用有纺织物内衬土工膜制成内部充水的长管袋，充水后高度为 1.2m，底宽为 3m。试求抗整体滚动的安全系数和要求的抗滑摩擦系数。如建议的挡水深度为 0.91m，这时的抗整体滚动的安全系数和要求的抗滑摩擦系数各为多大？

解：1）长管袋抗整体滚动，需 $b>0.82H=0.82\times1.2\text{m}=0.98\text{m}$，可取安全系数 $F_s=3/0.98=3.06$，则长管袋要求的抗滑摩擦系数 $\mu \geqslant H/2b=1.2/(2\times3)=0.2$。

2）对建议的围堰挡水深度 0.91m，查表 11-4 得，抗整体滚动的安全系数为 4.06，要求的抗滑摩擦系数为 0.11。

除了长管袋围堰的强度和稳定要求外，还要满足基础防渗的要求，可在围堰临水面加铺土工膜，并将膜的下部填于锚固沟内防渗；也可用加筋膜制成 ρ 字形截面长管袋，并将管外部分埋于临水面的锚固沟内。

11.2.3　土工袋的应用

1. 概述

土工袋是将土、土石混合料、无污染的固体废弃物装入具有一定规格及性能的、由土工织物制作的袋子并缝口而形成的袋装体。土工袋长期以来被应用于防洪抢险或一些临时性的挡土建筑物，极少用于地基加固或永久性的建筑物中。其原因是人们对土工袋的特性认识不足，以及土工编织袋在紫外光线的长期照射下容易损坏。近年来，随着对土工袋力学加固机理的了解，以及采取一些必要的措施解决了土工编织袋的耐久性问题，土工袋逐渐作为一种永久或半永久性的材料用于地基与边坡加固。研究表明，土工袋具有以下一些特性：

1) 具有很高的承载力。理论与试验证明，一个 40cm×40cm×10cm 的普通土工袋的承载力在 200kN 以上，相当于混凝土块强度的 1/10~1/5。

2) 土工袋按一定的形式埋（设）在地基中，能大幅提高地基承载力（一般达到 5~10 倍），同时具有减振效果。袋子内装有粗颗粒土的土工袋在寒冷地区还有防冻融功能。

3) 土工袋内的材料限制少，可以是各种各样的土与各种建筑物废弃渣料。

4) 施工简单，不用特殊设备，有时仅靠人力也可施工。

5) 不用任何化学药剂，不会污染地基。施工时也不像打桩那样会有噪声，不会影响周围环境。

6) 土工袋埋入地基或用其他措施（如混凝土护面）防止太阳光照射，有足够的耐久性。

7) 土工袋单价便宜，与其他地基加固技术相比，能大大节省工程投资。

2. 土工袋的力学特性

（1）土工袋的极限抗压强度　室内模型试验结果表明：将土工袋放入地基中受到外力作用后，其本身具有很高的强度，成为基础的一部分，从而大大提高地基承载力。土工袋强度提高的原理如图 11-13 所示：在外力作用下土工袋整体发生压缩变形，引起袋子周长的伸长，在袋子中产生一个张力 T。袋子张力 T 反过来约束土工袋内的土体，使得土工袋内土颗粒间的接触力 N 增大。根据摩擦定律，土颗粒间接触力 N 增大意味着土颗粒间的摩擦力 F 增大，因而

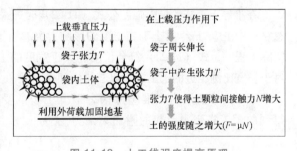

图 11-13　土工袋强度提高原理

土工袋内部土体的抗剪强度增大，其效果相当于在土体中加入了固结剂。

研究表明，袋子张力 T 的作用相当于在土工袋内部土体中产生了一个附加黏聚力 c_T。将土工袋简化为二维平面应变问题，并假定外力垂直作用于土工袋，大主应力方向与土工袋短轴平行、小主应力方向与长轴平行，其受力分析如图 11-14 所示。张力 T

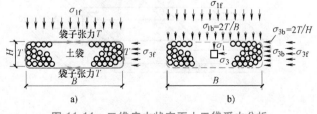

图 11-14　二维应力状态下土工袋受力分析

a) 作用在土袋上的应力　b) 作用在土袋内部土体上的应力

作用在袋内土体单元上产生的应力分量 $\sigma_{1b} = 2T/B$，$\sigma_{3b} = 2T/H$。

作用于袋内土体上的总应力为外部应力（σ_{1f}，σ_{3f}）与由土工袋张力 T 引起的附加应力（σ_{1b}，σ_{3b}）之和。根据土工袋内部土体的极限平衡条件，可以推求土工袋张力 T 引起的附加黏聚力表达式为

$$c_T = \frac{T}{B\sqrt{K_p}}\left(\frac{B}{H}K_p - 1\right) \tag{11-22}$$

式中　B、H——土工袋的长度与高度；

$\quad\quad K_p$——被动土压力系数；$K_p = \tan^2(45° + \varphi/2)$；

$\quad\quad \varphi$——土工袋内部土体的内摩擦角。

从式（11-22）可知，土工袋张力引起的附加黏聚力 c_T 是袋内土体强度（φ）、袋体强度（张力 T）及袋体形状（长度 B、高度 H）综合作用的结果，而袋内土体强度对附加黏聚力 c_T 的影响是通过被动土压力系数 K_p 间接反映的。在 $\varphi = 0$ 的极端情况下（相当于袋内装的是水），$K_p = 1$。由于土工袋的宽度 B 一般总是大于高度 H，此时附加黏聚力 c_T 仍大于 0，这就是水袋上也能承受一定荷载的原因。根据式（11-22），如果袋内土体的强度低，黏聚力 c_T 也可通过调整土工袋尺寸大小或提高袋体强度的方式达到一个较大值，使土工袋具有较高的强度。因此对土工袋内的土体可以不做严格限制，可以是各类现场开挖土、建筑垃圾，甚至是淤泥土等。

值得一提的是：附加黏聚力 c_T 与土工袋张力 T 直接相关，而土工袋张力 T 是在外力作用下产生的。当外力为零时，土工袋张力 T 也为零，土工袋不起作用；外力越大，土工袋中产生的张力 T 越大（极限值为袋子的破坏强度），产生的附加黏聚力 c_T 越大，也就是说土工袋的强度越高。因此土工袋强度提高的原动力是外力，它蕴含了一个"借力打力、克敌制胜"的有趣道理。

在推导土工袋的极限强度公式（11-22）时，采用平面应变问题而简化了土工袋的受力状态，忽略了中主应力 σ_2 对土工袋强度的影响，也忽略了土工袋长轴方向（L 方向）的加筋作用。在实际工程中，式（11-22）符合长度远大于宽度的土工袋形态（类似于长管袋）的计算要求，而对于长宽比例相近的土工袋，以三维空间受力状态分析它的力学特性更符合实际情况。

图 11-15 所示为三维应力状态下土工袋的受力分析。基于 Mohr-Coulomb 破坏准则推导得到的土工袋张力引起的附加黏聚力 c_T 为

$$c_T = \frac{T}{\sqrt{K_p}}\left[\left(\frac{1}{H} + \frac{1}{L}\right)K_p - \left(\frac{1}{B} + \frac{1}{L}\right)\right] \tag{11-23}$$

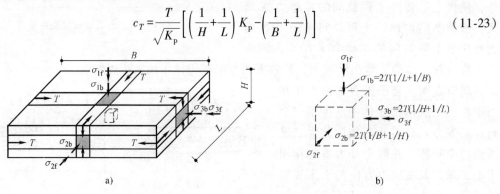

图 11-15　三维应力状态下土工袋的受力分析

a）作用在土工袋上的应力　b）作用在土工袋内部土单元上的应力

[例 11-3]　一土工袋长 40cm、宽 40cm、高 10cm，采用抗拉强度为 12kN/m 的编织布制作，袋装土内摩擦角 $\varphi = 35°$。试计算土工袋的无侧限抗压强度。

解：袋内土的 $K_p = \tan^2(45° + 35°/2) = 3.69$

按式 (11-22) 计算，$c_T = \dfrac{12\text{kN/m}}{0.4\text{m} \times \sqrt{3.69}} \times \left(\dfrac{0.4}{0.1} \times 3.69 - 1 \right) = 214.9\text{kPa}$

按式 (11-23) 计算

$$c_T = \frac{12}{\sqrt{3.69}} \times \left[\left(\frac{1}{0.1} + \frac{1}{0.4} \right) \times 3.69 - \left(\frac{1}{0.4} + \frac{1}{0.4} \right) \right] \text{kPa} = 256.9\text{kPa}$$

根据 Mohr-Coulomb 强度准则，土工袋的无侧限抗压强度为

$$\sigma_{1f} = \frac{2c_T \cos\varphi}{1 - \sin\varphi} = \frac{2 \times 256.9 \times \cos 35}{1 - \sin 35} \text{kPa} = 987.0\text{kPa}$$

该强度约为 C10 混凝土抗压强度的 1/10，说明土工袋具有很高的抗压强度。因此，土工袋又被称为"土代石"。

当土工袋用于修建挡土墙之类的建筑物时，作用于土工袋上的外力不一定垂直于土工袋的长轴面，定义作用在土工袋上的大主应力方向与土工袋短轴的夹角为 δ（简称土工袋倾角）。事实上，式 (11-22) 与式 (11-23) 是在 $\delta = 0$ 条件下计算得到的附加黏聚力 c_T，记为 $c_T(\delta = 0)$。研究表明，随着倾角 δ 的增大，袋子张力引起的黏聚力 $c_T(\delta)$ 随之减小。当 $\delta \geqslant 45°$ 时，$c_T(\delta)$ 值为零，说明土工袋已不起作用。基于二维模型土工袋的试验结果，$c_T(\delta)$ 可用下式计算

$$c_T(\delta) = \begin{cases} c_T(\delta = 0)\cos 2\delta & (0 \leqslant \delta < 45°) \\ 0 & (45° \leqslant \delta \leqslant 90°) \end{cases} \tag{11-24}$$

（2）土工袋层间的摩擦特性　土工袋层间的摩擦是土工袋柔性挡土墙设计中应该考虑的关键因素，类似于常规加筋土挡墙中加筋材与填料的界面特性，其大小直接决定了土工袋挡墙的内部稳定性。试验结果表明，土工袋层间的摩擦具有以下特点：

1）土工袋由于具有一定的柔性，其层间摩擦特征与刚性物体间的摩擦不同。层间摩擦力随着袋体沿受力方向变形的增大而逐渐增大，当土工袋层间发生整体滑动时，层间摩擦力达到最大，并趋于稳定。

2）土工袋层间的摩擦不仅与编织袋体的摩擦有关，而且受袋内材料粒径大小及排列方式的影响。当袋内材料粒径较大时，土工袋层间出现凹凸不平，形成了一种咬合作用（图 11-16），导致层间摩擦作用增大；当上、下层土工袋交错排列，土工袋层间形成了一种

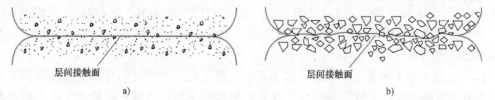

图 11-16　不同粒径袋内材料的土工袋层间咬合作用

a）细粒料　b）粗粒料

嵌固作用（图 11-17），如果交错缝与受力方向垂直，则这种嵌固作用会导致土工袋层间摩擦阻力增大，且随着竖向荷载与交错缝数量的增加而增大。

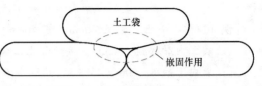

图 11-17 土工袋层间嵌固作用

3）土工袋浸泡于水下时，由于水的润滑作用，编织袋本身之间的摩擦作用减小。对于袋内材料为细颗粒的土工袋，由于层间凹凸不平形成的咬合作用较小，水下土工袋层间摩擦作用减小；对于袋内材料为粗颗粒的土工袋，由于层间接触面凹凸不平现象明显，咬合作用较大，水下土工袋层间摩擦变化不大。

3. 土工袋的工程应用

近年来，土工袋的应用范围已逐渐从临时工程转为永久工程。下面简要介绍在房屋地基、道路工程、挡墙修筑与边坡加固工程中的应用。

（1）房屋基础中的应用　图 11-18 所示为一个在日本广泛使用的土工袋加固房屋基础的典型案例。通常，在建筑物柱子下方设置土工袋墩形基础、在承重墙下设置土工袋条形基础，在建筑物整个基础面上满铺 1~2 层土工袋。土工袋纵横交错逐层叠放，土工袋之间的缝隙用场地开挖土填平，每层土工袋用机械或人工夯实。设计时，主要考虑两点：一是袋子选型。按前述土工袋强度公式选择合适的土工编织袋材料，确保在上部房屋结构的竖向荷载及施工中袋子不破。二是墩形及条形基础土工袋层数及排列方式确定。将土工袋组合体视作房屋基础的一部分，按应力扩散法计算地基承载力。由于作用在土工袋上的大主应力方向与土工袋短轴的夹角大于 45°时，土工袋已不起作用，因此房屋结构竖向应力在土工袋层中的扩散角可以取 45°。

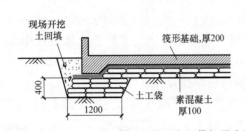

图 11-18 土工袋加固房屋基础地基施工实例

工程实践表明，土工袋用作建筑物基础不仅能提高地基承载力，还具有显著的减/隔震效果。减/隔震作用主要源于两个方面：①地震荷载作用下单体土工袋的袋体张拉带动袋内填充颗粒摩擦耗能；②以特定排列形式构成连续基础的土工袋组合体，在单体-单体空隙之间存在不连续的阻断层，抑制了地震波的传播，以及土工袋层间滑移引起的减震，如图 11-19 所示。由于土工袋价格低廉、施工简单，尤其适用于在广大村镇中、低层房屋建筑的基础减振隔震中推广应用。

（2）道路工程中的应用　土工袋用于道路工程具有三个明显的作用：①提高路基承载力；②减小道路沿线由于地质条件变化复杂而引起的不均匀沉降；③降低交通车辆引起的振动。

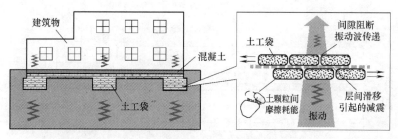

图 11-19　土工袋减隔震基础原理

在道路工程中，土工袋可以用于软基处理、道路拓宽、道路路基填筑、交通减振等多个方面。图 11-20 所示为土工袋用于某高等级公路的路基加固。该处有 3-4m 厚的超软黏土，土工袋施工段长约 25m。采用土工袋技术处理后，在铺设完成的道路上进行平板载荷试验得承载力为 224N/cm^2（设计要求 180N/cm^2）。在道路完工通行 10 个月后，对整条路面进行整体弯沉测量，实测值约为 2cm，而与其相邻的路段，同时期路面整体弯沉实测值约为 7cm。这表明，在道路工程中使用土工袋技术可以有效降低不均匀沉降对道路的危害。

图 11-20　土工袋用于某高等级公路的路基加固

图 11-21 所示为土工袋用于某道路路基的减振。该道路位于某城市中心，减振的目的是减小交通车辆引起的振动。土工袋内装的是城市垃圾处理后遗留下来的粒状物。与施工前相比，4 个测点（P1~P4）振动减少了 8~15dB，且施工完 1 年 3 个月再次测量，振动水平仍维持在施工后的同样水平。

（3）土工袋挡土墙　因为土工袋的自立性强，能够有效地抵抗土压力，所以可以直接用来构筑挡墙或作为挡墙后的回填料。土工袋挡土墙是一种新型的加筋土挡墙，由土工袋单体按一定排列方式堆砌而成，具有常规加筋土挡墙造价低、施工简便、地基适应性与抗震性能好的优势。土工袋挡土墙是一种柔性结构，在其后填土土压力作用下，土工袋挡土墙会产生一定的挤压变形，与墙后填土接触的土工袋变形最大，往挡墙外侧方向土工袋变形逐渐减

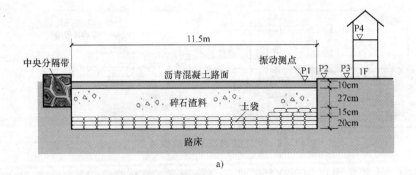

a)

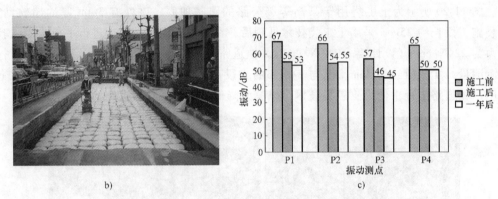

b)　　　　　　　c)

图 11-21　土工袋用于某道路路基的减振

a）断面图与振动测点位置　b）施工现场　c）振动监测结果

小。该变形特点决定了作用在土工袋挡土墙上的土压力接近于主动土压力。

土工袋挡土墙的设计计算主要从抗滑动、抗倾覆性、整体稳定性、抗震性四个方面进行。此外，还需进行土工袋单体抗压强度验算。抗倾覆、抗滑及整体稳定性的安全系数一般应满足相应的行业规范，对于土工袋单体抗压强度的安全系数一般要求不小于5.0。表11-5为通常采用的安全系数，可供参考。

1）抗滑稳定性。计算简图如图 11-22 所示。挡墙后土压力采用库仑主动土压力公式计算。

表 11-5　土工袋挡墙设计采用的安全系数

项目	正常荷载组合	考虑地震荷载的非常组合
抗滑稳定	$F_s \geqslant 1.5$	$F_s \geqslant 1.2$
抗倾覆	$e \leqslant B/6$	$e \leqslant B/3$
土工袋单体抗压强度	$F_s \geqslant 5.0$	$F_s \geqslant 1.67 \sim 3.0$
整体稳定	$F_s \geqslant 1.2$	$F_s \geqslant 1.0$

注：1. B 为挡墙宽度；e 为挡墙底部受力偏心距；F_s 为安全系数。

2. 正常荷载组合指的是：挡墙自重+土压力+表面荷载；考虑地震荷载的非常组合为：挡墙自重+土压力+表面荷载+地震荷载。

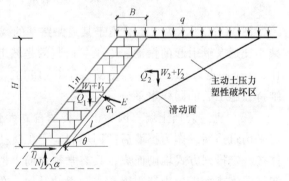

图 11-22　土工袋挡土墙计算简图

土工袋挡墙抗滑稳定安全系数按下式计算

$$K_c = \frac{\mu\left[W_1 + V_1 + qB - E\cos(\alpha+\varphi_1)\right]}{E\sin(\alpha+\varphi_1) + Q_1} \tag{11-25}$$

$$E = \frac{cH\cos\varphi/\sin\theta - \left[W_2 + qH(\cot\theta-\cot\alpha) + V_2\right]\sin(\theta-\varphi) - Q_2\cos(\theta-\varphi)}{\sin(\theta-\varphi-\varphi_1-\alpha)} \tag{11-26}$$

式中 K_c——抗滑稳定安全系数；

E——主动土压力合力，kN；

W_1——滑动面以上土工袋挡墙的重量，kN；

W_2——滑动土体的重量，kN；

V_1——滑动面以上土工袋挡墙垂直向地震惯性力（向上取"-"，向下取"+"），kN；

V_2——滑动土体的垂直向地震惯性力（向上取"-"，向下取"+"），kN；

Q_1——滑动面以上土工袋挡墙水平向地震惯性力，kN；

Q_2——滑动土体的水平向地震惯性力，kN；

B——土工袋挡墙的宽度，m；

H——滑动面以上土工袋挡墙高度，m；

c——墙后土体的黏聚力，kN/m^2；

φ——墙后土体的内摩擦角，(°)；

φ_1——土工袋挡墙与其后土体间的摩擦角，°；

μ——土工袋层间等效摩擦系数，通常由土工袋组合体水平剪切试验确定；

θ——滑动面与水平面夹角，由式（11-26）求导确定极值点对应的角度，°；

α——土工袋挡墙与水平面的夹角，(°)；

q——挡墙顶部均布荷载，kN/m。

2）土工袋挡墙抗倾覆稳定性按下式计算

$$K_0 = \frac{\sum M_V}{\sum M_H} = \frac{(W_1+V_1)(H\cot\alpha+B)/2 + qB(H\cot\alpha+B/2)}{E(l-B\sin\alpha\tan\varphi_1+B\cos\alpha)\cos\varphi_1 + HQ_1/2} \tag{11-27}$$

式中 K_0——抗倾覆安全系数；

M_V——对土工袋挡墙前趾的抗倾覆力矩，kN·m；

M_H——对土工袋挡墙前趾的倾覆力矩，kN·m；

l——土压力合力作用点到土工袋挡墙后趾距离，m。

3）土工袋挡墙施工案例。图 11-23 所示为在某软基上修筑的土工袋挡墙。挡墙高 2m、长约 100m、坡度为 80°，使用了约 5000 只大小为 40cm×40cm×10cm 的土工袋。该挡墙基础为软土地基，地下水位离地面仅几十厘米，如图 11-23a 所示。若采用常规的刚性挡墙，挡墙基础难以处理。基础开挖至地下水位以上 30cm 左右，直接铺设土工袋。如图 11-23b 所示，每层铺设了 4 列土工袋，层与层之间交错排列。为增加土工袋挡墙的整体性，每层土工袋两两相连。土工袋挡墙堆砌完成后，在其表面铺设一层钢筋网（图 11-23c），然后进行混凝土抹面处理（厚约 5cm），以防紫外线照射。施工完成后的挡墙如图 11-23d 所示。

图 11-24 所示为某船闸工程上游引航道淤泥土工袋挡墙。该船闸工程位于以淤泥质粉质黏土和粉砂为主的软土地基上，在施工过程中存在两个问题：一是开挖产生的大量废弃淤泥需要处理；二是工程区域的软土地基（包括边坡）需要加固处理，以提高地基承载力与保

图 11-23 在某软基上修筑的土工袋挡墙

a) 挡墙地基 b) 土工袋挡墙断面图 c) 土工袋挡墙堆砌完成 d) 挡墙表面用混凝土抹面处理

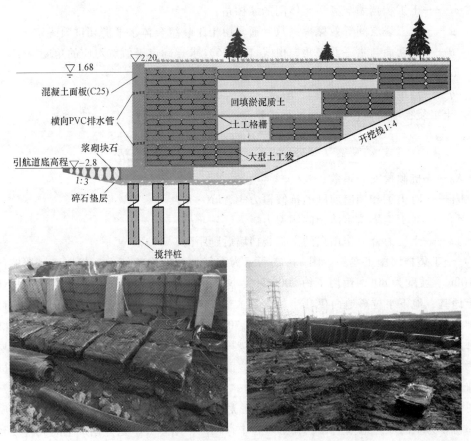

图 11-24 某船闸工程上游引航道淤泥土工袋挡墙

持边坡稳定。该工程将开挖出的淤泥弃土直接装入尺寸为 130cm×110cm×35cm 的土工袋。为防止来往船只的蹭撞对土工袋挡墙的破坏,保护土工袋免受紫外线的照射,在土工袋挡墙的前端设置了一个厚 0.6m 的 L 形混凝土薄壁支挡结构。挡墙基础采用混凝土搅拌桩处理,顶部高程为 2.2m,底板高程为−2.8m,底板宽 3.2m。墙后每 4 层大土工袋用土工格栅进行反包,土工袋反包体之间及开挖斜坡面空隙直接采用淤泥质土回填。由于现场开挖的淤泥质土含水率高、呈块状,难以装入常规形状的编织袋,为此专门设计了一种箱形编织袋,并提出了配套的现场施工方法。箱形袋开口位于顶部表面,可使用挖掘机进行黏性土装填。现场施工的主要步骤为:①将箱形编织袋放入一个框架内,用挖掘机将淤泥质土装入袋内,装满后用手提缝纫机封口;②土工袋装好后保持原位不动,用挖掘机将框架吊移至下一处,开始下一个土工袋施工;③用挖掘机反铲将填好的土工袋压实,以保证编织袋张力的发挥,减少挡土墙竣工后的沉降,土工袋袋间间隙用现场淤泥土充填。挡墙施工完成 2 年左右实测的水平向最大位移小于 2cm,运行状态良好。

(4) 土工袋护坡 土工袋在土质边坡加固与修复(通称为护坡)方面可以发挥重要的作用。土工袋护坡一般由固坡土工袋和生态土工袋两个结构层组成。固坡土工袋对土质边坡起压坡稳定作用,袋体一般采用强度较高的土工编织袋;生态土工袋对边坡起生态保护作用,其袋内装填植生营养土,植物种子混入袋内营养土,或植物种子内嵌在袋体内侧,营养土作为基土。

固坡土工袋结构的水平宽度应根据护坡高度、坡度及边坡的稳定要求确定,其结构如图 11-25 所示。对于高度小于 5m 的护坡工程,可以取消护坡马道。

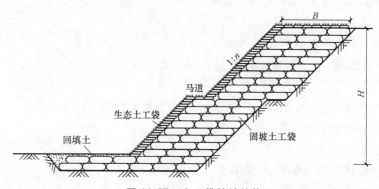

图 11-25 土工袋护坡结构

土工袋护坡坡脚应根据地形、地质、边坡稳定及地基整体稳定等要求进行适当的防护与处理,以使土工袋与水平基面的摩擦系数不小于土工袋层间的摩擦系数。坡脚基面应开挖至地面以下 0.3~0.5m,向坡前延伸 0.5~1.0m。

土工袋护坡边坡应进行抗滑稳定计算。计算时,应根据边坡的地形地貌、工程地质条件、工程类别、安全等级及工程布置方案等分区段选择有代表性的断面。

一般采用瑞典条分法计算土工袋护坡抗滑稳定性,计算中假设:①不考虑生态土工袋对边坡稳定的作用;②固坡土工袋滑动面为层间水平滑动,整体滑动面由固坡土工袋处的水平滑动面 AB 与其后土体中的圆弧滑动面 BC 组成;③土工袋护坡体与其后土体间无相对滑动;④土工袋护坡体与其后土体统一进行条分,滑动面水平段与圆弧段交界点 B 应为土条的分界点,忽略土条间作用力。计算简图如图 11-26 所示。

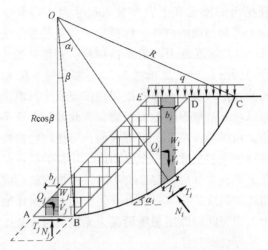

图 11-26　土工袋护坡抗滑稳定条分法计算简图

采用瑞典条分法计算时，边坡抗滑稳定安全系数按下式计算

$$F_s = \frac{\sum\{c_i'b_i\sec\alpha_i + [(W_i+V_i+qb_i)\cos\alpha_i - u_ib_i\sec\alpha_i - Q_i\sin\alpha_i]\tan\varphi_i'\} + \sum(W_j+V_j-u_jb_j)\mu\cos\beta}{\sum[(W_i+V_i+qb_i)\sin\alpha_i + M_{Ci}/R] + \sum(M_{Cj}/R)}$$

$$(11\text{-}28)$$

式中　　F_s——抗滑稳定安全系数；

W_i——圆弧段第 i 个土条（包括土体与土工袋）的重量，kN；

W_j——水平段第 j 个土条（土工袋）的重量，kN；

V_i——第 i 个土条垂直向地震惯性力（向上取"-"，向下取"+"），kN；

V_j——水平段第 j 个土工袋土条垂直向地震惯性力（向上取"-"，向下取"+"），kN；

Q_i——第 i 个土条水平向地震惯性力，kN；

Q_j——水平段第 j 个土条（土工袋）水平向地震惯性力，kN；

b_i——圆弧段第 i 个土条的宽度，m；

b_j——水平段第 j 个土条（土工袋）的宽度，m；

q——边坡顶部均布荷载，kN/m；

$c_{i'}$——圆弧段第 i 个土条的有效黏聚力，kN/m^2；

$\varphi_{i'}$——圆弧段第 i 个土条的有效内摩擦角，（°）；

u_i——圆弧段第 i 个土条所受到的孔隙水压力，kN/m^2，采用总应力法时，u_i 为 0；

u_j——水平段第 j 个土条所受到的孔隙水压力，kN/m^2，采用总应力法时，u_j 为 0；

μ——土工袋层间等效摩擦系数，一般为 0.4~0.6；

α_i——圆弧段第 i 个土条底面与水平面夹角，（°）；

β——直线 OB 与土工袋层间水平滑动面法线的夹角，（°）；

M_{Ci}——圆弧段水平地震惯性力 Q_i 对圆心的力矩，kN·m；

M_{Cj}——水平段水平地震惯性力 Q_j 对圆心的力矩，kN·m；

R——圆弧半径，m。

对于坡度陡于 1∶1 的土工袋护坡工程，还应将土工袋护坡作为一个倾斜的挡墙，进行挡墙抗滑与抗倾覆稳定计算，具体按式（11-26）与式（11-27）计算。

土工袋护坡稳定性计算中，土工袋层间等效摩擦系数 μ 需要考虑编织袋体的摩擦、袋内材料粒径大小及排列方式，一般为 0.4~0.6，必要时应通过试验确定。

目前，已有大量的土工袋护坡工程案例。图 11-27 展示了一些用于公路两侧护坡、用于土石坝下游护坡及滑坡体修复的案例。近些年来，结合南水北调中线干线输水总干渠的建设，河海大学刘斯宏等提出了土工袋处理膨胀土渠坡的新方法，即将现场开挖的膨胀土直接装入土工袋中，将之用于置换膨胀土边坡的大气急剧影响层，从机理、特性、处理效果等方面对土工袋处理膨胀土渠坡开展了系统的研究，通过现场试验与监测（图 11-28）验证了土工袋处理膨胀土渠坡的实际有效性。

图 11-27　土工袋护坡应用案例

a）应用于公路边坡　b）边坡修复　c）土石坝坝后护坡

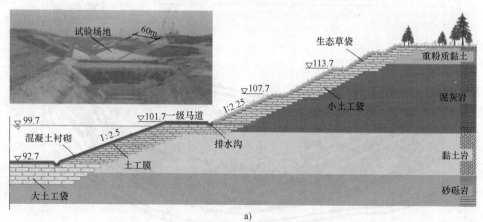

a）

图 11-28　南水北调中线工程膨胀土边坡处理

a）建设期现场试验

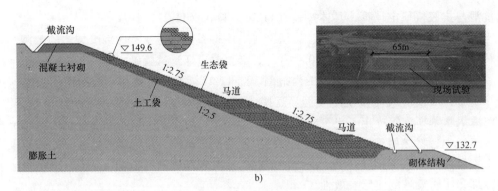

图 11-28　南水北调中线工程膨胀土边坡处理（续）

b）运行期滑坡修复

11.2.4　土工包/土工袋联合应用

1. 工程实例

迄今为止，土工袋和土工包已被应用于许多工程实践中，其中美国 Red Eye Crossing 工程同时应用了土工袋和土工包这两种包容系统。该项工程展示了土工袋和土工包的具体应用方法，通过该工程还可以从使用效果、经济等方面将土工袋和土工包这两种包容系统与传统方法进行比较。

该工程位于洛杉矶 Boton Rouge 以南两英里的密西西比河上。在河流转弯处河床变宽，流速骤降，在浅滩上引起大量淤积。为解决淤泥问题，决定在河流上建立丁坝以提高流速。传统的建堤方法是抛石堆筑，但是堆石往往会破坏航道上的船体。经陆军工程师团建议，首次在这里用土工袋建筑了 6 条水下丁坝，如图 11-29 所示，其中 1、3、5 号用土工袋，2、4、6 号用土工包建成，土工包的顶部仍为土工袋，其断面如图 11-30 所示。坝体总长度为2130m。采用聚丙烯编织袋 38000 个，每个体积为 2.3m^3，袋直径 1.17m，缝合后的长度为2.5m，又用了体积为 76~420m^3 的土工包 556 个，包的周长为 13.5m，长度为 12.2~35m。缝制土工包的编织物的抗拉强度为 71.3kN/m，接缝的抗拉强度为 44.6kN/m，织物的表观

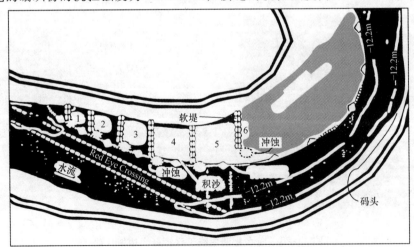

图 11-29　丁坝的分布位置

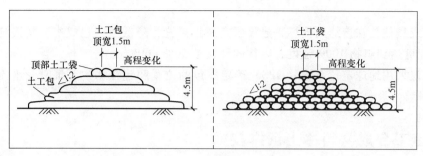

图 11-30　土工包、土工袋丁坝断面

孔径为 0.45mm。土工包的充填率为理论体积的 60%~70%。

土工袋施工时，将平顶驳船驶至上游距坝体拟建位置约等于水深度处，土工袋在离水面平均高 2.3m 处投放，为防止投放过程中土工袋受水面和水底冲击，使织物受很大应力，袋内应松填湿砂。在最初扔抛的袋内装有带编号的浮子，以记录袋内有无抓破，确保及时发现袋与河底相撞引起的破坏。同时，应用仪器测记流速、抛置深度及堤坝形状，为后续工序提供资料。

土工包施工时，用湿砂充填土工包后打开船底，船底的开启宽度为 2.9m，约为船体宽的 75%，花费 68s。土工包离开船体后 4s 内下沉 16.8m，平均下沉速度为 4.2m/s。该工程使用两条开底船和两个施工组，每天平均充填 8 个，最多达 12 个，最大的一个 423m³，抛放到深 20m 的水下，抛放间距 6m，在其间还要补抛。抛投时土工包落偏下游的距离比土工袋要小，根据三个带有仪器的土工包的记录，当水深为 18m 时，落偏下游的距离为 12m。投放土工袋和土工包时的水流速度均为 1.1~1.5m。另外发现，带有浮子的 160 个土工包，工程开始后，由于充填度超过规定的 70%，部分包上的缝破坏，其中还有 6 个浮子走失了。

为了观测土工袋和土工包在投放过程中的受力状态，在三个土工袋和三个土工包中安设了应变计和压力盒。其中每个土工袋上的应变计有 4 个、压力计 2 个。观测结果表明，在水流流速为 2.3m/s 时，抛袋过程中压力和应变都远小于织物的允许承受值。在每个土工包上都设置了 10 个应变计和 2 个压力盒。测得土工包在下沉过程中，由于织物开孔大且包内所填为净砂，包内外压力基本相等，即使在包与水冲击时，超静水压力几乎不存在。在所有应变计观测中，最大读数出现在船底开启土工包自由下落前的 5~6s，测得的最大纵向应变为 8%~12%，最大横向形变为 6%~7%，纵横向应变计在自由下落与河底碰撞后的读数为 1%~2%。

工程实践表明：对于土工袋，最大应变出现在袋与水撞击时，与设计时的假设一致；对于土工包，织物最大应变发生在船底开启、土工包滑出船体的时刻，不是当它们与河底撞击时；在水深达 20m 和流速为 1.5m/s 条件下，土工袋和土工定位准确度较高，且袋与包不会产生滑离现象；投放过程中袋与包的压力可用压力盒测得。该工程总造价为 600 万美元，仅相当于两年用于疏浚该河道淤泥的花费；通过比较也发现，采用土工包的投资仅为采用土工袋的 1/3。

2. 经验总结

根据土工袋和土工包多项工程实践，土工袋和土工包的设计和施工应注意以下几点：

1）土工包的充填程度应有个最佳值，太高，包易损；太低，不符合经济性，该值应大于 50%。

2）包或袋往往在接缝处损坏，建议研究高强接缝，降低土工包成本。新接缝技术表明其接缝强度可达到织物 100% 强度；以往的经验是 50%~60%。

3）建议采用地球定位系统（GPS）确定投包的位置和包在水中下沉时受水流和地形影响产生的滑移。

11.3 土工合成材料冰上沉排技术

水工边坡（堤防、渠坡）经常受到水流的侵蚀，对边坡的有效防护，是对边坡水土流失的遏制。在深季节冻土区，由于特殊的地域条件，边坡防护工程施工通常是在夏季或枯水期进行。因气候寒冷，冰封期长，施工期短，施工条件差，河流边坡防护问题突出，尤其是界河边坡，岸线长，不仅受到水流的侵蚀，还会受到冰凌的撞击，岸坡破坏严重，造成了大面积的土地流失。冰上沉排是一种冬季冰上施工技术，具有良好的整体性和柔性，且施工质量好、施工速度快、投资省、防护效果好，可在冬期施工，有效地延长施工期。冰上沉排技术在黑龙江、松花江、嫩江、额尔古纳河、辽河、黄河均得到了良好的应用，有效地解决了边坡防护工程冬季施工的难题。

11.3.1 冰上沉排的类型

土工合成材料沉排包括机制铅（钢）丝网石笼沉排、土工格栅（土工网）机制钢丝网（石笼）沉排、铰链式混凝土块沉排、土工织物软体沉排等，如图 11-31 所示。

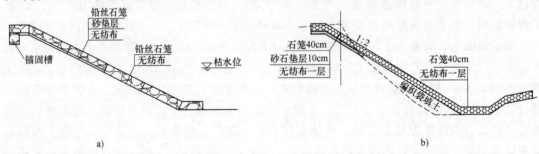

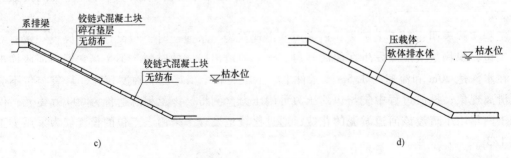

图 11-31 冰上沉排的结构类型

a）机制铅（钢）丝网石笼沉排 b）土工格栅（土工网）机制钢丝网（石笼）沉排
c）铰链式混凝土块沉排 d）土工织物软体沉排

11.3.2　冰上沉排的主要材料

沉排材料应选择坚固耐久、抗冲刷和抗磨损性能强、适应岸坡及河床变形能力强、便于施工和维护管理的当地材料。主要材料包括机制钢丝网、土工格栅（土工网）、土工织物、钢筋、石料和铰链式混凝土块等。

（1）机制钢丝网　钢丝网用钢丝宜采用直径 2.0~6.5mm 低碳钢丝，其化学成分应符合 GB/T 700—2016《碳素结构钢》的有关规定。钢丝网用钢丝强度指标应符合 YB/T 4190—2018《工程用机编钢丝网及组合体》和 EN 10223-3 的要求，抗拉强度为 350~500N/mm^2，伸长率应不小于 10%。绑扎钢丝应与石笼网丝同材质，直径不小于 2.2mm。机制钢丝网网片的抗拉强度（顺编制方向）应大于 30kN/mm^2。

（2）土工格栅（土工网）　土工格栅应符合 GB/T 17689—2008《土工合成材料　塑料土工格栅》的规定。土工格栅应选用聚丙烯双向塑料格栅。格栅纵、横向抗拉强度应不小于 30kN/m。土工格栅低温抗弯折温度应小于等于−30℃。

（3）土工织物　土工织物的极限抗拉强度不宜小于 8kN/m。土工织物的物理性能、力学性能、水力学性能质量标准应符合设计要求。

（4）钢筋　钢筋宜采用高强度的 HRB335，钢筋直径宜采用 8mm、12mm 和 16mm。

（5）石料（填充料）　填充石料应质地坚硬，遇水不易崩解或水解，不易风化，抗压强度、软化系数、密度、吸水率等物理、力学指标及石料形状尺寸应符合设计要求。沉排填充石料粒径宜为 12~30cm，铅丝石笼和机制钢丝网护垫（雷诺护垫）填充石料粒径宜为 7.5~15cm，机制钢丝网石笼（格宾石笼填）充石料粒径宜为 10~20cm，土工格栅（土工网）石笼填充石料粒径宜为 8~25cm。填充石料级配应良好，粒径分布 D85/D15 应大于 1.5，空隙率应不大于 0.3。

（6）铰链式混凝土块　铰链式混凝土块有断裂、掉角、裂纹等破损现象时，不得使用。铰链式混凝土块厚度不宜小于 10cm，抗压强度应不小于 25MPa。铰链式混凝土块的抗冻等级应大于 F300。铰链式混凝土块连接用的钢绞线，钢绞线直径宜为 5~15mm，抗拉强度 1370MPa，镀层含量不小于 250g/m^2。

11.3.3　冰上沉排的设计方法

冰上沉排的设计除了护面结构设计、边坡稳定计算，确定护坡结构与材料外，还有根据气温、环境和施工机械等确定冰层承载力。

表 11-6 给出了冰上沉排边坡防护结构的设计内容与指标。常用的典型结构形式如图 11-32 所示。

表 11-6　冰上沉排主要设计内容与设计指标

设计目标	设计项目	主要设计内容	主要设计指标
沉排材料设计	性能设计	确定物理力学指标	抗拉强度、变形
	结构设计	断面设计（长度、宽度、厚度）	稳定性验算
沉排施工设计	冰层承载力	确定冰物理力学指标	抗压强度、厚度

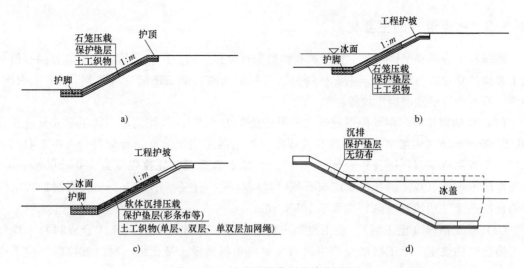

图 11-32　冰上沉排典型结构断面图
a）机制钢丝网（钢筋）沉排结构（一）　b）机制钢丝网（钢筋）沉排结构（二）
c）软体沉排结构　d）铰链式混凝土块沉排结构

1. 机制钢丝网（钢筋）沉排的结构设计

机制钢丝网（钢筋）沉排护坡、护脚厚度按 GB 50286—2013《堤防工程设计规范》附录 D3 公式进行计算。排长和排宽的设计计算与软体排的设计方法类似。

对于机制钢丝网（钢筋）沉排，沉排厚度应考虑两个因素：①排体运行期受水流和风浪作用，应满足稳定要求；②压载体重量应满足排体沉放要求，需根据冰厚确定排体合理厚度，使之能够下沉到设计位置，不发生随冰漂移，又不致因排体太重、冰层承载力不足而导致施工安全事故。

排体稳定计算按《堤防工程设计规范》中的附录 D1 抗滑稳定计算中的有关规定进行计算。

2. 土工织物软体沉排的结构设计

排长和排宽的设计计算同软体排的设计方法。在冰上沉排时，排体下沉过程中排体悬浮于水中，此时将出现下拉力，在排体下沉接近坡面时拉力最大。在不计排下冰块局部浮托力的情况下，排首锚固力应大于按下式算得的下滑力

$$T > G\sin\alpha \tag{11-29}$$

式中　T——排体锚固力，kN；

　　　G——排体重力，kN；

　　　α——排体的坡角，可取岸坡水平夹角，（°）。

3. 铰链式混凝土沉排的结构设计

冰上沉排对排首锚固力的要求同式（11-29）。冰上沉排护坡稳定计算包括边坡稳定计算和沉排护坡冰推稳定计算。其中，沉排边坡稳定计算按《堤防工程设计规范》中附录 D1 抗滑稳定计算中的有关规定进行计算。考虑到沉排锚固对边坡稳定的积极作用，实际排体的抗滑稳定性要高于按规范计算的边坡稳定性。

沉排冰推稳定计算应根据护坡冰推破坏面位置的不同，护坡产生冰推破坏有两种形式。

一是破坏发生在沉排与冻土之间，沉排受静冰压力作用沿冻土坡面向上移动；二是沉排与下方冻土黏结为整体，破坏发生在冻土与暖土之间。两种破坏模式下的冰推稳定安全系数计算方法有差异，应按以下两种情况计算。

混凝土沉排护坡与冻土间的抗冰推稳定计算公式为

$$K = \frac{W\sin\alpha + (P\sin\alpha + W\cos\alpha)f + C_1 L_1 + C_2 L_2}{P\cos\alpha} \tag{11-30}$$

式中　W——坡面滑动体的重量，kN；

α——坡面倾角，（°）；

P——总静水压力，kN；

f——沉排与冻土间的摩擦系数；

C_1——沉排与冻土间的黏结强度，取平均冰温条件下的冻结力，kPa；

L_1——冰盖底面以上沉排长度；

C_2——沉排与暖土间的黏结强度，kPa；

L_2——冰盖底面以下沉排长度。

冻土与暖土间的抗冰推稳定计算公式为

$$K = \frac{W(\sin\alpha + \cos\alpha)f + T + C_1 L_1 + C_2 L_2}{P\cos\alpha} \tag{11-31}$$

式中　f——滑动体与暖土间的等代摩擦系数；

T——沉排孔隙中冻土的抗剪力，可按冻土抗剪强度确定，kN；

其他符号含义同上。

11.3.4　冰上沉排的施工

冰上沉排的施工主要依据 SL 260—2014《堤防工程施工规范》，沉排以及相关的岸坡工程施工应符合《堤防工程施工规范》的规定和国家现行的有关标准规定。

冰上沉排的施工首先应做好施工准备、施工放样、机械、设备及材料准备。

冰上沉排施工的主要程序为：冰面处理→铺设土工织物→排体制作→排体的连接与锚固→排体压载→沉排。

施工作业主要注意事项：

1）冰上沉排施工前，应进行冰面处理。既要清除冰层表面积雪、冰块和尖刺物等不利于施工的条件，也要对冰层厚度和冰面状态进行全面检查，确保冰面平整。冰层承载力满足设计要求或冰层厚度达到沉排结构厚度的 2 倍以上，以保证冬季江面机械运输材料和人员的生命安全。当冰层较薄，不能满足施工条件时，应采取相应措施增加冰层厚度，提高承载力，通常采用的方法是抽水增冰和冰面加筋。

2）施工期最高气温不高于−5℃；冰层初期厚度不宜小于 60cm，若沉排厚度大于 50cm，冰层初期厚度不宜小于 70cm。

3）冰上沉排的施工时间不宜过长，在沉排压载情况下，施工时间宜控制在 10d 以内，以防止冰层在长期重载下突然开裂下沉，发生危险。

4）沉排的沉放应结合具体工程实际，确定沉排方式。

冰上沉排的沉放方式主要有两种，即自然沉排和强迫沉排。自然沉排主要在春融期江河解冻时进行，排体随冰层融化逐步下沉。强迫沉排法是在冬季排体制好后，在其上下游两侧开冰槽，排尾前端约0.5m处沿宽度方向每隔2m开冰眼进行沉排。

沉排沉放宜在水深大于3m和排体面积很大的情况下进行。沉排沉放宜在流速不大于0.6m/s、水深在3m以内的情况下进行。

11.3.5　冰上沉排工程实例

黑龙江省结合黑龙江干流防洪工程、嫩江干流治理工程、松花江干流治理工程和哈尔滨松花江堤防护岸工程相继开展了冰上沉排的试验与示范，取得了明显的经济效益。表11-7列出了典型的冰上沉排工程案例。图11-33、图11-34给出了典型的设计断面图和实际工程竣工照片。

表11-7　典型的冰上沉排工程实例

序号	工程名称	沉排结构
1	北部引嫩渠首泄洪闸工程	机制钢丝网厚度为0.5m+400g/m² 土工织物
2	嫩江干流治理工程八标段(1+170~0+840)	400g/m² 土工织物+10cm砂垫层+40cm 机制钢丝网(图11-33)
3	嫩江干流治理工程十标段(0+007~0+054)	400g/m² 土工织物+10cm砂垫层+40cm 机制钢丝网
4	松花江干流治理工程九标段苏家护岸段(0+228~3+122)	水上部分"400g/m² 土工织物+10cm碎石垫层+40cm 机制钢丝网石笼"，充填石料粒径15~25cm；水下部分"400g/m² 土工织物+50cm 机制钢丝网石笼"，充填石料粒径20~30cm
5	哈尔滨市松花江堤防滨州铁路桥护岸工程	铰链式混凝土砌块+复合土工织物(图11-34)
6	哈尔滨市松花江干流堤防三家子护岸工程	土工织物+土工格栅(土工网)，充填石料粒径15~25cm

a)　　　　　　　　　　　　　　　b)

图11-33　嫩江干流治理工程第八标段（1+170~0+840）

a）现场铺装　b）沉排竣工后

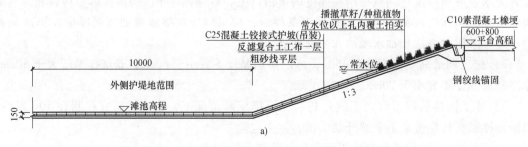

图11-34　哈尔滨松花江堤防护岸工程铰链式混凝土沉排

a）设计断面图

b)

图 11-34　哈尔滨松花江堤防护岸工程铰链式混凝土沉排（续）
b）竣工后

<h1 style="text-align:center">习　题</h1>

[11-1]　EKG 用于电渗固结的优点有哪些？

[11-2]　简述土体能级密度的概念及能量分析法的基本原理。

[11-3]　某场地采用轮询通电的方法进行电渗排水固结处理，采用 10V、20V、40V、80V 四级电压逐级增压处理，轮询通电程序控制每级电压下初始电流为 400A（$I_0 = 400A$），每级电压下最终电流很小，可以忽略不计（$I_\infty \approx 0$）。试估算场地的最终排水量 [k_q 取 $4.5 \times 10^{-13} \mathrm{m^2/(Pa \cdot s)}$；$a$ 取 $10^{-5}/\mathrm{s}$]。

[11-4]　按 11.5 节所述工程实例中的数据做一个电渗排水固结的设计 [k_q 取 $4.5 \times 10^{-13} \mathrm{m^2/(Pa \cdot s)}$；$a$ 取 $10^{-5}/\mathrm{s}$]。

[11-5]　一长管袋周长为 6m，水力充填泥砂后最大宽度为 2.02m，泥砂浆体的重度为 13.4kN/m³。试选用有纺土工织物的抗拉强度。

[11-6]　试将 AASHTO 的土工织物保土和透水要求与第 3 章的美国准则相比较，哪种准则较严格？

[11-7]　简述土工袋的加固原理。

[11-8]　一土工袋长 40cm、宽 40cm、高 10cm，采用抗拉强度为 25kN/m 的编织布制作，袋装土内摩擦角 $\varphi = 35°$，黏聚力 $c = 0$。试计算围压为 50kPa 时土工袋的抗压强度。

[11-9]　简述冰上沉排的类型和设计步骤。

<h1 style="text-align:center">参考文献</h1>

[1]　SU J Q, WANG Z. The two-dimensional consolidation theory of electro-osmosis [J]. Geotechnique, 2003, 53 (8): 759-763.

[2]　庄艳峰，邹维列，王钊，等. 一种可导电的塑料排水板：201210197981.4 [P]. 2014-09-17.

[3]　庄艳峰. EKG 材料的研制及其在边坡加固工程中的应用 [D]. 武汉：武汉大学，2005.

[4]　龚晓南. 地基处理技术及发展展望 [M]. 北京：中国建筑工业出版社，2014.

[5]　ZHUANG Y F, RAFIG A, HERBERT K. Electrokinetics in geotechnical and environmental engineering [M]. Aachen: Druck und Verlag Mainz, 2015.

[6]　ZHUANG Y F, HUANG Y L, LIU F F, et al. Case study on hydraulic reclaimed sludge consolidation using electrokinetic geosynthetics [C/CD] // Proceedings of 10th International Conference on Geosynthetics. Berlin:

DGGT，2014.

［7］　ZHUANG Y F. Application of novel EKG and electro-osmosis in hydraulically filled sludge dewatering and con-solidation［C］//Proceedings of 6th Asian Regional Conference on Geosynthetics：Geosynthetics for Infra-structure Development. New Delhi：［s. n.］，2016：55-63.

［8］　ZHUANG Y F. Challenges of electro-osmotic consolidation in large scale application［C］. Proceedings of Geosynthetics 2015. Portland：［s. n.］，2015：447-449.

［9］　ZOU W L，ZHUANG Y F，WANG X Q，et al. Electro-osmotic consolidation of marine hydraulically filled sludge ground using electrically conductive wick drain combined with automated power supply［J］. Marine Georesources & Geotechnology，2017（3）：100-107.

［10］　ZHUANG Y F. Large scale soft ground consolidation using electrokinetic geosynthetics. Geotextiles and Geomem-branes，2021，49（3）：757-770.

［11］　MATSUOKA H，LIU S H. New earth reinforcement method by soilbags（"Donow"）［J］. Soils and Founda-tions，2003，43（6）：173-188.

［12］　MATSUOKA H，LIU S H. A new earth reinforcement method using soilbags［M］. Balkema：Taylor & Fran-cis，2005.

［13］　刘斯宏，松岗元. 土工袋加固地基新技术［J］. 岩土力学，2007，28（8）：1665-1670.

［14］　刘斯宏，汪易森. 土工袋技术及其应用前景［J］. 水利学报，2007（增刊）：644-649.

［15］　刘斯宏，汪易森. 土工袋加固地基原理及其工程应用［J］. 岩土工程技术，2007，21（5）：221-225.

［16］　刘斯宏. 土工袋技术原理与实践［M］. 科学出版社. 2017.

［17］　白福青，刘斯宏，王艳巧. 土工袋加筋原理与极限强度的分析研究［J］. 岩土力学，2010，31（S1）：172-176.

［18］　刘斯宏，白福青，汪易森，等. 膨胀土土工袋浸水变形及强度特性试验研究［J］. 南水北调与水利科技，2009，（6）：54-58.

［19］　刘斯宏，樊科伟，陈笑林，等. 土工袋层间摩擦特性试验研究［J］. 岩土工程学报，2016，38（10）：1874-1880.

［20］　LIU S H，LU Y，WENG L P，et al. Field study of treatment for expansive soil/rock channel slope with soil-bags［J］. Geotextiles and Geomembranes，2015，43（4）：283-292.

［21］　LIU S H，JIA F，SHEN C M，et al. Strength characteristics of soilbags under inclined loads［J］. Geotex-tiles and Geomembranes，2018，46：1-10.

［22］　LIU S H，FAN K W，XU S Y. Field study of a retaining wall constructed with clay-flled soilbags［J］. Geo-textiles and Geomembranes，2019，47：87-94.

［23］　束一鸣，陆忠民，侯晋芳，等. 土工合成材料防渗排水防护设计施工指南［M］. 北京：中国水利水电出版社，2020.

［24］　周大纲. 土工合成材料制造技术及性能［M］. 2 版. 北京：中国轻工业出版社，2019.4.

［25］　美国陆军工程兵团. 河冰管控工程设计手册［M］. 汪易森，杨开林，张滨，等编译. 北京：中国水利水电出版社，2013.

［26］　钟华，张滨，张守杰，等. 冰上沉排的结构型式与施工［J］. 岩土工程学报，2016，38（S1）：189-194.

［27］　程培峰，李吉庭，李新宇. 基于 Winkler 模型的冰层承载能力分析［J］. 人民长江，2017，37（13）：64-67.

［28］　Northwest Territories Transportation Department. A field guide to ice construction safety［Z］. 2015.

［29］　王钊. 土工合成材料［M］. 北京：机械工业出版社，2005.